盘点年度资讯 · 预测时代前程

GREEN BOOK

权威·前沿·原创

气候变化绿皮书
GREEN BOOK
OF CLIMATE CHANGE

应对气候变化报告（2009）

通向哥本哈根

The Road to Copenhagen

ANNUAL REPORT ON CLIMATE CHANGE ACTIONS (2009)

主　编／王伟光　郑国光
副主编／潘家华　罗　勇　陈洪波

社会科学文献出版社
SOCIAL SCIENCES ACADEMIC PRESS (CHINA)

图书在版编目（CIP）数据

应对气候变化报告（2009）：通向哥本哈根/王伟光等主编. －北京：社会科学文献出版社，2009.10
（气候变化绿皮书）
ISBN 978－7－5097－1077－7

Ⅰ. 应… Ⅱ. 王… Ⅲ. 气候变化－研究报告
Ⅳ. P467

中国版本图书馆 CIP 数据核字（2009）第 172334 号

法律声明

• 本书由中国社会科学院—中国气象局 气候变化经济学模拟联合实验室组织编写

• 本书由国家科技支撑项目“执行《联合国气候变化框架公约》的支撑技术研究”（编号 2007BAC03A07）资助出版

气候变化绿皮书编撰委员会

主　　编　王伟光　郑国光

副 主 编　潘家华　罗　勇　陈洪波

编　　委　（以姓氏笔画序排列）

王　灿　吕学都　李玉娥　田春秀　任　勇
许光清　庄贵阳　陈　迎　杨宏伟　邹　骥
林而达　郑　艳　温　刚

主要编撰者简介

王伟光　现任中国社会科学院党组副书记、副院长（正部长级），哲学博士、教授、博士研究生导师。中国共产党第十七届中央候补委员，中国共产党第十六次、第十七次全国代表大会代表，第十届全国人大代表，全国人大法律委员会委员，中国马克思主义研究基金会理事长，中国马克思主义哲学史学会副会长，邓小平理论研究会会长，马克思主义理论研究和建设工程首席专家，全国思想政治工作科学专业委员会顾问。1987 年荣获国务院颁发的“国家有突出贡献的博士学位获得者”荣誉称号，享受政府特殊津贴。

长期从事马克思主义理论和哲学，以及社会主义改革开放和现代化建设中重大理论与现实问题的研究，近年来致力于中国特色社会主义理论体系的研究。出版学术专著 20 余部，主要有：《社会主义矛盾、动力和改革》、《社会生活方式论》、《政治体制改革论纲》、《控制论、信息论、系统科学和哲学》、《经济利益、政治秩序和社会稳定》、《社会主义和谐社会的理论与实践》、《王伟光自选集》等。主编的著作主要有《马克思主义基本问题》、《“三个代表”重要思想概论》、《建设社会主义新农村的理论与实践》、《社会主义通史》（八卷本）。译著主要有《历史与阶级意识》、《西方政治思想概论》。在《人民日报》、《光明日报》、《求是》等国家级报刊杂志上发表论文 300 余篇。

郑国光　现任中国气象局局长，研究员，博士生导师。1982 年获南京气象学院大气探测专业学士学位。1984 年获南京气象学院大气物理专业硕士学位。历任新疆气象科学研究所副所长，新疆气象业务中心副主任（1990 ~ 1995 年为加拿大多伦多大学访问学者）。1994 年获加拿大多伦多大学物理系博士学位，并从事博士后研究。1996 年任中国气象局总体规划设计室主任助理，副主任，取得研究员职称。1997 年任福建省气象局副局长。1998 年任中国气象局监测网络司司长。1999 年任中国气象局党组成员、副局长。2007 年 4 月任中国气象局党组书记、局长。中国气象学会副理事长、中国气象科学研究院理事长；南京信息工程大学兼职教授、博士生导师。

潘家华 现任中国社会科学院城市发展与环境研究中心主任，研究员，博士生导师。研究领域为世界经济、气候变化经济学、城市发展、能源与环境政策等。潘家华研究员现为国家气候变化专家委员会委员，中国生态经济学会副会长，政府间气候变化专门委员会（IPCC）第三次和第四次评估报告核心撰稿专家，先后发表学术（会议）论文200余篇，撰写专著4部，译著1部，主编大型国际综合评估报告和论文集8部；论文和专著曾获中国社会科学院优秀成果一等奖和二等奖。

罗 勇 现任中国气象局国家气候中心副主任，研究员，博士生导师，兼任中国气象局气候变化中心主任，气候研究开放实验室主任，中国气象学会气候资源应用研究委员会主任委员，北京气象学会常务理事。主要从事全球气候变化的科学与政策研究、风能太阳能资源评估、气候模式研制、气候数值模拟与预测研究等。在气候变化领域，主要承担过去气候变化的事实分析、数值模拟与归因研究，是政府间气候变化专门委员会（IPCC）第一工作组第四次评估报告第九章主要作者，参与了IPCC第四次评估报告、技术报告和特别报告的专家评审和政府评审。5年来在各种学术刊物、文集和国内外学术会议上共发表论文或技术报告90余篇，合作出版学术专著5本。

陈洪波 现为中国社会科学院城市发展与环境研究中心副研究员。2002年毕业于华中科技大学，获得经济学博士学位。2003年进入中国社会科学院从事博士后研究，研究方向为气候变化的经济分析。2004～2005年国家公派赴英国剑桥大学经济系研修能源—环境—经济模型。目前研究领域为环境经济学、碳市场、建筑节能等，先后承担了中丹合作“规划类清洁发展机制在中国实施的潜力及其影响”、中意合作“中国北方居住建筑领域清洁发展机制研究”、国家科技支撑项目等20余项国际国内重大课题，发表学术论文20余篇。

中文摘要

2009 年注定将成为人类应对气候变化的里程碑，无论联合国哥本哈根气候会议最终能否就中期减排目标及相应机制达成协议，但国际社会为哥本哈根会议所做的种种努力，以及目前已经就长期目标、低碳发展理念和部分关键议题所达成的共识，必将长期影响人类的发展模式、生活方式和国际利益格局。本书组织了中国长期从事应对气候变化重大科学与社会经济问题研究和国际气候谈判的部分资深人士，对应对气候变化的各项议题进行了跟踪分析和深入研究，力求为读者全景式展示应对气候变化所涉及的各种问题的渊源、进展和未来发展方向，为人们关注和理解即将来临的哥本哈根会议奠定基础。

全书共分四部分。第一部分为总论，旨在总体上分析把握国际国内的格局、进展与行动。本部分涵盖两部分内容，分别涉及全球应对气候变化的宏观局势和未来走势，以及中国应对气候变化的原则、立场、目标、行动和进展。第二部分聚焦科学进展与谈判议题，对气候变化的科学评估、共同愿景与减排目标、适应问题、资金机制、技术、国际航空航海燃料减排、行业方法、碳汇与毁林、IPCC 报告等当前国际气候谈判的关键议题的由来、谈判进展及未来趋势进行深入分析。第三部分为研究专论，选取了研究人员对应对气候变化部分重要领域的最新研究成果，包括碳预算、低碳经济、碳市场及低碳发展的就业影响等备受关注的热点问题。第四部分为热点解读，汇集了研究人员对部分热点问题的聚焦式的跟踪解读与评述，短小却犀利。本书最后还附录了与应对气候变化相关的数据、参数、缩略语及中国的相关政策，以备读者查询。

Abstract

Year 2009 is surely a landmark for tackling the problem of global climate change. The international community has been making substantial efforts for the Copenhagen conference to reach consensuses on long-term goals, low-carbon development concepts and some key issues such as technology transfer and financing. All these potential achievements are bound to have a long-run impact on human development modes, life styles and patterns of international interest no matter the Fifteenth Conference of the Parties to the United Nations Framework Convention on Climate Change to be held in Copenhagen in December 2009 could finally conclude an agreement on the medium-term emission reduction target and a corresponding mechanism. On the road towards Copenhagen, what can we expect? This book calls together experienced and senior experts with indepth understanding of scientific and socio-economic issues related to climate change and international climate negotiations processes in China. The authors of this book have followed up the latest developments and undertaken in-depth studies on a variety of important topics of tackling climate change. The book is therefore intended to provide its readership with an overview of all key issues related to climate change issues, including their origins, progress and future development orientation. The information contained and analysis made in this book are of significant value for its readers to gain some essential background of the UNFCCC process and better understanding on forthcoming conference in Copenhagen.

This book is divided into four parts. The first part is designed to analyze and understand the international and domestic overall situation, progress and actions. This part is composed of two chapters, dealing respectively with the macro situation and future trends of global response to climate change and the domestic level programme, including principles, positions, objectives, actions and progress. The second part, Negotiations Progress in International Climate Regime, focuses on issues on scientific progress and subjects of negotiations, which cover the sources of concerns, negotiation progress and future trend of several current key topics, including the latest scientific assessment of climate change, shared vision and emission reduction targets, climate change adaptation, financial mechanism, relevant technologies, international aviation and marine transport emissions reduction, sectoral approach, carbon sink and deforestation, and IPCC Assessment reports. The third part contains a set of thematic studies, documenting the latest research results in some key areas of climate change responses. The topics covered in this part inlcude carbon budget, low-carbon economy, carbon market and impact of low-carbon development on employment. The fourth part is devoted to indepth interpretation of hot topics and comments, bringing together authors' understanding and views on some hot topics. Each chapter in this part is short but quite sharp. At the end of this book, there is an appendix which provides its readers with information on key data, parameters related to climate change, frequently used acronyms and China's relevant policies.

前　言

应对全球气候变化，2009 年是历史性的里程碑年。2007 年在印度尼西亚巴厘岛举办的联合国气候变化会议上，通过了旨在明确 2012 年后全球应对气候变化的“巴厘路线图”，即《巴厘行动计划》。两年来，国际社会在复杂的利益纷争和多变的政治格局中，为了人类的共同未来，表述出了强烈的保护全球气候的共同意愿。在 2008 年八国峰会正式认可 2050 年的排放比当前减少 50% 目标的基础上，2009 年 7 月在意大利拉奎拉举办的“G8 +5”（西方八国集团加五个发展中大国）首脑会上，进一步承诺稳定大气温室气体浓度在 450ppm CO_2 和相对于工业革命前温度升高 2℃的上限目标；9 月，联合国举行“气候首脑会议”并在随后召开二十国领导人会议，目的在于在 12 月举行的《联合国气候变化框架公约》第 15 次缔约方会议/《京都议定书》第 5 次缔约方会议上，能够落实“巴厘路线图”，达成“哥本哈根气候协定”。

然而，尽管应对气候变化符合人类共同的根本利益，但事关各国的经济利益和发展权益。历史上，发达国家排放多，现实排放水平高，但减排需要投入，需要改变生活方式。发达国家不愿意大幅减排。发展中国家发展水平低，人均排放量少，使用相对廉价的化石能源发展经济，为维护其发展权益，需要增加排放。尽管美国明确了中期和远期的减排目标，但相对于《京都议定书》的要求，显然不够；欧盟尽管在全球减排中处于领先地位，但现实排放仍数倍于发展中国家，没有起到在低碳排放、高生活品质方面率先垂范的作用。发达国家要求发展中国家减排，但又不愿意在资金技术方面帮助发展中国家低碳发展；发展中国家要实现发展需求，客观上还需要增加一定量的排放。应对气候变化的南北之争、欧美之争，体现了当前乃至于今后一段时期全球温室气体减排的利益与政治格局。

但是，各国和国家利益集团之间的利益冲突，并不能阻碍 2009 年 12 月在哥本哈根达成一个历史性的“气候协定”。之所以说它是历史性的，是因为这一协定极有可能明确温升2℃的上限、450ppm CO_2 稳定浓度的水平和长远减排目标。然而，通向哥本哈根之路不可能一帆风顺。缘于保护全球气候的需要，各缔约方不会正面挑战2℃目标和浓度水平，但科学上的不确定性和实际可达性可能导致各国出现分歧。更重要的是2020年的中期减排目标。发达国家一方面表示要认同长远目标，但在近期行动和中期目标上却不愿作出相应的承诺。对发展中国家的援助，也难以有实质性的突破。

哥本哈根的“气候协定”，无疑将是一个减排协定，但也会是一个一揽子条约，必然涉及“巴厘路线图”中所包括的适应、资金、技术等重大议题。而且在毁林、航空航海排放、部门减排等问题上，均会有相应的规定。本书作者长期从事气候变化的科学研究，跟踪气候变化的谈判进程，对上述问题进行了深刻分析，并对中国在节能减排和应对气候变化方面的努力进行了论述。

王伟光　郑国光

2009年9月15日

目 录

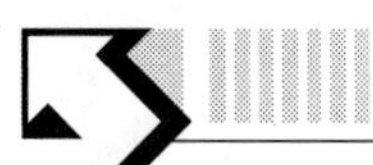

总 报 告

国际气候制度谈判进展

专 题 研 究

热点跟踪与解读

附　　录

CONTENTS 

General Report

Negotiations Progress in International Climate Regime

Thematic Studies

Hot Topics and Comments

Appendix

总 报 告

2008～2009年全球应对气候变化形势分析与展望

潘家华　陈　迎　庄贵阳　杨宏伟*

摘　要： 本文对2008～2009年全球应对气候变化形势进行了分析，对未来走势进行了展望。作者首先介绍了应对气候变化的科学基础，勾画了国际气候谈判的多元化利益格局，介绍了国际气候谈判的关键性议题，分析了影响哥本哈根气候谈判的主要力量，预测评估了哥本哈根谈判可能的成果，揭示了中国参与国际气候制度构建的战略选择。

关键词： 哥本哈根　气候谈判　关键议题

* 潘家华，中国社会科学院城市发展与环境研究中心，研究员，研究领域为世界经济、能源与气候变化经济学和城市发展；陈迎，中国社会科学院城市发展与环境研究中心，副研究员，研究领域为可持续发展经济学、世界经济与国际关系；庄贵阳，中国社会科学院城市发展与环境研究中心，研究员，研究领域为低碳经济与气候变化政策；杨宏伟，国家发展与改革委员会能源研究所，主要研究方向为能源与气候变化的社会经济问题。

气候变化是一个典型的全球性的环境问题。伴随着全球环境保护的制度化趋势，建立公平有效的国际气候治理机制已成为当今世界政治的主要议题之一。从1992年《联合国气候变化框架公约》（以下简称《公约》）签署到2005年《京都议定书》生效，再到当前“后京都”也就是《京都议定书》目标年2012年后全球减排谈判（即第二承诺期，2012～2020年）的艰难前行，中国在国际气候治理过程中的受关注度和地位与日俱增。在第二承诺期谈判过程中，《公约》内外两种机制并行，并且相互影响。欧盟驱动《公约》内机制，美国主导《公约》外机制。但是，自奥巴马入主白宫，美国应对气候变化的国际战略全面调整，《公约》内外机制并行，表现了美国试图成为气候变化领导者的姿态。2009年底哥本哈根会议走向何方，疑窦丛生。各缔约方均在紧抓保护气候这面旗帜，建立并借助《公约》内外各种机制和平台调动对己有利的国际民心和舆论，释压解套，树立积极国际形象，积聚主导国际事务的软实力。非政府组织、国际企业联盟和美国地方政府也有相应的气候变化动议。面对日益紧迫的气候变化国际谈判形势，中国需要在战略上把握各主要博弈方的战略动机、利益诉求和策略手段，结合国情，在国际谈判中发挥作用，为国内经济发展创造相对宽松有利的外部环境，树立良好的国家形象。

一　应对气候变化的科学基础

对气候变化问题科学认知的不断强化是国际气候进程不断前进的基础。1988年，由联合国环境署（UNEP）和世界气象组织（WMO）共同发起的政府间气候变化专门委员会（IPCC）成立，作为《公约》谈判的科学咨询机构，IPCC汇集了世界数千位科学家，以科学评估报告的形式搜集、整理和汇总全世界在气候变化领域的最新研究成果，提出科学评价和政策建议。IPCC自成立以来，已陆续推出四次评估报告，对持续推动国际气候进程发挥了重要作用。1990年，IPCC完成第一次评估报告，试图从大量的科学文献中寻求全球气候变化的科学事实，引起了广泛的国际关注，直接推动了《联合国气候变化框架公约》的谈判（1990～1992年）、达成（1992年）和批准生效（1994年）；1996年IPCC出版其第二次评估报告，第一次明确指出气候变化与人类社会经济活动有直接关系，有力推动了《京都议定书》的谈判和签署（1997年）；2001年IPCC提交第

三次评估报告，进一步强化了社会经济活动与全球变暖的因果关系，意在推动《京都议定书》的批准生效及实施，由于各国利益分歧太大，尤其是美国拒绝批准《京都议定书》，第三次评估报告的效果因政治干预而大打折扣。

2007 年，IPCC 全面完成第四次评估报告，分别从气候变化的科学基础、影响、适应和脆弱性以及减缓气候变化等不同角度，采用大量更新的科学证据，重申并强化了有关气候变化的一系列基本结论：全球变暖已经是不争的科学事实，人类活动是近 50 年全球气候系统变暖的主要原因，全球气候变暖已经对许多自然和生物系统产生了明显可辨的影响，并使已经存在的问题变得更加严重。报告指出，气候变化将对未来自然生态和经济社会发展产生长期的影响，适应政策与行动有助于减轻不利影响。为了减缓气候变化，稳定大气中温室气体的浓度，需要大幅度减少温室气体排放。要确保未来温度升高（相对于工业革命前）不超过 2℃，大气温室气体浓度需要稳定在 450ppm 的水平。这样，在中期（2020 年），发达国家需要相对于 1990 年的排放水平至少减排 25%～40%，发展中国家的排放路径相对于正常的排放轨迹需要下降 15%～30%。在远期（2050 年），全球的温室气体排放相对于当前需要减排 50%。IPCC 报告认为全球减排前景相对乐观，认为现有各种技术手段和许多在 2030 年以前具有市场可行性的低碳和减排技术，可以帮助各国实现较低成本的有效减排。IPCC 的报告认为，通过国际合作的一致行动以及合理的政策措施，可持续发展与减排之间并不矛盾，还可以相互促进，有助于最终实现《公约》将温室气体浓度稳定在较低水平的长期目标。这样一些目标和结论，形成了关于 2012 年后国际气候协议谈判的科学基础。

IPCC 评估报告代表了国际科学界对气候变化问题最权威、最全面的认识，提高了全球对气候变化问题的科学认知，也是国际政策制定的重要依据，对推动当前国际谈判进程显得尤为重要。

二　国际气候谈判的多元化利益格局

自 20 世纪 90 年代启动国际气候谈判进程，发达国家阵营与发展中国家阵营南北分立的基本格局便贯穿始终。在南北立场的基本格局下，在不同时期或不同议题上，发达国家与发展中国家内部也都存在许多不同的利益集团，不同利益集团之间的利益关系复杂多变。围绕 2012 年后应对气候变化安排的国际气候谈判格

局，依旧表现为发达国家与发展中国家两大阵营，欧盟、美国和“77 国集团 + 中国”三股力量相互制衡，南北矛盾、北方矛盾、南方矛盾和大国矛盾四对矛盾纵横交错。

2012 年后国际气候制度框架必须公平地反映每个国家的具体国情，诸如责任、能力和减排潜力。尽管各种方案设计均有其理性基础，但协议的达成，是一个通过谈判达成共识的过程。国际气候制度的走向主要受科学认知、政治意愿和经济利益三个方面的综合影响。各方都试图从这三个方面入手，发挥自身的影响力，同时最大限度地维护自身利益，在妥协中为打破僵局寻求一条可行的解决途径。可以说，任何一方的立场变化或战略调整，都会给第二承诺期谈判的走向带来重要的影响。

当前国际气候政治呈现群雄纷争、三足鼎立的基本格局。欧盟、美国和中国，无论是人口和经济总量还是能源消费和温室气体排放，在全球都占有相当大的份额，在参与谈判的众多缔约方之中地位举足轻重。2006 年，三强的人口总量占全球的 32.2%，以购买力平价计算的 GDP 占全球的 55.4%，能源消费占全球的 51.3%，化石燃料排放的二氧化碳占全球的 54.6%。而且，这种态势未来也不会发生根本的改变。俄罗斯作为一个军事大国，国际地位仍然显赫，在能源方面储量非常丰富，多次凭借能源资源的优势掣肘欧美。但从经济和温室气体排放上看，俄罗斯均难与三强相提并论。2006 年俄罗斯人口只占全球的 2.2%，GDP 占 2.6%，能源消费占 5.8%，二氧化碳排放占 5.7%。相比 1973 年前苏联二氧化碳排放占全球的 14.4%、能源消费占 15%，其相对地位有所下降，还不足以成为“后京都谈判”中的一强。

欧盟作为气候谈判的发起者，一直是推动气候变化谈判最重要的政治力量。一方面，欧盟担心全球变暖危及欧洲冬暖夏凉的气候环境；另一方面，由于欧盟人口稳中有降、经济成熟而稳定、技术和管理先进、能源消费需求相对饱和，其在温室气体减排方面具有比较大的优势。因此，大力推进气候变化进程，维持在国际事务中的主导地位，符合欧盟政治上的战略利益。经历几次扩大，欧盟已经从《京都议定书》第一承诺期时的 15 个成员国，扩大到目前的 27 个成员国，人口和地域不断扩大，经济和政治实力也不断得到加强。由于各成员国之间发展水平的差异增大，使欧盟内部政策协调的难度加大。但在英、德等大国的协调和领导下，欧盟在国际气候谈判中一直保持一个声音，发挥着重要的领导作用。

为了显示政治意愿并起到表率作用，在2009年的春季欧盟峰会上欧盟达成决议，进一步明确在2020年以前将温室气体总体排放量在1990年的基础上减少20%，若其他主要经济体也能作出相应承诺，欧盟将进一步减排到30%，并要求发展中国家在2020年偏离其排放的基准线15%～30%。为了实现这一目标，欧盟各国达成了一个约束性指标，即到2020年，可再生能源在欧盟终端能源消费中的比例增加到20%，在燃料消费中生物燃料至少占10%，并且在2020年前将能源利用效率提高20%。上述决议的形成，已经有相当扎实的基础。2008年1月23日，欧盟委员会公布了《气候行动与可再生能源综合计划》（简称《综合计划》）建议草案，其中的一些关键元素与国际气候谈判的结果是有联系的。欧盟《综合计划》建议草案打算将温室气体排放总量仅削减20%，在美国等发达国家参与的条件下减排30%。欧盟希望通过建立一个渐进机制，对其他发达国家施压，也为自己留有余地。如果国际社会没有达成2012年以后的国际气候制度协议，那么欧盟将严格限制来自CDM/JI（清洁发展机制/联合履行）减排信用的使用，这将给目前在发展中国家积极参与的CDM项目开发蒙上一层阴影。当然，欧盟提出的《综合计划》也留有余地。如果其他发达国家作出与之具有可比性的承诺，欧盟将减排30%，其中额外减排量的一半可以用项目减排信用完成。不难看出，欧盟的《综合计划》有其政治用意：希望通过“胡萝卜加大棒”的手段，促使发展中国家在总体上认同并接受欧盟的立场；借助发展中国家的力量和国际舆论给美国等其他发达国家施加压力。全球碳市场尤其是CDM，是发展中国家参与国际减排协议的一种非常重要的选择性激励。如果没有美国的参与，这条重要的激励措施将失去意义，这样国际舆论压力也将指向美国。

在《京都议定书》谈判中，以美国为首包括日、加、澳、新等国的“伞形”集团曾经是国际气候舞台上一支重要的政治力量。随着日本、加拿大和澳大利亚先后批准《京都议定书》，“伞形”国家集团形式上瓦解，力量也大大削弱。但在2012年后气候谈判中，美国作为最大的发达国家仍我行我素，澳大利亚、新西兰等发达国家与美国立场仍大致保持一致。日本尽管批准了《京都议定书》，但其政治立场在很大程度上追随美国，而完成京都减排目标无望的加拿大显然对第二承诺期更严格的减排目标没有兴趣。以美国为首的“伞形”国家集团出现了重新凝聚的迹象。

美国地域广阔，气候变化对不同地区的影响存在差异。虽然拥有世界最强大的经济实力，技术和管理水平也很高，但美国当前基础设施和能源消费具有既定格局，而其生活方式具有明显奢华浪费特征，人口增长也较快，因而能源需求和温室气体排放呈现较快增长趋势。尽管美国也出现了卡特里娜飓风等极端气候事件的灾害，但美国地理空间回旋余地较大。对于欧盟建立全球参与的国际气候制度的设想，美国显然不愿被动参与。美国拒绝重返《京都议定书》，虽然2007年12月在妥协之下同意关于2012年后的国际气候协定的“巴厘路线图”，但美国继续坚持以发展中大国参与作为自身行动的先决条件。在《公约》框架之外，美国分别发起了“氢能经济国际伙伴计划”、“碳收集领导人论坛”、“甲烷市场化伙伴计划”、“第四代国际论坛”以及“可再生能源与能源效益伙伴计划”等论坛，以及“亚太地区清洁发展与气候伙伴计划”（APP）和“主要经济体能源安全与气候变化会议”。这一系列活动表明，美国也不愿轻易放弃在气候变化问题上的话语权，这同时也是对美国民众、国会、一些地方政府和大企业对气候变化采取积极行动的一种回应。

澳大利亚对于气候变化问题的态度在陆克文总理执政后发生了很大改变。陆克文就任后即批准《京都议定书》，并提出到2050年要在2000年的基础上减排60%，实施排放贸易制度，并提出到2020年可再生能源利用达到一次能源利用比例的20%等一系列政策和目标。受澳大利亚政府的支持，由经济学家罗斯·加诺特撰写的《澳大利亚气候变化评估报告》[①] 于2008年下半年公布，为澳大利亚的长期政策制定以及参与国际气候变化合作提供科学支撑。加诺特的报告中明确提到，澳大利亚要谋求在全球减缓气候变化方面的引领地位，而在陆克文及其他高级官员的公开讲话中并未有这样的表态，没有明确提及引领地位，仅强调“澳大利亚需要扮演一个建设性的、积极的角色，找到全世界不同国家在气候变化方面长期的解决方法和共同立场”。加诺特的报告多次提到，不管是发达国家还是发展中国家的主要排放国，都应受到排放预算的约束。陆克文也表示，在应对气候变化方面，将美国、中国以及印度纳入限制性减排目标是非常重要的，并指出，澳大利亚的外交核心就是要了解这些国家将如何应对这一问题。因此，尽管陆克文上台后在中澳关系方面一直高调，重视气候领域的合作，然而，关于中国等发展中国家接受有约束力目标的这一要件没有变，以合作的曲调来推动发展

① Ross Granaut, 2008. “Garnaut Review on Climate Change Economics.” CAMBRIDGE University Press.

中国家加入减排协议。

从《公约》谈判开始，中国一直以“77国集团+中国”模式与发展中国家阵营协同参与谈判，同时，中国也积极在“77国集团+中国”阵营中发挥协调作用，强化发展中国家阵营的整体地位。这种模式在形式上一直保持至今。然而，在国际资金来源非常有限的情况下，发展中国家之间为了经济利益产生矛盾和竞争不可避免，发展中国家阵营的分化也日趋严重。例如，深受气候变化可能引起海平面上升直接威胁的小岛国联盟，支持欧盟提出的将全球温度上升控制在2℃上限的目标，提出应该根据对气候变化影响最脆弱的小岛国的切身感受，制订全球减排的长期目标。石油输出国组织（OPEC）成员国担心全球减排会影响国际石油市场，强调国际社会应该帮助其改善经济结构，以适应因全球减排行动对其国家经济造成的不利影响。非洲和亚洲的一些最不发达国家因排放量很小，主要关注适应问题，希望获得更多的国际资金援助。同为发展中大国的中国、印度、巴西各自国情也不相同，中国经济的快速发展已明显拉开了与其他发展中国家之间的距离。2006年，中国排放总量是印度的4.5倍，人均排放是其3.8倍，单位GDP的能源强度是印度的1.45倍（按汇率计），单位能源的碳强度是其1.5倍[①]。随着发展中大国参与问题成为2012年后气候谈判的焦点之一，中国在发展中国家中的地位日渐凸显，昔日的“韬光养晦”战略显然不适应“树大招风”的现实压力，亟须把握国际话语权。中国作为发展中大国，要直接面对来自欧美等发达国家的压力，同时还必须协同其他发展中大国尽可能保持发展中国家阵营的团结。

中国正处于工业化和城市化加速发展的阶段，人口众多、资源匮乏、对经济外延扩张空间的需求巨大，加之经济、技术和管理水平的相对薄弱，近年来，中国的能源消费和温室气体排放增长迅速。1980～2000年的20年间，能源消费总量只增加了7亿吨标煤，而2001～2008年的短短8年就增加了近15亿吨标煤。目前，中国人均排放已经高出世界人均水平，排放总量也已超过美国，成为全球第一排放大国。一方面，中国应对气候变化的不利影响的能力相对脆弱；另一方面，随着经济的快速增长，至少在2030年，中国排放持续增长不可避免。中国

① 主要指化石能源燃烧排放的温室气体，不包括非二氧化碳温室气体和森林碳汇。见IEA，2008. CO_2 Emissions from Fossil Fuel Combustion. International Energy Agency，Paris。

在加强国内节能减排的同时，广泛参与国际合作，与欧盟和美国均建立和保持了较好的合作关系。中国的立场对2012年后气候谈判的走向将产生重大的影响。在当前气候变化日益受到国际社会的高度重视、促进温室气体减排已经成为国际共识的大背景下，欧盟自身利益被全球利益所掩盖，使其似乎成为全球利益的代言人。中、美任何一方先行一步都会给另一方带来更多国际舆论的压力。两国在对待气候变化的问题上，将有更多微妙的竞争与平衡关系。

三　国际气候谈判的关键性议题

随着2005年2月16日《京都议定书》正式生效，2012年后气候谈判也在“蒙特利尔路线图”的“双轨制”下正式启动。“一轨”是在《京都议定书》下成立特设工作组（简称AWG），就附件一国家（发达国家和经济转轨国家）第二承诺期的减排义务进行谈判；另“一轨”是在《公约》下启动为期两年的促进国际应对气候变化长期行动的对话。根据2007年12月达成的《巴厘行动计划》，在长期行动对话基础上成立了长期合作行动特设工作组（简称AWG -LCA），启动一个包括《公约》所有缔约方在内的新的综合谈判进程，目标是到2009年底（COP15）之前通过2012年后乃至更长远的长期合作行动。《公约》长期合作行动特设工作组涵盖了减缓、适应、技术、资金和共同愿景五个要素，涉及非《京都议定书》缔约方的发达国家的减排承诺和发展中国家的减缓行动等关键而敏感的问题，对谈判进程有重大影响，受到各方的广泛关注。此外，部门承诺方案由于受到日本政府和国际能源机构（IEA）、OECD、世界可持续发展能源商会等机构的支持，成为备受关注的热点话题。总体来看，尽管各方就2012年后国际气候制度应包含的基本要素有一定的共识，但对各个要素的具体内容仍存在严重分歧，目前各方面谈判缺乏实质性的进展。

（一）共同愿景

共同愿景是《巴厘行动计划》在《公约》长期合作行动中列出的要素之一，也是当前国际气候谈判中的一项重要议题。尽管长期目标的确定需要基于相对一致的科学认识，但对达成长期目标的可行性、相关要素和法律地位等一系列问题存在意见分歧。

欧盟表示《公约》第二条虽然对长期目标作出了规定，但这是不够的，需要有更清晰的时间框架。共同愿景越全面越综合越好，应包括所有温室气体排放源和吸收汇，并包括所有主要排放国依据《公约》原则的有效参与，真正具有全球性。发达国家的承诺和发展中国家的行动有本质不同，所有发达国家要率先减排，到2020年在1990年的基础上减排25%～40%。欧盟的一些主要国家明确表示在2050年相对于1990年的排放水平要减排60%～80%。各国应根据自己的能力和社会经济条件作出具有可比性的贡献，因此应设立指标以增进互信和透明。此外，共同愿景和长期目标应指导短期减缓和适应行动。

美国表示，共同愿景要包含发展中大国的指标，特别是要考虑当前排放和未来趋势。共同愿景要包括四个方面的内容：（1）实现《公约》的最终目标，同时实现经济发展；（2）减排目标；（3）要考虑国情变化；（4）要有科学基础。此外，美国表示，长期目标要具有全球性，目标要合理反映经济变化和技术进步，但不能导致责任分担。2009年初，奥巴马政府明确表示2020年的排放水平要比2005年削减17%，2050年削减80%。美国政府的这一目标在2009年6月26日美国众议院通过的《美国清洁能源与安全法案》（ACESA）[①] 中得到进一步确认，而且将2050年的目标细化到83%。

日本表示，长期非约束性目标是共同愿景的核心，发达国家要率先减排；俄罗斯表示，共同愿景就是长期目标，愿意与主要经济体和各方一起讨论到2050年减排50%的目标，但该目标不能具有法律约束力，应是意向性目标；澳大利亚和韩国表示，共同愿景就是一种意愿，不具法律约束力。

“77国集团＋中国”表示对共同愿景的一致理解就是《公约》第二条，发达国家不仅具有历史责任，而且要进一步减排；发展中国家应对气候变化的主要任务是实现可持续发展。共同愿景在《巴厘行动计划》中已经明确，就是实现《公约》的最终目标，其应该给长期合作提供非常清晰的指导。共同愿景的原则就是“共同但有区别的责任”原则和公平原则，但不一定就是具体的量化指标，而是长期目标的原则；共同愿景应包括适应、可持续发展内容，应关注《公约》

① 该法案是由众议院能源和商业专门委员会主席亨利·A. 韦克斯曼（Henry A. Waxman）议员和众议院能源独立和全球变暖特别委员会主席爱德华·J. 马基（Edward J. Markey）议员提出的，因而又称《韦克斯曼—马基法案》。

全面、有效和持续的实施。

对长期目标的共同愿景是一个非常综合而复杂的问题，交织着科学、经济、政治、伦理等诸多因素，与减缓、适应、技术和资金等议题都有联系。无论是欧盟推崇的2℃上限，还是450ppmv① 或550ppmv 危险浓度水平，以及 $3W/m^2$② 或 $4.5W/m^2$ 辐射强迫的稳定情景，都是同一个问题的不同表现形式。随着未来气候变化制度谈判的深入，有关共同愿景的实质谈判会逐步展开。共同愿景的核心是2050年的长期减排目标。2008年八国集团首脑会议已经就到2050年全球减排至少50%达成一致。这一目标在2009年7月初在意大利拉奎拉举办的八国峰会得到进一步确认。虽然对共同愿景只涉及长远减排目标，不会与包括中国在内的发展中国家2020年中期减排目标相关联，但对发展中国家的长远发展权益无疑有重大影响。

（二）技术

全球应对气候变化中技术扮演关键的角色，已经成为各国的共识。但长期以来，国际气候谈判在技术议题上进展非常缓慢，各方分歧很大。

发展中国家强调技术转让的界定，不能将技术转让与技术贸易混为一谈，并主张建立全球技术基金，依靠非市场的多边公共资金推动技术开发与转让。例如，包括中国在内的一些缔约方建议在《公约》下建立多边技术合作基金用于现有技术转让、专利购买、激励私人部门加入、支持国际研发活动、支持公共与私人部门合作进行风险资本投资、推动小岛国可再生能源开发等。发展中国家还建议在《公约》缔约方会议下建立一个新的技术开发与转让的附属机构，或技术转让委员会，专门负责这方面的工作。对于新技术的开发，建议建立国际新技术研发的平台，通过合作研究分享知识产权。此外，发展中国家还非常关注技术转让的效果评估和监测，要求根据《巴厘行动计划》建立相应机制，确保发达国家向发展中国家的技术转让可测量、可报告和可核查，对技术转让的范围和速度等进行监测，对减排有效性进行成本—收益分析。

发达国家一方面强调利用现有的资金，发挥私营部门和市场的作用，从而淡

① ppmv，容量单位，百万分数。是以体积度量的二氧化碳浓度单位，与分子数定义的ppm量值相近。1ppm即百万分之一。

② W/m^2，瓦/平方米。辐射强迫是指由于气候系统内部变化（二氧化碳浓度变化）等外部强迫引起的一种气候变化机制。

化政府的责任和提供新资金的义务；另一方面强调发展中国家也有责任改善国内不利于技术转让的制度环境，消除阻碍环境友善型技术吸收、消化、利用的主要障碍，包括加强专业人员的能力建设和相关制度建设等。美国强调，在过去十多年中各国在全球经济总量、贸易总量、排放总量等方面的份额发生了很大变化，发展中国家（尤其是中国和印度）所占份额迅速上升，言外之意其应当承担的责任也应当进行相应的调整。美国继续坚持用市场的方法解决技术开发与转让问题，主张应当重视《公约》之外各种动力的作用，推进主要经济体会议的进程和利用世界银行在《公约》之外推进气候投资基金（CIF）资金机制。欧盟虽然也承认政府应当发挥重要作用，也宣称发达国家会提供资金支持，但没有太多实质进展，依然流于空泛。日本强调，技术开发与转让问题要与行业方法结合，与发展中国家可测量、可报告、可核查的减排行动相结合，显然，这一主张意味着要给向发展中国家转让技术附加上严格的减排/限排条件。

基于市场的灵活机制是《京都议定书》的重要内容，也是 2012 年国际气候制度的基本要素。更好地发挥市场机制的作用，需要通过降低减排成本促进温室气体减排，同时这也与资金流动和技术转让有密切关系，也是当前国际气候谈判的关键议题。各方的讨论集中在以下几个方面：一是如何完善和扩大市场机制；二是如何利用 CDM 推动向发展中国家的技术转让和资金流动，促进可持续发展与地区平衡；三是如何进一步发挥 ET（排放贸易）和 JI（联合履行）的作用。许多发展中国家对现有市场机制的可持续发展效益提出质疑，要求促进技术与资金转让和可持续发展。总之，2012 年后国际碳市场能否持续活跃，还取决于各方承担的义务和相关的制度设计。

（三）资金

《公约》秘书处在 2007 年 8 月推出的研究报告指出，减缓和适应行动需要大量资金，但《公约》框架内现有资金严重不足。尽管各方对应对气候变化所需资金的具体数额仍有不同观点，但各方都认为减缓、适应和技术议题都需要稳定持续的资金来源。满足资金需求，一方面需要依靠市场促进资金流动；另一方面需要筹集非市场的公共资金。在公共资金来源严重不足的情况下，必须重视发挥私营部门的重要作用，通过政府的政策激励引导私人部门投资于有利于减缓和适应气候变化的重点领域。

为了在《公约》框架内继续推进资金议题，各国就建立专门用途的新的资金机制提出了许多新的建议。有关资金机制的管理问题，涉及资金的来源及分配方式、向COP进行汇报的义务、成员国之间的均衡、透明度和易于使用等，也受到各方的关注。鉴于不同机制可能引起的资金分散问题，一些国家建议可以考虑建立“伞形”资金机制框架，在COP指导下统一协调和管理。

除《公约》框架外的谈判，在《公约》框架外新出现的资金机制也备受关注。2008年4月1日，由英国、日本和美国三方出资，世界银行具体运作的信托基金正式成立。资金总额预计为70亿~120亿美元，包括三个特定的基金，即清洁技术基金、森林投资基金和适应/气候弹性示范基金，另外还有一个战略气候基金，主要通过与地区发展银行合作用于支持减缓和适应气候变化的项目。

世界银行推出新基金，虽然有利于开拓新的资金渠道，但对于《公约》内资金机制构成很大的挑战。《公约》外多边机制的存在和发展使得《公约》外资金机制的兴起成为一个必然趋势。如何有效协调《公约》内外机制，使《公约》外机制成为《公约》内机制的补充，是未来谈判面临的新课题。

首先，世界银行建立《公约》外平行的资金机制，与现有《公约》下的资金机制存在潜在冲突，特别是刚刚启动的适应基金。而且，支持和强化《公约》外机制，可能妨碍现有的多边气候谈判的推进。因为，将美国的清洁技术基金包含在内，意味着认同美国在《公约》外另行构建资金渠道，削弱《公约》内的多边资金机制。

其次，新基金的治理结构是出资方主导，各个基金出资方组成的信托委员会负责管理、审评和批准国家的申请，从而决定资金的使用额度。而世界银行本身就存在不对称的治理结构，基于资本量的投票权使得5个发达国家占总投票权的60%。发展中国家的参与权和决定权都非常有限。

再次，世界银行的气候投资基金将为适应项目提供优惠性贷款，而为发展中国家的适应项目提供资金是《公约》规定的义务，不应该仅仅是优惠贷款。

最后，气候投资基金的大部分资金将计入发达国家的官方发展援助，对发展中国家而言缺乏额外性，不符合《公约》的相关规定。

（四）适应

2007年12月的巴厘岛联合国气候会议上通过的《巴厘行动计划》，将适应列为推动气候变化国际制度的四个关键要素之一，自此正式启动了《公约》框架下适应议题的协商。各成员国代表基于《巴厘行动计划》达成了一些基本共识。第一，各方同意依照《公约》框架尽快采取减缓气候变化的紧迫行动。第二，推动建立和实施国家适应计划，以增强发展中国家应对气候变化的意识和能力，同时加强合作研究及信息平台和经验共享。第三，建立适应基金机制，以协助最不发达国家和最贫困群体加强适应行动的实施。第四，积极发挥 UNFCCC 机构在推动和协调适应行动方面的作用。

实际上，在《公约》外采取适应策略和行动起步较早，这在某种意义上推动了全球对于适应气候变化与可持续发展问题的积极关注。目前《公约》外的适应行动主要受到以下几个方面的推动：一是联合国相关机构，例如联合国减灾委员会（ISDR）和联合国环境规划署（UNDP）的一些减灾、扶贫与发展项目。二是一些重要的国际机构，如世界银行在非洲和亚洲一些国家推动的适应与发展项目。三是适应与发展领域的双边合作，如英国国际发展部（DFID）针对非洲、东南亚等发展中国家开展的“气候变化风险的灵活应对机制”项目。四是国内外环保组织，例如世界自然基金会（WWF）、绿色和平等推动的适应与减贫项目。五是企业界，尤其是受到气候变化影响最为显著，也最早意识到风险适应和风险分担问题的保险行业，包括瑞士再保险公司和慕尼黑再保险公司等，利用保险创新积极推动全球巨灾保险。

面对气候变化的严峻挑战，国际社会普遍认识到，应在减缓温室气体排放的同时，努力提高各国尤其是发展中国家适应气候变化的能力。《公约》外的实践为《公约》内建立有效的适应机制奠定了良好的基础，提供了许多有意义的设想，例如利用国际保险机制帮助小岛国等发展中国家应对气候风险与损失以及利用现有基金机制进一步推动适应行动等。综合考虑适应与发展问题已经成为国际社会的共识，但是《公约》内外对此还有一些差异。一方面，美国等发达国家不希望再增加资金负担，主张适应基金可以与现有的发展援助基金（ODA）相结合，或者在《公约》外另起炉灶，建立由世界银行管理的气候投资基金（CIF）等；另一方面，发展中国家则坚持《公约》下的有约束力的适应机制，认为适应是气候变化给发展中国家带来的额外的发展成本，需要结合发达国家历史责任的问题来考虑资金的来源。这些焦点问题在 2008 年 6 月的联合国气候变化波恩会议上都得到体现。例如，日美英提出利用自愿援助基金帮助非洲和小岛国的适应行动，但是，这些额外援助不能成为发达国家转移视线、减小责任的借口，原则上不能纳入《公约》适应机制的范畴。

适应问题的核心是资金，重点是信息、基础设施和社会保障等方面。应该看到，国际社会对适应气候变化问题的反应远远没有达到应有的水平。虽然目前已经建立了多个专门的多边融资机制，包括最不发达国家基金和特殊气候变化基金，但与巨大的风险和损失相比，能够通过这些机制落实的资金始终非常有限。UNDP 指出，气候变化将促使援助转换成灾难救济，到 2015 年，每年至少要有 440 亿美元（2005 年价格测算）用于“气候防护”发展投资，400 亿美元用于加强国家减贫策略，每年还需要 20 亿美元用于救灾和灾后恢复。而资金落实中的任何短缺都将阻碍千年发展目标（MDG）的实现，使适应气候变化方面的问题更加严重。

（五）部门承诺方案

自从 2005 年启动关于 2012 年后全球应对气候变化的谈判以来，由于缔约方众多，利益诉求分歧较大，达成一个关于 2012 年以后综合性全球气候协议面临很大困难。因而在《公约》缔约方会议、八国集团峰会、OECD 和 EU 层面以部门方法应对气候变化的建议和讨论日渐增多，部门承诺方案不断受到关注。

《公约》和《京都议定书》采用了一个综合方法，以整个经济为对象设定排放目标。在《京都议定书》第一承诺期谈判过程中，很多缔约方不愿意讨论以什么方式减少排放，而是主张各缔约方接受国家目标，然后根据各自的国情和优先领域制订如何有效率地满足这些目标。虽然《公约》建立了一个综合框架，但它并不是不支持或排除部门动议。部门方法在其他国际问题领域也被成功采用。例如，在国际贸易机制中，考虑到不同部门之间的差异，无论是农业还是纺织品都是以部门的方法应对的。

积极推动部门承诺的主要力量源自日本和欧盟的政府和机构，此外，IEA、OECD 和世界可持续能源商会也比较活跃。IEA 提供的几种可供选择的方案包括：无损失部门承诺目标和减排额转让机制；部门的可持续发展政策和措施承诺；过渡性部门协议；部门承诺下的技术合作方式。日本多次强调部门方案在实现全球减排目标方面有很大潜力。日本认为，《京都议定书》是按照过去的总产出水平为主要工业化国家设定了定量的温室气体减排目标，但《京都议定书》

有其自身的很多缺陷，其中最主要的就是缺乏美国和中国的参与。根据国际共识，后续的议定书必须包括一个灵活和公平的框架使所有主要排放者参与进来。日本认为，部门方法可以科学识别各部门的减排潜力，通过加总每个部门的可能减排量制定国家减排目标，而不是简单地为每个国家设定没有科学依据的目标。这样不仅那些反对自上而下设定减排目标的国家可以接受，发展中国家也可能接受具体的部门目标。在发达国家的支持下，发展中国家大量低成本的减排机遇可以通过部门间的合作实现。在部门方案下，如果日本最有效率的燃煤电站技术在美国、中国和印度采用，每年可以减少13亿吨二氧化碳，超过日本全年的排放量。

美国明确支持部门方案。在本质上，欧盟也支持部门方案，但同时强调设定比较清晰的中期减排目标更重要，部门方法不能成为发达国家强制性中期目标的替代。日本政府在声明中也强调，部门方案不是抛弃《京都议定书》和替代有约束力的国家目标，更不是替代设定中期目标，排放贸易制度（设定排放上限）和部门方法不是替代关系，不是二选一。发达国家认为部门方案有几个潜在的优势，包括有利于简化谈判，扩大参与，突出重点部门和特定替代技术，具有较大灵活性等优点。当然，支持者也承认，在某些方面，部门方案只代表了次优选择。从环境和经济的角度看，一个包含所有主要排放国家所有温室气体源和汇的综合方法是最受青睐的。一个以整个经济体为对象的方法既能够给各国最大限度的灵活性，在成本最低的部门减少排放，又能够防止/减少碳排放从管理严格的部门泄漏到不够严格的部门。相反，针对具体部门的排放限制方案，会增加成本。一个接近折中的综合方法，是在一个共同的框架下把包括不同部门的平行协议连接起来，就能够产生环境效益，并提高经济效率。

尽管很多部门的倡议或协议可能是有效的，但很显然许多排放大量温室气体的部门和活动并不适合国际合作。因此，应对温室气体排放没有简单的答案，部门方案也不是万能药。部门视角对考虑未来国际气候政策框架时是有帮助的，也许是重要的，因为部门分析帮助阐释哪些部门，部门内的哪些活动、燃料和工艺对大气中温室气体的累积贡献最大。以这样一种方式理解某一部门的排放和其他特征，可以帮助政策制定者和投资者集中在重要的领域，制定有效的响应策略。

日本国内的大企业和商业是部门方案的主要推动力量。日本经济团体联合会认为，日本在《京都议定书》下受到不公正待遇，相对于1990年，其在能源效率方面已经做得非常好，但实现6%的减排目标非常困难。在部门方案下，能源效率较高的日本和主要欧盟国家将通过技术出口获取收益，并且在全球产业竞争中占据主导地位。另外，日本急切地推出部门方法主要是基于时间的考虑，因为日本是2008年八国集团峰会主席国，日本希望把部门方法提交给八国集团峰会前先得到发展中国家的共识，以显示日本的领导作用。

一些国际环保非政府组织和发展中国家认为，日本的部门方案提议并不十分清晰，大力推进部门方案可能引起发达国家与发展中国家之间的不信任，为后续谈判制造障碍。一些代表和环境专家指责日本试图用这种方法取代《京都议定书》中确立发达国家减排目标的方式，混淆发展中国家和发达国家应对气候变化的责任，是想把本来应该由发达国家承担的减排义务转嫁到发展中国家身上。印度代表甚至斥之为“贸易保护主义者的大阴谋”。中国等发展中国家强调，部门方法只能是附件一国家减排目标的补充，只可以用于促进技术开发、应用和转让，促进部门合作，绝对不能替代国家减排目标，不能为发展中国家制定部门标准或基准线。

四 《公约》框架外的官方机制及其影响

随着《京都议定书》的生效，2012年后气候谈判正式启动。在国际社会和各缔约方的艰苦努力之下，2012年后气候谈判在《公约》框架下以“双轨”并行的方式艰难前行，并于2007年12月在巴厘岛联合国气候变化大会上取得初步成功。然而，尽管绝大多数国家支持2012年后气候谈判必须以《公约》和《京都议定书》为基础，发挥联合国的主导作用，但由于在《公约》和《京都议定书》下的谈判参与方众多，众口难调，交易成本太高，因而以欧盟和美国为首的利益集团试图在《公约》和《京都议定书》框架之外寻求新的解决途径。近年来，在《公约》框架之外，以气候变化为主要议题的磋商和对话非常活跃，双边和多边国际合作机制也不断涌现。磋商平台和合作机制的多元化，一方面有可能作为《公约》和《京都议定书》下谈判的补充，对谈判起到推动作用；另一方面，某些大国也可能为了谋取自身的政治利益，与《公约》和《京都议定书》下的谈判产生不协调，分散国际社会的注意力。

（一）主要经济体能源安全与气候变化会议

2007年5月31日，美国总统布什在赴德国出席八国集团峰会（G8）前夕，公布了美国应对气候变化的长期战略，并在 G8 会议期间，邀请其他 15 个主要温室气体排放大国自 2007 年 9 月起举办一系列会议，以期在 2008 年底前达成减排温室气体长期目标的协议。2008 年 6 月在日本的八国峰会上明确承诺 2050 年温室气体排放水平比当前减半。参加主要经济体会议的国家包括：美国、日本、法国、德国、英国、意大利、中国、加拿大、俄罗斯、印度、巴西、澳大利亚、韩国、南非、印度尼西亚、墨西哥，以及联合国、欧盟轮值国和欧盟委员会的代表。那些处于气候变化风险之中的国家（如小岛国和最不发达国家）没有在受邀之列。从表 1 可以看出，参加主要经济体会议的 16 国的经济总量和能源消费以及二氧化碳排放总量占世界的 70% 以上，在世界政治经济舞台上具有举足轻重的地位。如果包括八国集团和主要发展中国家在内的主要经济体能源安全与气候变化会议能够就未来全球温室气体减排达成共识，将大大推进国际气候制度进程，对于全球变暖问题的解决具有积极作用。

表 1　主要经济体经济和气候变化指标

国　　家	GDP(10 亿美元)	能源消费(百万吨油当量)	CO_2 排放(百万吨二氧化碳)	
	2006 年	2006 年	1990 年	2006 年
美　　国	12416.5	2340.3	4818.3	5696.8
日　　本	4534.0	530.5	1070.7	1212.7
法　　国	2126.6	276.0	363.8	377.5
德　　国	2794.9	344.7	980.4	823.5
英　　国	2198.8	233.9	579.4	536.5
意 大 利	1762.5	185.2	389.7	448.0
加 拿 大	1113.8	272.0	415.8	538.8
俄 罗 斯	763.7	646.7	1984.1	1587.2
澳大利亚	732.5	122.0	278.5	394.4
中　　国	2234.3	1717.2	2398.9	5605.5
印　　度	805.7	537.3	681.7	1249.7
巴　　西	796.1	209.5	209.5	332.4
韩　　国	787.6	213.8	241.2	476.1
南　　非	239.5	127.6	331.8	342.0
墨 西 哥	768.4	176.5	313.3	416.3
印度尼西亚	287.2	179.5	213.8	270.3
世　　界	44155.7	11433.9	22702.5	28002.7
16国/世界	77.8%	70.9%	67.3%	70.5%

资料来源：IEA，2008，CO_2 Emissions from Fossil Fuel Combustion. Paris。

从2007年9月起，美国便开始主持召开主要经济体能源安全与气候变化会议。美国"热心"召集主要经济体能源安全与气候变化会议，显然有其针对性——在应对全球气候变化的问题上，美国的负面形象一直备受批评。美国此举一方面是展示美国在重大国际问题上的领导地位，争夺国际舆论主导权，以进为退，希望以此缓和其在减排问题上面临的巨大压力；另一方面在于回应美国国内地方政府、国会和公众支持减排的呼声。美国目前已有夏威夷、加利福尼亚等22个州效仿欧盟，提出了强制性的减排目标，或者已通过相关法律。它们自发组成的"减排同盟"的逐步扩大，可能会自下而上地推动美国联邦政府提出全国性的强制减排目标。美国的商业部门也支持有约束力的排放上限。二十几家美国的大公司，如福特、通用电气、通用汽车、杜邦、杜克能源和克莱斯勒呼吁对国内的排放上限和贸易制度进行立法，立即开始减少美国的排放，目标是到2050年减排60%～80%。

美国政府在退出《京都议定书》之后，在《公约》之外发起了一系列《公约》框架之外的论坛，并没有任何实质的效果。例如美国于2005年7月发起成立的《亚太地区清洁发展与气候伙伴计划》（APP），也没有实质推进，有偃旗息鼓之势。于是美国在2007年又启动了主要经济体能源安全与气候变化会议。从美国的这一系列动作来看，影响越来越大，目的无非是弱化《公约》框架内机制。然而，在这一系列看似阵势浩大的动议背后，美国几乎没投入多少资金加以支持，美国政府似乎只让这些高调的动议流于形式。但是，美国这些动议的目的似乎非常明确，不分发达与发展中国家，"抓大放小"，忽略众多经济规模小、排放量少但人均排放量高的发达国家，把中国和印度等主要发展中国家纳入全球减排行动。

（二）八国集团首脑会议

一年一度的G8峰会作为世界最发达国家的"大国俱乐部"，在世界事务中发挥重要影响。而这些发达工业化国家也正是温室气体的排放大国。因此，利用这一政治对话平台讨论气候变化问题不仅顺理成章，也显示出气候政治已经成为当今大国政治博弈中的重要一环。

2005年6月，在英国鹰谷召开的G8峰会，首次将气候变化列为两大议题之一，以"G8+5"的形式加强工业化国家与主要发展中国家的大国对话，并达成了“气候变化、清洁能源与可持续发展的行动计划”。从此，气候变化成为G8峰会的常设议题。如果说2006年在俄罗斯圣彼得堡召开的G8峰会，以能源安全与合作为主题，与气候变化有点偏离，那么2007年在德国召开的“G8+5”峰会，则完全回到了英国开创的气候变化政治议程上。东道主德国将本届G8峰会的主题确定为“增长与责任”，意在呼吁G8成员国在全球发展方面切实承担起责任，进一步推动主要排放大国为应对气候变化采取行动。同时继续邀请中国、印度等5个发展中大国参与对话。

欧盟作为世界“环保先锋”，为促进温室气体减排采取了大量政策措施，并一直积极致力于推动国际气候进程。2008年的八国集团首脑会议，通过多方努力，最终达成内部妥协。八国领导人在会议声明中表示，鉴于联合国有关报告为温室气体排放造成气候变化提供了科学依据，必须“大幅度”减少全球温室气体排放量。为此八国将“认真考虑”欧盟、加拿大、日本等提出的关于到2050年全球温室气体排放量比1990年至少降低50%的建议，并希望温室气体排放大国都为此而努力。声明说，为在2009年以前达成一项新的全球减排框架协议，排放全球大部分温室气体的经济大国在2008年底之前就各自为全球协议作出的具体贡献取得共识至关重要。美国虽然在德国的压力下模糊表态，同意“认真考虑”欧盟等提出的减排目标，但时任总统的布什同时提出气候变化新战略，力邀全球15个主要温室气体排放国举行一系列会议，在2008年底前达成减排温室气体的长期目标。美国仍坚持具体的减排比例应由各国自行掌握。

2009年7月初意大利选择在地震受灾城市拉奎拉举行八国峰会，意在向峰会领导人和国际社会展示自然灾害对社会经济的巨大破坏，从而促使峰会能够在全球温室气体减排目标方面达成进一步的共识。7月8日，八国峰会发表会议声明表示，同意和其他国家一起，在2050年前将全球温室气体排放量减少50%，并以工业化前的水平为基准，将全球温度的升幅控制在2℃内。声明同时表示，到2050年，发达国家温室气体排放总量应在1990年或其后某一年的基础上减少80%以上。若与过去的承诺相比，这个声明向减排方向迈进了一小步。2008年日本北海道洞爷湖G8峰会宣言曾提出：“力争与《联合国气候变化框架公约》所有缔约方就到2050年减半的目标达成共识。”这意味着，在2050年减排的这一长期目标上，八大主要工业国作出了让步，即将自己的温室气体减排量从先前的50%提高到了80%。不仅如此，八国峰会领导人还明确认可2℃温升目标。尽管各方对于中期减排目标尚存分歧，各方均明确表示推动2009年底哥本哈根气候协定的达成。显然，八国峰会的政治意愿对国际气候政治进程具有决定性的影响。

但是也要看到，八国集团峰会不可能对全球温室气体减排的中期目标达成共识。第一，发展中国家与美国的分歧难以弥合，因为根据“巴厘路线图”，中国和印度等主要发展中国家不可能承诺具有约束力的减排或限排目标，而美国主张主要经济体国家也要参与有约束力的国际协议。第二，奥巴马宣布美国的温室气体排放将在2020年比2005年减少17%，主要依靠自愿行动而不是强制行动。这与欧盟一直主张的到2020年在1990年的水平上减排25%～40%的目标相去甚远，与排放上限与贸易机制的理念也不尽一致。

（三）APEC会议

自APEC首次领导人非正式会议于1993年11月在美国西雅图举行以来，已经召开了十五次领导人非正式会议，前十四次会议讨论的主题都与经济贸易密切相关。第十四次领导人非正式会议开始强调能源和环境问题，但是，会议讨论仍然以经济问题为主。2007年9月在澳大利亚悉尼召开的APEC第十五次领导人非正式会议，首次将气候问题与经济问题（多哈回合谈判）并列为会议主要议题，并发表了独立的气候宣言，即《亚太经合组织领导人关于气候变化、能源安全和清洁发展的宣言》（简称《悉尼宣言》）。

由于APEC在世界政治、经济舞台上举足轻重的地位，《悉尼宣言》的出台对2012年后国际气候制度的建构产生了一定的影响，故被视为《公约》框架外的一个区域性官方机制。《悉尼宣言》的要点包括：应该制订减少全球温室气体排放的长期目标，以指导并确立“后京都时代”关于气候变化的全球性规则；需反映各成员社会经济发展状况的不同，“共同但有区别的责任”以及行动能力的差异；推广低排放、零排放的能源与技术对实现温室气体减排至关重要；APEC将设立减少能源强度和增加森林覆盖率的地区目标，强化在保持经济增长的同时减少温室气体排放的有关政策。宣言也为该组织成员提高能源效率设置了意向性目标，即到2030年，APEC地区的单位产值能耗比2005年至少减少25%，森林覆盖面积到2020年至少增加两千万公顷。

对第十五次APEC会议企图在联合国《公约》外建立气候制度的计划，国际社会反应各异，总体来看毁多誉少。一部分人反对在《公约》外再建气候机制，理由如下：第一，虽然《悉尼宣言》呼吁设定一个全球目标以防止“对气候系统的危险的人类干扰”，但它没有就2012年之后阻止二氧化碳排放增长设定时间表。第二，由于《悉尼宣言》不强制各成员国减排，对延伸和加强《京都议定书》的强制性目标的努力将有所损害，威胁《京都议定书》未来的命运。预计从现在起到2050年，如果不限制减排，来自APEC国家的排放将增加130%，而使用可再生能源如核能、清洁煤、提高能效等则可以减少49%的排放，计算的结果仍然是排放的净增长。第三，《悉尼宣言》关于森林覆盖率的目标同样具有自愿和非约束力的性质，这将不能有效防止某些国家将具有高保存价值的自然林毁掉，然后进行再造林。第四，澳大利亚和俄罗斯签署的《铀出口协议》削弱了防止核扩散的国际努力，《悉尼宣言》只片面强调了核电的作用，忽略了核电在未来电力市场中所占份额将逐步缩小的趋势。而且，就算到2050年核电产量能翻番，也只能减少5%的温室气体排放，但由此产生的核废料和核扩散问题所带来的成本远远高于提高能源效率和发展可再生能源产生的费用。第五，《悉尼宣言》含糊其辞、目的不明确，强调自愿原则，澳大利亚和美国在气候变化方面并没有采取实质性的行动。因此，APEC会议对《京都议定书》没有形成任何有益的补充，反而是一个对气候变化真正努力的分心行动。

当然，也有人认为《悉尼宣言》在棘手的气候变化问题上创造了共识。澳大利亚前总理霍华德认为，《悉尼宣言》是一个里程碑，“标志着世界最大的污染者第一次承诺要削减温室气体排放”。其实，此次APEC会议讨论气候变化问题是与东道国澳大利亚的国内政治联系在一起的。霍华德政府追随美国不批准《京都议定书》，不仅遭受国际声讨，也受到国内政治力量的反对。霍华德的竞争对手陆克文顺利当选，高调应对气候变化问题，明显看出澳大利亚国内气候政治力量的变化。

APEC第十六次领导人非正式会议及工商领导人峰会于2008年11月16～23日在秘鲁首都利马举行，主题是“亚太发展的新承诺”。会议的主要议题是贸易自由化、结构调整以及通过能力建设跨越发展鸿沟，这些都是APEC会议的传统议题。气候变化问题不是这次会议的主要议题，一个主要原因在于会议的东道国秘鲁作为发展中国家，没有推进气候变化谈判的动力与利益诉求。同时也说明，APEC会议这种《公约》外机制没有一个稳定的机制，产生的影响注定非常有限。

（四）亚太清洁发展与气候伙伴关系

亚太清洁发展和气候伙伴关系（APP）是一个国际性非条约化的协议关系，于2005年7月在美国倡导下成立，成员包括美国、日本、澳大利亚、中国、印度和韩国。APP六个成员国的温室气体排放、能源消耗、经济总量和人口约占世界总量的一半。APP的目的是“规划出一个新型的公—私工作组，专门处理气候变化、能源安全和空气污染问题”。2007年10月在新德里举行的APP第二次部长级会议上，加拿大加入该伙伴计划。加拿大认为，因为APP有美国、澳大利亚、日本、中国、印度和韩国参与，共同致力于开发新技术来降低温室气体排放，而不是设立特定的减排目标，因而APP所遵循的主要原则与加拿大政府的政策方向相当一致。

为落实该伙伴计划，各方于2006年1月11～12日在澳大利亚举行了新伙伴计划第一次部长级会议。在此次会议上，六方确定了新伙伴计划的宪章，作为伙伴关系的指导性文件，并在会后发布了公报。此外，各方同意在会后成立政策和实施委员会，作为新伙伴计划的最高管理机构。经磋商，由美国担任政策和实施委员会的第一任主席，任期两年。为落实新伙伴计划意向声明和宪章所确定的目标，在部长级会议上，各方还确定了工作计划和具体的合作领域，并在政策和实施委员会下成立了八个行业工作组，由政府和企业代表组成。八个行业工作组分别是：①更清洁化石能源；②可再生能源和分布式供能；③钢铁；④制铝；⑤水泥；⑥煤矿开采；⑦发电和输电；⑧建筑和家用电器节能。每个工作组设两名联合主席，协调该小组的工作。行业工作组将采用技术研究、试点、示范和实施项目、技能提高和交流、商业和信息交流（例如研讨会和高层政策对话）以及推广最佳做法等措施来落实具体工作。

与《京都议定书》不同，APP允许成员国各自设定减排目标，没有强制履行机制。这遭到了来自其他国家的政府、气候科学家和环保团体的批评，大家普遍认为在不设定排放上限的情况下，其减排行动意义不大。世界自然基金认为“这个不限制污染的气候变化条约”……“为美国和澳大利亚不批准《京都议定书》提供了遮羞布。”然而支持者认为，APP是对《京都议定书》的有益补充，至少可以看做是气候变化进程的一个信号，而且对那些没有签署《京都议定书》的国家有特别的作用；APP打破了《公约》和《京都议定书》中存在于发达国

家和发展中国家之间的僵局。支持者认为，只有在不限制成员国的经济增长和不强制减排的情况下，才能使所有的污染者（如中国和印度）采取积极的行动。

应该看到，这一伙伴计划实际上是个技术协定，它正是切中了中、印等发展中国家对技术转让的需求，同时考虑到发展中国家的能源安全和能源效率问题，且没有硬性规定每个国家的温室气体排放削减义务，因而才能顺利地建立起来。从当前的形势来看，《亚太清洁发展与气候伙伴计划》是对《京都议定书》的补充，尤其是以部门合作为切入点，为全球气候变化领域的合作开辟了一条新的途径，也为目前正在探讨的部门承诺方案积累了实际经验。

（五）联合国会议

潘基文自2007年1月1日起担任联合国秘书长一职以来，便将气候变化作为其最优先考虑的问题之一。针对《公约》和《京都议定书》下2012年后气候谈判的僵局，以及联合国框架外多边机制的活跃，他的主导思想是必须全面强化联合国在气候变化问题上的主导作用。他认为2012年后气候谈判不仅依赖于现存的动力，还要努力凝聚和激活各方的政治意愿，而联合国大会作为全球最高级别的政治舞台，正是完成这一使命的最佳平台。为此，潘基文不断敦促所有国家在2009年能达成一个全面的新协议，以便让各国政府有时间批准这个新协议，使其能在2013年生效。他还专门任命了三位气候变化特使，即以推动全球可持续发展，发表《我们共同的未来》而著称的挪威前总理、世界环境与发展委员会前主席格罗·哈莱姆·布伦特兰夫人，韩国前外交部长、前联合国大会第五十六届会议主席韩升洙先生，以及智利前总统里卡多·拉戈斯·埃斯科瓦尔先生，负责协助他同各国政府进行协商，就如何促进联合国内部的多边气候变化谈判，以及召开联合国高级别会议等问题征询各国政府的意见。

在联合国秘书长潘基文的强力推动下，2007年7月31日，联合国大会就气候变化问题举行非正式专题辩论，主题是“气候变化是一项全球性挑战”，这是联大历史上首次就此问题进行的辩论。在全球气候变化问题日益引起国际社会高度关注的背景下，原定为期两天的联合国大会气候变化非正式专题辩论，由于气氛热烈，要求发言的国家数量过多而延期一天。近100个国家和地区在此次有关气候变化问题的大会上发言，表明国际社会对一个新的应对气候变化条约谈判的强烈支持。许多因干旱、洪水和热浪等问题而焦虑不已的国家对气候变化问题的

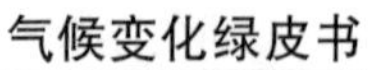

关切尤其强烈。联合国大会主席阿勒哈利法在闭幕式上指出，“我们现在拥有了动力”，“我们应对气候变化的努力更为重要，我们需要确保能达成一个公正、明确和雄心勃勃的全球目标，以同我们未来所面临的严峻挑战相称”。2007 年 9 月，第 62 届联合国大会在纽约召开，气候变化不仅是各国领导人先期举行高级别会议的主题，而且作为一般性辩论的主题贯穿于整个会议。联合国秘书长潘基文发表了题为“构建更强有力的联合国，建设更美好的世界”的讲话，强调在未来的一年中，世界将面临一系列严峻的挑战。世界上的国家，无论大小贫富，都无法单独应对这些挑战。“多边主义再次兴起。一个日趋相互依存的世界认识到，明天的各种挑战，最好是通过联合国来处理。事实上，也只能通过联合国来处理”。

应该说，《公约》下的谈判能在巴厘岛会议取得重大突破，达成“巴厘路线图”，是与近年来《公约》外联合国机构和秘书长本人的努力分不开的。联合国在推动国际气候进程中所发挥的独特作用十分重要。2008 年的第六十三届联大，气候变化同样列入了议题；2009 年的第六十四届联大，为了推动哥本哈根气候协议的达成，气候变化问题已经列为主要议程，在最高国际政治层面，推动气候变化的谈判进程。

（六）双边合作

在认真履行《公约》的同时，中国积极加强同世界各国的交流与合作，为保护全球气候作出更大的贡献。截至目前，中国已与 97 个国家或地区签订了 103 项科技合作协议，其中气候变化是双边合作的优先和重点领域。在双边领域，中国同欧盟、英国和澳大利亚之间分别发表了《中欧气候变化联合声明》、《中英气候变化联合声明》和《中澳气候变化联合声明》，并设立了中欧、中英和中澳气候变化工作组；中国与加拿大签署了《中加气候变化谅解备忘录》，设立了中加气候变化工作组；中国与日本发表了《中日气候变化联合声明》，建立了中日气候变化双边磋商机制；中国与法国签署了气候变化联合声明，但尚未建立双边磋商机制；中国与印度、巴西分别建立了双边磋商机制；中国、印度、巴西和南非四国也维持着非正式磋商机制。近年来，中美之间主要通过“经济大国气候变化会议”、“亚太清洁发展与气候伙伴计划”、“甲烷市场化伙伴计划”、“碳收集领导人论坛”等美方主导的多边动议展开交流与对话。奥巴马入主白宫以后，尤其注重中美能源与气候变化合作。仅在 2009 年上半年，即有国务卿、能源、财政和商务部长访华，高调开启中美战略经济对话，奥巴马亲自到场致辞。尽管中美分处于发展中和发达国家集团，责任、义务存在巨大差异，但两国的合作空间十分巨大，表现出携手共同应对气候变化的良好意愿。

五 《公约》框架外的非国家政治实体的参与及其影响

《联合国气候变化框架公约》缔约方会议的谈判主体是各缔约方政府，但企业（联盟）、非政府机构和国际组织都可以以观察员身份参加缔约方会议。这些非国家政府的主体在国际气候治理的进程中也发挥着重要的作用，影响着谈判进程。此外，由于美国是唯一未批准《京都议定书》的发达国家，其地方政府和国家立法机构（如国会）的一些应对气候变化动议与行动，直接或间接影响政府政策，进而影响国际气候进程。

（一）美国地方政府

一直以来，美国联邦政府对应对气候变化问题持消极态度，拒绝批准《京都议定书》，反对设立减排目标和时间表，认为限制二氧化碳排放量并不能解决全球气候变化问题，开发新的洁净能源技术才是更好的途径。多年来，美国人都认为制定气候变化政策是联邦政府的职责，但由于联邦政府在气候变化政策方面总是行动迟缓，各州便纷纷开始制定各自的气候政策。实际上，各州应对气候变化的政策有多重动机，如提高空气质量、减少交通拥挤、确保能源安全和可靠性等。同样，明确制定减少温室气体排放的政策通常能带来其他领域的收益。

尽管应对气候变化挑战最终需要在国家和国际层面来解决，各州和一些地区的行动不能替代协调一致的国家行动，但各州和一些地区仍然可以发挥重要的作用。第一，美国州一级政府常常扮演政策实验室的角色，州政府的政策及其实施成为联邦政府制定政策的参照模式。在环境管理方面尤其如此，美国很多法律政策都是以此模式产生的。可见，州政府应对气候变化的行动，最终必然影响到美国联邦政府的立场和政策。第二，美国各州的减排行动本身就是对美国温室气体减排的重大贡献。美国许多州的经济总量和温室气体排放量就可敌国，如加州的温室气体的排放总量超过巴西，德州的排放量超过法国。

加州政府通过了《全球升温治理法案》，规定加州到2020年温室气体排放量减少25%，控制在1990年的水平，并要求在2011年前，制定温室气体排量标准和减排措施，于2012年开始实施，对违反标准的予以惩罚。同时，加州引入了市场机制，允许买卖排放指标。缅因州也通过了一项《为应对气候变化威胁发挥领导作用的法案》，规定在2010年把温室气体排放量控制在1990年的水平，到2020年，在1990年的基础上减少10%。其他各州也制订了相应的行动计划和政策措施，如犹他州温室气体减排的目标是到2020年将温室气体排放量减少至2005年的水平，同时制定了开发可再生能源、减少对化石能源的需求、提高能源效率、联合运输政策等温室气体减排的政策工具。俄亥俄州建立了替代能源投资组合标准，到2025年，所有发电量中至少有25%来自替代能源，至少有12.5%来自风能、太阳能等可再生能源，其余12.5%来自核电厂、清洁煤技术等替代能源，等等。到目前为止，美国已有30多个州制定了各自的应对气候变化的目标和相应政策措施。尽管这些目标都低于《京都议定书》确立的减排目标，但对于减缓全球气候变化仍具有积极意义。

由于各州投入到应对气候变化的资源是有限的，各州的行动具有一定的局限性。从趋势上看，区域内的合作成为一种必然的趋势。区域动议可能比州一级的更有效，因为他们包含了更广泛的地理区域、消除了重复工作、创造了更统一的管制环境。区域政策是一种有效的降低减排成本的方式，能够获得真正的减排。区域政策可以产生规模效应，降低成本，越多的州参与就会带来越低的减排成本。总之，无论是区域行动还是州的行动，从美国国内来讲，应对气候变化的措施更为具体化、操作性更强。

（二）美国国会

美国在气候变化问题上的立场不仅受到国际政治的影响，而且在很大程度上是美国国内政治决策的产物。美国国内政治体系相当复杂，国会分为参众两院，是其国内政治体制中最为重要的政治力量，对决定美国气候政策起到决定性作用。近年来，美国国会在对待气候变化问题上与联邦政府的立场有很大不同，有关气候变化的提案不仅数量不断增长，涉及议题也所扩展。

于2007年初履职的国会，在野的民主党取得对参众两院的控制权，而民主党一向比较重视民生、人权和环境问题，民主党领袖、众议院议长以及一些关键

专门委员会的主席都宣布要将气候变化问题放在国会议程的重要位置。

2007年3月，众议院以169票对150票通过建立一个新的能源独立和气候变化委员会的提案。2007年12月5日，参议院环境与公共事务委员会以11票对8票通过《气候安全法令》（S. 2191），这是第一个由国会专门委员会通过的有关温室气体减排目标和贸易体系的提案。尽管该法案要正式生效实施，还需要经过相当复杂和漫长的立法程序，但该法案的通过是美国国会启动气候变化立法的一个重要标志。除此之外，提交讨论的类似提案还有不少，主要有《美国气候安全法令》（S. 2191）、《低碳经济法令》（S. 1766）、《气候全球村和创新法令》（S. 280）、《全球变暖污染减少法令》（S. 309）和《减少全球变暖法令》（S. 485）。除了有关减排目标和排放贸易体系的提案之外，本届国会还提出两个有关碳税的提案，即《拯救我们的气候法令2007》（H. R. 2069）和《美国能源安全信托基金法令2007》（H. R. 3416）。

美国国会提出的上述气候变化法案，尽管减排目标、覆盖排放源的范围、排放额度的分配方案、具体政策建议有所不同，但有一个共同之处，就是都采用了减排目标和排放贸易体系的思路，也是《京都议定书》的承诺方式。从减排目标看，所有提案的共同特点是2030年之前的近期目标都比较松，远期目标则分歧较大。有些提案比较激进，如《全球变暖污染减少法令》，主张到2050年相比1990年减排80%，高出欧盟2050年减排60%的目标。有些提案则相对保守，如《低碳经济法令》，到2030年才回到1990年的水平，其后只需维持稳定。而走在立法程序前列的《美国气候安全法令》，到2050年相比2005年减排70%。从主要的政策措施看，基本上是欧盟现行政策的翻版，如碳税、能源效率标准，汽车排放标准，鼓励低碳技术研发等。从重点技术看，美国对碳捕获和埋存（CCS）技术寄予厚望，从政策层面给予大力支持，与欧洲强调可再生能源替代化石燃料的思路有所不同。

正是由于美国国会部分议员长期以来的积极努力，才使得有关气候变化的立法有突破性的进展：美国众议院于2009年6月26日以219对212票，通过了《清洁能源与安全法案》。根据众议院能源与商业专门委员会的分析，法案中可再生能源、清洁能源技术和能源效率计划的补充性减排措施将实现额外的减排。那么，这将使美国的碳排放相对于2005年的水平，到2020年削减28%～33%，到2050年的削减超过80%。显然，美国众议院通过的这一法案，尽管尚有一定

的法律程序，但在原则上为美国在2009年底联合国气候会议哥本哈根气候协定的谈判，给出了信号，打下了基础，不会出现《京都议定书》那样1997年克林顿政府谈判达成协议，随后国会出现否定声音、布什政府拒绝批准的局面。

（三）非政府组织

气候变化等全球问题的大量涌现，以及全球公民社会的兴起，被认为是自联合国建立以来这个世界发生的两大根本性改变。非政府组织只是一种非营利的社会中介组织，与各级政府、企业和媒体等共同成为全球气候治理的重要主体。在当前关于2012年后气候制度构建的热烈讨论中，公民社会也积极参与，形成了一道独特的风景线。

环境非政府组织数量众多，纷繁复杂，但是可以大概划分为研究型、战略型和行动型三类。这种分类大概能够反映环境非政府组织的资源、目标定位与其行为策略的关系。当然也有些非政府组织兼具某两方面或三方面的优势。

研究型非政府组织（包括一些独立的科研机构）一般具有智力优势，拥有自己的研究力量，可以直接提供谈判方案，直接影响和推动国际气候制度的进程，也可以应对气候变化的技术行动。当然，由于各种组织的利益诉求、立场和行动方式各有差别，他们对于2012年后气候制度构建的政策建议也有所侧重。

位于美国的PEW全球气候变化研究中心对气候变化的研究活动一直非常活跃。2004～2005年，在洛克菲勒兄弟基金会等资助下，该中心在纽约召集了15个国家的25位决策者和利益相关者召开四次“气候对话”会议，对于2012年后气候制度构建各种气候政策建议进行非正式的讨论。与会者达成共识，认为一系列的政策要素可以强化当前应对气候变化的多边途径。

战略型非政府组织一般有政府背景。在英国政府及时任首相布莱尔的邀请下，前世界银行首席经济学家尼古拉斯·斯特恩爵士于2006年10月完成的《斯特恩报告》产生了广泛的国际影响，全面反映英国政府的主张和战略思想。2008年4月在伦敦经济学院任教的斯特恩爵士再度发表报告《全球气候变化协议的关键要素》，对于2012年后气候制度构建的框架要素提出建议。2008年6月，在布莱尔办公室和气候组织专家的支持下，英国首相布莱尔发表了《打破气候制度僵局：通往低碳经济未来的全球协议》报告。该报告总结了当前国际气候制度构建的基本议题和选择，布莱尔及其组织以此积极游说八国集团的领导人，

希望各国首脑能够积极推动全球协议谈判进程。

美国哈佛大学国际气候协议项目组汇集了来自世界各地的学术界、产业界、政府和非政府组织的顶级学者，涵盖环境经济学、法律和国际事务等多个领域。目的是构建一套有希望的政策框架体系，发展出一套从美国角度出发的气候政策模式框架和主要设计要素，为奥巴马政府和新国会的气候政策谈判服务。

行动型环境非政府组织侧重舆论影响、发动组织大众参与，行动方式也丰富多彩。它们经常通过信息宣传和集体抗议示威等活动，吸引全世界的目光来关注国际谈判。例如，一个叫做全球气候运动的网站在每年召开 COP 会议期间，都会组织声势浩大的全球范围内的示威活动，参与者达数万人。许多非政府组织也在国内作为压力集团，通过影响本国政府的态度间接影响国际气候谈判。

行动型非政府组织一般倡导或支持较为激进的减排目标。欧盟推崇的2℃温升上限目标为 WWF 等许多环境非政府组织所接受。在巴厘岛会议上，许多环境非政府组织认为各国代表应该接受 IPCC 第四次评估报告中提出的与2℃升温目标相对应的450ppm 浓度水平作为谈判目标。其中，WWF 和绿色和平等希望能够达成有约束力的“巴厘授权”，从而彻底为2009 年达成全球协议铺平道路。

总之，不同环境非政府组织由于立场差异、优势各有不同，在推动国际气候制度发展中的作用也有所差别，但是他们大多积极推动国际气候制度的建立，促进全球温室气体的减排。

（四）企业（联盟）

随着各界对全球气候变化问题认知的深入，工商界对气候变化问题越来越重视。一些跨国公司（尤其是能源密集型大企业）和企业联盟不仅采取行动积极应对气候变化，而且利用自身力量直接或间接服务于政府气候变化决策进而影响国际气候制度的构建。

企业界之所以越来越重视气候变化问题，有其内在原因。第一，越来越多的企业已经或者将不可避免地受到更为严格的限制温室气体排放措施的限制，开始提前行动以把握因气候变化带来的商机同时规避因气候变化以及监管措施变动所可能带来的风险。第二，越来越多的公众也开始关注气候变化问题，因此，采取积极态度来面对气候变化问题有利于企业迎合社会舆论，体现社会责任感，树立良好商业形象，增加无形资产，从而有利于企业的长期发展。第三，关注气候问

题有利于企业实现技术创新，保持和提高核心竞争力。第四，关注气候变化问题带来了新的商业机会。根据相关报告，全球碳市场价值在2008年约920亿美元；到2050年，低碳能源产品的市场价值可能会达到每年至少5000亿美元。

正是源于自身利益的考虑，不少企业或企业联盟开始积极面对气候变化问题。但是仅仅是企业或企业联盟自身关注气候变化问题是不够的，政府一个新的温室气体管制政策的出台往往就会改变市场机会，使企业的经营风险加大。同时，稳定大气中的温室气体浓度，需要通过合理的制度安排来避免“搭便车”行为。因此发达国家的企业尤其是跨国企业往往对政府施压以获得对其有利的政策措施和制度安排。

为了实现其利益诉求，企业和企业联盟积极通过直接和间接的方式对政府行为施加影响，使政府在制定相关国内以及国际制度安排时充分体现它们的利益。直接渠道是企业或企业联盟直接参与政府的能源气候政策制定和制度安排，比如壳牌公司帮助英国政府成立了英国排放贸易集团并参与制定了英国的排放规则。而间接渠道则主要有以下的一些方式：首先是对政府和议会进行游说。其次是通过出版书刊、在主流媒体上接受采访、发表评论，举办会议、论坛、发表宣言和倡议书等形式在舆论上对政府和立法机构形成压力。再次是举办并邀请立法机构成员、政府官员参加相关讲座、报告会和培训班，对相关人员观念产生影响，同时与政府和立法机构建立起良好的公私关系，对相关立法和政府政策制定产生影响。最后是出席立法听证会、参与政府政策咨询，间接对相关立法和政府政策制定进程产生影响。

企业和企业联盟通过这些渠道对政府及立法机构施加了影响，以维护其各自的利益，而各国出于对国内经济政治诉求以及国际政治经济战略格局等因素的考虑，也对这些影响作出了积极回应。布什政府在上任伊始就宣布退出《京都议定书》，此举被认为是给在竞选中支持他的石油企业的“投桃报李”。而日本政府目前极力推动部门承诺方案，也是国内企业强烈的利益诉求所在。日本企业能源效率水平享誉全球，企业一直抱怨《京都议定书》的目标设定方法对日本不公平，而在部门承诺方案下日本企业将凭借其能源效率方面的竞争力获得无限商机。美国国内的一些大企业呼吁州政府或联邦政府建立限额与排放贸易制度，目的是参与国际碳市场的角逐。从目前的情况来看，发达国家的企业对2012年后国际气候制度安排尚存在分歧。由于存在利益冲突，可预见未来各方将围绕

2012年后国际气候制度安排展开激烈博弈，这其中不可忽视各国企业及企业联盟的影响力。

六 《公约》框架内外机制的矛盾、协调与相互作用

《公约》框架内外机制之分之所以产生，在于美国拒绝重返《京都议定书》，奉行单边主义。在《京都议定书》迟迟难以生效的漫长等待中，很多缔约方对“京都模式”的种种弊端已有所不满。奉行这一选择最大的阻力是美国的反对。出于其国际战略考虑，只要发展中大国没有参与减排或限排承诺，只要是京都定式，美国均不会重返京都格局。如果要美国和广大发展中国家参与2012年后气候制度谈判进程，一种取向便是回到《公约》，另行谈判。但回到《公约》缔约方会议，程序复杂，众口难调，交易成本太高。于是，在《公约》框架之外，一些国家试图另行结盟，走“第三条道路”。

这些游离在《联合国气候变化框架公约》之外的合作机制，优点是简单易行，决策效率较高。只要各方兴趣一致，就可以形成一种协定，反对者可以不参与，也可以后参与，因而阻力较小。但其弊端是涵盖范围有限，所确定的义务不具有法律约束力，其执行完全靠自觉行动，更严重的是抛弃《公约》，涉嫌单边主义。因此，对美国在《公约》框架之外发起的合作机制，国际社会的最初反应是担心美国企图替代《公约》和《京都议定书》模式，尤其在《亚太清洁发展与气候伙伴计划》成立之初。随着国际气候政治角逐的不断深入，尤其是“巴厘路线图”的达成使国际社会逐渐认识到，美国主导的这些《公约》外机制，没有实质性的国际协议规定。具有国际正义和国际法支持的国际气候治理模式，只能在《公约》缔约方会议达成。在《公约》框架之外对新的气候变化合作机制的探讨，实际上只能是对《公约》和《京都议定书》的补充和推动，不可能取而代之，完全有可能纳入《公约》体制。

虽然在理论上《公约》内外机制之间不存在法律上的衔接，但由于谈判议题之间的内在联系，谈判人员的交叉，谈判日程的重叠或交替，《公约》内外各种机制发生某种形式的互动几乎是不可避免的。《公约》内外机制客观上已经形成了互动。

首先，《公约》外机制尤其是影响较大的高层论坛或会议，如八国集团首脑

会议和主要经济体会议，所讨论的议题也是《公约》谈判的关键性议题。《公约》框架内外的谈判和论坛交替召开，虽然有分散谈判资源之嫌，但是由于讨论议题的相关性，有助于各国代表直接沟通，交流信息，互换看法，凝结政治意愿，有助于在政治层面达成共识。

其次，《公约》框架之外的一些合作机制侧重技术合作，如《亚太清洁发展与气候伙伴计划》在八个部门开展技术合作，有助于识别技术潜力，突破技术转让障碍，在技术层面达成共识。

再次，国际非政府组织和联合国发起的论坛、发布的报告，有助于推动全社会对气候变化问题的认识，在社会层面达成共识。对于各国政府来说，企业和非政府组织提出的各种咨询报告，其实就是咨询服务。

最后，《公约》框架内机制对《公约》外机制有引导和反馈作用。《公约》和《京都议定书》下的谈判提出明确目标和议题，《公约》外机制提供各种方案供政府选择。对于《公约》外机制达成的各种协议或共识，《公约》内机制往往都会给予反馈，甚至批判。《公约》外非官方机制的利益诉求，必须通过《公约》内的代言人实现。

总而言之，《京都议定书》的道路显然艰难，但不会被堵死；《公约》缔约方会议的航船，也会迎风破浪，扬帆前行；“独立自主”的“第三条道路”，有着鲜活的特点，实际上是对《京都议定书》和缔约方会议的补充和推动，不仅不会替代前两种选择，反而可能融入前两种选择，催生《公约》框架下的国际气候一揽子协定。尽管美国否决《京都议定书》模式，但依然是《公约》缔约方。世界上几乎所有国家均是《公约》缔约方，如果要获得美国和广大发展中国家的参与，缔约方会议显然是最佳选择。由于关乎各国重大的政治和经济利益，谈判一定会困难重重，可能会有多次反复。在涉及发展中国家承诺的具体义务方面，谈判将会更加激烈。但“巴厘路线图”的达成告诉我们，无论如何，全球气候变化问题的性质和特点决定了以缔结国际条约的方式保护全球气候将是唯一出路。

七　哥本哈根会议形势展望

哥本哈根会议为期不远，能否达成2012年后国际气候协定，国际社会高度期待。其中美国的立场至关重要，可以说会议的最终成果主要取决于美国、欧盟和以中国为代表的发展中国家阵营之间的三强博弈。

奥巴马政府上台后，就从国内和国际两个层面对气候变化政策作出一些积极调整。在国内政策层面，应对金融危机是奥巴马新政府面临的最重要的挑战，气候变化问题也必须同时考虑。为此，奥巴马提出“绿色复苏战略”，力图整合清洁生产技术、能效提高、基础设施建设和促进就业等多重目标，提高经济的竞争力，促进低碳发展。从保障能源安全的角度，美国能源政策将加大可再生能源的开发力度，承诺将在 10 年内每年投资 150 亿美元用于能效、可再生能源推广和示范，计划到 2025 年实现可再生能源占能源消费的比重达到 25% 的目标，此外，到 2030 年联邦政府电力消费的 30% 要来自可再生能源，同时生物燃料的发展也受到重视。奥巴马还明确提出到 2050 年要实现温室气体减排 80% 的长期目标，并推动建立国内温室气体限额—贸易制度，实施“低碳燃料标准”，提高能效、加强新技术的研发和应用等一系列措施。所有这些政策措施的实施都将有利于美国减少温室气体的排放及承担减缓气候变化的义务。

在国内立法方面，2009 年 6 月 26 日，美国众议院以 219 对 212 票通过的《美国清洁能源与安全法案》（ACESA）被认为是具有里程碑意义的一部综合性的气候变化能源立法。该方案包括清洁能源、能源效率、减少全球变暖污染和向清洁能源经济转型四个部分，力图通过创造数百万新的就业机会来推动美国的经济复苏，通过减少对国外石油的依存度来提升美国的国家安全，通过减少温室气体排放来减缓全球变暖。该法案的重点包括了以总量限额贸易为基础的减排计划。对约占美国温室气体排放总量的 85% 的大型温室气体排放源，如发电厂、制造业设施和炼油厂等，设置了具有法律约束力且逐年下降的总量限额。目标是到 2020 年相对 2005 年温室气体减排 17%（大致相当于比 1990 年减排 4%），到 2050 年减排 83%（大致相当于比 1990 年减排 80%）。在设置减排目标的同时，建立排放贸易体系，允许排放配额进行贸易和储存，同时每年发放的配额数量在 2012～2050 年将会逐渐减少。根据众议院能源与商业专门委员会的分析，法案中可再生能源、清洁能源技术和能源效率计划的补充性减排措施将实现额外的减排。

在对华政策方面，从总体走向看，继续保持和加强美中在经济、贸易、科技等领域的合作符合双方的利益，能源和气候变化很可能成为未来中美经贸和科技合作新的重点领域。中美作为两个排放大国，在气候变化问题上的地位举足轻重，中美联手采取任何行动都会对现有国际气候政治格局造成重要影响。如何谨慎处理好中美之间既竞争又合作的微妙关系，对双方来说都是一个挑战。美国政府和社会民众在很大程度上普遍延续“中国、印度等发展中国家大国不承诺减排，美国即使采取行动也没有多大效果”的惯性思维，并有在贸易和就业方面采取更多保护主义的政策倾向，这些将对中国构成一定的压力。

相对美国，欧盟对哥本哈根会议的立场比较清晰。2009 年 1 月，欧盟在哥本哈根会议的立场文件中，重申了 2050 年将全球升温控制在 2℃以内的长期目标。提出发达国家作为一个整体到 2020 年应在 1990 年的基础上减排 30%，发展中国家应在 2020 年实现排放低于常规情景（BAU）的 15% ~30%。除了最不发达国家，所有的发展中国家都应该在 2011 年底前承诺采取低碳发展政策，特别是电力、交通、高耗能产业，政策几乎覆盖所有的关键排放部门，如果该国是林业大国，还应该包括林业部门。对发展中国家的减排行动应该给予登记，以便测量、报告、核查，及时解决发现的问题。

在国际层面上，欧盟一方面表示欢迎美国在气候变化问题上承担领导者的角色，另一方面也与美国在此问题上存在竞争，同时对中美加强能源和气候变化领域的合作及其对未来国际气候制度的影响保持高度关注。

中国作为世界最大的发展中国家在国际气候谈判中的地位举足轻重。明确参与国际气候谈判的战略定位和具体对策，关系到中国的发展空间和长远发展道路，关系到国家的根本利益。2009 年 6 月 5 日，在国家应对气候变化领导小组暨国务院节能减排工作领导小组会议上，中国政府再次表明了在气候问题上的态度，认为年底在哥本哈根举行的联合国气候变化会议将就事关人类生存和发展的气候变化问题作出抉择，是国际社会携手合作应对挑战的重要机遇。而中国也将积极参与谈判，发挥建设性作用，全力推动哥本哈根会议取得积极成果。

从对外谈判的战略定位上看，中国一贯坚持《公约》和《京都议定书》的主导地位，其他多边机制只能是补充；坚持“公平和共同但有区别的责任”的原则，坚持可持续发展原则，强调技术转让与合作的重要作用以及减缓和适应并重等一系列重要原则立场没有发生任何动摇。与此同时，中国本着更加灵活和富有建设性的态度，在一些具体议题上提出了具体的方案或建议。例如，就减排目标，要求发达国家 2020 年在 1990 年的基础上至少减排 40%；就资金机制，要求分别建立适应基金、减缓基金、多边技术获取基金和能力建设基金，发达国家缔约方每年应至少拿出其 GDP 一定比例（如 0.5% ～1%）的资金用于给上述基金提供资金支持。就技术转让机制，中国也提出了具体的方案，包括设立负责技术开发和技术转让的专门组织机构、建立专门的技术开发和技术转让资金机制——多边技术获取资金（MTAF），定期对技术开发和技术转让工作进行审查与评估，以及发达国家应进一步承诺在资金、税收、法规等各方面采取有效的激励措施，充分发挥政府主导和政策引导作用，以及加强技术需求方的能力建设和人员培训等具体内容，受到各方的广泛关注。

从对内政策制定和实施看，中国“十一五”规划制定的节能减排目标的实施，已经取得重要进展，尽管还不尽如人意，未来两年挑战依然严峻。在“十二五”规划中，节能减排作为一项长期任务，不能放松，只能加强。从国内自身发展需求和应对国际气候谈判进程的形势来看，应对气候变化，促进低碳经济发展，作为国家社会经济发展的战略目标和重要任务，有望提上更高的政治议程。

综合各方立场和利益诉求来看，哥本哈根会议的前景仍不够明朗。但可以肯定的是，未来国际气候协议将不是只有减排目标的单一的国际协议，最有可能是一个包含减缓、适应、资金、技术、市场以及可持续发展的政策等诸多要素、综合的一揽子协议。任何国家都既要维护自己的利益，又都难以承担阻碍达成国际气候协定的政治压力。因此，哥本哈根会议最有可能的结果是首先达成一个政治框架协定，而将具体技术细节留待后续谈判解决。一场各种政治力量的激烈较量在所难免，国际社会都将拭目以待。

八　中国参与国际气候制度构建的战略选择

在气候变化的国际谈判和气候制度构建过程中，在《联合国气候变化框架公约》机制内，所有缔约方均有发言权，但各方的发言权重显然不是均等的。在《公约》机制外，所有国家以及非国家实体、企业及社会团体均有发言权，其权重也是根据实力进行排序的。不论《公约》内还是《公约》外，主要经济体的国际地位在客观上起着主导和决定性的作用。

无疑，那些排放总量大、经济实力强、技术先进、有减排能力、潜力和压力

的主要经济体在世界格局中具有举足轻重的地位。这些主要经济体在气候变化谈判的进程中，通过《公约》内外机制，明确其利益诉求，主导国际气候进程。从目前的情况看，无论是现行国际气候制度的延续、发展还是突破，都必须经历大国之间讨论、谈判、妥协的艰难过程；否则，任何气候变化的全球协议都将不完整且在效力上大打折扣。事实上，这些缔约方左右着《联合国气候变化框架公约》及其《京都议定书》相关谈判的最终走向。

近年来，八国集团同主要发展中国家领导人对话会也将气候变化列为重点议题，试图从主要国家入手，通过发挥大国特殊影响，打破气候变化国际谈判僵局。美国不甘接受现有的以《联合国气候变化框架公约》和《京都议定书》为基石的国际气候制度，试图通过召开“主要经济体能源安全与气候变化会议”，以主要国家为突破口，另行谈判并制定一套符合美国利益的国际气候新制度。与之类似，全球性的20个经济大国能源部长会议以及一些地区性会议（如欧盟首脑会议、亚太经合组织领导人非正式会议、亚欧会议），也是主要经济体国家政治力量和意图的表现。而达沃斯世界经济论坛、主要城市市长会议、美国地方政府、企业的气候变化行动，以及非政府组织等则代表非国家政治实体的意愿表达和利益角逐。

当前发达国家在气候变化谈判及各种倡议中，普遍强调气候问题，淡化发展问题；强调共同的责任，淡化有区别的责任；强调减缓气候变化，忽视适应气候变化；强调其他渠道，弱化《公约》和《京都议定书》主渠道；强调减排的市场机制，在资金和技术转让方面，口惠而实不至。我国参与气候变化国际谈判，已经形成了一些符合中国实际的基本原则，有必要继续坚持，主要包括：(1) 在可持续发展的框架下应对气候变化；(2) 遵循“共同但有区别责任”的原则；(3) 强调减缓与适应并重；(4) 强化国际合作；(5) 依靠科学技术进步。

根据上述原则，结合气候变化国际谈判所面临的新形势，针对第二承诺期的有关关键问题，中国参与气候变化国际制度构建，显然需要注意以下方面。

第一，积极参与《公约》内外国际合作与对话。通过气候变化合作与对话调动各方面积极因素，增信释压，扩展我国和平发展的空间。积极参与《公约》谈判和各种《公约》外机制的讨论，利用各种多、双边场合，特别是通过高层访问主动开展气候外交，表明中国对气候变化问题的关注，愿意积极参与应对气候变化国际合作，宣传科学发展观和应对气候变化的举措和成果，显示走低碳经

济发展道路和可持续发展道路的决心，突出我国在经济发展过程中积极应对气候变化的成就。

第二，坚持《公约》、《京都议定书》和“巴厘路线图”的主导作用。《公约》及《京都议定书》是国际上应对气候变化的核心机制和主渠道，是气候变化国际博弈的主战场，其所确立的原则和机制对保障发展中国家权益较为有利。在《公约》缔约方会议达成未来国际协议已经成为国际社会共识，也具有最广泛的政治基础。需要高举国际合作大旗，坚持“共同但有区别的责任”原则。同时，积极参与其他合作机制和渠道下的讨论，推动主渠道的谈判取得进展。

第三，加强与主要发展中国家的协同合作。随着谈判的不断深入，国际气候政治格局日益分化，维持发展中国家整体团结已十分困难。尽管如此，我们仍需要加强发展中国家内部团结，争取形成共同立场，从总体上维护发展中国家的权益。

第四，重视并掌握气候变化领域的国际话语权。坚持《公约》和《议定书》主渠道的原则和方向没有错。但目前《公约》主渠道地位受到《公约》外机制的影响和制约。美国发起的各种《公约》外机制缺乏资金、技术等实质性内容，但客观上却在引导气候变化领域的国际话语走向。美国国内的地方政府，也采取很多应对气候变化的措施，但远不及《京都议定书》的目标要求。面对各种国际压力，中国国内一些地方政府自愿采取的一些积极动议，如建立低碳经济示范区，应该得到鼓励和支持。

第五，注意各种合作机制和倡议的隐含联系。以部门承诺方案为例，要实施部门承诺方案，部门数据是一个关键的环节。事实上，发达国家已经在利用行业组织开始收集数据方面的工作，为推动部门承诺铺路。世界可持续发展理事会组建的水泥可持续行动、国际铝业协会、国际钢铁协会都要求我国的成员企业提供相关数据。另外，通过《亚太清洁发展与气候伙伴关系》以及双边合作，发达国家已经针对中国的高能耗行业，包括钢铁、水泥、铝生产等行业收集了大量的数据。

第六，客观预期和看待美国气候变化政策。尽管美国国内出现了一些应对气候变化的积极动向，美国国内的法律程序相当烦琐，新政府的气候变化立场不可能与上届政府偏离太远。发达国家为其气候战略考虑，继续施压发展中大国，弱化自身减排义务，对包括中国在内的发展中国家参与哥本哈根气候协议的承诺，形成极为严峻的挑战。

2008～2009年中国节能减排与应对气候变化

陈迎　郑艳　陈洪波*

摘　要：中国作为发展中大国，面临着经济发展和气候变化的双重压力，因此应坚持从基本国情出发，基于“共同但有区别的责任”，在可持续发展的框架下应对气候变化。为了应对全球气候变化，中国制定了一系列节能减排和生态保护的政策措施。“十一五”规划首次将约束性的节能减排目标列入社会经济发展规划，体现了负责任大国的形象，标志着中国在应对气候变化方面的一个重要突破。

关键词：节能减排　气候变化　可持续发展

自2007年12月在巴厘岛召开了《联合国气候变化框架公约》第十三次缔约方大会以来，气候变化问题不断升温，中国面临日益强大的减排压力。中国温室气体排放具有总量大、增长快但人均排放水平相对较低的特点。发达国家不断向中国施压，要求中国承诺减排义务。节能减排和生态保护等措施是控制温室气体排放的重要途径，中国通过节能减排为全球减缓气候变化作出了积极贡献，向国际社会展现了负责任大国的形象。

一　中国应对气候变化的必要性和紧迫性

减缓与适应是应对气候变化的两个主要领域。目前，中国正处于工业化和城

* 陈迎，中国社会科学院城市发展与环境研究中心，副研究员，研究领域为全球环境治理、能源和气候政策；郑艳，中国社会科学院城市发展与环境研究中心，助理研究员，博士，研究领域为可持续发展与气候变化经济学；陈洪波，中国社会科学院城市发展与环境研究中心，副研究员，研究领域为环境经济学与碳市场。

镇化的快速提升时期，经济发展和生活水平提升带来的能源需求日益增加，在全球应对气候变化的大背景下，中国面临着不断加大的减排压力。中国是全球温室气体排放大国之一，近年来随着经济持续高速增长，加之以煤为主的能源结构，中国温室气体排放总量也迅速增长。根据美国能源信息署（EIA）的数据，中国在1990年的温室气体排放总量为23亿吨，占全球总量的10.7%；到2005年，排放总量已达到56亿吨，占全球总量19.7%。然而，中国目前依然是一个发展中国家，还处在工业化和城镇化的中期，总体发展水平仍然较低。2008年中国的城镇化水平只有45.7%，低于世界平均水平；据国际货币基金组织统计，2008年中国人均国内生产总值为3300美元左右，属于中等偏低收入水平；世界银行2009年4月发布的一份《中国贫困评估报告》指出，中国目前有2.54亿人口处于国际贫困线以下，需要新增投资1546亿元以推进扶贫体系建设。由于中国经济发展还将处于持续扩张的状态，消费水平还需要不断提升，减少贫困的压力依然巨大，预计到2050年之后，中国温室气体排放才可能开始下降①。目前，中国人均温室气体排放水平仍然较低，2006年人均4.3吨，约为美国人均排放的1/4，与全球平均水平持平。对中国而言，如何既满足以发展为目的的基本排放需求，又能合理适度地进行减排，将是中国应对气候变化需要面临的挑战之一。

与此同时，中国也遭受了气候变化带来的各种不利影响，迫切需要提升应对气候变化风险的能力。《中国应对气候变化国家方案》指出，近百年来，中国年平均气温升高了0.5℃～0.8℃，略高于同期全球增温平均值，近50年变暖尤其明显。近50年来，中国沿海海平面年平均上升速率为2.5毫米，略高于全球平均水平。气候变化加剧了中国生态环境的脆弱性，增加了自然灾害发生的频次和强度，给中国自然生态和社会经济带来了严重影响。首先，气候变化影响了中国的农业生产和粮食安全。气候变化引起的高温、干旱、虫害等因素已经在局部导致农业减产，按照目前的趋势，到2020年和2030年，中国平均气温会增暖0.5℃～4.2℃，将使中国农业减产5%～10%②。其次，气候变化加剧了水资源

① 《中国官员：2050年后中国碳排放将不再上升》，http://www.ftchinese.com/story.php?storyid=001028175。

② 《气候变化对中国的影响及公众参与》，www.china.com.cn，2008年5月4日，载《自然之友》，杨东平主编《中国环境的危机与转机：2008》，社会科学文献出版社。

时空分布的不平衡，加剧了中国水资源的供需矛盾。近20年来，北方黄河、淮河、海河、辽河水资源总量明显减少，水资源总量大约减少12%。再次，气候变化导致中国的酷热、干旱、暴雨、冰雹、台风等极端天气发生的频次和强度明显增加。据统计，2001～2008年，自然灾害造成的经济损失占到中国GDP的2.8%。据民政部国家减灾中心汇总的2008年全国10大自然灾害中，有8项都是由于洪涝、干旱、台风等气象灾害引起的；根据《2008年中国环境状况公报》，2008年气象灾害导致的直接经济损失达3100多亿元，超过了20世纪90年代年以来的平均水平，其中2008年初南方地区遭受的冰冻雨雪灾害，造成21个省市受灾，直接经济损失1500多亿元。最后，气候变化导致海平面上升和海岸带生态发生变化。近30年来，中国海平面上升趋势加剧，进而引发海水入侵、土壤盐渍化、海岸侵蚀，降低了海岸带生态系统的服务功能，导致海洋渔业资源和生物资源衰退。此外，气候变化导致的高温、干旱、水资源短缺等还会威胁人体健康，引发疫病流行。

作为负责任的大国，中国从减缓与适应气候变化的需求出发，积极推进应对气候变化的国际合作和国内政策体系的建立与实施。在国际层面，中国于1992年批准《联合国气候变化框架公约》，2002年批准《京都议定书》，为发展中国家作出了表率。为切实履行对《公约》的承诺，我国1998年建立了国家气候变化对策协调小组，2004年提交了《中华人民共和国气候变化初始国家信息通报》，2007年成立了国家应对气候变化领导小组，由国务院总理担任组长，大大提升了《公约》协调机构的地位，2008年的机构改革进一步加强了对应对气候变化工作的领导，国家应对气候变化领导小组的成员单位由原来的18个扩大到20个，并成立了气候变化专家委员会，以提高应对气候变化决策的科学性。

目前中国已经形成较为完善的应对气候变化的政策体系。2007年6月中国政府发布了《中国应对气候变化国家方案》，全面阐述了中国在2010年前应对气候变化的对策，这不仅是中国第一部应对气候变化的综合政策性文件，也是发展中国家在该领域的第一部国家方案。2008年10月，又发布了《中国应对气候变化的政策与行动》白皮书，全面介绍了气候变化对中国的影响、中国减缓和适应气候变化的政策与行动，以及中国对此进行的体制机制建设，成为中国应对气候变化的纲领性文件。

二 中国应对气候变化的战略与目标

《应对气候变化国家方案》和《中国应对气候变化的政策与行动》白皮书，明确指出了中国应对气候变化的战略思想、指导原则与基本目标，其核心在于从中国国情出发，坚持“共同但有区别的责任”原则，在可持续发展的框架下应对气候变化。

（一）中国应对气候变化的指导思想与原则

中国应对气候变化的指导思想是：全面贯彻落实科学发展观，坚持节约资源和保护环境的基本国策，以控制温室气体排放、增强可持续发展能力为目标，以保障经济发展为核心，加快经济发展方式转变，以节约能源、优化能源结构、加强生态保护和建设为重点，以科学技术进步为支撑，增进国际合作，不断提高应对气候变化的能力，为保护全球气候作出新的贡献。在这一指导思想下，我国将坚持《联合国气候变化框架公约》“共同但有区别的责任”的原则，从国情出发，着眼于可持续发展的长期目标，坚持减缓和适应并重，依靠科技创新和技术转让，加强全民参与，扩大国际合作，积极应对气候变化。

（二）中国应对气候变化的目标

《应对气候变化国家方案》提出了到2010年中国应对气候变化的总体目标，即控制温室气体排放政策措施取得明显成效，适应气候变化的能力不断增强，气候变化相关研究水平不断提高，气候变化科学研究取得新的进展，公众的气候变化意识得到较大提高，应对气候变化领域的体制机制进一步加强。

1. 控制温室气体排放

（1）通过加快转变经济发展方式，强化能源节约和高效利用的政策导向，加大依法实施节能管理的力度，加快节能技术开发、示范和推广，充分发挥以市场为基础的节能新机制，提高全社会的节能意识，加快建设资源节约型社会，努力减缓温室气体排放。到2010年，实现单位国内生产总值能源消耗比2005年降低20%左右，相应减缓二氧化碳排放。

（2）通过大力发展可再生能源，积极推进核电建设，加快煤层气开发利用等措施，优化能源消费结构。到2010年，力争使可再生能源开发利用总量（包括大水电）在一次能源消费结构中的比重提高到10%左右，煤层气抽采量达到100亿立方米。

（3）通过强化冶金、建材、化工等产业政策，发展循环经济，提高资源利用率，加强氧化亚氮排放治理等措施，控制工业生产过程的温室气体排放。到2010年，力争使工业生产过程的氧化亚氮排放稳定在2005年的水平。

（4）通过继续推广低排放的高产水稻品种和半旱式栽培技术，采用科学灌溉和测土配方施肥技术，研究开发优良反刍动物品种技术和规模化饲养管理技术等措施，加强对动物粪便、废水和固体废弃物的管理，加大沼气利用力度，努力控制甲烷排放。

（5）通过继续实施植树造林、退耕还林还草、天然林资源保护、农田基本建设等重点工程和政策措施，到2010年，力争森林覆盖率达到20%，实现年碳汇数量比2005年增加约0.5亿吨二氧化碳。

2. 增强适应气候变化能力

（1）通过完善多灾种的监测预警应急机制、多部门参与的决策协调机制、全社会广泛参与的行动机制，加强极端气象灾害监测预报能力建设。到2010年，建成一批对经济社会具有基础性、全局性、关键性作用的气象灾害防御工程，提高应对极端气象灾害的综合监测预警能力、抵御能力和减灾能力。

（2）通过加强农田基本建设、调整种植制度、选育抗逆品种、开发生物技术等适应性措施，到2010年，力争新增改良草地2400万公顷，治理退化、沙化和碱化草地5200万公顷，农业灌溉用水有效利用系数提高到0.5。

（3）通过加强天然林资源保护和对自然保护区的监管，继续开展生态保护重点工程建设，建立重要生态功能区，促进自然生态恢复等措施，到2010年，力争实现90%左右的典型森林生态系统和国家重点野生动植物得到有效保护，自然保护区面积占国土总面积的比重达到16%左右，综合治理水土流失面积25万平方公里，实施生态修复面积30万平方公里，治理荒漠化土地面积2200万公顷。

（4）通过合理开发和优化配置水资源、完善农田水利基本建设新机制、强化节水和加强水文监测等措施，到2010年，力争减少水资源系统对气候变化的脆弱性，节水型社会建设迈出实质性步伐，基本建成大江大河综合防洪除涝减灾体系，全面提高农田抗旱标准。

（5）通过加强对海平面变化趋势的科学监测以及对海洋和海岸带生态系统的监管，合理利用海岸线，保护滨海湿地，建设沿海防护林体系，不断加强红树林保护和恢复等措施，到2010年，力争实现全面恢复红树林区，提高沿海地区抵御海洋灾害的能力。

3. 加强科学研究与技术开发

（1）通过加强气候变化领域的基础研究，进一步开发和完善研究分析方法，加强对相关专业与管理人才的培养等措施，到2010年使气候变化研究达到国际先进水平，为有效制定应对气候变化的战略和政策，积极参与应对气候变化国际合作提供科学依据。

（2）通过加强自主创新能力，积极推进国际合作与技术转让等措施，到2010年在能源开发、节能和清洁能源技术等方面取得较大进展，加快先进技术产业化步伐，提高农业、水利、林业等部门适应气候变化的技术水平，为有效应对气候变化提供有力的科技支撑。

4. 增强公众意识与管理水平

（1）通过利用现代信息传播技术和手段，加强气候变化方面的宣传、教育和培训，鼓励公众参与等措施，到2010年，力争在全社会基本普及气候变化方面的相关知识，提高全民保护气候的意识，为有效应对气候变化创造良好的社会氛围。

（2）通过完善多部门参与的决策协调机制，建立企业、公众广泛参与应对气候变化的行动机制等措施，逐步形成与应对气候变化工作相适应的、高效的组织机构和管理体系。

三　中国节能减排与应对气候变化

为了促进可持续发展、建立资源节约型和环境友好型社会，同时也为了应对气候变化，近年来，中国制定了一系列的政策、法规、规划和标准，包括节能减排、发展可再生能源、造林工程、生态保护、增强公众意识与国际合作等，这些政策措施在应对气候变化方面发挥着积极的作用。

（一）节能减排政策的实施进展及其效果

节约能源是中国长期坚持的重要方针，“十一五”规划将“强化能源节约和高效利用的政策导向，加大节能力度”作为基本目标之一，为此提出了到2010年单位GDP能耗比2005年降低20%左右的约束性指标。这是中国首次将该目标列入社会经济发展规划，标志着中国在应对气候变化方面的一个重要突破。

从实施途径看，规划强调三个方面：一是通过优化产业结构特别是降低高耗能产业比重，实现结构节能；二是通过开发推广节能技术，实现技术节能；三是通过加强能源生产、运输、消费各环节的制度建设和监管，实现管理节能。

从重点行业看，规划要求突出抓好钢铁、有色、煤炭、电力、化工、建材等行业和耗能大户的节能工作。加大汽车燃油经济性标准实施力度，加快淘汰老旧运输设备。制定替代液体燃料标准，积极发展石油替代产品。鼓励生产使用高效节能产品。

从实施主体看，规划力图调动全社会力量，使中央政府、地方政府、大企业、社会公众都能发挥各自的作用。中央政府主导制定国家目标，随后分解到各省、市和自治区，中央与地方政府签订了“责任状”。同时，将耗能大企业作为落实节能减排目标的关键，鼓励全社会参与建设资源节约型和环境友好型社会。

从政策行动上看，一是制定法律，明确节能减排的目的、强制性措施和激励与惩罚机制；二是建立节能减排目标责任制，明确对各省（自治区、直辖市）和重点企业能耗及主要污染物减排目标完成情况进行考核，实行严格的问责制；三是实施重点节能工程，包括建筑节能标准，绿色建筑评价，推广节能产品等政策立法；四是制定产业政策，限制和淘汰高耗能产品或产业，例如提高高耗能行业的市场准入标准，提高节能环保准入门槛，调整出口退税、关税等措施，限制“两高一资”（高耗能、高排放、资源型）产品出口等政策措施。

2008～2009年，为了进一步推进节能减排工作，我国相继出台了一系列的规划、法规、政策和措施。大致可分以下几类：

（1）能源立法和中长期能源规划。节能和发展可再生能源是能源立法和制定中长期能源规划的重点。继2007年先后颁布的《能源发展“十一五”规划》与《可再生能源中长期规划》之后，2008年3月发布了《可再生能源发展“十一五”规划》，2008年4月和2009年1月先后实施了《节约能源法》和《循环经济促进法》，为推动节能减排提供了有力的法律保障。根据可再生能源规划，2010年可再生能源在能源消费中的比重将达到10%，全国可再生能源年利用量要达到3亿吨标准煤，比2005年增长近1倍。其中水电总装机容量达到1.9亿

千瓦，风电总装机容量达到1000万千瓦，生物质发电总装机容量达到550万千瓦，太阳能发电总容量达到30万千瓦。此外，2010年，我国沼气年利用量将达到190亿立方米，太阳能热水器总集热面积达到1.5亿平方米，增加非粮原料燃料乙醇年利用量200万吨，生物柴油年利用量达到20万吨。

（2）行业节能减排政策和相关立法。“上大压小”的结构调整政策是中国推进节能减排的重点内容。对于电力、钢铁、水泥、冶金等高耗能、高污染和高排放行业，各主管部门借助产业调整政策出台了一系列政策规章，优化了资源配置，有效控制了行业的盲目扩张。根据《2009年节能减排工作安排》，2009年“上大压小”的目标是关停小火电机组1500万千瓦，根据国家发改委的统计，上半年已关停小火电机组1989万千瓦，提前一年半完成“十一五”计划关停任务。

为了推进行业减排，2008年以来，国家发改委、工信部、建设部等部门先后制定了各项相关政策法规，例如规定可再生能源的上网电价，对太阳能建筑进行财政补贴，为风力发电设备产业提供专项资金支持，积极发展生物燃料及新燃料汽车，鼓励农村与城市开展可再生能源示范建设等。中国在交通和建筑领域具有巨大的节能潜力。以建筑节能为例，中国每年新增建筑面积高达18亿～20亿平方米，建筑能耗目前已经占全国能源消耗总量的27.5%。2008年7月中国发布了《民用建筑节能条例》，该条例的实施使得“建筑能耗减少50%”成为建筑节能工作的硬性指标。为了严格节能管理，从2008年起，所有新建商品房需在合同文件中标明能耗量、节能措施等信息。根据住房和城乡建设部设定的建筑节能目标，到2010年要实现建筑节能1.1亿吨标准煤，可再生能源应用面积占新建建筑面积比例达25%以上。

（3）重点高耗能企业的节能监管政策。中国能源消费的突出特点之一是工业耗能占总能耗的70%左右，重点耗能行业中的高能耗企业又是工业能源消费的大户。作为全国节能减排的一项重大措施，国家发改委联合国资委等部门于2006年4月启动了“千家企业能源审计和节能规划”行动，选择钢铁、有色金属、石油石化、化工、建材、煤炭、电力、造纸、纺织9个重点耗能行业中年综合能源消费量超过18万吨标准煤的998家企业进行重点监管。2006年，千家企业共计耗能8亿吨标准煤，约占全国能源消费总量的1/3，占工业能源消费量的一半左右。通过开展千家企业节能行动，拟在“十一五”期间实现节能1亿吨标准煤。2007年千家企业节能技术改造总投资达500多亿元，实施节能技术改造项目8000多个，共有879家企业完成了年度节能目标，占92%，合计节能3817万吨标准煤。

除了上述列出的法律、法规和政策措施之外，其他许多政策也与节能减排有密切的关系。例如，限制“三高一资”等资源性产品的出口，建立和完善能源统计制度建设，加强能源消耗统计、监测和预测工作，推进低碳技术与节能减排技术的科技创新等。总之，节能减排已经成为各级政府工作的一项重要内容，2006~2008年，随着中国节能减排工作的扎实推进，全国单位GDP能耗下降了10.1%，累计节能3亿吨左右标准煤，少排放二氧化碳约7.5亿吨，完成了“十一五”目标一半的任务，节能减排工作有望在“十一五”期末取得积极进展①。

（二）生态环境建设与森林保护

农业、森林和其他自然生态系统也是应对气候变化的重要领域，《中国应对气候变化国家方案》提出要加强农业环境保护与废弃物综合利用，促进森林、草原等生态系统的建设与保护，增加森林碳汇，减少温室气体排放，增强适应气候变化的能力。

在农业领域，中国制定了一系列政策措施，积极推广农村新能源建设，鼓励农业废弃物的综合利用，对减少温室气体排放和增强农业适应气候变化能力发挥了重要作用。例如，农村秸秆、沼气发电是发展农村可再生能源的重要途径之一，具有成本低、使用方便、原料来源广泛、受环境限制小、建设周期短、综合热效率高的特点，既可实现农家废物的循环利用，也能够减小秸秆燃烧导致的排放和废弃物污染。2007年，农业部发布了《农业生物质能产业发展规划(2007~2015年)》，以加快生物质能源的产业化利用。

在森林保护领域，中国启动六大林业工程，积极开展植树造林和生态保护，提高了我国森林面积和蓄积量，也吸收固定了大量的二氧化碳。目前中国的森林面积位列世界第五位，森林蓄积位列世界第六位，人工林面积居世界首位。根据第六次全国森林资源清查（1999~2003年），全国森林面积17490.9万公顷，森

① 解振华:《中国有望完成“十一五”节能减排任务》，http://www.ccchina.gov.cn/cn/NewsInfo.asp?NewsId=17475，新华网，2009年5月20日。

林覆盖率18.2%。据林业部门估算，20世纪80年代以来，全国森林净吸收的二氧化碳相当于同期工业排放总量的8%①。2009年国务院发布了《关于促进农业稳定发展农民持续增收的若干意见》，其中提出“建设现代林业，发展山区林特产品、生态旅游业和碳汇林业”，这是碳汇林业作为一个新的概念首次出现在中央文件中。碳汇林业是指通过植树造林和森林保护等措施吸收固定二氧化碳，其成本要远低于工业减排。碳汇林业的发展，不仅能够促进减排，而且还能够提高森林生态系统的稳定性，增强生态系统的整体服务功能，有助于促进生物多样性保护、流域保护和社区发展。根据“十一五”规划，中国在2010年森林覆盖率将达到20%，到2020年，森林覆盖率达到23%以上。届时，中国森林生态系统对于减排的贡献将进一步提高。

在水资源领域，积极加强水利设施建设、增强对水旱灾害的防范和预警能力成为各级政府的主要工作内容之一。1998年长江水灾以来，中央和地方开展了大规模的防洪工程建设，重点实施了大江大河防洪治理和骨干防洪工程建设，截至2007年底，全国已建成江河堤防28.38万公里，保护人口5.6亿。2006年国务院发布了《国家突发公共事件总体应急预案》，初步建立了国家和地方层面的自然灾害应急管理体系。2007年8月通过了《突发事件应对法》，建立了4级灾害响应机制，提出要建立国家财政支持的巨灾风险保险体系，加快应用突发事件预防、监测、预警、应急处置与救援所需的新技术、新设备和新工具。2008年北京奥运会期间，北京市编制了《2008奥运会城市防汛应急系统纲要》，以加强汛期的防汛安全工作。2009年3月，国务院批复了《淮河流域防洪规划》，完成了七大流域防洪规划中的最后一个战略性文件，标志着我国防洪减灾体系建设与管理进入了一个新的阶段，有利于提高中国江河流域的总体防洪减灾能力。气象、水利等部门加强了遥感、地理信息系统及网络技术等高新技术在防灾减灾领域的应用，目前正在积极建设覆盖七大江河重点地区的全国防汛决策指挥系统。

（三）气候变化国际合作取得明显进展

中国本着“互利共赢、务实有效”的原则积极参加和推动应对气候变化的国

---

① 李怒云：《解读“碳汇林业”发挥其应对气候变化中的作用》，科学网，载2009年2月25日《科学时报》，http：//www.sciencenet.cn/htmlnews/2009/2/216576.html。

际合作，对于促进形成公平、有效的全球应对气候变化机制发挥着积极的建设性作用。近年来，中国国家主席和国务院总理分别在八国集团同发展中国家领导人对话会议、亚太经合组织会议、东亚峰会、博鳌亚洲论坛等多边场合以及双边交往中，阐述了中国对于气候变化国际合作的立场，积极推动应对气候变化的全球行动。

在多边合作方面，中国是“碳收集领导人论坛”、“甲烷市场化伙伴计划”、“亚太清洁发展和气候伙伴计划”的正式成员，是八国集团和五个主要发展中国家气候变化对话以及主要经济体能源安全和气候变化会议的参与者。2007 年 9 月，在亚太经合组织会议上，中国提出了“亚太森林恢复与可持续管理网络”倡议，显示了中国对应对气候变化、深化 APEC 合作的高度重视。2008 年 5 月，科技部牵头举办了“气候变化与科技创新国际论坛”，这是中国迄今为止举办的规模最大的气候变化论坛，通过沟通和学术交流，明确了科技创新和技术进步在应对全球气候变化中的关键作用，探讨了推动气候友好技术转让的国际机制，表明了中国推动气候变化技术交流的愿望和努力，同时也提高了公众的气候保护意识。2009 年 7 月，李肇星出席了在瑞士日内瓦召开的“全球经济危机与气候变化：发展中国家面临的严峻挑战”国际研讨会，呼吁发展中国家加强团结合作，共同应对气候变化和金融危机。

在双边方面，中国与欧盟、印度、巴西、南非、日本、美国、加拿大、英国、澳大利亚等国家和地区建立了气候变化对话与合作机制，并将气候变化作为双方合作的重要内容。中国一直在力所能及的范围内帮助非洲和小岛屿发展中国家提高应对气候变化的能力。2006 年 1 月发表的《中国对非洲政策文件》明确提出，积极推动中非在气候变化等领域的合作。截至 2008 年底，我国已为非洲国家培训了 11000 多名各类人员，援建医院、疟疾防治中心、农业技术示范中心和农村学校，启动了中非发展基金等援助项目。为了提高这些国家开展清洁发展机制项目的能力，中国政府分别举办了两期针对非洲和亚洲发展中国家政府官员的清洁发展机制项目研修班。这些举措有助于加强非洲发展中国家适应气候变化的能力建设。

中国积极与外国政府、国际组织、国外研究机构开展应对气候变化领域的合作研究，参与相关国际科技合作计划，如地球科学系统联盟（ESSP）框架下的世界气候研究计划（WCRP）、国际地圈—生物圈计划（IGBP）、国际全球变化人文因素计划（IHDP）、全球对地观测政府间协调组织（GEO）、全球气候系统观测计划（GCOS）、全球海洋观测系统（GOOS）、国际地转海洋学实时观测阵计划（ARGO）、国际极地年计划等，并加强与相关国际组织和机构的信息沟通和资源共享。

国际碳市场及清洁发展机制是一种比较有效和成功的合作减排机制，通过开展清洁发展机制的国际合作，有效促进了中国可再生能源的发展，推动了能源效率的提高，极大加强了相关政府部门、企业、组织和个人的气候变化意识。到 2009 年 7 月 1 日，中国在联合国已经成功注册的清洁发展机制合作项目达到 579 个，这些项目预期的年减排量为 1.8 亿吨二氧化碳当量，有助于推动减排目标的实现。为了推动国内减排的市场化机制建设，2008 年 8～9 月，北京、上海和天津先后成立了三家环境与排放权交易所，开展国内排污权等环境与能源产品的交易。其中，天津排放权交易所由中油资产管理有限公司、天津产权交易中心和芝加哥气候交易所三方出资设立，分别持有总股份的 53%、22% 和 25%。作为全球第一家从事温室气体排放权交易的专业机构，芝加哥气候交易所的介入，有助于帮助中国利用先进的国际经验，推动中国国内排放贸易的政策制定，提高节能减排的效率和水平。

四　中国节能减排与应对气候变化的前景

在当前面临全球金融危机以及国际减排压力日益强大的新形势下，中国节能减排面临严峻的挑战。在“十一五”期间，要实现节能目标，形势不容乐观，压力很大。随着 2009 年底的气候变化大会的接近，中国政府面临的国际压力也日益凸显。

（一）全球金融危机的可能影响

2008 年下半年开始的全球金融危机，波及范围之广、影响程度之深、扩散速度之快，超出人们的预料。为了应对金融危机，防止经济出现过快的下滑，中国出台了 4 万亿元的拉动内需和经济刺激计划，财政、金融和产业政策等都进行了全面调整，“保增长、保就业、保民生”成为 2009 年经济工作的重点。新的经济形势和政策的重大调整，对节能减排的可能影响是复杂的，可谓挑战和机遇并存①。

① 中国新能源网，《金融危机令绿色能源需求倒退　新能源产业面临问题》，2009 年 1 月 15 日。http：//www.newenergy.org.cn/html/0991/1150924792.html.

金融危机造成短期经济下滑，2009 年第一季度经济同比增长仅 6.1%，对高耗能的重工业打击较大，企业不得不限产停产，节能减排的压力暂时有所缓解，“十一五”节能目标基本能够实现。这似乎对节能减排有利，但这只是暂时的，违背通过节能减排促进可持续发展的初衷。这是因为，随着能源价格下跌，企业开工不足，经营困难，企业节能就缺乏动力，节能项目经济性下降，对节能减排是不利的。同时，能源市场需求萎缩，社会对新能源的需求也会随之下降，能源价格大幅度下降使新能源在与传统能源的竞争中处于不利的地位，新能源产业的发展受到冲击。此外，经济工作的重心转向保经济增长客观上有弱化节能减排工作的可能。因为刺激经济增长，无论是拉动内需，还是加大基础建设投资，鼓励外贸出口，甚至某些地方通过补贴鼓励高耗能企业用电，结果都会增加能耗和排放。如果审查不严，一些高耗能生产项目有可能借刺激经济计划实施之机仓促上马，造成投资浪费和长期“锁定效应”。

但从积极角度看，如果因势利导，应对得当，应对金融危机的短期目标可以与促进节能减排的长期任务结合起来，以此为契机改变经济增长方式，加快结构调整，从而有助于长远的可持续发展。例如，应加大能源基础设施建设，特别是有利于节能环保的能源项目的投入，增强能源产业的可持续发展能力和对经济社会发展的保障能力；转变发展方式，加快能源结构调整。此外，对于中国的企业而言，金融危机还为扩大海外油气资源合作开发，加强能源资源战略储备提供了机遇。

为了应对金融危机，中国于 2009 年初出台了十大产业振兴计划，以促进产业技术升级改造和结构调整，此外，“新能源产业发展规划”也将于年内出台，其中既包括风能、太阳能与核能在内的新能源，也包括对传统能源进行技术改造升级。2009 年 2 月 3 日，国家发改委能源局局长张国宝在全国能源工作会上表示，要充分利用当前电力需求下降的有利时机，大力调整电力结构，加快“上大压小”的步伐，今后 3 年，分别计划关停小火电机组 1300 万千瓦、1000 万千瓦和 800 万千瓦，相应建设大型、高效、清洁燃煤机组 5000 万千瓦①。目前，国家发改委正在积极编制《节能环保产业发展规划》，预计在未来 5 年内，中国环

---

① 北极星电力新闻网：《能源局担忧电力过剩今后三年“上大压小”》，2009 年 2 月 5 日。http：//news. bjx. com. cn/html/20090205/188793. html.

保产业投资需求可达4500亿元，在政策和投资的支持下，节能环保等新型产业有望成为新的经济增长点，促进就业和企业竞争力提升。

可见，具有战略眼光的企业家应该看到，此次全球金融危机不仅对中国，而且对全球都是一次向绿色经济转型的良好契机。如果仅仅将目光局限在刺激短期的经济增长，忽视长远的经济增长方式的根本转变，未来一旦经济复苏，能源需求和排放又将快速反弹，节能减排的效果不能持续。

（二）国际温室气体减排的压力增大

应对气候变化与应对金融危机一样，是当前国际社会高度关注的重大国际问题，而且国际社会日益关注二者之间的密切联系，倡导建设全球低碳经济、绿色经济。2008年12月，联合国秘书长潘基文在波兹南会议上强调，不能因为金融危机减慢应对气候危机的步伐，激励全球各国进行“哥白尼式的低碳革命”，实现应对气候变化和金融危机的双赢。2009年2月，联合国环境署发布了《全球绿色新政》的报告，号召各国积极发展低碳产业，从危机中寻求机遇。

2008年12月，欧盟通过了气候、能源和经济刺激的一揽子方案。一向热衷于环保的欧洲国家，将能源技术创新看做是新的经济革命和绿色复苏计划的核心，迫切希望靠技术来刺激经济。美国奥巴马政府也将绿色经济作为经济振兴的重要内容，承诺到美国2050年将温室气体排放量削减80%，把新能源比重提高到30%，每年拿出150亿美元大举投资太阳能、风能和生物能源等，创造500万个绿色就业岗位，并且举全国之力构建美国的低碳经济领袖地位。

总之，2009年对于气候变化议题是一个特殊的年份。根据2007年《公约》第十三次缔约方会议（COP13）达成的《巴厘行动计划》，2009年底即将召开的哥本哈根会议应该就2012年后国际气候制度达成新的国际协议。中国作为最大的发展中国家，在应对金融危机和应对气候变化问题方面都备受国际社会的关注。哥本哈根大会之前，中国无疑面临日益强大的国际压力。作为中国减缓气候变化的重要指标，节能减排目标及其完成情况将为中国参与减排谈判和履行承诺提供信心和支持。

国际气候制度谈判进展

IPCC在国际应对气候变化谈判中的地位和作用

高 云 孙 颖 林而达 刘洪滨*

摘 要：本文阐述了IPCC的由来和发展历程，回顾了IPCC四次评估报告的主要结论及其对国际气候谈判和全球应对气候变化行动的影响，分析了评估报告中反映出来的政治倾向以及综合性科技问题，进而展望了IPCC第五次评估报告的最新进展及可能的影响，并提出了发展中国家的对策。

关键词：IPCC报告 国际影响 发展前景

一 IPCC的由来和发展历程

工业革命以来，全球气候正经历一次以变暖为主要特征的显著变化。这一变

* 高云，中国气象局科技与气候变化司气候变化二处处长，博士，研究方向为气候变化；孙颖，中国气象局国家气候中心，副研究员，研究方向为气候变化；林而达，中国农业科学院农业可持续发展研究所，研究领域为农业气象、气候变化的适应与脆弱性问题；刘洪滨，中国气象局气候变化中心副主任，研究员，主要从事气候变化事实与检测、古气候以及气候变化政策研究。

化与人类活动（如能源生产消费活动、毁林等土地利用变化）所引起的大量温室气体增加密切相关，对人类赖以生存的自然环境和经济社会的可持续发展产生了深远影响。气候变化也由最初的气候问题转变为环境、科技、经济、政治和外交等多学科领域交叉的综合性重大战略问题。为了应对气候变化带来的挑战，从20世纪70年代开始，国际社会采取了积极的响应行动，开始了一系列从科学研究到气候变化科学评估和制定相关国际条约的行动。

1979年，第一次世界气候大会制定了世界气候计划及其四个子计划，即世界气候研究计划、世界气候影响计划、世界气候应用计划及世界气候资料计划，揭开了全球气候变化研究的序幕。1988年11月，世界气象组织和联合国环境规划署联合成立政府间气候变化专业委员会（IPCC）。IPCC下设三个工作组，主要以科学问题为切入点，对全世界范围内现有的与气候变化有关的科学、技术、社会、经济方面的资料和研究成果做出评估。1988年12月第四十三届联合国大会（UNGA）根据马耳他政府“气候是人类共同财富一部分”的提案通过了《为人类当代和后代保护全球气候》的43/53号决议，决定在全球范围内对气候变化问题采取必要和及时的行动，并要求IPCC就以下问题进行综合审议并提出建议：①气候和气候变化科学知识的现状；②气候变化，包括全球变暖对社会、经济影响的研究和计划；③对推迟、限制或减缓气候变化影响可能采取的对策；④确定和加强有关气候问题的现有国际法规；⑤将来可能列入国际气候公约的内容。

1989年，第四十四届联合国大会要求IPCC在其四十五届大会上提供报告。1990年，IPCC发布第一次评估报告，由此推动了1992年《联合国气候变化框架公约》的制定，并从此揭开了与气候变化国际谈判密切相关的评估历程。1990年12月，第四十五届联合国大会决定设立政府间谈判委员会，进行有关气候变化问题的国际公约谈判。1992年，《联合国气候变化框架公约》（简称《公约》）在纽约联合国总部通过。1994年，《公约》正式生效，有一百多个国家和区域一体化组织成为缔约方。

1995年，IPCC第二次评估报告发布，并于同年提交给《公约》缔约方第二次会议。在这次会议上，各国部长和代表团指出，IPCC第二次评估报告是当时得到的最全面的、最权威的关于气候变化科学、影响和适应选择的评估报告，并迫切要求《公约》组织和IPCC继续合作。1997年12月，《公约》第三次缔约方大会通过《京都议定书》，明确规定了发达国家在《公约》第一承诺期内减排温室气体的定量目标。2001年IPCC发布第三次评估报告，确认了气候变化的真实性，并指出气候变化的相关问题将不断扩大，将从经济、社会和环境等方面对可持续发展产生重大影响。这些新的科学结论和成果促进了《公约》谈判增加新的常设议题，推动了《公约》和《京都议定书》的谈判进程。2005年2月，《京都议定书》正式生效。

2007年，IPCC发布第四次评估报告，将国际社会对气候变化问题的关注提升到了前所未有的高度。该报告首次明确指出过去50年的气候变化很可能由人类活动引起，气候变化将对社会的诸多方面产生影响，应尽早采取减缓气候变化的措施等。这一报告的发布促使2007年底联合国召开了迄今规模最大的气候变化大会，为“巴厘路线图”的形成提供了科学依据，为《京都议定书》第一承诺期2012年结束后有关减排温室气体的国际谈判奠定了基础，使气候变化国际谈判进程进入一个新的阶段。

二　IPCC评估在国际气候谈判与行动中的地位和作用

（一）四次评估报告的主要结论及与国际应对行动的关系

1. 第一次评估报告的结论及其对《公约》的影响

1990年，IPCC发布第一次评估报告，以综合、客观、开放和透明的方式评估了一系列与气候变化相关的科学问题，包括温室气体和气溶胶、辐射强迫、过程和模型、观测到的气候变率和变化以及观测数据体现的温室效应等，总结了气候变化对农业和林业、地球自然生态系统、水文和水资源、人类居住环境、海洋和海岸带、季节性雪盖、冰和永冻土等的影响，并且规划了能源和工业，农业、林业和其他人类活动，沿海地区管理等领域适应和减缓气候变化的对策。第一次评估报告确信：人类活动产生的各种排放正在使大气中的温室气体浓度显著增加，这将增强温室效应，从而使地表升温。

IPCC第一次评估报告明确了导致气候变化的人为原因，即发达国家近200年工业化发展大量消耗化石能源，也就明确了主要的责任者，从而首次将气候问题提到政治高度上，促使各国开始就全球变暖问题进行谈判。

1990 年 12 月，第四十五届联合国大会通过了第 45/212 号决议，决定成立由联合国全体会员国参加的气候公约“政府间谈判委员会（INC）”，进行有关气候变化问题的国际公约谈判。

之后，IPCC 组织完成了 1992 年气候变化补充报告和 1994 年补充报告，为谈判过程提供了最新的科学和社会经济信息，进一步推动了 1992 年《公约》的签署和 1994 年《公约》的生效。

作为《公约》的长期常设机构，附属科技咨询机构（SBSTA）的任务是对权威机构，尤其是 IPCC 提供的国际最新科学、技术、社会经济信息以及技术评估报告等执行科技评估、信息分析、报告审议，向《公约》缔约方会议提供气候方面的科技信息和咨询，以满足《公约》缔约方会议的政策性需求。

除了向 IPCC 咨询科技与社会经济信息外，SBSTA 还就方法的发展、改进和完善问题向 IPCC 征询意见，并要求 IPCC 为《公约》的谈判作相关研究。针对这些需求，IPCC 组织编写相应的评估报告、特别报告、方法报告和技术报告。

2. 第二次评估报告的结论及其对《公约》的影响

1995 年，IPCC 正式发布第二次评估报告，证实了第一次评估报告的结论。虽然定量表述人类活动对全球气候影响的能力仍有限，且在一些关键因子方面存在不确定性，但越来越多的证据表明，当前出现的全球变暖“不太可能全部是自然界造成的”，人类活动已经对全球气候系统造成了“可以辨别”的影响。

IPCC 第一次评估报告主要考虑气候变化的科学问题，对减缓气候变化的成本效率问题涉及不多。在第二次评估报告中，气候变化的社会经济影响成为一个新的研究主题，重点探讨了气候变化的社会和经济影响以及适应和减缓气候变化的社会经济评估。

第二次评估报告强调：大气中温室气体含量在继续增加，如果不对温室气体排放加以限制，到 2100 年全球气温将上升 1℃ ~3. 5℃；保证大气温室气体浓度的稳定（这是《公约》的最终目标）要求大量减少排放。

针对《公约》的最终目标，第二次评估报告讨论了不同层次和不同时间尺度下温室气体浓度稳定的可能影响；为评估一系列似是而非的预期影响是否构成了“气候系统危险的人为干扰”，以及评估适应和减缓方案是否可用于实现公约最终目标的过程，提供了科学、技术和社会经济信息。第二次评估报告通过对减缓温室气体排放的技术和政策手段进行综合描述、分类和比较，为决策者实现

《公约》目标提供了必要的准备工作。

1995 年，第二次缔约方大会通过《日内瓦宣言》，肯定了 IPCC 第二次评估报告的结论，并将其作为草拟议定书的主要参考文件。这标志着《公约》正式进入议定书谈判阶段。

在《公约》谈判过程中，IPCC 还编制出版了相应的技术报告《减缓气候变化的技术、政策和措施》（1996）、《IPCC 第二次评估报告使用的简单气候模式介绍》（1997）、《稳定大气温室气体：物理、生物和社会经济意义》（1997）和《限制 CO_2 排放建议的意义》（1997），特别报告《气候变化的区域影响》（1997）和方法学报告《IPCC 国家温室气体清单编制指南（1996 年修订版）》，进一步为系统阐述《公约》的最终目标提供了坚实的科学依据，推动了 1997 年《京都议定书》的通过。

3. 第三次评估报告的结论及其对《公约》的影响

2001 年，IPCC 第三次评估报告完成，对于气候变暖问题给出了更多的证据。第三次评估报告强调：气候变化速度超过了第二次评估报告的预测，气候变化不可避免。报告指出，过去的 100 多年，尤其是近 50 年来，温室气体人为排放到大气中的量超出了过去几十万年间的任何时间；近 50 年观测到的大部分增暖可能归因于人类活动造成的温室气体浓度上升（66% 到 90% 的可能性）。

除了肯定气候变化的真实性，IPCC 第三次评估报告还检验了一个新的重要话题，即气候变化与可持续发展之间的联系。第三次评估报告认为气候变化将从经济、社会和环境三个方面对可持续发展产生重大影响，同时也将影响贫困和公平等重要议题。第三次评估报告试图回答一些重要问题，诸如：发展模式将对未来气候变化产生怎样的影响？适应和减缓气候变化将怎样影响未来的可持续发展前景？气候变化的响应对策如何整合到可持续发展战略中去？第三次评估报告的这些结论和成果，促使《公约》谈判中增加了“气候变化的影响、脆弱性和适应工作所涉及的科学、技术、社会、经济方面内容”以及“减缓措施所涉及的科学、技术、社会、经济方面内容”两个新的常设议题。

IPCC 第三次评估报告整合了全球变暖的各种发现和社会经济的减排途径，在 2001 年的第六次缔约国大会中经讨论通过后正式发布，成为各国政府和联合国气候谈判的基础与决策参考。第三次评估报告强调必须大量减少全球温室气体排放以实现《公约》的最终目标，结合 IPCC 特别报告《航空与全球大气》（1999）、

《技术转让的方法和技术问题》（2000）、《排放情景》（2000）、《土地利用、土地利用变化和林业》（2000），技术报告《气候变化与生物多样性》（2002）以及方法学报告《国家温室气体清单好的做法指南和不确定性管理》（2000），为2002 年《京都议定书》的通过提供了充分的决策与咨询依据，推动了《公约》的谈判进程。

4. 第四次评估报告的结论及其对《公约》的影响

2007 年，IPCC 发布第四次科学评估报告（AR4），就全球范围内有关气候变化及其影响以及减缓和适应气候变化措施的科学、技术、社会、经济方面的最新研究成果给出了评估结论。该报告明确指出，全球变暖是不争的事实，近半个世纪以来的气候变化“很可能”是人类活动所致。1906～2005 年全球地表平均温度升高了 0.74℃，比 2001 年第三次评估报告（1901～2000 年上升 0.6℃）又有所提高。20 世纪后半叶北半球平均温度是近 1300 年中最高的。由于人口数量和人均能源消耗的不断增长，1970～2004 年主要温室气体的排放量增加了 70%，其中 1990 年以后增加了 24%。与第三次评估报告相比，IPCC AR4 提高了对最近 50 年气候变化主要是由人类活动造成的结论的可信度，把对于人类活动影响全球气候变化的因果关系的判断由原来的 60% 信度提高到目前的 90% 信度，明确指出人类活动“很可能”是导致气候变暖的主要原因。

同时，该报告更新了影响和适应的研究结论，指出人为增暖使许多自然和生物系统发生了显著变化，有近九成的地球自然生态系统变化与全球气候变暖有关。全球变暖对自然生态和人类生存环境产生了显著影响，这种影响将会随着温度持续升高而不断加剧，对可持续发展构成严重威胁。未来气候变化可能会在水资源、农业、生态系统、人类健康等方面产生重大不利影响，如：21 世纪中期某些中纬度和热带干燥地区可用水量会减少 10%～30%；如果全球增温超过 1.5℃～2.5℃，20%～30% 经评估的物种可能会灭绝；中亚和南亚粮食将减产 30%，少数发展中国家可能会面临饥荒。可持续发展能够提高适应与减缓气候变化的能力，但气候变化也可能会影响一些国家实现可持续发展的能力。

该评估也表明，在未来几十年内，需要采取更广泛的适应措施降低气候变化风险。如不采取积极有效措施，全球温室气体排放量将继续增长。从长远看，越早采取有效的减缓措施，经济成本越低，减缓效果越好。到 2030 年，若把全球温室气体浓度控制在 445～710ppm，全球减排宏观经济成本将控制在全球 GDP

的3%以下。到2050年，若把温室气体浓度控制在490ppm，全球减排宏观经济成本将占全球GDP的5.5%。

2007年12月，在IPCC发布第四次评估报告后，历史上规模最大的一次联合国气候变化大会在印度尼西亚巴厘岛举行。该次大会由《公约》缔约方第十三次会议、《京都议定书》缔约方第三次会议、气候变化部长级高级别会议、IPCC评估报告的专题报告会等一系列会议组成。该次大会的两项最主要任务：一是继续谈判发达国家2012年后的减排义务；二是开始谈判包括发展中国家、发达国家共同参与的长期减排行动。经过艰难谈判，大会最终形成“巴厘路线图”，对2009年12月前同时完成《公约》和《议定书》两个方面谈判的议题和进程均作出了安排，即《公约》缔约方加强《公约》实施的全球长期合作行动谈判和《议定书》第二承诺期附件一缔约方国家减排义务的谈判，为各方启动谈判、在2009年之前达成新的全球气候变暖协定铺平了道路，为《京都议定书》第一承诺期2012年结束后有关减排温室气体的国际谈判奠定了基础。

在此次大会的谈判过程中，IPCC AR4发挥了重要的作用，影响到谈判的方方面面，反映出IPCC AR4已经并将对国际谈判走向产生重要影响。大会就IPCC AR4如何促进谈判进行了审议。大会决议敦促各方利用该报告的结论参与各议题的谈判以及制定国家政策和战略。IPCC AR4为减排目标这一国际谈判核心问题提供了科学依据，报告中有关发达国家2020年在1990年基础上减排25%～40%目标范围的表述被加入到大会结论文件序言中。这些均表明，IPCC AR4为联合国气候变化大会形成“巴厘路线图”创造了条件，并将继续为“巴厘路线图”的实施提供重要科学依据。

综上所述，IPCC完成的四次评估报告无一例外都受到国际社会的广泛关注，推动和促进了各国政府对气候变化问题的认识和了解。IPCC AR4发布以来，各主要国家纷纷提出应对气候变化主张；达沃斯论坛、“G8+5”领导人对话会、APEC会议、东盟领导人峰会，都将气候变化作为主要议题；联合国秘书长推动召开气候变化高级别会议；美国召开经济大国气候变化会议。这些都直接推动了气候变化问题的迅速升温，积极应对气候变化成为国际民心和舆论所向。

同时，IPCC AR4也成为各国政府制定应对气候变化政策并采取具体措施的重要科学依据，并成为各国政府和国际科学界在气候变化科学认识方面最权威的共识性文件。无论是英国政府主导的《斯特恩报告》，还是美国军方提出的有关气候变化与美国国家安全的一系列咨询报告，其关于全球气候变化的事实、未来情景的预估、气候变化的影响等等结论，均没有超出IPCC AR4的范畴。欧盟、澳大利亚、美国、日本等自2007年以来强化应对气候变化的外交谈判，改变各自应对气候变化国内政策，提出国际应对气候变化新主张，皆依据于IPCC AR4的基本结论。这充分表明，IPCC评估报告在国际气候变化应对机制方面具有重要的科学地位。

（二）IPCC在若干热点问题上的评估及其对谈判进程的影响

1. 气候变化情景

全球气候变暖的主要原因是人类活动所导致的温室气体排放。全球不同国家和地区的人口数量、经济社会发展水平、科学技术进步水平、资源和能源消费、环境条件、全球化和公平原则等决定了不同的温室气体排放数量和途径，并进一步决定了未来全球气候变化的趋势。温室气体和气溶胶排放的情况就是所谓的排放情景。对各种可能出现的情况进行组合，就可以得到不同的排放情景，其涵盖了从最低排放（如人口增长率很低、使用高科技、经济发展速度适中等）到最高排放（人口增长不加控制、技术发展缓慢、经济快速发展等）的各种情景。由此可进一步计算大气温室气体和气溶胶浓度，并进行未来气候变化预估。

IPCC在1990年、1992年、2000年曾几次发布情景，并将其广泛地应用于未来气候变化及其影响评估，以及选择适应与减缓的技术和政策过程中。IPCC于1992年发布了全球第一套温室气体排放情景IS92，用于未来气候变化的预估和影响评估等领域。1994年IPCC特别报告对IS92情景进行了评价，指出其中存在的问题和需要改善的方面，因此1996年IPCC决定开发一套新的排放情景供第三次评估报告使用。2000年新开发的排放情景特别报告（SRES）最终完成。SRES提供的情景不仅使用在第三次报告中，也最终被决定在第四次评估报告中使用，是目前使用最为广泛的排放情景。

SRES提供的排放情景主要由四个家族组成，A1描述未来世界经济高速发展，全球人口在21世纪达到峰值以后下降，新技术引进更为迅速和有效。它是一种高排放情景。A1情景族进一步划分为三组情景，分别描述了能源系统中技术变化的不同方向。以技术重点来区分，这三种A1情景组分别代表着化石燃料密集型（A1FI）、非化石燃料能源（A1T）以及各种能源之间的平衡（A1B）。

这里的平衡定义为在所有能源的供给和终端利用技术平行发展的假定下，不过分依赖某种特定能源。A2 描述的世界发展极不均衡，全球化不明显，经济发展主要是地区性的，人口持续增长，人均经济增长和技术改进参差不齐，发展速度较慢。其特征是自给自足，保持当地特色。B1 描述的是一个趋同的世界，人口数量在 21 世纪达到峰值以后下降，但经济结构向服务和信息经济方向迅速调整，引进清洁和资源高效技术，强调从全球角度解决经济、社会和环境的可持续性问题。这种情景对应的是较低排放。B2 描述的世界侧重从局地解决经济、社会和环境的可持续问题，人口数量连续增长但低于 A2 情景，经济发展水平处于中等，技术改进速度较为缓慢且更加多样化，更侧重局地或区域的环境保护和社会平等。

2006 年在 IPCC 第二十五次全会上，考虑到 SRES 提供的情景已经不能满足最新的需求，情景研究的新结果和新进展已经不断涌现，IPCC 决定启动关于新排放情景的工作。但是，这一次 IPCC 的角色将不同于以往。IPCC 将开发各种情景的工作交由研究机构来协调，而其只是起到促进或催化这些机构及时开发出新情景的作用。IPCC 将召开专家会议，考虑科学机构为开发新情景而制订的各种计划，并确定一套"基准排放情景"［"典型浓度路径（RCPs)"］。RCPs 将用于启动气候模式模拟，以开发出适用于范围广泛的气候变化相关研究与评估的各种气候情景，同时，也要求 RCPs"与现有科学文献当中所提供的所有范围的稳定、减缓和基准排放情景"相兼容。

2007 年 9 月在荷兰诺威克豪特举行了新情景的专家会议，关于典型浓度路径 RCPs 的若干特征被予以确定。新的情景将采用各个研究组并行开发的方式进行；将采用辐射强迫作为区分不同路径的物理量；包括近期和远期情景，以满足不同的研究对象和研究群体的需求。同时，新情景也具有包含高分辨率情景等等特征。包括四种路径：一个高路径，至 2100 年其辐射强迫将达到大于 8.5W/m^2，并在某个时间段之内继续上升；两个中间"稳定路径"，其辐射强迫将在 2100 年之后稳定于 6W/m^2 和 4.5W/m^2 之间；一个辐射强迫峰值在 2100 年之前为 2.6W/m^2 并逐渐下降的路径。这些情景包括全套温室气体、气溶胶以及化学活性气体的排放和浓度的时间路径。

在 2009 年 4 月召开的 IPCC 第三十届全会已正式接受 RCPs，并向国际科学界公布。在已经开始编写的第五次评估报告中，RCPs 将被用于气候模式预估、影响、适应和减缓等的评估中。

从过去 IPCC 的评估工作来看，任何一阶段的评估都和情景的开发工作息息相关。未来气候的预估需要排放情景的驱动，而对未来气候预估的需求更新也促进了情景开发工作的不断前进。IPCC 自成立以来所开发的所有情景对气候变化的预估和影响等起到了关键的作用。在最初开发的情景中，由于只有温室气体的作用，预估的未来温度变化往往较高，而在情景中增加了气溶胶和其他辐射强迫因子的作用以后，预测的未来气候变化的结果有了一定的变化。在刚刚推出的 RCPs 中，正是由于科学界和社会对高分辨率和近期气候变化预估结果的需求，才最终导致了相应特征在新情景中的出现。因此，对气候变化问题认识的不断深入同时也促进了对排放情景认识的不断更新。

在气候变化国际谈判中，由于对未来气候变化的预估结果直接关系各个国家减排责任和义务的分担情况，IPCC 科学报告的相关结论被给予高度重视，而情景正是直接影响未来预估/预测的重要因子。由于高的排放情景对应高的增温，而低的排放情景对应低的增温，发达国家和发展中国家在气候变化谈判中各自的诉求是不一样的，这样，在情景的使用上就有了不同利益团体的要求。过去的方式是高、中、低排放情景被分别选择使用，而在第五次评估中，很多国家则对低辐射强迫路径表示出了极大的兴趣。这些进展表明，国际社会将加快关于情景、温室气体危险水平和稳定大气中温室气体浓度及其影响评估的综合研究，并由此推进关于温室气体排放总量和排放权分配谈判的科学研究进程和政治谈判进程。

2. 气候系统的危险水平（2℃阈值）

《公约》第二条明确阐述了其最终目标是“将大气中温室气体的浓度稳定在防止气候系统受到危险的人为干扰的水平上，从而使生态系统能够自然地适应气候变化、确保粮食生产免受威胁，并使经济发展能够可持续地进行”。由此，首次提出了“气候系统危险人为干扰水平”的问题。

按照《公约》第二条的规定，确定气候系统危险人为干扰水平至少有三个必要条件：①生态系统可以自然适应；②确保粮食生产；③可持续的经济发展。这一目标暗示了如果人为的气候变化使生态系统不能够自然地适应气候变化，使粮食生产受到威胁，并使经济发展不能够可持续地进行，则说明气候系统已经受到了危险的人为干扰。

欧盟的一些科学家综述了目前有关气候变化对生态系统、社会经济系统等的

影响结果，提出2℃是人类社会可以容忍的最高升温。这里的2℃指的是相对于工业化前水平（19世纪60年代）的增温，大致相当于2020年（或2050年）比1961～1990年平均温度升高约0.8℃（或1.2℃）。

为达到增温不超过2℃的目标，科学家们设定了不同的温室气体稳定水平，以研究不同路径下增温超过2℃的可能性。最新研究成果表明，即使温室气体浓度稳定在400ppm，增温超过2℃的可能性也有33%，而当温室气体浓度稳定在550ppm，这种可能性将达到100%。因此，欧盟认为温室气体浓度应稳定在450ppm以下。

国际气候变化特别工作组在其应对气候变化挑战的研究报告中也提出，如果升温幅度超过2℃界限，气候突变的可能性和危险性会大大增加，某些极端气候事件可能会出现，如南极西部和格陵兰的冰架会融化并崩塌，热盐环流会减弱甚至停止，陆地森林和土壤由净碳汇转变为净源；农业严重歉收，遭受水资源短缺威胁的人口将会增加20亿人，世界95%的珊瑚礁遭受威胁，重要陆地生态系统（包括亚马孙热带雨林）遭受不可逆转的损害。该报告建议立即开始实施减少温室气体排放的全球行动，到21世纪末将大气温室气体的浓度水平控制在400ppm以内，以确保全球平均温度的上升幅度不超过2℃。

由于现有科学水平的限制，目前国内外对气候系统危险人为干扰水平这一问题的研究还处在初步探索阶段，尚未就此达成广泛的共识。目前就该问题所得出的一些结论，诸如欧盟等发达国家极力主张以450ppm作为温室气体浓度的最终稳定水平，或者以2℃作为气候变化的影响阈值等，在很大程度上并不完全是科学研究的结果，而是出于参加气候公约国际外交谈判目的的权衡结果。

作为一个具有明显政策含义的科学问题，气候变化的危险水平问题是国际气候谈判中的一个敏感问题，各方意见分歧很大。到目前为止，国际社会还难以就此达成共识。未来，气候变化的危险水平问题仍将是科学界和气候变化国际谈判共同关注的焦点之一。

欧盟一再强调《公约》第二条最终目标，并将全球平均温度上升2℃作为上限，目的就在于推动后续承诺期的谈判，说服美国和发展中国家尽早承诺减排义务。气候系统危险人为干扰水平问题，虽然不是一个专门的谈判议题，但是对国际气候谈判具有很强的政策含义，被视为是短期义务与长期目标的关键连接点。在后京都国际气候制度谈判中，该问题将成为焦点之一，会越来越引起国际社会

的关注。

根据目前主要缔约方对气候系统危险人为干扰水平这一问题的态度来判断，一方面欧盟会极力推崇其 2℃ 或 450ppm（甚至更低）的政治目标，以便在《公约》第二承诺期的谈判进程中，推动全球性的减排行动，至少要把美国和发展中大国拉进来；另一方面，美国、中国等排放大国都极力反对确定危险水平、设定排放上限。

3. 未来减排机制和成本分析

根据《京都议定书》第三条第 1 款，附件一缔约方同意累计减少其温室气体（GHG）总体排放，至少比 1990 年的排放水平低 5%。《京都议定书》的生效标志着朝着实现《公约》的最终目标——避免危险的对气候系统的人为干扰——方向迈出了第一步，虽然步伐并不大。然而，议定书所有签字方的全面实施距扭转全球 GHG 排放的总体趋势仍相去甚远。

由于《公约》第二条要求防止对气候系统造成危险的干扰，并因此要求在可实现这一目标的某个时间框架内将大气 GHG 浓度稳定在可实现上述目标的水平上，针对第二条作出的各项决策需要判定作为政策目标的气候变化程度，并对减排路径以及对所需的适应规模产生根本性影响。随着大气中温室气体浓度的增加，人类活动对气候干扰的程度及气候变化可能产生的不利影响也会加大。因此，在 IPCC 第二次评估报告中给出了有关减少排放，加大温室气体汇的技术和政策选择的评估，并且讨论了关于平等和确保经济持续发展的问题，这涉及对气候变化可能产生的损失的估测，以及适应及减缓这些影响的成本和效益。

有关《公约》第二条的决定涉及三个有区分但又互相关联的选择：稳定程度、排放路径和减缓技术及政策。《公约》第三条确定了指导有关最终达到《公约》第二条目标的决策的一系列原则。“采取预防措施来预测、防止或尽量减少引起气候变化的原因，并缓解其不利影响。”“同时考虑到应付气候变化的政策和措施应当讲究成本效益，确保尽可能最低的费用获得全球效益。”这实际上就是对减缓的成本分析提出了要求。

在历次 IPCC 评估报告中，关于温室气体减排的不同方面都有专门的阐述和评估：第一次评估报告在能源和工业，农业、林业和其他人类活动方面，海岸带管理方面制定了减缓和适应选择。报告也给出了未来排放情景和减缓措施，包括短期的减缓与适应措施和长期的行动建议。第二次评估报告阐述了有关未来减排

方面的技术内容和成本问题。第三次评估报告进一步阐述了减排温室气体的实质，减排的途径和方式，减排行动的成本和附带效益，并分析了认识上的差距。第四次评估报告则对温室气体的短期和中期减缓、长期减缓分别进行了分析，对政策、措施和行政干预手段，可持续发展和减缓气候变化等分别进行了介绍。

对于未来减排，第四次评估报告和第三次评估报告（TAR）对减排的措施和成本评估有很大的差别：TAR 的评估重点是未来 100 年的温室气体排放趋势，实现京都目标对各缔约方的经济影响，到 2010 年和 2020 年各部门的经济和技术减排潜力以及实现不同大气温室气体浓度目标的经济影响。AR4 评估的重点是未来 30 年温室气体排放趋势，稳定大气温室气体浓度目标的宏观经济成本和中短期经济减排潜力。TAR 重点分析了实现京都目标对各缔约方的经济影响，AR4 着眼于后京都气候进程，对这些内容没有特别关注。

第四次评估报告基本反映了当前世界主流观点，但也存在一些局限性，如过分强调发展中国家参与减排的必要性；乐观估计全球宏观经济减排成本和潜力；淡化“公平”的倾向影响了报告结论的适用性。而其对谈判的影响在于，一方面 IPCC 报告结论为发达国家坚持让发展中国家参与减排承诺提供了科学依据，使得中国受到的来自外部的减排压力增大，发展空间可能受到挤压；另一方面，IPCC 报告论证了发展中国家参与减排的必要性和经济可行性，中国的减排潜力势必会为全球减排行动提供巨大的国际合作空间，为合作双方乃至全球带来较大的经济、技术和环境方面的收益。这些都有助于促进中国向低碳发展转型，但挑战可能大于机遇。我们要坚持“共同但有区别的责任”原则，敦促发达国家率先减排。

4. 碳捕获与碳储存（CCS）

二氧化碳（CO_2）捕获和封存（CCS）是指 CO_2 从工业或相关能源的源分离出来，输送到一个封存地点，并且长期与大气隔绝的一个过程。IPCC 的第三次评估报告指出，没有任何单一的技术方案能够全面满足实现温室气体稳定性的减排需求，而是需要一种减排措施的组合。已知的技术方案能够实现大范围的大气稳定程度，但是其执行需要社会经济学及制度上的改变。在这种情况下，CCS 在这一选择方案组合中的出现能够促进稳定目标的实现。

2001 年，《公约》第七次缔约方大会提出一项草案，邀请 IPCC 编写一个关于二氧化碳地质封存的技术报告。2002 年 4 月，IPCC 在日内瓦召开的第十九次会议上决定举办一次研讨会，于2002年11月在加拿大瑞基纳市召开。研讨会的结果成为第一个有关CO_2捕获和封存的评估文献，研讨会还提出了编写特别报告的提议。2003年在法国巴黎召开的第二十次会议上，IPCC同意起草有关二氧化碳捕获和封存的特别报告。

在《关于二氧化碳捕获和封存的特别报告》中指出，CO_2的捕获可用于大点源。CO_2大点源包括大型化石燃料或生物能源设施、主要CO_2排放型工业、天然气生产、合成燃料工厂以及基于化石燃料的制氢工厂。CO_2将被压缩、输送并封存在地质构造、海洋、碳酸盐矿石中，或是用于工业流程。该报告也就CO_2的工业应用进行了讨论，但是预计这一途径对于CO_2减排贡献不大。通过CCS减少的向大气的净排放量取决于捕获的CO_2比例，取决于由于捕获、运输和封存的额外能源需求使电厂或工业流程的整体效率降低而导致的CO_2增产，取决于运输过程中的任何渗漏以及取决于长期封存中CO_2的留存比例。现有的技术能够捕获到一个捕获厂处理的CO_2总量的85%～95%。

CCS主要由三个环节构成：碳的捕获、运输与储存。碳的捕获，指将CO_2从化石燃料燃烧产生的烟气中分离出来，并将其压缩至一定体积，以超临界的状态有效地储存于地质结构层中。运输，指将分离并压缩后的CO_2通过管道或运输工具运至存储地。输送大量CO_2最经济的方法是通过管道运输。碳的地质储存，指将运抵储存地的CO_2注入诸如地下盐水层、废弃油气田、煤矿等地质结构层中。储存场址必须有合适的容量和可注入性、有满意的密封盖岩、有足够稳定的地质环境。

报告指出，在2002年的状况下，估计CCS在电力生产方面的应用将使电力生产成本增加0.01～0.05美元/千瓦时，具体成本将取决于燃料、特定技术、场地以及国家环境。在大多数CCS系统中，捕获（包括压缩）的成本是最大的成本部分。与新建一个采用捕获系统的电厂相比，预计用CO_2捕获系统改装现有电厂将产生较高的成本并显著降低总体效率。对于一些刚建不久或效率高的现有电厂、已大幅度升级或重建的电厂，改装的成本劣势会减少。

目前，全球CCS项目仍处于产业化发展的起步和部署阶段。CCS项目要实现产业化发展，还面临着科学不确定性、环境风险、资金扶持、社会和法律认可等诸多的压力。因此迫切需要从国际、国家和行业的法律与规范的角度，对CO_2捕获与封存工作的法律地位、技术规范、减排效益评价等多方面进行明确，从而

加快 CCS 技术的发展及其在全球范围内的认同与普及。

完备的法律体系可以明确 CO_2 封存项目投资者的权利与责任，如项目的所有权、项目启动前和关闭后的责任归属，以及知识产权、保险和投资等，要通过谈判对所有权进行规定，以明确投资者对资源利用的权利、义务和限制。与 CO_2 封存有关的所有权内容包括：CO_2 的所有权、储存地点的所有权、加注与监测业务所需厂房与设备的所有权、封存地点周边土地的使用权和通过权等。另外还需要通过谈判制定其他的一些法律规定，如通过约定获得地下空间使用权、输送协议等。

CCS 项目的建设与运行涉及技术转化与应用、经济效益、环境影响、减排效益等多方面内容。在 CCS 产业化发展之前，需要通过谈判建立系列 CCS 技术实施和监测标准，保证项目实施中和封闭后的技术可行性、安全性和有效性。

三 IPCC 第五次评估的新进展及对国际气候谈判走向的影响

（一）IPCC 新一轮评估将体现新情景、新思路和区域性三个显著特点，将更加侧重影响、适应和减缓的问题

2008 年 8 月召开的 IPCC 第二十九届全会正式启动了第五次评估报告编写工作，其中第一工作组报告将在 2013 年初完成，第二、第三工作组的报告和综合报告将于 2014 年完成。IPCC 新一轮评估将体现新情景、新思路和区域性三个显著特点。一是使用新的温室气体浓度情景。情景是分析未来气候变化的趋势、影响以及应对政策和措施选择的基础和核心，新情景的选定将直接关系对未来气候变化及其影响程度的估算结果，进而为国际社会采取应对气候变化行动指出更加明确的方向。二是加强气候变化经济学分析。以气候变化经济学分析为重点的《斯特恩报告》受到了非常广泛的关注，表明全球对该主题信息的迫切需求。这使 IPCC 意识到需要大力加强气候变化经济学分析与评估，并在未来的评估报告中充分反映气候变化经济学内容，为国际社会采取应对气候变化行动提供更加充实的理论和实践依据。三是更加关注区域气候变化问题。历次 IPCC 报告主要以“全球”为研究对象，在不同程度上忽视了针对区域气候变化的评估，部分政府甚至认为，现有的 IPCC 评估报告对当地采取应对气候变化措施的参考作用有限。因此，新一轮的 IPCC 评估将加强区域气候变化的科学评估。此外，新一轮

评估报告被建议增加气候变化及其与之相关学科的评估，诸如气候系统突变，气候变化与其他环境因子的协同关系，沿海、三角洲、小岛屿国家以及特殊区域的影响、适应及脆弱性评估，当前排放措施包括排放贸易的效应，气候变化科技，工程，可再生能源，能源效率，大众交通运输，森林及森林砍伐，泥炭，生活及消费方式等等。

IPCC 新一轮评估的特点表明，随着气候变化一系列广泛而深远的影响受到人们越来越多的关注，对气候变化相关科学的信息需求也越来越强烈。研究和掌握气候变化的规律，把握人类活动与气候变化关系，是促进人类社会可持续发展的重要基础和前提，也是应对气候变化制定相关政策所急需的信息。对这些科学问题的认识，谁走在前面，谁就拥有更多的话语权。可以预见，在 IPCC 第五次评估过程中，各方在争夺气候变化科学话语权上的斗争将十分激烈，特别是针对新一轮评估的新特点、新动向的科学较量。

（二）IPCC 对关键问题的基本结论对国际谈判进程将产生的可能影响

虽然 IPCC 自成立以来，一直以独立的、科学权威的姿态出现，但由于先天的政府背景，IPCC 各种评估及相关活动不可避免地被打上了政治因素的烙印，成为各国和国际上各利益集团争夺科学话语权乃至道义制高点的重要舞台，体现着各国政府和科学界在应对气候变化问题上力量和智慧的较量。在 IPCC 历次评估中，掺杂政治因素的倾向十分明显，评估报告在气候变化国际谈判中扮演了重要角色，各国和国际上各利益集团都力求通过 IPCC 的科学评估渠道，体现各自的利益诉求。特别是在 IPCC 第四次评估报告编写过程中，由于欧盟专家的大量参与，欧盟主导 IPCC 评估工作格局的意图渐显，其目的就是要把 IPCC 评估报告作为推动由其所主导的全球共同采取减排行动的科学武器。随着各国和国际上各利益集团对气候变化问题关注程度的不断提升，对气候变化科学研究的投入也在不断加大。发展中国家应该通过 IPCC 这一平台，从科学上把握气候变化的自然、政治和经济“脉搏”，更客观地反映人类对气候变化的认识程度，更全面地反映发展中国家对气候变化及其影响的科学观点，最大限度地从科学上赢得国际气候与环境外交的主动权，最大限度地把棘手的气候变化外交谈判问题解决在气候变化科学评估阶段。

（三）发展中国家应采取的对策

发展中国家和经济转轨国家使用新情景的主要目的是为它们自己的影响、适应和脆弱性（IAV）评估，而不是用在全球尺度评估，所以降尺度（包括统计降尺度和动力降尺度即区域气候模型）、时间尺度插值等技术对这些国家更为重要，必须运用到精确的气候情景中。

有两个主要因素是发展未来气候变化新情景时必须强调发展中国家和经济转轨国家参与气候变化 IAV 评估的原因：一是这些国家对产生区域气候情景的迫切需求，这样的情景可以被直接整合进区域/国家模式中，并被应用到影响评估中；二是满足增强发展中地区处理数据能力的需要。

发展中国家和经济转轨国家气候情景和模型经常作为决策者决策的工具，他们关注粮食安全、水供给和生态保护计划及其适应，而且相比中长期政策问题更关注近期的问题。在这些计划决策的过程中，发展中国家和经济转轨国家使用的模型和情景经常比用在全球气候变化评估模型中的时间尺度要短。随着更快的经济发展和人口增长，发展中国家将会在使用情景的主要要素时遇到更多的不确定性，比如发展中国家的决策者会在使用能源经济模型时把 2030 年作为一个长期的时间范围，而全球大部分主要的综合评估模型（IAMs）至少要运转到 2100 年。

因为发展中国家和经济转轨国家使用的模型主要是为短期或中期政策制定和国家层次经济计划服务的，而不是为长期全球/区域性的气候评估和决策服务的，因此开发区域模型和情景的工作在这些国家并不普遍。

在使用新情景时，发展中国家和经济转轨国家的相关社会经济数据往往不够用，特别是在进行区域影响与适应研究时对空间和时间数据的要求往往不能满足。全球气候模型数据经常是只在使用月平均值时才比较可靠，特别是一些关键的变量。在对发展中地区用情景进行影响、适应和脆弱性评估时，这些数值更具有明显的局限性。英国哈德雷中心为一些发展中国家（如中国、印度等）提供了它自己开发的区域气候模式 PRECIS，并为这些国家的农业 IAV 评估提供 IPCC SERS 的气候情景，这种合作增强了发展中国家运用情景的能力。

发展中国家和经济转轨国家现有的模型和气候变化评估能力也可能反映出这些地区资源的局限性和政策优先权。比如 IAV 的评估能力常常比 IAMs 评估能力和环境无害管理（ESM）评估能力强。因此，发展中国家和经济转轨国家对气候科学和排放模型的贡献可能会由于研究资金、基础条件和可用数据的限制而受到影响。同时，关注更多需要迫切解决的发展中国家面临的气候影响与脆弱性政策问题也会影响它们对这些模型工作的贡献。

在一定范围内，提高发展中国家参与国际气候变化评估能力也可能是一个问题。因为发展中国家推荐了享有国际声誉的科学家和模型研究机构参与国际气候变化科学与政策合作，所以这些研究人员就能很容易地被邀请参加到国际气候变化评估合作中。而其他一些来自发展中国家的独立的研究人员，由于他们长期在非发展中国家里工作，对原来所在的发展中国家和经济转轨国家的现状已经不熟悉了，不能完全代表这些国家当前的迫切需求，所以把这些专家也作为发展中国家的代表以增加发展中国家的参与程度就会有一定的不足和局限性。

为了能够显著提高发展中国家和经济转轨国家在未来气候变化评估中的能力，特别是发展新情景和模型的能力，发展中国家、经济转轨国家和发达国家的研究团队正在协作完成如下工作：

- 建立发展中国家和经济转轨国家的同行科学工作团队，以便识别、提高和扩展开发模型合乎情景能力的关键领域，并提名能够参加未来模型研究、发展情景和参与 IAV 评估的机构。

- 促进区域内和区域间发展中国家和经济转轨国家主动开发模型和情景的能力，发达国家的专业模型中心和其他培训机构通过培训和能力建设活动，从广度和深度上帮助发展中国家和经济转轨国家增强 IAV 评估科学能力，使这些国家能处理更大量的观测和模拟数据，并增强数据的可用性。降尺度和模型分析的能力会成为最值得关注的关键技术领域。

- 建立一个在线的网络，以便发展中国家专家和机构熟悉国际科学团体已有的能力、独立科学家和模型团队培训的信息，并关注需要进行额外能力建设的地理和培训领域的信息等。

IPCC 有关温室气体排放和气候变化新情景研究的最新进展表明，国际社会将加快稳定大气中温室气体浓度及其影响评估的综合研究，这势必推进关于温室气体排放总量和排放权分配谈判的科学研究进程和政治谈判进程。发展中国家作为一个整体，其参与程度是远远不够的。即使一些发展中大国也迫切需要集中资源和目标，把重点放在影响发展中国家利益的重大科学问题和实际应用上，积极参与新情景的开发与应用。这既是国家发展的重大需求，也是维护发展中国家利益的重大需求。

气候变化科学评估的最新进展

罗 勇*

摘 要： 以变暖为主要特征的全球气候变化已是不争的事实，我国气候变暖趋势与全球基本一致。全球变暖导致极端气候事件趋多、趋强。21世纪，全球气候仍将持续变暖。最近50年的气候变暖很可能是由于人类活动特别是化石燃料的使用引起的。尽管对气候变化的成因和影响仍存在学术争论，但国际科学界在气候变化的总体认识上已经形成了比较一致的观点。

关键词： 气候变化 全球变暖 趋势 影响 认识

气候变化是当前国际社会普遍关心的全球性热点问题。2007年，联合国政府间气候变化专门委员会（IPCC）先后公布了三个工作组的第四次气候变化科学评估报告和针对决策者的气候变化综合评估报告，在全面、客观、公开和透明的基础上，对近年来国际科学界在气候变化事实、影响与脆弱性以及适应和减缓气候变化措施等领域的最新科学进展进行了全面的评述，成为国际社会认识和了解气候变化问题的主要科学依据，为各国政府制定应对气候变化对策和国际环境外交谈判提供了重要的科学基础。

2007年中国也正式公布了《气候变化国家评估报告》，全面总结了中国的气候变化科学研究成果，为制定国民经济和社会的长期发展战略提供科学决策依据，为中国参与气候变化领域的国际行动提供科技支撑。目前，由科技部、气象局、中国科学院联合牵头组织，国内其他相关部门共同参与的第二次《气候变化国家评估报告》正在编制之中，将于2010年6月正式发布。

* 罗勇，中国气象局国家气候中心，研究领域为气候模式与气候变化的科学问题。

本文将给出全球和我国气候变化的事实、趋势及影响，也将对气候变化若干关键科学问题的不同认识进行评述。

一　全球气候变化的事实、趋势及其影响

（一）全球气候变化的事实与趋势

全球气候变暖已是不争的事实。1906～2005 年全球地表平均温度上升了 0.74℃，最近 10 年是有记录以来最热的 10 年。20 世纪后 50 年北半球平均温度是近 1300 年中最高的。北半球积雪面积明显减小，山地冰川和格陵兰冰盖加速融化。海洋升温引起海水热膨胀，20 世纪全球平均海平面上升约 0.17 米。

全球变暖导致极端气候事件趋多、趋强。20 世纪 50 年代以来，全球许多地区热浪频繁发生，强降水事件和局部洪涝频率增大，风暴强度加大。尤其是 70 年代以来，热带和副热带地区（特别是非洲地区）的干旱更频繁、更持久、更严重，影响范围不断扩大；台风和飓风强度增强，强台风频率增大，由 70 年代初不到 20% 增加到 21 世纪初的 35% 以上。

21 世纪全球气候仍将持续变化，影响加重。预计到 2020 年全球地表平均温度相对于 20 世纪后 20 年大约升高 0.4℃，到 21 世纪末可能升高 1.1℃～6.4℃，其中以陆地和北半球高纬地区增暖最为显著。中高纬地区降水可能增加，多数热带和副热带大陆地区降水量可能减少。高温、热浪和强降水事件发生频率很可能会持续上升。台风和飓风风速更大、降水更强、破坏更严重。洪水发生频率可能更高；而在部分地区，可能会发生从未发生过的极端事件。

（二）已经观测到的气候变化影响与未来的可能影响

目前气候变化的影响已经逐步显现，体现在冰冻圈、农业、水资源、生态系统、海岸带、人类健康等诸多方面，预计未来影响会更加严重。

观测结果表明，冰川消融加速，冰川湖泊范围扩大，数量增加；冻土区地面不稳定性增大，山区岩崩增多；近百年来，北极平均温度几乎以两倍于全球平均速率的速度升高。未来北半球积雪面积将进一步减小，大部分多年冻土的融化深度增加，北极海冰融化明显。

许多主要靠冰雪融化形成的河流径流量增大，春季最大流量发生时间提前；很多地区湖水和河水温度升高。未来水资源时空分布失衡的矛盾会更加突出，部分地区旱者愈旱、涝者愈涝；冰川和积雪储水量将减少，干旱地区将增加，可能影响世界上1/6以上的人口可用水量。

南北两极部分生态系统已经发生了明显变化；动植物物种地理分布朝两极地区和高海拔地区迁移；树叶发芽、鸟类迁徙和产蛋等春季特有现象提前出现，造成生态失衡。未来如果全球平均温度比1980～1999年的平均温度增加1.5℃～2.5℃，经评估20%～30%的物种可能会灭绝。海洋吸收更多的二氧化碳，导致表层海水酸化度增加数倍，对海洋生态系统特别是贝类构成更大的威胁。

海岸带湿地和红树林已经遭受损失，许多海岸带地区遭受风暴潮破坏的现象加重。预计到2100年全球平均海平面上升0.2～0.6米，沿海及低洼地区，特别是亚洲（包括长江和珠江）和非洲大型三角洲以及一些小岛屿，经济社会发展和生态安全将受到严重影响，海平面上升使得沿海地区遭受洪涝、风暴、咸潮以及其他自然灾害的频率加大，预计到2080年，受洪水威胁的人口会增加2～3倍。

在北半球高纬度地区，温度升高已经影响到农业生产。未来农业生产的自然风险和不稳定性将明显加大，大范围严重饥荒出现的可能性增大。由于气候变暖带来的干旱、洪涝频繁发生，将使全球粮食产量发生更大的波动；另外，农业也面临着农业布局、耕作制度和结构的变化，病虫害加重，生产成本和投资将进一步增加。预计2050～2080年，气候变化将导致粮食贸易需求增加，大多数发展中国家将更加依赖粮食进口，可能导致世界粮价居高不下。

未来受气候变化影响严重的地区可能导致部分绿洲消失、城市消亡、沿海地区不宜居住。据欧盟首脑会议上的一份报告预计，由于干旱、洪涝、荒漠化以及海平面上升，今后10年将出现上百万环境移民。

气候变暖导致因热浪袭击致死的人数大幅增加，虫媒传染病加重。2003年欧洲热浪造成了35000多人死亡。未来疟疾和登革热等低纬度常见流行病，发生范围向更高纬度地区扩展，并将波及世界40%的人口。旱灾、水灾、暴风雨等极端气候事件，将增加死亡率、伤残率、传染病发病率，因热死亡、营养不良症、空调病和花粉过敏症等也将增加，加大社会心理压力和医疗费用。

二　中国气候变化的事实、趋势及其影响

（一）中国气候变化的事实与趋势

中国气候变暖趋势与全球基本一致。中国气象局国家气候中心提供的数据显示，1908～2007年我国地表平均气温升高了1.1℃，最近50年北方地区升温最为明显，升温最高已达4℃。最新预测结果显示，到2020年我国年平均气温可能比20世纪后20年升高0.5℃～0.7℃，到2050年可能升高1.2℃～2.0℃，到21世纪末可能升高2.2℃～4.2℃；北方增暖大于南方，冬春季增暖大于夏秋季。

我国降水分布格局发生了明显变化。近50年来，西部地区降水约增加15%～50%；东部地区频繁出现“南涝北旱”，华南地区降水约增加5%～10%，而华北和东北大部分地区约减少10%～30%。预测表明，到2020年，我国平均年降水量可能比20世纪后20年略有增加，到2050年可能增加2%～5%，到21世纪末可能增加6%～14%。北方的降水总量增加幅度大于南方，南方大雨日增加。

我国极端气候事件的发生频率和强度变化明显。一是夏季高温热浪天气增多，特别是1998年以后，35℃以上的高温日数连续显著高于常年平均。二是区域性干旱加剧，特别是华北地区最近20多年中有8年发生干旱，干旱发生之频繁、范围之广、损失之大，是1886年以来最严重的。三是强降水增多，最近20年是继20世纪50年代长江和淮河流域洪水灾害之后的高发期，年平均直接经济损失高达1250多亿元。21世纪我国极端高温事件可能更为频繁，主要表现为强降水事件增多、台风和强对流天气可能更多。

（二）气候变化对中国的影响

中国是全球气候变暖的受害国。全球气候变暖已经并将继续对我国产生重大影响，严重威胁我国的自然生态系统和经济社会发展。

全球气候变暖导致我国农作物因旱受灾面积和粮食产量波动呈加大趋势。未来气候变化可能导致农业产量波动幅度增大，农业布局和结构发生变化，病虫害加重，生产成本和投资进一步增加。如不采取适当措施，到2030年，我国种植业生产能力可能会下降5%～10%。

20世纪50年代以来，由于降水量变化、升温导致的蒸发量增加、工农业用水量增加以及水资源调配问题，我国六大江河的实测径流量都呈下降趋势，北方部分河流发生断流，大大加剧了北方地区水资源供需失衡的矛盾。南方汛期降水增多，多次发生流域性或区域性大洪水，因洪水造成的直接经济损失较大。

我国东部物候期提前，亚热带、温带北界北移。湿地和草原等生态系统退化，某些物种消失，全国动植物病虫害发生频率上升，分布变化显著。未来生态系统的脆弱性大大增加。如，森林类型分布北移和上移；森林火灾及病虫害发生频率和强度增大；内陆湖泊和湿地加速萎缩；青藏高原生态系统一旦遭到破坏几乎不可恢复。大熊猫、野马、野骆驼等野生动物和某些苔藓、蕨类、裸子以及被子植物将处于濒危或受威胁状态。

近30年来，我国沿海海平面上升约0.09米，略高于全球平均水平，加之台风和风暴潮灾害频发，沿海地区遭受不利影响增大。海水温度升高和海表酸化导致近海生态系统退化。未来我国沿海海平面上升趋势还将进一步加剧，与2000年相比，到2050年我国沿海海平面将上升0.13~0.22米，河口湾生态系统和海岸带经济受到影响；红树林和珊瑚礁等海洋生态系统发生退化；海平面上升和极端气候事件进一步加重了风暴潮、赤潮、咸海入侵与盐渍化等海洋灾害。

未来长江上游地区强降水事件可能增加，引起的滑坡、泥石流等突发地质灾害可能对三峡水库的蓄水发电和航运产生不利影响；季节冻土冻胀和多年冻土融化下沉，不但使青藏公路、铁路安全运营受到威胁，也是南水北调、西线调水工程面临的突出问题。

三　对近百年气候变化成因的认识

（一）气候变化的原因

引起气候变化的原因，既有自然的，也有人为的。在不同时间尺度上影响气候变化的因子是不同的，从千年—万年尺度上来看，地球轨道参数是主要的影响因子，在百年—千年尺度上则主要受太阳活动强度变化的影响，在年代际及年际变化上，气候系统的内部震荡发挥着相当重要的作用。在工业化革命之前，地球气候变化主要受自然因子的驱动，在工业化革命之后，人类活动的影响逐渐增加。目前，科学界对气候变化的共识是：就近百年的气候变化而言，温室气体的影响非常重要；同时，气候系统内部的相互作用和反馈过程也很重要。

（二）近50年气候变化的原因

IPCC第四次科学评估报告认为，最近50年的气候变暖很可能（90%以上）是由于人类活动引起的。人类活动主要是指化石燃料燃烧和毁林等土地利用变化排放的温室气体（主要包括二氧化碳、甲烷和氧化亚氮等）导致大气中温室气体浓度大幅增加，造成温室效应增强，从而引起全球气候变暖。

美国国家海洋和大气管理局（NOAA）发布的最新监测数据显示，全球大气二氧化碳浓度已由工业革命前1750年的约280ppm上升到2007年的近383ppm（ppm为计量单位，即百万分之一），大大超过了近65万年以来的自然变化范围（180ppm~330ppm）。其在近十年的增长速率为每年1.9ppm，高于有连续直接观测以来的平均每年1.4ppm。甲烷和氧化亚氮浓度也超过了近65万年以来的最大值。据估算，自1750年以来，全球累积排放了1万多亿吨二氧化碳，其中发达国家的排放约占80%。

IPCC第四次评估报告中指出，20世纪中叶以来大部分的全球平均温度的升高很可能（大于90%的可能性）是由于观测到的人为温室气体浓度增加所导致的。IPCC的结论主要来自于气候模式模拟的结果，即如果仅考虑太阳活动等自然因子的作用，气候模式无法模拟出20世纪中叶以后的全球变暖；只有同时考虑了自然因子和温室气体的作用，才能够模拟出全球气候的变暖趋势。为了证明近50年的气候变化是由人类活动引起的，科学家将气候模式的模拟结果与近百年的观测事实进行了比较，他们发现：单考虑气候变化的自然波动或单考虑人类活动的影响，均不能很好地模拟过去的气候变化；但当同时考虑两者的作用时，则可以比较好地模拟出近100年的气候变化，特别是证明了近50年的全球气候变化主要是人类活动引起的。

（三）太阳活动在近百年全球变暖中的作用

IPCC的最新评估报告还认为，工业化革命以来太阳活动造成的直接辐射强迫比人类活动所造成的小一个量级，太阳活动在这一时期的气候变化中所起的作用很小。实际观测也表明，在过去20多年间观测到了明显的全球气温的升高，而这一时期的太阳活动强度并没有显著的增加趋势；由于卫星资料的使用使得过去20多年的观测资料具有很高的可信度，因此，这足以说明太阳活动对近20多年的气温变化并没有明显影响。但从历史来看，在1950年以前的至少7个世纪中，北半球年代际温度变率重建结果中的相当部分很可能归因于太阳活动和火山活动的变化，并且在该记录中较明显的20世纪初的变暖可能归因于人为强迫。由于人类活动通过燃烧化石燃料向大气中释放二氧化碳气体而改变了入射的太阳辐射和向外的红外辐射，自从工业化时代（大约1750年）开始以来人类活动对气候的总体影响是变暖的，这个时期人类对气候的影响超过了太阳活动、火山爆发等自然过程的变化带来的影响。1750年以来由于太阳输出量的变化造成的直接辐射强迫仅为0.12W/m^2（数值范围为0.06～0.30），比人类活动的辐射强迫小一个量级，说明太阳活动在这一时期的气候变化中所起的作用很小。

可见，IPCC并不否认历史时期气候变化的主要影响因子是太阳活动等自然驱动力，但认为1750年工业化革命以来的气候变化中太阳活动的影响甚微。IPCC第四次评估报告工业化革命以来太阳活动造成的辐射强迫的估算值仅为0.12W/m^2，比IPCC在第三次评估报告中所给出的数值更低，不及其第三次评估报告估计值的50%。

（四）对近百年气候变化成因的不同认识

但是，一些科学家对IPCC的这一结论并不认可，他们认为太阳活动等自然因子才是近百年全球变暖的主要原因。他们认为，气候模式并不能证明全球变暖是由人类活动引起的，IPCC报告中气候模式所显示的温室气体浓度升高和全球平均温度变化之间的一致性主要是通过调整计算机模式中的物理参数得到的，但计算机参数的调整具有很大的随意性。另外，从历史气候变化的记录来看，20世纪的气温与过去400年来小冰期的平均气温相比可能是最暖的，但中世纪暖期的气候很可能比当前的气候更暖。二氧化碳浓度和温度的相关性并不高，因此也不能支持是二氧化碳浓度升高引起温度变化的结论。如20世纪40年代之前二氧化碳浓度的上升并不迅速，但全球气温却存在一个变暖阶段；1940～1975年二氧化碳浓度上升迅速，但这一时期的温度却在下降。

他们还认为，IPCC低估了太阳活动（太阳风及其磁场效应）变化引起的强迫，这一强迫可能远比人类活动所引起的强迫更为重要。IPCC的报告只是利用

“太阳辐照度”来表示太阳活动，但忽略了太阳紫外线或太阳风及其对宇宙射线和云覆盖的效应，因而减弱了太阳活动变化的气候效应。有很多观测证据表明太阳活动变化与气候变化密切相关，如阿曼洞穴中的石笋数据所揭示的 C－14（指示受太阳活动调制的宇宙射线变化）和氧－18（指示温度或降水的变化）同位素的变化在 3000 年的时间尺度上具有很好的一致性。因此，太阳活动变化的气候效应值得重视，太阳活动变化还可解释 20 世纪 40 年代前的气候增暖及随后出现的 20 世纪 60～70 年代的冷却期、中世纪暖期、小冰期和其他 1500 年准周期的气候变化。

共同愿景与减缓目标的谈判进展

陈 迎 杨宏伟*

摘 要： 国际气候谈判以双轨并行方式展开，全球长期合作行动的共同愿景与减缓目标是谈判的焦点。共同愿景是一个交织着科学、经济、政治、伦理等诸多因素的复杂问题，与减缓、适应、技术和资金等议题都有联系，核心是2050年全球减排的长期目标。而各国的中期目标与全球长期目标之间紧密联系，密不可分。本文以《巴厘行动计划》为出发点，重点介绍了全球长期减排目标的不同选择及其相互关系，比较分析了各国对共同愿景的不同观点和立场，以及各国提出的中期和长期的减排目标及减排承诺，并对哥本哈根谈判前景进行了展望。

关键词： 共同愿景 长期减排目标 减排承诺

《巴厘行动计划》启动了《公约》下长期合作行动特设工作组（AWG-LCA）谈判，与《京都议定书》下附件一国家后续承诺期减排义务谈判的特设工作组（AWG）构成了双轨并行的谈判格局。同时，确定了构建2012年后国际气候制度的关键要素，包括减缓、适应、技术和资金所谓“四个车轮”，以及对全球长期合作行动的共同愿景。其中，减缓主要包括发达国家的减排承诺与发展中国家的国内减排行动，谈判的关键是2020年的中期目标。而全球长期合作行动的共同愿景是一个非常综合而复杂的问题，交织着科学、经济、政治、伦理等诸多因素，与减缓、适应、技术和资金等议题都有联系，谈判的关键是2050年的全球

---

* 陈迎，中国社会科学院城市发展与环境研究中心，副研究员，研究领域为全球环境治理、能源和气候政策；杨宏伟，国家发展和改革委员会能源研究所，副研究员，主要研究方向为能源与气候变化的社会经济问题。

减排的长期目标。各国中期目标与全球长期目标之间紧密联系，密不可分，都是当前国际气候谈判核心的议题。

一 《巴厘行动计划》的相关规定

《巴厘行动计划》第一条明确规定，长期合作行动的共同愿景“包括一个长期的全球减排目标，以便根据《公约》的规定和原则、特别是共同但有区别的责任和各自能力的原则，并顾及社会经济条件和其他相关因素，实现《公约》的最终目标”。

《巴厘行动计划》第二条将减缓的内容分为两个部分：一是发达国家的减排义务，规定《公约》发达国家缔约方要依据其不同的国情，承担可测量、可报告的和可核证的与其国情相符的温室气体减排承诺或行动，包括量化的温室气体减、限排目标，同时要确保发达国家间减排努力的可比性。二是发展中国家的减排行动，规定《公约》发展中国家缔约方要在可持续发展框架下，在发达国家履行向发展中国家提供足够的技术、资金和能力建设支持的前提下，采取适当的国内减缓行动。发达国家的支持和发展中国家的减缓行动均应是可测量、可报告和可核证的。减缓议题谈判的关键是2020年的中期目标。

《巴厘行动计划》第三条到第五条针对适应、资金和技术转让也作出明确规定。要求加强国际合作执行气候变化适应行动，包括气候变化影响和脆弱性评估，帮助发展中国家加强适应气候变化能力的建设，为发展中国家提供技术和资金，灾害和风险分析、管理，以及减灾行动等。要求加强减缓温室气体排放和适应气候变化的技术研发和转让，包括消除技术转让的障碍、建立有效的技术研发和转让机制，加强技术推广应用的途径、合作研发新的技术等。要求为减排温室气体、适应气候变化提供资金和融资。要求发达国家提供充足的、可预测的、可持续的新的和额外的资金资源，帮助发展中国家参与应对气候变化的行动。

显然，根据《巴厘行动计划》的相关规定，全球长期减排目标是共同愿景的核心内容，但并非唯一，将共同愿景等同于一个长期的全球减排目标是对共同愿景的片面解读。应该将气候变化的长期合作行动理解为广泛的、包含可持续发展目标的国际合作，目的是加强《公约》的实施，核心是发达国家向发展中国家提供技术转让和资金支持。共同愿景与减缓、适应、资金和技术是紧密联系、密不可分的，共同构成2012年后国际气候制度的重要基石。

二　全球长期减排目标的选择

全球长期减排目标作为当前谈判的焦点备受关注。迄今为止，国际谈判中已经提出的全球减排的长期目标主要有以下两种表达方式。（1）2008年，在日本北海道召开的八国集团首脑会议达成了2050年全球排放在目前基础上至少减排50%的目标。（2）在欧盟的极力推动下，2009年在意大利召开的G8峰会期间召开的“主要经济体能源与气候论坛”（MEF）首次就控制全球升温不超过2℃的长期目标达成了协议。尽管G8峰会或“主要经济体能源与气候论坛”作为《公约》框架外的多边协商机制，达成的任何协议对于《公约》框架内谈判都没有法律的效力，但由于参与各方均是排放大国，且《公约》框架内外机制之间存在的互动关系，因此，无论是G8成员国，还是主要经济体对全球减排长期目标的政治认同仍对国际气候谈判就该议题的讨论具有非常重要的促进作用。

2008年，英国著名经济学家斯特恩爵士发表了有关2012年后国际气候制度设计的研究报告①，将全球排放减少50%的目标进一步细化，依据目前全球排放大约400亿吨CO_2的现状，提出2050年将全球总排放控制在200亿吨CO_2，并依据2050年预期全球人口总量，提出2050年实现将人均排放控制在2吨CO_2的长期目标。该目标已经超越了全球减排的长期目标，而是依据人均排放趋同的原则的一种减排义务分担方案。人均排放趋同的原则来自于英国全球公共资源研究所（GCI）提出的“紧缩趋同”（C & C）方案②，设想发达国家与发展中国家从现实出发，逐步趋同于设定的人均排放目标，从而在未来某个时点上实现人均排放的平等分配。为了给发展中国家提供更大的灵活性，Höhne等在此基础上衍生出“共同但有区别的趋同”的分担方法，使发达国家先趋同，而发展中国家允许推迟一定时期后再趋同。这类方案从公平角度看，仅仅实现了趋同点上的公

① Stern N.，“Key Elements of a Global Deal on Climate Change”. The London School of Economics and Political Science（LSE），April 30，2008.

② GCI 2005. “GCI Briefing：Contraction & Convergence.” Global Commons Institute. April，2006.

平，而默认了历史、现实以及未来相当长时期内实现趋同过程中的不公平。虽然符合发达国家占用全球温室气体排放容量完成工业化进程后向低碳经济回归的发展规律，但对仍处于工业化发展阶段中的发展中国家的排放空间构成严重制约，在这样的条件下要完成工业化进程，必然要付出更大的代价和花费更长的时间。

根据《公约》第二条规定的稳定大气中温室气体浓度水平的长期目标，IPCC 第三次评估报告在《排放情景特别报告》（SRES）① 的不同基准情景的基础上，采用浓度指标，对 450ppmv、550ppmv 等不同稳定浓度情景下的气候变化的影响以及减缓政策选择进行分析和评估。由于满足稳定情景的浓度变化途径有很多，IPCC 为了编写第五次评估报告（AR5），正在组织专家开发新的气候变化情景，采用辐射强迫指标，对 $3W/m^2$、$4.5\ W/m^2$ 等不同辐射强迫情景下的典型浓度路径（RCPs）进行分析评估。不同情景的典型浓度路径特征及对应浓度如表 1 所示。IPCC 对全球长期目标的情景分析，改变了以往以稳定浓度为主要指标的做法，选择辐射强迫来定义全球长期目标，一方面可以以辐射强迫情景为出发点，推出全球平均温度变化；另一方面可以从辐射强迫反推出浓度和排放总量，更能贴近支持国际气候政策的需要，可以进一步推动温室气体排放总量和减排责任分担的国际谈判。

表 1　典型浓度路径特征及对应浓度

名　称	路径特征	辐射强迫	对应浓度
RCP 8.5	持续上涨	2100 年为 $8.5W/m^2$	≈1370 CO_2 - eq
RCP 6	不超过目标水平并达到稳定	2100 年后稳定在 6 W/m^2	≈860 CO_2 - eq
RCP 4.5	不超过目标水平并达到稳定	2100 年后稳定在 4.5 W/m^2	≈650 CO_2 - eq
RCP 3 - PD	先升后降达到稳定	2100 年低于 3 W/m^2	≈490 CO_2 - eq

综上所述，实现全球减排的长期目标可以采用排放、浓度、辐射强迫、升温等不同指标，尽管由于气候系统的复杂性，不同指标方式之间不能一一对应，但仍可以推断出大致的范围。如表 2 所示，在不同基准情景下，要将 CO_2 浓度稳定在 400ppm ~ 440ppm，对应温室气体当量浓度大约在 490ppm ~ 535ppm，辐射强

① IPCC Special Report on Emissions Scenarios, 2000. Available at http: //www. grida. no/publications/other/ipcc_ sr/? src = /climate/ipcc/emission/.

迫为3.0W/m²～3.5W/m²，与工业革命前相比全球平均增温大约是2.4℃～2.8℃。为实现该目标，全球温室气体排放必须在2020年前达到峰值，其后逐年下降。2050年相对2000年要减排30%～60%。也就是说，任何形式的全球减排的长期目标一旦确定，所需的全球排放达到峰值的年限以及相应所需要的减排幅度也就大致确定了，下一步就是减排义务的分担。正因如此，全球减排的长期目标不是单纯的科学问题，而需要价值判断和政治决策来确定。

表2　IPCC第三次评估报告不同基准情景下的稳定情景

	辐射强迫（W/m^2）	CO_2 浓度（ppm）	CO_2 当量浓度（ppm）	与工业革命前相比最佳评估气候敏感度下的全球平均增温	CO_2 排放峰值年限	2050年全球 CO_2 排放（相对2000年%）	评估模型的数量
Ⅰ	2.5～3.0	350～400	445～490	2.0～2.4	2000～2015	-85～-50	6
Ⅱ	3.0～3.5	400～440	490～535	2.4～2.8	2000～2020	-60～-30	18
Ⅲ	3.5～4.0	440～485	535～590	2.8～3.2	2010～2030	-30～+5	21
Ⅳ	4.0～5.0	485～570	590～710	3.2～4.0	2020～2060	+10～+60	118
Ⅴ	5.0～6.0	570～660	710～855	4.0～4.9	2050～2080	+25～+85	9
Ⅵ	6.0～7.5	660～790	855～1130	4.9～6.1	2060～2090	+9～+140	5

资料来源：IPCC第四次评估报告，2007。

三　主要缔约方对共同愿景和长期减排目标的不同立场

自2008年《公约》下的长期合作行动特设工作组谈判启动以来，主要缔约方对全球长期合作行动的共同愿景和减排目标表达了各自的不同立场，各方分歧依然严重。

（1）欧盟及其成员国：认为《公约》第二条有关全球长期目标所列内容还不充分，共同愿景越全面越综合越好，不仅包含减排，还包含可持续发展、清洁能源、能源安全，应包含所有温室气体排放源和汇，并包括所有主要排放国依据《公约》原则的有效参与，真正具有全球性，但明确共同的长期目标是AWG-LCA的优先任务。欧盟坚持将全球平均升温控制在2℃以内作为全球长期减排目标，强调共同愿景是所有缔约方的可持续发展愿景，其最终目标是建立一个低碳社会。因此，需提供一个共同愿景的指南，包括所需资金的规模、技术研发等，核心是建立有效和公平的资金机制。除发达国家在减排中起到主导作用之外，发展中国家也应采取行动减排。发展中国家的目标可以不具有法律约束性，“适当的国家减缓行动”（NAMA）是个可以借鉴的方法，资金支持必须与实质行动挂钩，资金支持主要来自排放贸易和 CDM，也希望有创新机制提供更多资金来源。

丹麦作为哥本哈根会议的东道国，特别强调当前的金融危机为转向低碳经济投资、发展低碳经济提供了机遇。不论远期还是近期目标，发达国家都应该率先减排，但只有发达国家的行动不足以应对危机。目前的适应活动远远不足以应对气候变化，应该加大资金和技术扶持力度。资金机制、促进经济多元化和应对社会风险都是共同愿景的重要组成部分。

2009 年 3 月召开的欧洲议会全会通过欧盟应对气候变化整合战略，明确了 2050 年欧盟温室气体减排的新目标：在 1990 年的基准上，至少削减温室气体排放 80% 以上，能源效率提高 35%，可再生能源占总能耗的比重达到 60%。欧盟主要成员国英国 2008 年通过《气候变化法》，已率先以立法形式承诺 2050 年减排 80% 的长期目标。法国还提出 2050 年力争实现人均排放 2 吨 CO_2 的目标。

（2）美国：认为共同愿景要包括四方面的内容：第一，实现《公约》的最终目标，包括实现经济发展，强调共同愿景应对消除贫困、增加全球福利作出积极贡献，而社会发展也是共同愿景的组成部分。第二，长期减排目标，强调长期目标要具有全球性，目标要合理反映经济变化和技术进步，但不能导致责任共担，美国支持到 2050 年全球温室气体排放减排 50% 的目标，奥巴马政府表示美国 2050 年可以减排 80%。第三，要考虑各国国情变化，强调共同愿景要反映共同的控制温室气体排放的决心，而共同为保护气候的努力应该基于各自的国情，并考虑当前排放和未来排放趋势，以及各国国情的变化，因为世界银行预测未来 20 年很多新兴经济体的生活水平将接近发达国家。第四，要有科学基础。

（3）澳大利亚：认为共同愿景应与“巴厘路线图”的其他方面相结合。长期减排目标是共同愿景的核心，发达国家应该率先减排，但这还不足以完全应对气候变化，发展中国家特别是排放大国，应该在相关支持下努力减排，而且减排应该符合可测量、可报告、可核实（MRV）的标准，减排与发展并不矛盾，低碳经济同样可以保证一定的生活质量。澳大利亚的长期减排目标是到 2050 年在 2000 年的基础上减排 60%。

（4）加拿大：认同2050年全球排放至少要降低一半的长期目标，呼吁全球采取积极的减排行动，经济大国要负起相应的责任。加拿大的长期目标是2050年在2006年的基础上减排60%～70%。

（5）日本：认为长期非约束性目标是共同愿景的核心，要设定全球减排目标，最终目标是稳定温室气体浓度，支持2050年全球排放减半的长期目标，关键是未来10～20年全球排放要达到峰值。日本强调要向低碳社会转型，低碳社会的建立应通过技术创新、转变生活方式以及完善基础设施建设实现，应促进公共和私人投资向能源技术研发等相关领域倾斜，所有国家都应根据“共同但有区别的责任”原则和各自能力采取行动。为此，日本的长期目标是在2050年在当前的基础上减排60%～80%。

（6）瑞士：代表“环境完整性组织”国家表示，共同愿景应给各国开展合作提供技术，包括《公约》第二条的目标，此外还应包括实现长期合作的方式和手段，需要加强资金和技术转让。

（7）中国：对共同愿景问题表达了以下基本观点。第一，《巴厘行动计划》已对共同愿景有了明确的定义，即通过长期合作行动加强《公约》的全面、有效和持续的实施。关于共同愿景问题的讨论，应着眼于如何在《公约》的框架下开展长期合作行动。第二，长期合作行动的共同愿景要以《公约》第二条所规定的最终目标为指导，即要将大气中的温室气体浓度稳定在防止气候系统受到危险的人为干扰的水平上，要适应气候变化的影响，还要实现社会经济的可持续发展。因此，共同愿景应涵盖《巴厘行动计划》中所确定的减缓、适应、资金和技术四大要素和可持续发展，决不是仅谈减缓目标。第三，要切实遵循“共同但有区别的责任”原则和公平原则，这是《公约》所确定的指导国际社会共同应对气候变化的基本原则，也是指导落实长期合作行动共同愿景的基本原则。第四，讨论全球长期减排目标要立足当前，脚踏实地。全球长期减排目标的制定要有科学依据及考虑其经济技术可行性，确保发展中国家的发展空间。没有明确的发达国家的中期减排目标，全球长期减排目标就只能是空洞的、毫无意义的政治口号。强调当前的紧迫任务不是制定长期减排目标，而是确定发达国家的中期减排指标。

基于上述立场，中国主张要处理好以下几个关键问题：第一，要坚持“共同但有区别的责任”原则。发达国家和发展中国家在历史责任、发展水平、发展阶段方面大不相同，因此应对气候变化的政策、目标、措施和行动也应有所区别。发达国家要对其历史排放和当前高人均排放承担责任，要切实履行其在《公约》和《京都议定书》下的义务，要改变不可持续的生活方式，要继续率先大幅度量化减排，要给发展中国家提供“可测量、可报告和可核实”的资金、技术和能力建设支持，使发展中国家有能力应对气候变化；发展中国家要在可持续发展的框架下，在得到发达国家可测量、可报告、可核实的资金、技术和能力建设支持下，根据本国国情采取积极的应对气候变化的行动。第二，要切实保障发展中国家的发展权。《公约》明确规定，经济和社会发展及消除贫困是发展中国家缔约方的首要和压倒一切的优先任务。发展中国家只有在发展经济和提高能力的基础上才能为应对气候变化作出更大贡献。发达国家要充分认识到，发展权是不可剥夺的基本人权，发展中国家的发展不仅是应对气候变化的基础条件，也是维护世界和平与安全的重要条件。在共同应对气候变化的进程中，发展中国家的发展权必须得到充分和有效的保障。第三，要充分考虑并妥善处理公平问题。截至 2004 年，发达国家的人口仅占全球总人口的 20% 左右，但其累积排放却占到全球累积排放的 75% 。当前很多发展中国家正处在工业化、城市化和大规模基础设施建设时期，需要合理的碳排放空间。而发达国家已经过度占有了全球有限的碳排放空间，挤占了发展中国家的发展空间。发达国家必须通过大幅度减排来为发展中国家腾挪出必要的排放空间，从而为发展中国家的发展创造出公平的环境和条件。

（8）印度：支持中国的主张，认为共同愿景应包括《巴厘行动计划》的所有要素，涵盖减缓、适应、资金和技术四个方面；发达国家必须深度减排，使人均排放有实质性降低；市场机制固然重要，政府的领头羊作用更重要；坚持不允许重新谈判《公约》的原则；长期目标应该与中期目标相结合；公平是讨论共同愿景最关键的原则之一，要求充分考虑以下四个方面的要素：第一，所有人都享有平等的排放权，发达国家由于其历史排放多而对气候变化负有不可推卸的责任。第二，必须尊重人类的发展权和生存权。第三，一个稳定的目标不应被滥用，而必须以《公约》的条款和原则为依据，要加强对《公约》第四条承诺义务的履行。第四，长期目标中必须纳入发达国家的中期减排指标。

（9）巴西：认为《巴厘行动计划》的授权已经非常明确，共同愿景应以落实《公约》的原则为基础，不能重新谈判《公约》条款，也不能重新建立其他

原则，而应探讨新的合作方式，应将应对气候变化和可持续发展结合起来。对于发展中国家来说，经济社会发展有助于增强其应对气候变化的能力。在资金和技术方面，必须寻求可行的办法，技术转让不是技术贸易。筹资不能仅依靠市场，而需要公共资金，以赠款或优惠贷款的方式来实施，其作用不应相互抵消而应相互叠加。在适应方面，必须确保有足够的资金和技术，资金应额外于官方发展援助。要采取具体的适应行动，而不能只局限于收集信息。在减缓方面，需要全球共同努力，不同发达国家承担的减排指标应具有可比性。

（10）南非：对共同愿景问题提出六点看法：①共同愿景绝不应仅仅包含减排目标，而是应该包含“巴厘路线图”的所有要素。②共同愿景不仅服务于《公约》长期合作特设工作组，也应该服务于《京都议定书》的特设工作组。③共同愿景必须完整地反映《公约》第二条的所有内容，包括稳定浓度和可持续发展，对发展中国家来说，两者同样重要。④减缓和适应在共同愿景中同等重要。⑤发达国家和发展中国家的减排目标应该相结合。2050 年发达国家应在 1990 年的基础上减排 80% ~90%，2020 年至少减排 25% ~40%。发展中国家的目标完全取决于发达国家履行其《公约》义务的政治意愿，后者的减排意愿和目标越强烈，前者也就越积极，反之亦然。⑥资金和技术机制必须有法律约束力并且切实可行。

（11）小岛国联盟：认为共同愿景是意向性指标，应将防止对最脆弱国家的不利影响放在突出位置。要求全球长期减排目标是将温室气体浓度控制在 350ppm 以下，全球平均升温不超过 1.5℃，2050 年全球排放在 1990 年的水平上减排 85%，发达国家减排 95%，所有国家都要采取行动，发展中国家的排放趋势应明显偏离 BAU 情景。同时，共同愿景的讨论要同等对待减缓和适应问题，要求提出明晰而灵活的框架来解决适应问题，在 ODA 之外提供资金用于适应；发达国家要向发展中国家提供新的、额外的、可预见的资金资助，应基于赠款而不是贷款，要有新的资金管理措施。

（12）最不发达国家集团：认为共同愿景的设定应由《公约》的最终目标来指导，要减少发展中国家（特别是最不发达国家和小岛国）的脆弱性，遵循公平原则，并充分考虑最新的科学发现。在减缓方面，努力促成就升温上限控制在 2.0℃ ~2.4℃（相应要求 2015 年之前全球碳排放达到峰值）达成共识，并在确保全球增温不超过 2℃ 的目标下设定 2020 年、2030 年和 2050 年的全球减排目标；在适应方面，《巴厘行动计划》非常重视最不发达国家、小岛国和非洲国家，目前关键是如何付诸实施。可持续发展是共同愿景的支柱，资金是核心要素，必须建立创新的资金机制。

从上述各方观点看，各方对共同愿景和长期目标的认识仍存在较大分歧。发达国家多强调全球长期减排目标是共同愿景的核心，只有发达国家减排不足以实现全球长期减排目标，发展中国家也必须减排，尤其是中国、印度、巴西、南非等处于工业化进程中的发展中大国。而发展中国家更多强调共同愿景是与《巴厘行动计划》提出的适应、减缓、资金和技术四大要素之间紧密联系的整体，必须遵循“共同但有区别的责任”的原则和公平原则，强调发达国家必须实现的中期目标，并切实履行《公约》规定的技术和资金义务，以及适应和减缓并重。具体到发达国家和发展中国家内部，例如欧盟和美国之间，发展中大国与小岛国联盟之间，不同缔约方的立场又有不同侧重。

四　附件一国家的中期减排目标和减排承诺

尽管各方对共同愿景以及全球减排的长期目标有不同的观点，但相比而言，中期目标对各国利益的影响更为现实，因此各方对中期目标的态度更为谨慎，各方分歧也更为严重。迄今为止，国际气候谈判尚未就附件一国家 2020 年的中期减排目标达成一致，各方承诺的中期目标的差异也十分明显，可比性值得怀疑。

在 AWG 谈判中，一些缔约方已经明确提出附件一国家整体减排的中长期目标①，如表 3 所示。除了澳大利亚和加拿大要求选择其他基年之外，多数国家采用 1990 年为基年。多数发展中国家要求附件一国家在 2020 年之前至少减排 40%，某些提案还将减排目标延伸到 2050 年。

多数发达国家没有明确提出附件一国家整体减排目标，但越来越多的国家表明自己的减排承诺以及相关立场。

（1）欧盟及其成员国：欧盟 2007 年就提出了自己的减排目标，2008 年通过的能源和气候变化一揽子政策措施进一步重申了该目标，并提出了相应的政策措施，以保障目标的实现。欧盟 27 国单边承诺 2020 年在 1990 年的基础上至少减排 20%，若其他发达国家作出具有可比性的减排承诺，经济较发达的发展中国家

① FCCC/KP/AWG/2009/10/Add. 4，July 1 2009，http：//unfccc. int.

表3 一些缔约方提出的附件一国家整体减排的中长期目标

国　别	基　年	目标年	减排目标(%)
白俄罗斯	1990	2013~2020	-30
挪　威	1990	2020	-30
欧　盟	1990	2020	-30
中　国	1990	2013~2020	至少-40
非洲联盟	1990	2020	-40
哥伦比亚		2013~2020 2027	至少-45 至少-56
印　度	1990	2020	至少-79.2
印度尼西亚	1990	2013~2017 2018~2022 2050	至少-18 至少-40 至少-85
南　非	1990	2013~2017 2018~2022 2050	至少-18 至少-40 至少-95
巴　西	1990	2013~2017 2018~2022	至少-20 至少-45
菲律宾	1990	2013~2017 2018~2022 2050	至少-30 至少-50 至少-95
赞比亚	1990	2020 2050	至少-45 至少-95
小岛国联盟	1990	2020 2050	至少-45 至少-95

根据相应的责任和能力作出适当的贡献，以将温度控制在2℃以下，欧盟可以减排30%。同时，欧盟要求2020年发展中国家排放应在BAU基础上减排15%~30%。

（2）冰岛：冰岛政府宣布，如果14/CP.7决议顺延至2020年，将在1990年排放的基础上减排15%（包括LULUCF），这意味着与《京都议定书》下目标相比，冰岛必须实现25%的排减量。

（3）挪威：挪威政府宣布决心在2030年完全变成碳中性的国家。在现有LULUCF规则不发生变化的条件下，2020年将在1990年基础上减排30%，目标是通过减少2/3的国内排放使挪威走上低碳社会之路。

（4）日本：2009年6月10日，日本政府宣布到2020年的温室气体减排中期目标为在2005年的水平上削减15%，比基准年1990年减排8%。日本同时强调上述减排目标不包含从海外购买的排放权以及森林吸收的二氧化碳量，全部依靠国内减排行动完成。

（5）美国：美国众议院于 2009 年 6 月 26 日以 219 对 212 票，投票通过了《美国清洁能源与安全法案》（ACES）。该法案的重点包括了以总量限额交易为基础的减排计划。对约占美国温室气体排放总量的 85% 的大型温室气体排放源，如发电厂、制造业设施和炼油厂等，设置了具有法律约束力且逐年下降的总量限额。目标是到 2020 年相对 2005 年温室气体减排 17%，（大致相当于比 1990 年减排 4%），到 2050 年减排 83%（大致相当于比 1990 年减排 80%）。美国中期目标与长期目标的巨大差异反映了美国对长期目标的态度比较积极，但对中期目标非常谨慎。由于该法案尚未通过参议院批准，而美国坚持国际减排承诺要以国内立法为前提的立场，使美国的中期减排目标仍存在很大的变数。

（6）澳大利亚：澳大利亚在表明 2050 年相比 2000 年减排 60% 的长期目标的同时，对中期也非常谨慎。2009 年 5 月 4 日，澳大利亚总理陆克文表示，如果全球能够达成一份旨在将大气中二氧化碳浓度降至 450ppm 或更低的协议，澳大利亚将承诺 2020 年在 2000 年的基础上减排 25%。同时澳大利亚保留原先的政策，即 2020 年在 2000 年的基础上无条件减排 5%；若全球协议无法将二氧化碳浓度稳定在 450ppm，而主要发展中经济体承诺采取大规模限排行动，以及发达经济体采取的减排承诺与澳大利亚具有可比性，澳大利亚将减排 15%。澳大利亚强调技术开发非常重要，计划每年投资 2 亿美元进行碳捕获和埋存（CCS）技术的研发，并与印尼合作减少毁林排放。

（7）加拿大：加拿大政府提出的中期目标是 2020 年在 2006 年的基础上减排 20%，这相当于 2020 年前年均减排 1.45 亿吨 CO_2。同时，加拿大承诺到 2020 年实现 90% 的电力零排放，计划每年出资 1 亿美元帮助最脆弱国家应对气候变化。

（8）俄罗斯：2009 年 6 月 19 日，俄罗斯总统梅德韦杰夫宣布其减排目标是 2020 年相比 1990 年减排 10%～15%，即从 1990～2020 年的 30 年间，减排 300 亿吨温室气体。然而俄罗斯 2007 年排放的温室气体约为 22 亿吨，比 1990 年水平减少 34%。根据梅德韦杰夫宣布的减排目标，2020 年俄罗斯温室气体排放量应在 28 亿～30 亿吨之间。这就意味着俄罗斯的温室排放量很可能要高于现在的水平。

（9）白俄罗斯：白俄罗斯政府表示，如果 10/CMP.2 决议的修改稿在第一承诺期结束前得以生效，则 2012 年后将考虑将排放控制在 1990 年的 90%～95%。

否则，白俄罗斯在第二承诺期将不作出自愿承诺。

（10）乌克兰：乌克兰政府准备2020年相比1990年减排20%，2050年减排50%。乌克兰认为更高的减排要求将严重妨害自身社会经济的恢复和发展。

（11）新西兰：2009年8月10日，新西兰宣布到2020年在1990年的基础上减排10%～20%，该目标将通过削减新西兰国内排放、增加森林面积以及购买他国削减的排放量来实现。考虑到新西兰目前排放已经比1990年高出24%，新西兰总理约翰·基认为实现该目标难度很大。

综合上述各国现有减排方案，2020年附件一国家相对1990年大约只减排10%～16%，与发展中国家要求的至少减排40%的目标相去甚远，也明显有悖于全球稳定温室气体浓度的长期目标。

除附件一国家之外，2009年8月4日，韩国政府表示将从三个温室气体减排目标中选择一个作为2020年的温室气体减排目标。这三个目标分别是，2020年相比2005年温室气体排放量增加不超过8%、持平以及减排4%。为实现温室气体减排目标，韩国政府将采取一系列措施，包括鼓励使用混合动力车，提高核能和可再生能源发电比例，推广发光二极管和智能电网等。由于韩国不是附件一国家，但作为经济合作组织成员国，经济发展水平明显高于其他发展中国家。因此，韩国提出的减排目标格外令人关注。如何以适当的法律形式将其纳入未来的国际气候协议还存在争议。

五　未来前景展望

全球长期合作行动的共同愿景和减缓问题是国际气候谈判的核心议题，尤其是全球减排的长期目标与中期目标最为关键。经过多轮谈判和磋商，各方已经表达了对上述议题的基本观点和立场，接下来的谈判重点是各方相互妥协，并将原则立场转化为具体的法律语言的过程。如前所述，由于减排目标直接影响各国的经济利益，各方观点分歧依然严重，2009年底即将召开的哥本哈根会议能否最终达成一致，前景尚不明朗，未来谈判将十分艰难。任何国家都既要维护自己的利益，又都难以承担阻碍达成国际气候协定的政治压力。因此，哥本哈根会议最有可能的结果是首先达成一个政治框架协定，而将具体技术细节留待后续谈判解决。一场各种政治力量的激烈较量在所难免，国际社会都将拭目以待。

气候变化适应行动及谈判进展

李玉娥*

摘　要：本章详细介绍了公约中与适应气候变化有关的条款、适应问题的谈判焦点问题及进展，阐述了主要缔约方在适应计划的制订与执行、扩充适应资金和增强技术支持力度、风险管理和降低风险战略、经济多样化、加强知识共享、能力建设和机构安排等方面的立场，最后提出了我国在适应气候变化问题上应持的谈判立场和谈判对策建议。

关键词：气候变化　适应问题　谈判进展

一　背景

气候变化已经对自然和和人类环境产生了相当大的影响。发展中国家生态系统脆弱，基础设施落后，抵御自然灾害和适应气候变化的能力低，在气候变化条件下表现得更为脆弱。因此，在《联合国气候变化框架公约》（以下简称《公约》）谈判中，气候变化影响与适应问题是广大发展中国家最为关注的议题之一。

《公约》中的许多条款都涉及适应气候变化问题，特别是《公约》第 4 条第 1 款提出缔约方应“制定、执行、公布和经常更新国家的以及适当情况下区域的计划，其中包含能够充分适应气候变化的措施”，并“开展合作为适应气候变化的影响做好准备”。第 4 条第 4 款提出发达国家缔约方应“帮助特别易受气候变化不利影响的发展中国家缔约方支付适应这些不利影响的费用”。第 4 条第 5 款

---

* 李玉娥，中国农业科学院农业环境与可持续发展研究所，气候变化研究室主任，研究员，主要从事农业与气候变化相关的科研工作。

提出发达国家 采取一切措施促进和资助向发展中国家转让技术。第4条第8款提出各缔约方应充分考虑按照本《公约》需要采取哪些行动，包括与提供资金、保险和技术转让有关的行动，以满足发展中国家缔约方由于气候变化的不利影响和/或执行应对措施所造成的影响。第4条第9款提出各缔约方在采取有关提供资金和技术转让的行动时，应充分考虑最不发达国家的具体需要和特殊情况。

《公约》缔约方会议第十三次会议于2007年12月在印尼巴厘岛举行。会议的主要成果是制定了旨在加强落实《公约》的决定，即《巴厘行动计划》。《巴厘行动计划》主要包括四个方面的内容：发达国家和发展中国家的减排问题；加强气候变化适应行动；加强减缓温室气体排放及适应气候变化的技术研发和技术转让；为减排温室气体、适应气候变化及技术转让提供资金和融资。要求发达国家提供充足的、可预测的、可持续的、新的和额外的资金资源，帮助发展中国家参与应对气候变化。成立了《公约》之下的长期合作行动特设工作组（AWG-LCA）。

在过去10多年，国际社会一直就气候变化影响与适应进行谈判，并取得了一定进展。但主要活动集中在促进知识共享和能力建设方面，对发展中国家执行适应气候变化行动的帮助与发展中国家的实际需求相差甚远。

二　谈判的焦点问题

适应气候变化从《公约》第一次缔约方会议起就一直有适应气候变化的相关议题，但谈判的进展相当缓慢。主要存在的焦点问题是：（1）适应气候变化的责任问题，谁出资和如何出资帮助发展中国家适应气候变化；（2）适应气候变化的公平问题，应帮助哪些国家适应气候变化。

发展中国家认为：气候变化对发展中国家造成了额外的负担，适应气候变化是发展中国家的优先任务；发达国家应对气候变化及其产生的不利影响负历史责任，应履行《公约》的义务，为发展中国家提供充足、稳定、可预测和额外的资金帮助发展中国家适应气候变化，海外发展援助（ODA）和贷款不能算作发达国家在《公约》下履约；不仅从清洁发展机制（CDM）项目的收益中征税，还应从联合履行（JI）项目和排放贸易（ET）项目中征收部分收益；发达国家应帮助发展中国家开发和应用适应气候变化的技术，消除向发展中国家转让先进适应技术的障碍。

发达国家认为：适应气候变化是所有国家的责任，将适应气候变化纳入到发展规划是各国政府自己的任务和责任，国际支持只是一种补充。发达国家承认目前用于适应气候变化的资金有限，但主张各国在财政预算时考虑适应气候变化的投资，强调通过多种途径（包括私营部门）募集资金帮助最脆弱的发展中国家适应气候变化。这种方式是发达国家企图回避向发展中国家提供充足、可预测和可持续的资金和技术转让义务。所有发达国家强调其提供的适应资金将主要用于最脆弱国家，这是发达国家在适应问题上对发展中国家进行再分类，企图分化发展中国家。

在发展中国家内部也存在难以调和的矛盾。大的发展中国家希望发达国家提供的资金和技术援助应是针对所有发展中国家，同时要考虑小岛国家联盟（SIDS）和最不发达国家（LDCs）的特殊需求，而小岛国家联盟和最不发达国家提出应特别考虑 SIDS 和 LDCs，而不顾及其他发展中国家的利益。另外，石油输出国则强调它们受到气候变化的双重不利影响，因为气候变化使它们的沙漠化和水资源短缺问题日趋严重；同时，由于发达国家采取减排措施，对它们的经济造成了严重的影响，它们在经济多样化方面需要得到国际社会的支持。小岛国家联盟和石油输出国在是否应包括“适应应对措施造成不利影响”内容方面存在难以解决的矛盾，难以形成发展中国家 77 国集团和中国（G77 + 中国）的统一立场。

三　谈判进展及主要国家的立场分析

（一）谈判进展

在《公约》第一次缔约方会议（COP1）上，提出了适应气候变化的三个阶段的活动：（1）规划（第一阶段）：包括研究气候变化的可能影响，以确定特别脆弱的国家或区域，提高制定适应气候变化政策的能力；（2）措施（第二阶段）：包括进一步进行能力建设，以做好适应气候变化的准备；（3）促进开展适应气候变化的措施（第三阶段）：包括保险、适应和其他应对措施。COP7 决定成立气候变化特别基金（SCCF）（决定 7/CP.7）、最不发达国家基金（LDCF）（决定 7/CP.7）和适应基金（AF）（决定 10/CP.7）。COP10 一号决定要求附属科技咨询机构（SBSTA）制定“气候变化影响、脆弱性和适应的五年工作计划”（以下简称“五年工作计划”），并提出工作计划应包括四个方面的内容，即方法学、数据和模型；脆弱性评估；适应计划、措施和行动，将适应气候变化纳入可持续发展策略。“五年工作计划”的目标是协助所有缔约方，特别是发展中国家，包括最不发达国家和小岛发展中国家，更好地了解和评估气候变化影响、脆弱性和适应性，就实际的适应行动和措施做出正确的决定，以便在考虑到当前和未来气候变化和变率的前提下，在合理、科学、技术和经济的基础上应对气候变化。

“五年工作计划”包括影响和脆弱性评估和适应规划、措施和行动两个方面：

影响和脆弱性评估包括以下活动：（1）促进发展和推广有关影响和脆弱性评估的方法和工具；（2）改进气候及其影响方面的观测数据和其他相关信息的收集、管理、交流、获取和使用，并推动改进观测和对气候变率的监测；（3）促进开发、获取和使用预估的气候变化、气候变率和极端事件的信息和数据；（4）促进了解气候变化的影响和脆弱性，了解气候变率和极端事件以及对可持续发展的影响；（5）促进提供关于气候变化所涉及的社会经济方面的信息，将社会经济信息更好地应用于影响和脆弱性评估。

适应规划、措施和行动包括以下活动：（1）促进开发和推广评估方法和工具，改善适应规划、措施和行动；（2）收集、分析和推广已采取的适应行动和措施的信息，包括适应项目、短期和长期适应战略以及当地和本土知识；（3）促进研究各种适应备选办法，开发和推广各种适应的技术、专门知识和做法，特别是确定适应优先事项，并从已有的适应项目和战略中获取经验教训；（4）促进了解、开发和推广有关措施、方法和工具，包括旨在提高经济恢复能力、减少对脆弱经济部门的依赖和经济多样化。

“五年工作计划”的具体活动是针对计划中提出的气候变化影响、脆弱性评估和适应规划、措施和行动两个领域开展的具体活动。活动类型主要包括缔约方提交某些具体问题的意见和建议、举办研讨会、交流经验和共享信息等。工作计划的产出包括国家提交的意见和建议的汇总文件、工作计划的进展报告、研讨会和专家组会议的总结报告和秘书处准备的工作总结报告。工作总结报告应包括以下信息：（1）分析各活动中存在的问题、现状和经验教训；（2）存在的差距、需

求、机会、障碍和限制因素；（3）提出解决问题的建议。

SBSTA 在其第二十八次会议审议各项活动的产出和进一步需要开展的活动之后，就气候变化影响、脆弱性和适应的科学、技术和社会经济方面提供相关信息和建议，供附属执行机构（SBI）审议。

《公约》之下的长期合作行动特设工作组在其第二届会议期间（2008 年 6 月，波恩）举办了“通过资金和技术推进适应工作，包括国家适应行动方案”研讨会，缔约方还审议了《巴厘行动计划》中的各项内容。会后 AWG-LCA 主席汇总了各方在研讨会和磋商过程中提出的意见和建议。关于推进适应气候变化，主席归纳为四个方面：（1）国家适应工作计划；（2）简化和扩大资金与技术支持力度；（3）加强知识共享；（4）适应工作的体制框架。在 AWG-LCA 第三次会议上，成立了三个磋商小组，其中包括促进适应气候变化及执行适应气候变化相关的手段。AWG-LCA 第三届会议（2008 年 8 月，阿克拉）和第四届会议（2008 年 12 月，波兹南）就上述四个方面的内容进行了磋商。AWG-LCA 第五届会议（2009 年 3 ~4 月，波恩）就适应气候变化综合框架、为适应气候变化提供资金和技术支持、风险管理和包括保险在内的风险分担机制三个方面的内容进行了磋商。

（二）各方观点

1. 适应计划与执行

关于适应计划与执行应包括的内容，缔约方表达了如下观点：

（1）气候变化是一个额外的负担，需要采取适应行动应对这一问题（印度，小岛国家联盟，巴西），提高应对气候变化负面影响的能力建设和恢复力是非常必要的（加拿大）；需要采取措施应对难以恢复的气候变化负面影响（小岛国家联盟）；需要大量的资金和技术支持（南非）。

（2）应制定和执行国家适应气候变化行动（NAPAs）（欧盟，小岛国家联盟，南非）；适应行动应整合到国家和地方的发展战略中，尤其是部门规划和政策中，以保证行动的有效性（美国），且要进行成本—效益分析（哥伦比亚）；适应计划应以行动为主（巴西），同时要由当地团体来规划和执行本地的适应性方案（欧盟，澳大利亚）。

（3）适应能力与人类发展相关（澳大利亚）；适应行动应该成为发展的重要

部分（挪威），快速发展可能是增强适应能力的最好方式（印度）；适应措施应包括基础设施的改善和寻求应对气候变化对社会经济影响的手段（新加坡）；适应行动要充分考虑发展中国家当前可持续发展的目标，同时也要预测到未来气候变化对可持续发展的威胁。

（4）在共同愿景一致下增强适应行动，这要求各个国家通力合作（欧盟），包括私有部门和民间团体（印尼）及土著人的参与（玻利维亚）；联合国各机构要保证协调，避免重复性工作（欧盟；冰岛）。

2. 适应计划本质

关于适应计划本质，缔约方提出应在《公约》下建立适应框架/结构（小岛国家联盟，欧盟，美国，欧盟）以执行适应战略和提供适应气候变化方面的相关支持（欧盟，美国）；框架应是井井有条的和灵活的（小岛国家联盟），适应气候变化的措施分为两类：一是对气候变化额外负担的响应，二是对未来气候变化或者极端气候事件的响应（印度，小岛国家联盟）；对于如何构建适应框架/结构，各缔约方提出了不同建议：

（1）需要制定中长期、国家驱动的适应计划（孟加拉国，委内瑞拉，玻利维亚）；制定适应行动要依据各地的具体环境和需求（欧盟），灵活、管理良好和协调一致的适应行动应是发展的一部分（挪威）；适应战略应纳入国家政策和法规之中（欧盟，加拿大）；在地方和国家及区域水平上开展适应行动（土耳其，欧盟，挪威）；通过增强国家能力来实施适应计划（巴西）。

（2）建立一个正式的进程（小岛国家联盟，干比亚），支持所有发展中国家准备国家适应气候变化行动计划（NAPAs）（中国，小岛国家联盟）；将适应计划整合到所有与决策相关的进程中（欧盟）；为适应方案的制订提供支持和指导（美国）以及能力建设（中国）。

（3）需要建立一套综合的方案以解决适应的技术和资金、能力建设、适应行动的优先排序和计划与执行适应行动的手段及进程问题（非洲组）；需要制定适应行动的支持机制来协助适应战略的实施，因为需要政策和法律框架来推动抵御气候变化行动的开展（小岛国家联盟）。

（4）在《公约》的指导下，需要根据国家信息通报和 NAPAs 中提出的适应行动确定适应的优先次序（阿根廷，中国，澳大利亚）；适应行动应具有多重效益，能够应对近期和长期的影响，并与扶贫战略计划相结合（美国）；优先适应行动要基于当地的信息、适应的科学技术水平，还要包括影响的成本（澳大利亚）；适应当前急迫的和长期的气候变化影响的行动（小岛国家联盟）。

还有一些国家提出应对适应计划的执行情况进行评估、加强环境教育、建立相关机构等建议，从本质上讲，适应计划要求国际社会应作出有效的努力来监督适应行动的开展，鼓励和促进地方、国家和区域水平上的适应行动。

3. 将适应行动纳入国家政策

缔约方提出适应行动应与以下方面保持一致：国家和部门计划，战略和优先次序（中国，土耳其，欧盟，澳大利亚），更广泛的国家规划、决策和预算进程，特别是发展的优先次序方面（澳大利亚），国家预算规划（欧盟，澳大利亚），国家和国际（欧盟，美国）以及区域水平上（哥伦比亚，俄罗斯，土耳其）的发展规划和项目（欧盟，美国），在可持续发展框架下的发展计划（孟加拉国）等，并将适应纳入到这些计划之中。

适应计划应弥补现有的基于项目的适应途径和国家部门规划中适应进程的差距，已经准备和正在准备的 NAPAs 应该得到支持，采取更广泛且长期的方法适应气候变化（欧盟）。行动除了将适应纳入发展进程中外，还应包括独立的适应项目（非洲组）。应将气候风险（小岛国家联盟）纳入到各行业应对气候战略的发展计划的指导性文件中（孟加拉国；冰岛），应该促进气候恢复力建设（印度尼西亚）。经济信息和评价能力是将适应行动纳入到可持续发展中的关键因素，应该成为适应行动计划的组成部分（阿根廷）。

4. 脆弱性和适应性评估

在支持适应规划和执行脆弱性和适应性评估方面，缔约方要考虑如下因素以保证评估过程的有效性：（1）信息，诊断和政策工具（阿根廷）；（2）增强能力将数据转换为用户的信息，进而转化为行动（巴西）；（3）基于各国环境制定脆弱性分布图（非洲组，巴西）；（4）促进利用气候预测和气候情景（非洲组，印度）以及科学评估结果（澳大利亚，日本）；（5）改进区域和全球的模拟能力（印度）；（6）阐明气候情景和未来脆弱性（智利）；（7）改善分析工具和小岛国家的具体的气候变化情景信息的获得方式，气候变化情景要有足够的分辨率并能提供不确定性范围，解决信息所有权问题以保证情景在现在和将来的影响评估使用（小岛国家联盟）；（8）加强评估方面的国际合作（乌兹别克斯坦）。

确定国家对气候变化的脆弱性，并确定接收资金和技术支持的优先次序的方法或者标准，这些方法或标准应基于气候变化的影响和适应能力（澳大利亚），特别是对最不发达国家、小岛国家和非洲易发生干旱和洪涝的国家，在未来的气候制度中，这些国家在资金使用方面应受到优先支持（最不发达国家）。要对指标进行周密的定义以确定适应行动的优先次序，这些问题的解决要与《京都议定书》下的适应基金结合起来（阿根廷）。

提高当地利用分析工具的能力以开展脆弱性评估，增强气候变化数据收集和对地方气候的分析，支持全球气候观测系统（GCOS）区域计划的执行，改善相关数据以便绘制影响图，增强适应软技术的转移使用（小岛国家联盟）。评估适应的成本（中国）和相关的脆弱性，分析执行适应行动的手段和适应项目及规划的成本效益（哥伦比亚）。

5. 促进适应行动、创造有利环境

在促进适应行动、创造有利环境方面，缔约方提出鼓励适应行动应包括：鼓励执行适应行动的手段（最不发达国家），鼓励捐赠国为发展中国家采取适应行动提供激励措施（毛里求斯）；对发展中国家适应行动提供鼓励以及创建适当的机制（最不发达国家）；公共和私有部门合作及国家制定公司参与适应的法规（孟加拉国）；地方成功有效的适应技术示范（小岛国家联盟）；增强国家层面上相关进程的一致和协作以减少私有部门及其他参与适应行动的组织的风险（欧盟）。

建议创建有利环境（小岛国家联盟，孟加拉国），创建有利环境是国家适应规划的一部分（阿根廷），政府在发挥创建有利适应环境方面要起引导作用，包括确定气候变化的脆弱性，改善企业环境，完善立法和整顿环境以增强适应能力，减少不正当的激励，建立基本信息和知识库，加强对利益相关者的教育（美国）。发展中国家在此方面的责任（欧盟）包括通过政策调整，加强立法和国家能力建设等（小岛国家联盟，土耳其）。

（三）简化程序和扩充适应资金和技术支持力度

关于简化程序和扩充适应资金和技术支持力度方面，缔约方提出：（1）技术合作开发与共享是适应的一个关键因素（菲律宾），在提供技术支持时必须认识到适应技术因部门而异（非洲组，哥伦比亚），而且必须采取有效的适应行动（欧盟）。需要支持将适应纳入到风险降低战略和部门规划之中，需要对能力建

设、信息交换和提高公共意识提供支持（土耳其）。增加适应资金的投入要依据当地的情况，且要根据广泛的标准来考虑支持的优先次序（澳大利亚）。通过新的适应资金机制和机构安排简化资助程序，可以使发展中国家直接和容易获得资金（印度）。以可测量、可报告和可核查的方式检查技术转移和资金支持是很重要的（日本）。

1. 资金支持

关于资金支持，缔约方提出适应是因气候变化造成的额外负担，适应成本是额外的，应为发展中国家提供资金支持适应行动（印度）；为开发适应技术和执行急迫的适应行动、制定 NAPAs（小岛国家联盟，欧盟，中国等）及执行长期的适应措施提供资金。

为国家驱动的适应规划提供资金，不应仅仅是以项目为基础的资助方法，还应为国家适应规划、将适应行动整合到部门规划中的活动、具体的适应项目和独立的适应项目、各种各样的适应措施，以及项目准备的技术援助提供资金支持。

支持国家和地方层面上基于风险的计划和规划进程（菲律宾），制定风险降低战略提高风险管理以及应对极端事件和灾害的能力（中国），包括保险机制（欧盟）。提供应对气候变化灾害造成损失的再保险资金（印度），建立多目标机制应对气候变化影响的损失和破坏（小岛国家联盟），支持获得和开发专门的适应技术（中国，印度）和独立适应项目的技术（非洲组），基于相关机构的经验和专长，资助最优先的适应行动（美国）。调动和改进相关机构的合作（欧盟）；支持国家能力评估（最不发达国家）；脆弱性和适应性评估应包括适应成本评估（中国）。支持培训和能力建设（最不发达国家，蒙古等）、研究与信息交换，教育和公共意识（中国，欧盟），支持经济多样化以加强气候恢复力和获得可持续发展（土耳其）。支持由于日益频发且严重的极端天气事件引起的资金风险管理以及风险降低机制（小岛国家联盟，中国）。

2. 技术支持

关于技术支持，缔约方提出应支持如下活动：（1）应对气候变化脆弱性（阿根廷）和能力建设（非洲组）；（2）建立风险监控网络和其他技术资源，包括早期预警机制（阿根廷，小岛国家联盟），系统观测，模型模拟、预报和获得气候信息（欧盟，小岛国家联盟）；（3）开展和更新脆弱性和适应性评估（小岛国家联盟）；（4）在所有部门全方位利用传统的和尖端的适应技术（印度）；（5）防灾项目以增强恢复力和降低脆弱性为主（特立尼达和多巴哥）；（6）近期战略以支持技术开发为主，同时促进当地社区人体健康和竞争力（阿根廷）。

（四）加强知识共享

关于加强知识共享，各缔约方注意到：在知识共享和交流实践经验方面开展合作能更有效地适应气候变化（美国，小岛国家联盟），相关机构的支持将有助于创建有利于适应气候变化的环境（孟加拉国），筛选和/或发展区域中心开展气候变化的研究与开发活动，发展适当模式的南北及南南合作，对于技术的扩散是非常重要的（乌拉圭）。

对于加强知识共享，各缔约方提出如下建议：（1）加强信息网络（小岛国家联盟，中国），在双边和多边层面上建立伙伴关系（冰岛）；（2）支持公共信息和公共意识的提高（小岛国家联盟，中国，哥伦比亚），利用现有的专长和取得的经验教训（美国，挪威，小岛国家联盟，冰岛）；（3）建立和维护数据库，共享与适应相关的信息（小岛国家联盟，中国）；（4）推广最好适应的做法和与之相关的信息（小岛国家联盟，中国）；（5）通过奖学金和其他形式来提高专业发展机遇（小岛国家联盟，哥伦比亚，冰岛）；（6）加强不同国家和地区技术人员间的学术交流，加强科学信息共享（小岛国家联盟）；（7）为各层面参与者提供信息，有利于确定适应措施的优先次序（澳大利亚）；（8）促使经验交流，建立适应的知识库（非洲组），包括社区的经验和教训（哥伦比亚）；（9）目前许多多边组织、国家政府、非政府组织、发展机构和私人部门已有适应气候变化的专门技术，应充分利用这些资源（加拿大），广泛动员这些组织参与适应行动（欧盟）。

各缔约方也提出了关于建立网络和地区中心的建议。欧盟、小岛国家联盟、巴西、哥伦比亚、印尼、俄罗斯联邦、中国，以及适应研讨会均提出应建立加强地区中心区域的信息交流和培训；最不发达国家组、小岛国家联盟、孟加拉国和中国提出建立国际、区域和国家适应性研究和技术支持中心；哥伦比亚提出在拉美地区建立地区适应中心，以促进短、中和长期气候变化的信息交流，促进地区降低风险的能力建设和技术的研究、开发和转让；国家和地区中心的建立有助于各缔约方建立内在适应能力，如开发气候情景和降尺度分析工具，用于影响评估、适应技术的研究与转让、公众意识提高、示范项目和能力建设、适应研究结果的出版和加强早期预警系统（巴西，中国）；澳大利亚提出在考虑现有架构的具体专长和工作范围的基础上，探讨区域中心在国际社会适应气候变化方面的新增价值。欧盟提出应加强现有区域中心，并为这些机构提供合作与知识分享的平台。现有中心在解决差距、规避灾害风险、气候恢复力和灾后恢复建设等方面起重要作用，尽可能依赖这些区域中心开展适应工作。

关于网络和区域中心在信息传递和培训方面的职能，缔约方提出了如下建议：（1）帮助脆弱性社区辨别适应气候变化的长期需求（巴西，小岛国家联盟）；（2）加强风险管理和降低风险、数据和信息管理及脆弱性评估的能力建设（印尼）；（3）加强当地技术经验的交流（小岛国家联盟）。

（五）机构安排

关于机构安排，缔约方注意到需要协调参与适应气候变化行动的机构。单个机构参与适应气候变化不能承担解决适应气候变化的重任，适应工作需要地方、区域、国家和国际各层面的积极参与。联合国秘书长应在保证联合国现有机构之间在适应气候变化方面的合作起重要作用，以避免重复性的工作和竞争。

关于未来机构安排问题，各缔约方提出了如下建议。

在《公约》之下建立新的适应机构，机构的职责应是重点突出在《公约》下建立适应气候变化委员会（小岛国家联盟，中国），加强适应活动和国际团体之间的合作，为发展中国家能力建设及实际行动提供帮助（中国）。适应议定书应是2012年之后气候制度的一部分，应建立国际适应气候变化中心（孟加拉国）。适应机构框架/安排应该建立一个机构实体和进程，以辨别和资助小岛国家和最不发达国家最急迫的适应需求和优先行动事项，建立支付资金和提供技术支持的机制以满足这种优先需求。应对这种适应优先需求，需要加强国家、区域及国际层面上的机构，还需要建立一个多目标的机制以应对气候变化影响造成的损失和危害（小岛国家联盟）。应促成其他国际、区域和国家的相关机构和利益相关者参与与适应有关的活动（非洲组），联合国机构之间的协调机制应是加强协调的关键手段（澳大利亚）。适应气候变化的国际合作应基于现有《公约》下开展工作（菲律宾）。《公约》应利用“太平洋岛国气候变化行动框架2006～2015”中的方法推进适应行动（澳大利亚）。应确定适应行动的范围和适应气候变化的国际合作（美国）。确定参与适应气候变化行动的各方作用、职责及原则，确定适应的优先行动（澳大利亚）。成立国家适应气候变化委员会，加强与国家政策的协调（巴西）。

（六）风险管理和降低风险战略，包括风险分担和风险转让机制

适应措施包括减灾战略能降低对气候变化的脆弱性和/或增强对气候风险的适应能力。有必要开发风险降低战略的方法论和大纲（最不发达国家）；适应措施应基于早期预警系统的有效使用、气候情景预测、脆弱性分布和风险评估，目的是为了识别短期和长期的优先适应行动（非洲组，哥伦比亚），通过构建气候变化情景促进对安第斯山脉地区国家的气候模拟（哥伦比亚）。

适应与风险管理策略应纳入到行业、地区和国家的发展计划与规划中，以便实现经济增长和促使适应目前的气候变率和未来的气候变化。应充分发挥具有灾害风险降低和灾后重建与发展经验的现有机构和网络的作用（美国）。风险管理应当包括风险评估/量化，将风险管理纳入土地使用计划和实施中（菲律宾）。土耳其也提出需要建立国际性的保险机制、早期预警系统、识别短期和长期的优先适应行动、发展方法论、风险降低战略大纲、能力建设、区域信息系统、开展合作的协作机制。应协调风险管理和适应气候变化战略，以增强适应（乌拉圭）。

加拿大提出应分析能够促进恢复能力的具体机制，包括有关计划和风险分担的一些最好做法。分析适应气候变化存在的障碍，包括气候风险意识欠缺、信息共享机制、机构能力和如何更好地解决这些问题。风险管理途径必须包括能力建设以确保机构做好适应气候变化的准备、创建有利环境、广泛的利益相关者的参与、保险，以及获取信息和资源（欧盟）。

小岛国家联盟提出在《公约》下设立多目标技术和资金支持机制，其目的是解决气候变化影响所造成的损失和破坏。这个多目标机制应由保险、灾后重建/赔偿和风险管理等几部分组成。举行有关小额保险的全球性的研讨会和开展基于指标的社区保险和小额保险的示范（孟加拉国）。

应通过以下手段提高气候风险信息共享：（1）在非洲建立短期、中期和长期性的气候变化风险的区域信息系统（非洲组）；（2）支持科学团体更加积极地参与以提供快捷可用的气候风险信息，这些信息应包括将目前和未来气候纳入国家优先发展的前景中去（毛里求斯）。

在解决风险分担和转移方面，应考虑以下措施：（1）应考虑包括保险在内的风险分散和风险分担机制的有效性（日本，澳大利亚）；（2）应探索《公约》推动私有部门保险机制、小额保险和/或保险指数机制，尤其是风险降低/风险防范活动等方面的作用，没有必要寻求额外的资金或政府间的保险机制（美国）；（3）应该建立保险方案，促进私营企业参与保险方案的发展和实施（欧盟）。

（七）减灾战略和处理特别脆弱的发展中国家与气候变化影响有关的损失和灾害的手段

适应气候变化与灾害风险降低的行动相辅相成，提高适应气候变化的能力也能促进灾后恢复的能力（印度尼西亚，澳大利亚，小岛国家联盟）。金融和保险行业在赈灾、损失转移和分担以及灾后重建方面有重要作用，中国政府和风险研讨会均提出应提高发展中国家在预防、预警和灾害处理方面的能力；促进包括机构能力和预防措施方面的能力、计划、监测和早期预警系统、科学与技术研究，推广和培训综合灾害评估、应急响应、风险管理、国家规划，以及与气候变化有关的灾害应对在内的建设能力（中国）。

发展灾害降低战略方法论和纲要，包括多目标机制（小岛国家联盟）；需要制订包括灾害风险降低和适应在内的方法论框架（秘鲁）；评估灾害风险降低战略和适应之间的联系（乌兹别克斯坦，图瓦卢），包括灾害管理计划方面的适应性措施（新加坡），以及将灾害风险降低和灾害风险管理纳入到适应性框架中（中国）。加强各级政府间的合作以及研究项目之间的合作（俄罗斯，中国），尤其在灾害风险管理和气候变化团体间，也就是联合国减灾委员会（ISDR）、国际会计准则委员会（IASC）和《公约》之间在信息与资源共享方面的合作（欧盟）。

（八）经济多样化以增强经济的恢复力

澳大利亚认为：经济多样化是建立气候变化恢复力和实现可持续发展双重目标的重要组成部分；阿根廷认为：加强机构能力和法规框架建设以促进经济多样化和加强经济恢复力，应是国家适应计划的一部分；小岛国家联盟认为：需要为小岛国家辨别经济多样化的各种选择和提高他们的能力提供支持。

全球气候变化是由发达国家在其发展过程中排放大量的温室气体造成的，是

人类社会实现可持续发展过程中面临的长期、严峻的挑战。适应气候变化的不利影响既是发展中国家面临的一项长期、艰巨的任务，也是一项现实、紧迫的任务，是发展中国家额外的负担。帮助发展中国家适应气候变化是发达国家的责任和义务，发达国家应履行《公约》为其规定的义务，不仅在减缓气候变化方面要率先采取行动，也应积极提供帮助发展中国家适应气候变化。长期以来，减缓问题一直是国际社会应对气候变化的重心，但适应气候变化的问题始终没有得到足够的重视，国际社会为适应气候变化所做的努力和采取的行动还不能满足发展中国家的实际需求。

虽然在气候变化国际谈判进程中针对适应性的谈判开展得较早，但进展缓慢，适应资金严重不足。截至2008年3月4日，有13个国家（加拿大、丹麦、芬兰、德国、爱尔兰、意大利、荷兰、挪威、葡萄牙、西班牙、瑞典、瑞士和英国）提出向SCCF捐资，共计9030万美元，已到位7367万美元，支出3614万美元。作为发达国家的美国、日本、法国、奥地利、新西兰和澳大利亚至今还没有提出向SCCF捐资的打算。根据UNFCCC最新估计，2030年发展中国家用于适应气候变化的额外资金将为280亿~670亿美元，由此可见，目前在《联合国气候变化框架公约》和《京都议定书》的框架下建立的帮助发展中国家适应气候变化的资金机制，其资金数量远远不能满足发展中国家开展适应气候变化能力建设与适应行动的实际需要，应当进一步根据发展中国家适应气候变化的需求加强适应气候变化国际资金机制的建设，扩充资金来源，增加资金投入。国际社会应从战略高度认识适应气候变化对可持续发展的重要意义，同等重视减缓和适应问题，立即采取切实有效的措施，推进相关国际机制建设和适应气候变化的国际行动，全面、有效地应对气候变化。

应对气候变化的资金机制问题及谈判进展

陈欢　温刚　吴凡　傅平*

摘　要： 应对气候变化国际合作需要在资金支持下予以落实，因此，资金机制谈判始终是气候变化谈判中的重点内容，因而受到广泛关注。本章介绍了资金议题谈判的背景和发展情况，《联合国气候变化框架公约》下的全球环境基金、气候变化特别基金、《京都议定书》下的适应基金等相关专题和长期对话下的资金问题中的焦点和当前进展，以及中国政府关于资金机制问题的基本立场，并对资金机制谈判的未来发展作出展望。

关键词： 气候变化　资金机制　巴厘路线图

应对气候变化国际合作需要在资金支持下予以落实，因此，气候变化国际谈判各议题中涉及的能力建设、减缓和适应气候变化行动的谈判结果最终都被传递到资金议题的谈判中，在资金议题中进行磋商和解决。目前，有关资金机制的谈判包括资金机制的建立和管理、资金安排和资金使用绩效的审评等内容。由于提供资金援助是发达国家履行《联合国气候变化框架公约》（以下简称《公约》）的基础义务，也是发展中国家履行《公约》的基本保

* 陈欢，财政部中国清洁发展机制基金管理中心，副主任，研究领域为气候变化和经济学；温刚，财政部中国清洁发展机制基金管理中心，研究发展部副主任，博士，研究领域为气候变化和低碳发展；吴凡，财政部国际司，项目官员，研究领域为气候变化和国际合作；傅平，财政部中国清洁发展机制基金管理中心，项目官员，研究领域为气候变化和低碳发展。本章内容参考了财政部国际司和中国清洁发展机制基金管理中心对于气候变化国际资金机制发展动向的一些分析工作。作者向参与上述工作的财政部国际司的邹刺勇先生、刘伟华先生、黄问航先生以及中国全球环境基金工作秘书处的朱留财先生表示感谢。

障，是“共同但有区别责任”的具体体现，因此，从一开始资金议题的谈判就成为各国和各利益集团积极参与的重点内容之一，并且谈判过程一直比较艰苦。本文对资金议题谈判的背景和发展情况、相关专题谈判的焦点和当前进展、中国政府的立场和气候变化国际合作资金问题的未来走向等方面内容给予介绍。

一　资金议题谈判的背景和发展情况

《公约》是目前气候变化国际合作的根本框架和法律基础，《公约》第11条规定了一种资金机制，即“一个在赠款或转让基础上，包括用于技术转让的资金机制”。[①] 我们把这种机制称为《公约》资金机制。《公约》第11条同时规定，该资金机制应在《公约》缔约方会议（COP）指导下发挥作用，对COP负责。COP应决定该资金机制与《公约》有关的政策、规划的优先内容和合格资助标准。

在COP2（日内瓦，1996年7月）上，COP和全球环境基金（GEF）理事会达成了一个谅解备忘录。在COP4（布宜诺斯艾利斯，1998年11月）上，COP指定全球环境基金（GEF）作为现行基础上的一个资金机制业务实体，每4年进行一次审评，对资金机制的附加指导意见被写入《布宜诺斯艾利斯行动方案》。GEF每年向缔约方会议报告其在气候变化国际合作中发挥作用的情况，COP根据GEF的报告，向GEF提供附加指导意见。通过这种方式和每4年一次的资金机制审评，COP定期为GEF在其气候变化领域的活动提供更新的政策指导。需要指出的是，COP并未规定GEF是《公约》资金机制的唯一业务实体。但从成立之初到现在，GEF一直是发展中国家接受气候变化国际合作援助的主要资金渠道，发挥了《公约》主要资金机制的作用。

在COP6第二会期（波恩，2001年7月）上，COP达成了实施《布宜诺斯艾利斯行动方案》的“波恩协议”，该协议将针对所有关键议题的政治协议都记录在案。其中，在针对“资金机制附加指导意见”的报告中指出，应扩大GEF资助的合格活动范围，把与适应和能力建设有关的活动也包括在GEF资助的范

① 见《联合国气候变化框架公约》中译本。

围内。并且，该意见还邀请 GEF 继续努力，完善和提高其作为《公约》资金机制业务实体应发挥的作用，包括进一步简化项目周期，最大限度地缩短从项目概念获得批准到项目资金支付之间的时间。最后，COP6 决定将此转交 COP7 继续讨论。

在 COP7 上（马拉喀什，2001 年 10 ~ 11 月），COP 正式批准了由一揽子决议组成的《马拉喀什协定》。《马拉喀什协定》可视为当时气候变化国际合作框架的实施指导文件，对如何开展能力建设活动、如何在《京都议定书》生效后开展清洁发展机制（CDM）合作等重要内容提出了具体指导方案。在资金行动方面，《马拉喀什协定》也提出了指导意见。其中，COP 根据在 COP6 第二会期形成的意见，对 GEF 提出了附加指导意见决议，明确把与适应和能力建设有关的活动纳入 GEF 资助范围。同时，《马拉喀什协定》为在 GEF 信托基金以外建立针对气候变化领域的三个新基金提供了基础依据。这三个新基金是：气候变化特别基金（SCCF）、最不发达国家基金（LDCF）和《京都议定书》下的适应基金（AF）。

从此，《公约》及其《京都议定书》下应对气候变化多边国际合作资金体系的轮廓已基本清晰，这一体系由 GEF、SCCF、LDCF 和《京都议定书》下的适应基金组成，GEF 是这个资金体系中的主体。随着这个资金体系的逐渐建立，资金议题下谈判内容的基本格局也随之基本确定。资金议题的谈判内容，除继续为 GEF 提供附加指导意见和开展每 4 年一次的资金机制审评外，在 COP8（新德里，2002 年 12 月）上启动了关于建立 SCCF 的谈判，在 COP11 暨《京都议定书》第一次缔约方会议（MOP1）（蒙特利尔，2005 年 12 月）上启动了关于建立《京都议定书》下的适应基金的谈判，并在 COP12/MOP2（内罗毕，2006 年 12 月）上基本完成了关于建立 SCCF 的谈判，在 COP13/MOP3（巴厘，2007 年 12 月）上完成了关于建立《京都议定书》下的适应基金的谈判。

在 COP11/MOP1 上，国际社会决定开始为构建 2012 年后气候变化国际合作制度进行谈判，并在 COP13/MOP3 上，达成了确定相关谈判内容和时间表的一揽子决议，即“巴厘路线图”。根据“巴厘路线图”，资金问题已不仅是一个在专项议题内磋商、谈判的内容，它被提升到《公约》长期合作的层面，成为未来气候变化国际合作制度的核心内容之一。

二　相关专题谈判的焦点和当前进展

在《公约》资金议题谈判中，关于资金机制的谈判内容包括两个部分：《公约》下的资金机制和《京都议定书》下的资金问题（在《京都议定书》生效后）。随着资金议题谈判被提升到《公约》长期合作层面，根据“巴厘路线图”设立的长期合作对话谈判内容，资金问题已成为对话的核心内容之一。

（一）向 GEF 提供附加指导意见

如上所述，GEF 是当前发展中国家接受气候变化国际合作援助项目的主要资金渠道。GEF 气候变化领域业务开展情况，在很大程度上表现了发展中国家和发达国家对《公约》义务的落实情况。[①]

因此，向 GEF 提供附加指导意见的谈判是关于《公约》资金机制谈判的一项重点内容。每年，GEF 向 COP 提供一份关于 GEF 气候变化领域的年度报告，报告的内容通常包括：GEF 按照上年度 COP 附加指导意见工作情况、GEF 理事会制定的 GEF 相关业务政策、GEF 秘书处相关工作情况、GEF 气候变化领域获得捐款情况、GEF 向发展中国家提供应对气候变化资助情况和资助实施情况等，供 COP 审议。在审议基础上，COP 向 GEF 提供进一步附加指导意见。GEF 年度报告中除常规内容外，根据上年度 COP 附加指导意见要求和 GEF 业务发展，还就某些问题给予专门汇报。

1. 发展中国家在谈判中的关注重点

（1）资金的充足性。发达国家向 GEF 的捐资远不能满足发展中国家开展应对气候变化能力建设和具体行动的需要，应加大捐资量。（2）GEF 项目的国家拥有和国家驱动。受援国应对 GEF 项目的申请和实施发挥主导作用，支持国家优先发展内容。（3）GEF 项目申请和审批程序。GEF 项目申请和审批程序过于复杂，应予简化。相关程序应在操作中进一步公开透明。（4）GEF 项目支持内容。GEF 项目偏重支持能力建设和法律、政策等基础环境内容，对发展中国家开展应对气候变化具体行动的支持明显不足，对发展中国家期望开展的技术转让工

① 有关 GEF 的详细信息可从 GEF 网站 http：//www. thegef. org 获得。

作缺少支持。(5) 对减缓和适应资助的平衡考虑。应对气候变化行动包括减缓和适应两部分，GEF 项目主要用于支持发达国家高度重视的减缓活动，但对发展中国家普遍重视适应活动缺少支持。(6) 联合融资问题。通常情况下，获得 GEF 项目资助的条件之一，是受援国提供一定数量的配套资金或获得一定数量的其他相关融资支持。但许多发展中国家，特别是经济依然比较落后的国家，难以满足这种条件，因此也难以获得 GEF 资助。(7) 受资助国家的地缘分布平衡。因受援国的 GEF 项目开发、实施能力和 GEF 项目国际执行机构对其实际工作成本考虑等方面原因，许多经济比较落后的发展中国家，特别是小国，实际获得 GEF 资助的数量很少，对这些国家的支持有待加强。

2. 发达国家在谈判中的关注重点

(1) 各渠道资金的互补性。GEF 主要支持减缓气候变化活动，SCCF 和 LDCF 主要支持适应气候变化的能力建设，《京都议定书》下的适应基金支持发展中国家开展的适应气候变化的具体行动，它们之间应避免支持内容重复。(2) 能力建设和基础环境建设。规避自身责任和义务，强调援助资金有限，援助资金应主要用于能力建设和基础环境建设，为发展中国家自己开展应对气候变化具体行动提供能力和条件。(3) 联合融资。规避自身责任和义务，强调援助资金有限，获得援助资金的条件是配合一定比例的联合融资。联合融资应由发展中国家自己动员获得，可利用国际开发机构的贷款。(4) 市场的作用和私营部门的参与。规避自身责任和义务，强调应对气候变化主要依靠发挥市场作用，应大力动员私营部门参与。(5) 技术转让。规避自身责任和义务，强调发展中国家期望获得的应对气候变化技术为私营部门所有，发展中国家应从市场获得这些技术。

(二) 对资金机制的审评

对资金机制进行审评是《公约》下资金机制谈判中的另一项重点内容。因 GEF 是《公约》的主要资金机制，所以对资金机制的审评重点是 GEF。对资金机制进行审评每 4 年进行一次，3/CP.4 决议文件为对资金机制进行审评提供了基本指导原则，包括目标、方法和标准。本项谈判下的关注点与向 GEF 提供附加指导意见的谈判内容基本相同，更加集中地体现了其中的观点和交锋。

（三）气候变化特别基金

在由 COP7 一揽子决议组成的《马拉喀什协定》中，7/CP. 7 决议文件提出建立 SCCF，并决定 SCCF 由 GEF 管理。在 7/CP. 7 决议第 2 段，确定了 SCCF 的支持领域：（a）适应；（b）技术转让；（c）能源、运输、工业、农业、林业和废弃物管理；（d）石油输出单一经济国家的经济多元化的活动。气候变化特别基金应为这些领域的活动、规划和措施提供资金支持。COP8 的 5/CP. 8 决议文件对 GEF 管理 SCCF 提供了指导意见。

COP9 上，为建立 SCCF 提供指导意见成为本次资金议题谈判最重要的内容。在谈判中，发达国家的态度出现较大倒退，意欲推翻或弱化 7/CP. 7 中关于 SCCF 支持领域的内容，并附加许多新条件，有重开这一谈判的态势：首先，发达国家希望删除（c）、（d）两个支持领域，这将有损《马拉喀什协定》的完整性；其次，强调 SCCF 捐资的自愿性，且不明确具体资金承诺，规避自身责任和义务。同时，发达国家在谈判中态度强硬，并以取消 SCCF 相威胁。发展中国家集团内部在气候变化国际合作长期权益和尽快获得 SCCF 具体支持的关系问题上存在认识差异，如何坚持原则和平衡不同考虑，是谈判中面临的最大挑战。中国团结各发展中国家，在关键时刻带头顶住了发达国家的高压，最终令其妥协，在主体上实现了发展中国家谈判方案，并且维护了发展中国家的正当权益和《马拉喀什协定》的政治完整。

COP9 上的艰苦谈判奠定了建立 SCCF 的基础，为 SCCF 尽快投入运行提供了保证。在 COP10、COP11 及其后的谈判中，在发展中国家的共同努力下，（c）、（d）领域得到保留。

GEF 已经为 SCCF 的适应和技术转让领域制定了运行规则。SCCF 作为种子基金来补充其他双边和多边基金。支持的活动必须是国家驱动、费用有效，且要融入国家的可持续发展和消减贫困战略。适应是 SCCF 优先支持的领域。

在谈判中各方面临的一个重要问题是 SCCF 如何支持发展中国家开展适应活动。考虑到 SCCF 仍然只是面向能力建设而非具体行动，中国强调，SCCF 应支持面向具体适应行动的能力建设。鉴于这方面的工作尚无先例可循，中国与 GEF 和世界银行合作，对此进行探索，利用申请获得的 SCCF 赠款，并与世界银行对中国的“加强灌溉农业三期项目”贷款相结合，以中国在适应研究和农业发展研究的长期科研成果积累为指导，以黄淮海地区为主要项目实施区，把适应气候变化的理念和措施纳入到农业综合开发工作中。该项目已于 2008 年 5 月开始实施，所获得的经验不仅将推广到中国的农业综合开发工作中，而且将与国际社会分享，支持 SCCF 发挥应有的作用。

（四）最不发达国家基金

LDCF 是针对非洲等最不发达国家设立的基金，支持最不发达国家编制国家适应气候变化行动计划（NAPA），以及执行 NAPA 中确定的紧急和优先适应措施。中国不是最不发达国家，也不是 LDCF 的捐资国，不参加该项谈判。

（五）《京都议定书》下的适应基金（AF）

发展中国家由于生态脆弱、基础设施比较差，容易遭受气候变化带来的不利影响，因而特别重视适应气候变化问题。在发展中国家的积极推动下，国际社会开始加强对适应问题的重视，适应和减缓并重已成为气候变化国际谈判的重要发展方向。在这个背景下，《京都议定书》下的适应基金被视为支持发展中国家开展具体适应行动的一支重要力量。需要指出的是，到目前为止，这个适应基金的资金并非来自发达国家的捐资，它的建立没有体现发达国家应尽的责任和义务，所以在气候变化国际合作政治意义上，不能作为与 GEF、SCCF、LDCF 相并列的资金机制。

在 COP7《马拉喀什协定》中，10/CP.7 决议文件决定在《京都议定书》下建立适应基金，支持发展中国家开展具体的适应气候变化的活动和项目，完成 5/CP.7 第 8 段规定的与适应有关的能力建设活动等内容。该决议还规定适应基金的资金来源为清洁发展机制（CDM）项目转让温室气体减排量产生收入的一部分和其他来源。随后，又将有关 CDM 项目转让温室气体减排量部分收入明确定义为 CDM 项目的 2% 交易减排量卖出后所获收入。因 CDM 项目在发展中国家开展，开展 CDM 项目获得的收入为发展中国家所有，所以，这项资金来源属于典型的“羊毛出在羊身上”，即从发展中国家获得的 CDM 项目收入中分出一小块，为支持发展中国家开展适应活动进行再分配。

2004 年，COP10 决定制订一个关于适应气候变化问题的五年工作计划，在 2005 年 COP11/MOP1 上制定完成。2005 年 2 月，《京都议定书》生效实施。在这些有利条件下，建立《京都议定书》下的适应基金的谈判在 COP11/MOP1 上正式启动。作为发展中国家积极推动国际社会重视适应问题的一项重要努力，建立适应基金的谈判被视为近年来气候变化国际谈判中的重头戏之一。在适应基金如何建立和管理、业务活动如何设置等诸多方面，发展中国家和发达国家在认识之间上在较大差异，使得这项谈判从一开始就出现僵局。在2006年的谈判中，相关热点全面显示出来。

1. 适应基金的管理机构

候选者依次为GEF、联合国开发计划署（UNDP）、多边基金和联合国环境规划署（UNEP）。还有国家希望在COP/MOP下成立一个新的专门管理机构。GEF成为适应基金管理机构的可能性最大，得到发达国家的普遍支持，部分发展中国家也有倾向性支持。

2. 适应基金的决策机构成员组成

发展中国家提出以发展中国家缔约方成员为主，发达国家提出发展中国家和发达国家的成员均衡，问题的主要背景是CDM项目产生的、进入适应基金的温室气体减排量所有权归谁所有。发展中国家认为归发展中国家所有，发达国家认为这是国际合作产生，归双方共有。另外，发达国家提出未来可能向适应基金提供捐赠，也成为其争夺决策机构成员位置的重要利用条件。

3. 适应基金来自温室气体减排量（CERs）的现金收入

CDM项目减排量的2%交给适应基金，卖出后作为基金资金。就如何交易变现和由谁来操作交易变现，中国提出应综合平衡四方面的基本考虑：（1）发展中国家对适应基金的迫切需求；（2）有利于最大化基金收入、最小化交易风险和低交易成本；（3）发达国家购买减排量的现实情况；（4）进入适应基金的CDM项目减排量在政治意义上高于通常的减排量。中国的观点得到各方普遍认同。

4. 适应基金的合格支持对象

多数国家认为，适应基金的合格支持对象应包括易受气候变化不利影响的《京都议定书》下的所有发展中国家缔约方，并应体现资助的均衡地域分布考虑。也有观点认为，适应基金应主要支持最不发达国家和发展中国家中的小岛国。

5. 优先支持领域问题

发展中国家认为，适应基金应专门用于支持发展中国家急需开展的实质性的适应行动。但如何理解实质性的适应行动，发展中国家和发达国家之间存在分歧。此问题也涉及关于适应的五年工作规划谈判。关于能力建设能否纳入适应基金支持内容，发达国家基于各相关基金资助内容互补的考虑反对纳入，因为在 GEF 关于适应的战略、SCCF 和 LDCF 的支持内容中存在相关能力建设支持内容。

6. 融资要求问题

发达国家要求融资纳入适应基金的业务指导原则。但缘于开展 GEF 项目所获得的经验和教训，发展中国家强烈反对将获得其他融资作为获得适应基金资助的必须条件。为弥合差距，中国提出折中方案，如果希望所有合格国家均能获得资助，融资只能作为获得适应基金资助的鼓励条件，但不是必须条件。这个方案被各方所接受。

2006 年，COP12/MOP2 在内罗毕召开，这是撒哈拉沙漠以南非洲国家第一次承办缔约方会议，非洲国家对会议寄予厚望，提出了非洲国家关注的重点，包括具体落实适应气候变化的五年工作规划和启动适应基金，并希望 COP12/MOP2 将建立适应基金的谈判成果作为给非洲的一个礼物。但是，本次会议关于适应的各项谈判进展缓慢，结果与发展中国家的期望相差甚远。

随着 CDM 国际合作的进展，越来越多的 CDM 项目注册成功并进入实施，已经或即将产生温室气体减排量转让收入。因此，迫切需要建立适应基金，来接受相应的减排量国际提成，并将其卖出转化为适应基金资金。同时，发展中国家对尽快建立并使用适应基金怀有迫切愿望，发达国家也希望尽快建立适应基金，从而在一定程度上减轻发展中国家通过适应问题对他们形成的政治压力。这些因素为加速谈判创造了条件。2008 年 12 月，在巴厘岛召开的 COP13/MOP3 上，国际社会终于完成了建立适应基金的谈判，决定了以下主要内容：

（1）基金的适用性。适应基金适用于《京都议定书》的发展中国家缔约方，根据符合资助的需求情况、评审条件和符合资助方的优先权，对由国家主导的项目规划和具体项目提供资助。

（2）基金运行实体。基金运行实体是基金理事会，并设有秘书处和托管方等服务机构。GEF 秘书处承担适应基金秘书处职能。

（3）基金理事会职能。基金理事会具有制定优先战略、政策和运行指南等 13 项职能。

（4）基金理事会的组成。根据公平和平衡的原则，基金理事会由来自 5 个团体的 16 名成员和 16 名替补成员组成，包括联合国 5 大选区团体中各自选区的代表各 2 名、小岛国发展中国家团体代表 1 名、最不发达国家团体代表 1 名、

《公约》附件一缔约方团体的其他代表 2 名、《公约》非附件一缔约方团体的其他代表 2 名。缔约方会议根据上述理事会组成人员原则选举替补成员，而且每提名 1 名候选成员就得提名 1 名该团体的候选替补成员。

（六）长期对话下的资金问题

在“巴厘路线图”中，资金问题与减缓问题、适应问题、技术问题相并列，作为支持应对气候变化国际合作行动落实、构建 2012 年后气候变化国际合作制度的核心内容。国际社会在《公约》下设立了长期合作行动特设工作组，根据“巴厘路线图”的规定，正式启动一项谈判进程，旨在促进《公约》的全面、有效和持续实施，重点讨论减缓、适应、资金、技术和“共同愿景”问题。

“共同愿景”的核心问题之一是设立 2050 年发达国家的减排目标。2008 年 G8 峰会上，与会的 8 个主要发达国家提出到 2050 年将全球温室气体排放减少 50% 的目标。该目标的提出可能对未来谈判走向和结果有较大影响，特别是如何设计发达国家和发展中国家应对气候变化的具体行动，以及他们之间的合作关系。资金合作的走向因此受到“共同愿景”谈判的直接影响，需要统筹兼顾资金与其他要素间的内在联系。

长期对话下的资金问题谈判的一个重要内容是为构建未来资金机制提供总体思路，发展中国家、发达国家以及一些机构对此高度重视，纷纷提出资金倡议。本文将在后节概述一些倡议，并进行简要分析。

三　中国政府的立场

资金问题是实现“巴厘路线图”的重要支撑之一。中国政府希望国际社会切实重视资金严重不足的问题，积极开展持续和富有成效的合作，为世界各国，特别是广大发展中国家在可持续发展框架下应对气候变化，提供充足、可预测和稳定的资金保障。

第一，坚持《公约》及其《京都议定书》资金机制的主渠道地位，欢迎其他一切有利于应对气候变化的新的和额外的资金，作为主渠道资金机制的有益补充。首先，国际社会应该坚持《公约》及其《京都议定书》资金机制的主渠道地位，大幅度提高现有资金机制的规模，弥补不足，保证发展中国家有充足、可预测和稳定的资金来源，开展适应、减缓、技术开发和转让、减少毁林、森林可持续管理及气候变化观测与科学研究等。其次，在可持续发展中解决因发展而产生的气候变化问题，需要更多新的和额外的资金，国际社会应在已承诺的发展援助资金（ODA）以外，进一步拿出政治诚意和具体行动，满足世界各国在可持续发展框架下应对气候变化而产生的额外资金需求。

第二，扩充适应资金，加强对发展中国家适应气候变化的资金支持。与减缓气候变化相比，适应是发展中国家更为迫切的需求。目前包括全球环境基金和《京都议定书》下适应基金在内的资金机制，对适应问题的资金安排难以满足发展中国家采取适应行动的资金需求。希望国际社会加大资金投入，发达国家切实扩大《公约》及其《京都议定书》资金机制中适应资金的规模，并与发展中国家共同努力，使 CDM 在 2012 年后继续有效，保障充足的资金来源。

第三，国际社会尽快落实技术转让资金，切实推进国际技术转让与研发合作。为发展中国家提供用得上、用得起的气候和环境友好型先进技术，符合世界各国的共同利益。希望国际社会尽快在《公约》下建立关于技术开发和转让的国际合作机制，包括相应的资金机制，落实技术转让资金，用于激励技术转让、购买专利和特许权，为发展中国家适用有关技术提供培训和示范、推进国际技术研发合作等行动。

第四，协调整合不同渠道的气候变化资金，简化审批手续，降低使用成本，共享项目成果，提高利用效率和效益。目前国际社会支持气候变化的资金，既有《公约》和《京都议定书》下的资金机制，又有其他补充性资金。这些不同渠道的资金，不仅各自规模有限，而且审批手续复杂，运行规则差别较大，使用成本高，降低了利用效率和效益。希望国际社会协调整合不同渠道的气候变化资金，统一规则，降低成本，共享项目成果，充分发挥资金使用效率和效益。

四　未来展望

（一）气候变化资金合作面临挑战

在构建 2012 年后气候变化国际合作制度的过程中，作为核心谈判内容之一的有关资金议题的谈判面临以下挑战：

第一，现有资金机制的资金量严重不足。2007 年 8 月，《公约》秘书处公布的《全球应对气候变化所需投资和流动资金》报告指出：到 2030 年，减缓气候变化所需的额外投资和流动资金约为 2000 亿～2100 亿美元，适应气候变化所需的额外投资和流动资金约为数百亿美元。该报告强调，《公约》和《京都议定书》下现有资金机制的资金量严重不足。

第二，发达国家缺乏拿出足够资金的政治诚意。《公约》框架内，“巴厘行动计划”的共同愿景、减缓、适应、技术、资金五个要素中，前四个要素的落实都需要资金保障，资金机制谈判与前四个要素的相关谈判日益呈现出相互交织、互为因果的特点。然而，发达国家缺乏履行《公约》义务、拿出足够资金的政治诚意，无视发展中国家开展应对气候变化行动存在巨大资金缺口的实际，想方设法模糊“共同但有区别的责任”的根本原则。

第三，各种资金倡议增加了资金问题乃至气候变化问题的复杂性。如，主要发达国家大力支持世界银行在《公约》之外建立了气候投资基金；一些国家和机构提出的资金倡议违背了《公约》所确定的“共同但有区别的责任”原则，利用资金问题多方出击，增加了资金问题乃至整个气候变化问题的复杂性。

第四，发达国家大力宣扬市场机制和私营部门作用，有推卸责任和义务的意图。一方面，发达国家利用《公约》谈判、主要经济体气候变化会议、G8 峰会等各种场合，大力强调私营部门参与；另一方面，气候变化问题归根到底作为发展问题，要在可持续发展过程中加以解决，私营部门的参与不可避免，也确实能够作出贡献。因此，我们应坚持私营部门的参与应额外于发达国家政府的行动，坚持要求发达国家切实履行《公约》义务，提供充足、稳定和可预测的资金，帮助发展中国家应对气候变化的挑战。

第五，发展中国家内部在资金问题上应进一步增加协调与合作。发展中国家各国在发展水平、应对气候变化的能力建设和具体行动需要、国家大小等方面存在差异，利用气候变化国际合作资金机制、开发相关项目的能力也存在差异，造成 GEF 的资金主要流向发展中大国。为此，需要整体和平衡地考虑发展中国家各国应对气候变化的资金需要。

（二）未来气候变化国际合作资金机制的设计

随着 2009 年 12 月将在哥本哈根召开的 COP15 的临近，国际社会各方都在为

2012 年后气候变化国际合作制度安排进行认真分析和研究，并纷纷提出倡议。作为《巴厘行动计划》的核心要素之一，应对气候变化的资金问题是联系其他四大要素（共同愿景、减缓、适应、技术）的纽带。因此，在关于 2012 年气候变化国际合作的制度安排中，资金体系地位重要、意义重大、影响深远，是谈判进程中各方关注的焦点之一。

目前，有关各方提出了很多倡议，包括：发展中国家和相关机构提出的倡议，如发展中国家 77 国集团和中国（G77 + 中国）提出的“公约资金机制”、发展中国家民间组织“南方中心”提出的“气候变化基金”（CCF）和墨西哥提出的“世界气候变化基金”（WCCF）等；发达国家提出的倡议，如 G8 环境部长会议提出的“气候变化多边基金”（MF）和美日英倡导、世界银行倡议的“气候变化投资基金”（CIF）等。

1. 关于《公约》资金机制与 CCF

二者虽然倡议者主体不同（一个由发展中国家集团提出，另一个由发展中国家的非政府组织提出），并且两个倡议中就一些具体问题的考虑也存在差别，但是它们所代表的发展中国家的基本利益是相同的。

第一，资金机制与《公约》的关系。两者都维护《公约》的主体性地位和权威，严格遵循《公约》“共同但有区别的责任”原则，以及其他相关规则。

第二，资金机制的目标。两者都坚持资金机制的目标是保障《公约》实施的充足性、有效性、持续性，所提供资助应本着《公约》规定的有关义务，即条款 4. 3、4. 4、4. 5、4. 8 和 4. 9 等，以及《公约》第 11 条所确定的资金机制规则。

第三，资金机制的基本原则。一是坚持 COP 的权威和对 COP 负责的原则；二是在治理结构上要求体现透明性、公平性和广泛代表性；三是受援方对资助资金的可获得性和获取方式的直接性；四是受援国需求主导性和决策过程（项目识别、论证和实施）的全程性。

第四，资金机制的基本要素。①资金来源方面。资金主要来源于《公约》第 4 条第 3 款规定的项目收入，且资金应是新的和额外性的、独立于现有官方发展援助（ODA）。具体来源于政府公共部门，辅之以必要的市场机制和私营部门资金。CCF 资金来源设计主要包括：发达国家政府作出进一步量化温室气体减排承诺，维护刚刚兴起的国际碳市场，利用 CDM 向发展中国家提供更多资金；发达国家的环境税收入和在碳市场上交易碳排放权获得收入的一定比例等。②资金义务方面，"G77 + 中国"明确提出，《公约》之外的资金，不应被视为发达国家履行第 4 条第 3 款的义务。③资金应具有可预期性和稳定性。④资金用于支持实施《公约》第 4 条第 1 款的增量成本。⑤全额资助《国家信息通报》的编制。⑥资金应以赠款为主，而不是以贷款为主。⑦资金来源规模上，应该是附件一国家的 GDP 的一定比例，例如 0.5%。

第五，关于资金机制组成与治理结构。①COP 是最高决策机构，COP 决定有关政策、规划领域优先性和资金使用合格性标准等。②COP 指定一个具有公平性和平衡性的基金理事会，并施行具有透明性的治理结构。③COP 和基金理事会设立一些专项基金，支持一些专项活动，"G77 + 中国"初步提出设立《公约》适应基金、多边技术获取资金、风险投资基金、风险管理基金和保险机制等，CCF 倡议要求支持《国家信息通报》编写、履行《公约》第 4 条第 1 款有关适应、保险、技术转让、能力建设等责任。每一个专项基金分别设立技术委员会或专家组，为决策提供技术性支持。④资金机制将设立专业化的秘书处，并通过公开招标筛选信托机构。

这两个方案总体上反映了发展中国家的基本利益和诉求：资金机制与《公约》关系的设计维护了《公约》的权威和主渠道作用；资金来源体现了《公约》义务的继承性和发达国家的历史责任性；资金机制治理基本符合现代治理结构的理念，并强调了缔约方的主体性和 COP 的权威性；资金使用基本体现了《巴厘行动计划》几大要素的需求。

但是，这两个方案仍有许多待完善的地方，主要表现在：第一，资金机制治理结构和专项基金设计方面缺乏可操作性。第二，如何处理好未来资金机制与现有资金机制的关系，需要更多的政治智慧。现有的资金机制包括 GEF，GEF 托管的 SCCF、LDCF 和《京都议定书》下的适应基金等，如何体现它们在未来制度安排中的地位和作用，需要更加深入的考虑。在 CCF 设计中，GEF 是潜在的资金机制运行实体之一，可以作为一个或几个专项资金的托管方，但不一定是整个资金机制的运行实体。发展中国家，特别是项目开发和实施能力弱的小岛国和最不发达国家，对 GEF 过去制度中表现出的弊端，如项目周期长、审批复杂、获取资金难、配套资金大等，怀有很深的成见，早有废弃之心。一些发达国家存在抛开 GEF，在《公约》以外另起"炉灶"的企图。因此，在设计未来资金机制时，必须考虑如何继承和发展现有的资金机制，特别是必须处理好与GEF的关系，否则关于资金问题进行长期谈判取得的成果将无法利用，使2012年后气候变化国际合作制度的设计和运行面临难于预知和控制的风险。

2. 关于气候变化投资基金（CIF）

CIF由美国、日本和英国共同发起，原名“可持续发展变迁基金”，由世界银行托管，将由世界银行和区域发展银行进行项目实施。CIF包括清洁技术基金（CTF）和战略气候基金（SCF）两个子基金。2008年9月，CIF获得发达国家超过61亿美元的捐款承诺，其中50亿美元将用于CTF，11亿美元将用于SCF。CIF捐款国和受援国会议推选出CTF和SCF信托基金委员会，作为基金的决策机构。CTF信托基金委员会成员包括8个发达国家和8个发展中国家。SCF信托基金委员会成员包括7个发达国家和7个发展中国家。

CTF旨在通过所提供的优惠资金与多边开发银行联合融资，促进低碳技术转让和应用，使受援国大规模减少温室气体排放。目前，已有墨西哥、埃及、土耳其3国提交了投资计划，涉及城市交通、可再生能源、节能及私营部门能源开发等领域，投资计划类似于世界银行贷款中采用的国别援助战略（CPS），受援国在投资计划的总规模下确定项目并提交世行执董会讨论通过。CTF信托基金委员会已批准上述3个投资计划。

SCF旨在帮助发展中国家在减贫的同时，在可持续发展的框架下应对气候变化，促进适应和减缓气候变化的投资，并建立其他子资金。目前，在SCF下拟启动适应气候变化试点项目、森林投资试点项目和可再生能源规模化发展项目等3个探索性的试点项目，一些经济落后的发展中国家已入选该项目。

国际社会对CIF高度关注。从CIF的发起目的、时机选择、工作力度等方面来看，它是在为未来的资金机制进行探索。发展中国家一直要求CIF阐明与《公约》之间的关系，要求其不能干预《公约》谈判进程，并在《公约》框架下开展业务。但是，CIF通过设置CTF和SCF，对发展中国家依发展水平分类进行资助。另外，CIF委托给世界银行运行，未建立与GEF的直接合作关系。这些体现了发达国家对未来资金机制的设计意图。

3. 关于世界气候变化基金（WCCF）

WCCF的基本内容主要表现在以下几个方面：第一，在目标上，要扩大全球

减缓行动，动员所有国家参与应对气候变化，要支持适应行动，要促进技术转移和扩散；要从资金角度支持新的气候变化体制。第二，在治理结构上，由所有捐款国和受援国组成理事会共同管理 WCCF。理事会由三个独立委员会构成：科学委员会、多边发展银行委员会、社会组织委员会。理事会每年向 COP 报告。基金由当前已有的多边组织管理。第三，在比较优势方面，增加资金和技术的可获得性，扩大全球减缓行动的范围，拓宽了基金治理的国家参与性，强调资金可预测和监管，但不考虑资金使用的额外性。第四，在资金来源方面，原则上，所有国家都应依据“共同但有区别责任”的原则对 WCCF 捐款，依多方磋商并考虑温室气体排放量（当前/历史、总量/人均）、碳排放强度、GDP 水平等因素制定标准捐资，每年的筹资量应不少于 100 亿美元。第五，关于资金使用对象，所有国家都能从基金中获益。发达国家只能获取自身捐资额的部分，发展中国家可以获取超过自身捐资额的量。减缓行动的结果应该是真实的，且可测量、可报告及可核实。支持的方面包括开发新能源、传统能源使用、能效提高、可再生能源利用和保护生态等。WCCF 鼓励私营部门参与，愿意借鉴总量管制与排放交易系统的经验。第六，关于资金使用领域，设立适应基金和清洁技术基金，支持适应和技术转让。前者对最易受气候变化不利影响的国家提供支持，后者支持低碳技术的示范、转移和运用。第七，关于后续问题，需要考虑与已有碳市场的联系、捐款标准的谈判、选择哪个多边机构进行托管等。

正如墨西哥在世界经济中所处的地位——其 GDP 水平位于发展中国家和发达国家之间，WCCF 倡议总体上也是这样，但是本质上向发达国家倾斜，对此分析如下。

第一，关于 WCCF 与《公约》基本原则。“共同但有区别的责任”原则是《公约》的基本原则，WCCF 虽然承认这一原则，但它在发达国家与发展中国家之间强调了“共同”，在发展中国家之间强调了“区别”，是对“共同但有区别的责任”原则的曲解和背离，实际体现的是发达国家的立场。尤其是在 WCCF 资金来源方面，依据温室气体排放量、人口规模和 GDP 水平确定国家出资水平，这种看似公平的设计，实质上非常不公平，完全模糊和遮蔽了发达国家对气候变化问题的历史责任及其应尽的义务。

第二，关于资金来源与规模。在资金来源方面，WCCF 资金预期来自所有国家，包括发达国家和发展中国家，因此弱化了《公约》第 4 条中发达国家缔约方的责任和义务。在资金规模方面，从现有资金机制的情况看，WCCF 预期每年不少于 100 亿美元的资金规模过于乐观，不够现实。根据联合国有关协议，发达国家应拿出 GDP 的 0.7% 左右用于援助发展中国家，但是到目前为止只有少数国家的捐献达到或接近这一数字，而绝大多数发达国家，特别是美国、日本、英国等发达国家中的大国远没有履行好这一责任和义务。如美国，在气候变化问题上，对 GEF 尚欠 1 亿多美元的捐资。

第三，关于资金使用。在资金使用结构方面，WCCF 设立“适应基金”和“清洁技术基金”的想法是可取的，具有积极意义。但是，仅有这两项仍然不完善或不完整。在资金使用对象方面，发达国家也可以使用 WCCF，对此，发展中国家不会同意这一安排；而发达国家也不会同意将本可以自主支配使用的资金，再经过一整套复杂程序和约束后使用。

第四，关于治理安排。WCCF 的治理结构设计远非完善，理事会中三个独立的委员会难以发挥应有的作用，也很难取得期望的管理结果。

（三）金融危机对构建未来资金机制的影响

2008 年全面爆发的国际金融危机导致全球经济形势急剧恶化，对发达国家和发展中国家都造成了冲击。目前，虽然各国政府普遍认为在应对金融危机的同时，不能降低应对气候变化的行动力度，但是，在构建 2012 年后气候变化国际合作制度的关键时候出现这一不利形势，必然对气候变化国际合作，特别是资金合作造成不利影响。

首先是发达国家以金融危机为推卸责任的借口，进一步降低捐资承诺。发达国家一直宣扬利用市场机制和推动私营部门参与来应对气候变化，弱化政府应尽的责任和义务，特别是利用各种渠道大力强调碳市场的作用，并有把碳市场与气候变化国际合作资金机制挂钩的倾向。

其次是金融危机对近期发达国家的融资能力造成了不利影响。目前，发达国家经济普遍陷入衰退，国际筹资成本不断增加。发达国家在国内启动了大规模的经济刺激计划，因而面临着资金紧缺的现实情况。部分发达国家已或明或暗地表示，在气候变化国际合作方面难有大量资金安排，这给气候变化国际资金合作笼罩上了阴影。

针对上述情况，国际社会应首先强调发达国家在 2012 年后气候变化国际合

作制度中的责任和义务，然后在此基础上，深入分析应对气候变化国际合作中的机遇，特别是发展碳市场和低碳经济的潜在收益。

面向未来，气候变化资金机制的总体设计思路应当是立足当前，着眼长远，更加紧密地服务于应对气候变化国际合作，服务于促进实现可持续发展的大局。为此，仍有大量工作亟待开展。

环境友善技术开发与转让问题及相应机制

邹骥　许光清*

摘　要：技术开发与转让是2012年后国际气候变化制度中的热点问题，也是目前关于《京都议定书》第二承诺期和长期合作行动计划谈判中的重要议题。要推动技术议题取得进展，核心是要建立技术开发与转让的相关机制。本文回顾了关于技术转让的国际进程，对技术开发与转让国际合作机制中的一些关键问题进行了深入分析，提出了关于建立技术开发与转让国际合作创新机制的建议，以支持相关议题的谈判，推动《联合国气候变化框架公约》和《巴厘行动计划》中关于技术转让议题相关规定的落实。

关键词：环境友善技术　开发与转让　气候变化

一　背景

（一）技术和技术转让的基本概念

环境友善技术开发与转让问题涉及两个基本概念，即环境友善技术和技术开发与转让。目前，对这两个概念本身还存在着一些争论。

1. 环境友善技术的概念

在《公约》背景下，环境友善技术特指那些“保护环境，污染较少，用更可持续的方式使用资源，循环利用更多的废弃物和产品，并以一种更可接受的方

* 邹骥，中国人民大学环境学院，研究方向为环境经济学与气候变化经济学；许光清，中国人民大学环境学院，研究方向为环境经济学与气候变化经济学。

式处理剩余废料”的技术（21世纪议程）。从该定义中可以看出，环境友善技术的目的是解决保护环境这一全球公共物品问题，虽然有时可能和商业利益存在重合，但更多的时候却因为外部性的存在而无法重合。关于环境友善技术的概念，另外还有很多相关的论述，尽管这些定义都从某一方面反映了技术的特征，但是都还过于抽象，且不完整，不足以反映环境友善技术的特点，在实践中缺乏对政策制定的指导意义。长期的技术应用实践表明：一项有益于气候保护的技术真正得到有效的应用，需要同时综合解决技术硬件、技术软件、体制政策条件、资金和人力资源等多方面的问题。因此，环境友善技术不应仅仅局限于设备或“硬件”，它还包括知识、经验、商品和服务、设备、人力资源、资金、组织和管理程序等要素。也就是说，环境友善技术是一个整体概念，应该包括以下几部分内容：

（1）硬件。包括常规设备、机器、工序等。

（2）软件。包括知识产权，技术设计的原理与实施，设计、经验技术诀窍[①]等。

（3）人力资源。包括技术人员的素质以及培训等。

（4）资金。包括技术的转让、开发、吸收所需要的资金保障。

（5）促成环境。包括机制、政策、合理的机构设置和基础设施。

环境友善技术要真正发挥效用，硬件、软件、人力资源、资金和促成环境都是应有之义，缺少了哪一部分都会影响技术效果的发挥。

环境友善技术可以根据其所处技术阶段、商业化成熟程度、成本、所有权拥有者和所处部门的不同进行分类。而不同类型的技术将会涉及不同的利益相关者，适用不同的政策和融资方式。

2. 技术开发与转让的概念

在《公约》背景下的技术开发与转让指的是通过促使发达国家向发展中国家转让技术（包括技术诀窍和技能），使发展中国家对环境友善技术真正做到“可知晓，买得起，用得上，见实效”。其中“可知晓”是指改善技术市场状况，减少目前技术需求、技术供给信息不透明、不清楚、不准确的问题，使发展中国家了解自身的技术需求、可获取的技术以及获取技术信息的渠道；“买得起”指通过发达国家采取补贴或优惠等方式，使发展中国家能够普遍承受环境友善技术

① 另译为“专有技术”，英文为Know-how。

的价格；“用得上”和“见实效”指技术符合发展中国家的需求，且发展中国家在获取技术设备的同时，还掌握了运转设备、检修设备以及调试设备的能力，能使技术真正发挥作用，而且通过技术转让，实实在在提高发展中国家应对气候变化的能力，推动发展中国家的可持续发展进程。

从技术寿命周期的不同环节看，要使环境友善技术开发与转让取得实效，必须覆盖基础研究、技术研究开发、技术示范与技术系统创新、技术商业化推广及部署等所有环节。技术开发与转让的障碍会出现在以上各个环节，尤其是在基础研究和研发环节。在技术研发、工程与设备的设计等领域开展技术开发与转让，对于发展中国家提高自主技术创新能力进而推动其持久、内在的技术能力的提高具有特别重要的意义。

（二）开展技术开发与转让的意义

1. 环境友善技术在应对气候变化过程中的关键作用

环境友善技术的革新和扩散在应对气候变化进程中起着非常重要的作用。人类减缓气候变化的成本和速度将在一定程度上取决于能降低未来排放的环境友善技术的成本、性能和可获取性。

麦肯锡著名的“减排成本曲线”中明确列出了各种技术的减排成本，研究认为，到2030年可以实现270亿吨CO_2e的减排，其中超过70%可以通过现有技术实现，剩下的也可以通过即将商业化的技术的推广来实现。而且，通过应用能效技术，有70亿吨CO_2e的减排量减排成本为负值，可以带来正的投资收益。

IEA新公布的《能源技术展望2008》中也有类似的观点。它提出能源可持续发展是有可能实现的，其中科技将是关键因素，提高能源效率、CO_2捕获和封存、可再生能源和发展核电都非常重要。

根据下面列出的著名的Kaya方程可以看出，在可预期的将来，人口以及人均GDP的增长趋势不可避免，为了稳定大气中的温室气体浓度，降低温室气体排放，就必须降低单位GDP能源消费量以及单位能源消费CO_2排放量，即需要提高能源效率，降低能源消费结构中高碳能源如煤等的比例。而提高能效，降低碳排放强度就必须依赖环境友善技术包括能效技术和新一代低碳能源技术（如可再生能源技术，核能技术等）的应用。因此，可以说，解决全球气候变化问题，降低温室气体排放强度，提高适应气候变化的能力，促进后起的发展中国家转变经济社会发展模式，令人类社会经济发展走上可持续发展的道路，根本出路在于技术进步。

$$\text{Kaya 方程：}CO_2\text{ 排放量}=\frac{CO_2\text{ 排放量}}{\text{能源消费量}}\times\frac{\text{能源消费量}}{GDP}\times\frac{GDP}{\text{人口}}\times\text{人口}$$

2. 环境友善技术开发与转让的必要性和紧迫性

目前先进的环境友善技术（包括能效技术、低碳技术和适应技术）主要由发达国家的企业和政府掌握。发展中国家由于自身经济、技术能力和研发投入等不足，在能源效率、可再生能源利用和适应气候变化等方面往往都处于落后地位。发达国家与发展中国家在减缓与适应气候变化主要技术领域存在着巨大的差距，如中国在2005年的能源效率约为36%，比世界先进水平低8个百分点左右，大致相当于欧洲20世纪90年代的水平，日本1975年的水平（日本1975年能源效率为36.5%）。[①] 及时有效地进行环境友善技术的开发与转让，有助于迅速弥补这一技术差距，产生巨大的全球共享的气候效益。而且这对发达国家也是非常有益的，可以使其在享受全球公共物品的同时，保持现有基础设施，降低减缓成本。

需要尽快进行有效的环境友善技术开发与转让的另一个重要原因是避免“锁定效应”。发展中国家正处在工业化、城市化早期阶段，为了消除贫困、保证人民的基本生活需求，面临着大规模基础设施建设任务，电力、交通、建筑、冶金、化工、建材等高能耗强度和高排放强度的产业部门迅速发展，发挥着国民经济支柱的作用，同时也对全球在当代的新增温室气体排放增量产生了较大影响。这些领域投资所形成的生产设施具有资本密集度高、排放强度大、使用寿命长等特点，一旦装备了低效率、高排放的技术，其高排放的特性将在很长时间内被锁定，否则将导致巨大的重置成本。也就是说，今天用什么技术装备这些设施，决定了未来很长时间内难以改变的巨额排放增量。如果当前不能解决好这个问题，就会失去控制未来几十年温室气体浓度的先机。

以电力行业为例，通过比较采用高碳技术和低碳技术两种情景下的碳排放，可以清楚看到电力部门的锁定效应。从图1中可以看出，尽管采用低碳技术的初

① 王庆一：《按国际准则计算的中国终端用能和能源效率》，《中国能源》2006年第28卷第12期。

始投资成本可能会高于高碳技术，但是在发电机组中采用效率更高的低碳技术可以比采用高碳技术，在未来的几十年使用周期里，持续减少碳排放。

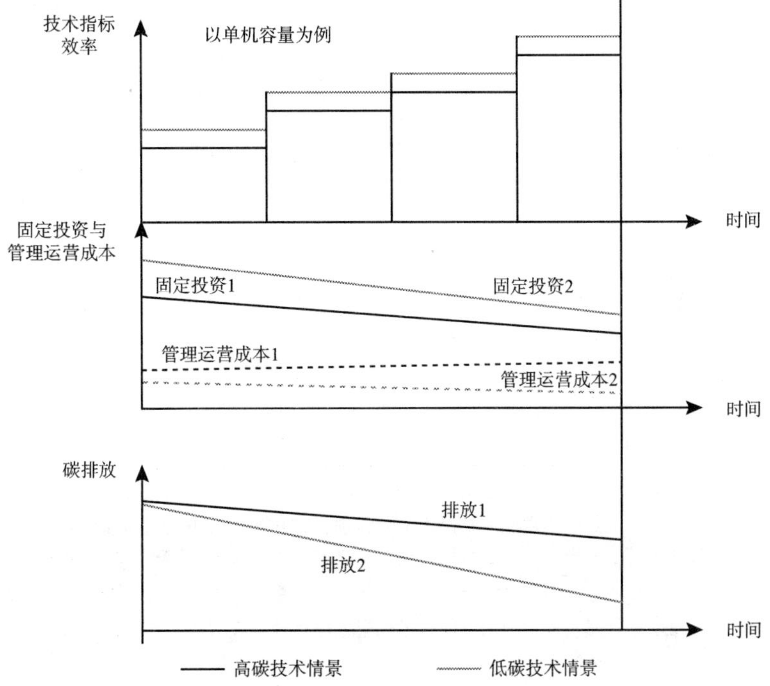

图1　电力部门的锁定效应示意图

表1定量地考察了选用不同发电技术与 CO_2 减排量之间的关系。2005年中国煤电装机容量为3.68亿千瓦，假设2010年、2020年和2030年中国的煤电装机容量分别为6.87亿千瓦、10.1亿千瓦和12.91亿千瓦。同时设立如下两个情景：

基准情景：中国未来将以60万千瓦的成熟的亚临界技术作为主力发电机组；

技术进步情景：中国未来将以60万千瓦以上的超超临界机组作为主力机组，同时加快淘汰小机组和进行IGCC试点的步伐。

具体的发电机组装机容量设置见表1。

由此可见，进行大规模、高效率的国际技术开发与转让对于发展中国家克服技术的“锁定效应”来说将起到至关重要的作用，一旦错过发展中国家进行大规模基础建设的这一黄金时期，使得“锁定效应”成为现实，全球将付出高额的气候代价。

表 1　中国煤电部门"锁定效应"估算*

		小机组	一般机组	亚临界机组	大型亚临界机组	超临界机组	超超临界机组	基于水煤浆气化技术的 IGCC	基于粉煤灰气化技术的 IGCC
单机容量,MW		<100	100~300	300~600	600	600	≥600	≥200	≥200
单位发电煤耗,gce/kwh		394	346	322	306	298	267	304	299
2005 年装机容量,MW		102	99	120	33	14	0	0	0
基准情景下的装机容量(GW)	2010 年	70	110	140	277	64	20	4	2
	2020 年	35	95	130	500	134	100	10	6
	2030 年	0	70	120	652	164	230	30	25
技术进步情景下的装机容量(GW)	2010 年	55	100	140	128	74	180	6	4
	2020 年	20	70	100	109	94	581	26	10
	2030 年	0	35	60	85	114	897	60	40
累计 CO_2 减排量($MtCO_2$)	2006~2020	2313							
	2006~2030	5813							

注：*假设 2006~2010 年，2011~2020 年，2021~2030 年三个时期内的技术替代呈线性关系。

资料来源：中国人民大学环境学院－哈佛大学合作项目"中国双赢的能源政策经济学分析"工作报告，2008。通过计算可以发现，与基准情景相比，在技术进步情景下，2006~2020 年的累积 CO_2 减排量将达到 23.13 亿吨 CO_2，2006~2030 年的累积 CO_2 减排量更将达到 58.13 亿吨 CO_2。换句话说，如果不对中国进行及时的技术转让，帮助中国燃煤机组进行及时有效的技术升级，到 2030 年可能造成多排放近 60 亿吨 CO_2 的巨额的"锁定效应"。

此外，发展中国家将是全球气候变化所引致的气候相关灾害的最大的受害者，根据 IPCC 公布的第四次评估报告，全球每年遭受气候相关灾害人口，将从 1975 年的 2% 上升到 2010 年的 4%，达到 2.5 亿人，其中发展中国家的受害人口将占到 95%。为提高发展中国家人民适应气候灾害的能力，保障他们的基本生存权利，也要求发达国家尽快有效地向发展中国家转让适应气候变化的技术。

二　气候进程中的技术开发与转让

在应对气候变化过程中，技术创新和扩散具有基础和关键性作用，而技术开发与转让则是发挥技术作用的重要途径。根据《联合国气候变化框架公约》（以下简称《公约》）和《京都议定书》（以下简称《议定书》）的规定，发达国家有责任和义务以优惠条件向发展中国家转让环境友善技术。

《公约》第 4 条第 5 款规定："附件二所列的发达国家缔约方和其他发达缔

约方应采取一切实际可行的步骤，酌情促进、便利和资助向其他缔约方特别是发展中国家缔约方转让或使它们有机会得到无害环境的技术和技术诀窍”。

《公约》第4.7条款进一步指出，发展中国家缔约方能在多大程度上有效履行其在《公约》下的承诺，将取决于发达国家缔约方对其在《公约》下所承担的有关资金和技术转让的承诺的有效履行情况。

《公约》第4.1（c）条款将技术开发与转让扩展到了部门层次，提出应在所有有关部门，包括能源、运输、工业、农业、林业和废物管理部门，促进和合作发展、应用和传播（包括转让）各种用于控制、减少或防止温室气体排放的技术、做法和过程。

自《公约》生效以来，技术开发和转让问题一直是历次缔约方会议的核心议题。具体可概括为四个阶段。

第一次缔约方会议至第四次缔约方会议：柏林授权和关于技术开发与转让的决议（决议13/CP.1）；

第四次缔约方会议至第七次缔约方会议：《布宜诺斯艾利斯行动计划》和技术开发与转让的协商进展情况（决议4/CP.4）；

第七次缔约方会议至第十二次缔约方会议：推动《公约》4.5条款有效执行的《马拉喀什协定》（决议4/CP.7）；

第十三次缔约方会议：《巴厘行动计划》（决议1/CP.13），科学与技术咨询附属机构下的技术开发与转让（决议3/CP.13）和执行附属机构下的技术开发与转让（决议4/CP.13）。

2007年底在印尼巴厘岛举行的联合国气候变化大会上制定的《巴厘行动计划》是技术转让问题的一个重要里程碑。技术开发和转让作为未来气候进程的四个要素之一被纳入《巴厘行动计划》（其余三个要素分别为减缓、适应和资金），并要求在技术开发和转让的以下方面采取进一步行动：

（1）有效的机制和加强的手段，消除进一步开发技术和向发展中国家缔约方转让技术的障碍，并提供资金和其他激励办法，以利于获取能够负担得起的环境友善技术；

（2）加快部署、推广和转让能够负担得起的环境友善技术的方法；

（3）合作研究和开发当前技术、新技术和创新技术，包括双赢办法；

（4）具体部门技术合作机制和工具的有效性。

技术开发与转让是2012年后国际气候变化制度中的热点问题，也是目前关于《京都议定书》第二承诺期和长期合作行动计划谈判中的重要议题，其能否取得突破，也是旨在落实“巴厘路线图”的谈判是否取得成果的重要标准。要推动技术议题取得进展，核心是要建立技术开发与转让的相关机制，包括要有充足的、确定的资金保障。

但是《公约》生效14年来，在技术开发和转让领域进展缓慢，不能适应应对气候变化挑战的需要。

三 现有技术开发与转让机制的不足

技术开发与转让国际合作机制旨在帮助发展中国家了解技术信息，使其能够以可承受的价格获取所需的环境友善技术，并帮助其通过使用这些环境友善技术为减缓和适应气候变化作出有效的努力，可概括为：可知晓，买得起，用得上，见实效。

现有的技术开发与转让机制主要包括两方面：传统的基于市场的商业机制和过渡机制，其中过渡机制又包括《公约》和《议定书》下的机制以及其他基于多边和双边国际合作的机制（如图2所示）。但它们目前在促进环境友善技术的开发和转让方面都存在不足。

图2 现有技术开发与转让机制

（一）传统的基于市场的商业机制

正如《斯特恩报告》所指出的那样，气候变化将是人类迄今为止遇到的最大规模的市场失灵。对于旨在保护全球气候公共财富的环境友善技术的开发和转

让而言，仅依据私人成本信息决策的市场机制将会失效。

传统的基于市场的商业机制（主要包括国际贸易和 FDI）的确能带来一定的技术溢出效果，从图 3 中可以看出，自 1990 年以来，低收入国家和中等收入国家的技术进步速度要略高于高收入国家。但是从图中还可以看到，发达国家与发展中国家之间的技术差距并没有显著缩小。这就在一定程度上证明了国际贸易和投资机制并不能有效缩短发达国家和发展中国家之间的技术差距，不能迅速提高发展中国家的技术水平。

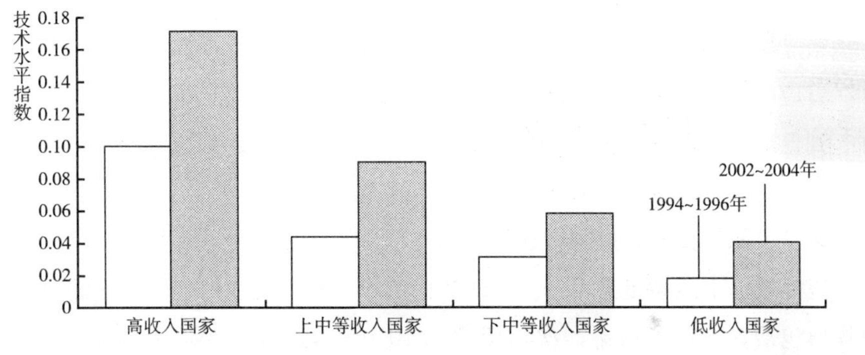

图 3　各国技术现状的变动

资料来源：World Bank，Global Economic Prospects，2008. Technology Diffusion in the Developing World，2008。

也就是说，通过基于市场的传统国际贸易和投资机制而实现的技术开发、转让和扩散，无论是规模、范围和速度都还远不能满足迎接气候变化挑战的需要。此外，传统市场机制本身存在着的垄断市场结构和不当管制（如技术出口限制等）也成为跨国技术开发、转让的障碍。

（二）过渡机制

1. 《公约》和《议定书》下的技术开发和转让机制

《公约》和《议定书》下的技术开发和转让机制是为了克服传统商业机制市场失灵的问题而建立的，其关于技术开发和转让方面的一些机制和制度安排，在推动技术开发和转让方面取得了一定的效果，但其目前还存在着以下种种问题。

第一，技术转让专家小组（EGTT）作为《公约》科技咨询附属机构

（SBSTA）下属的咨询性机构，其作用仅限于在概念层面提供一些关于技术开发与转让的意见，无法在操作层面上进行推动。在2007年巴厘岛召开的第十三次缔约方会议上，决定将技术开发与转让议题同时纳入执行附属机构（SBI），EGTT将同时向SBSTA和SBI汇报。这是很重要的一次改革，有可能在执行层面推动技术开发与转让。但是尽管如此，也无法改变EGTT作为咨询机构的定位，而且SBI的议程繁多，很难真正有效地推动技术开发与转让，无法像清洁发展机制下的执行委员会（EB）那样在清洁发展机制（CDM）领域起到一些关键性作用。

第二，作为信息共享机制的TT：Clear（Technology Information Clearing House）存在着应用不够广泛，与实践脱节，与私人部门脱节，信息更新缓慢等问题，没有起到促进与其他机制之间的相互协调的作用，也没有起到应有的促进技术交易的作用。

第三，作为技术开发与转让议题的专门资金机制，全球环境基金（GEF）的资金规模远远不能满足技术开发与转让的需求。现有的应对气候变化的可用资金总规模包括GEF（包括第四次增资期的10亿美元）的43亿美元（FCCC/SBI/2007/21），9000万美元的气候变化特别基金，1.8亿美元的最不发达国家基金（GEF网站）和8000万美元的适应基金（适应基金网站）。但这与公约秘书处（UNFCCC，2007）预测的到2030年发展中国家每年约需要的1000亿美元[①]的规模相比还存在很大差距。此外，现有的资金机制缺乏一个有力的协调机构，从而导致资金的使用目标不够明确，尤其是缺乏更为具体的针对技术转让的特定目标。这些内容在GEF的现有框架下都没有得到体现。资金机制和资本市场脱节，资金的使用效果评价也没有纳入技术转让机制的统一的评价标准下。

第四，关于绩效评估考核机制，虽然在《公约》层面上已经开始考虑并也已经着手进行相关工作，但目前还处于要求EGTT提交关于绩效评估指标研究报告的初始阶段，而且把重点更多地放在了指标体系的讨论上，还没有涉及如何应用指标体系，如何利用制度保障其得到实施等问题，机制安排方面的事宜仍然比较欠缺。

---

① 这个估计数字本身还存在很大不确定性，《公约》秘书处对于资金需求的预测的更新目前正在评审过程中。

第五，清洁发展机制作为一种机制，其设计的目标并不是为了技术开发和转让，但是由于其项目设计文件（PDDs）中要求有技术部分，因此有相关研究证明 CDM 事实上在推动技术开发与转让方面起到了一定的作用，如 Seres 以截至 2007 年 9 月的 2293 份项目文件为分析对象分析得到，其中约有 39% 的项目涉及技术转让，这些项目多为规模较大且有外方参与的 CDM 项目（Seres，2007），但总体来看，CDM 的技术转让效果仍是非常有限的。如果想要 CDM 真正为技术开发与转让服务，就需要对现有的 CDM 机制进行改革，如建立专门用于技术转让的 CDM（技术 CDM）机制等。

综合来看，《公约》和《议定书》下的技术开发与转让机制目前还存在着机制本身不够系统、全面，在部分领域存在制度和机构缺失；机制缺少实践层面的内容，可操作性差；没有和私营部门建立起有效联系；缺乏对利益相关者的有效激励等问题。也就是说，它并没能很好地解决传统商业机制市场失灵的问题。

2. 其他基于多边和双边国际合作的技术开发与转让机制

其他基于多边和双边国际合作的技术开发与转让机制在某些方面可以作为《公约》和《议定书》下机制的补充，并为《公约》和《议定书》下某些机制的设计提供参考和借鉴。如亚太合作伙伴关系（APP）在部门层面分行业组织了一些规划和分析研究，同时其尝试将政府、产业界纳入一个平台可能会提供一些有用的借鉴；世界银行建立的清洁技术基金（CTF）和气候战略基金（SCF）机制能为资金机制的运作提供操作层面的指导。但是无论是 APP 还是世界银行都只能作为《公约》和《议定书》下机制的补充，无法起到替代《公约》和《议定书》下机制的作用，也无法从根本上满足加快、加深技术开发与转让的需求。

（三）创新机制

如上文所述，稳定的全球气候是人类共享的全球公共物品。为保护全球气候而开发、转让和推广部署环境友善技术，将有助于促进保护、创造全球公共财富，克服全球范围的外部性。对于具有公共物品属性的环境友善技术而言，仅依据私人成本信息决策的市场机制将无法完全发挥效用，传统的通过基于市场的国际贸易和投资机制而实现的技术开发、转让和扩散，无论是规模、范围和速度都远不能满足迎接气候变化挑战的需要。因此，必须对传统的依托国际贸易和投资的市场机制进行改革，建立基于公营私营合作伙伴关系（PPP）的环境友善技术开发与转让国际合作创新机制。

如上所述，现有技术开发与转让机制中存在的不足导致了环境友善技术开发与转让国际合作中的种种障碍。①

四　技术开发与转让的障碍

1. 资金障碍

缺乏对向发展中国家转让技术的资金支持，特别是对未商业化的新兴技术和低碳技术的额外成本部分的资助。

2. 政策障碍

发展中国家缺少稳定的政策环境和定义明晰、实施明确的政策，无法给技术开发与转让的利益相关方提供有效的激励。由于存在市场失灵，公共政策尤其是与环境、气候有关的公共政策，例如中国实施的脱硫电价政策等往往会对相关环境友善技术的普及产生非常大的推动作用，因此，作为技术输出国的发达国家和作为技术输入国的发展中国家都要重视相关激励政策的制定和实施。

3. 未覆盖环境友善技术的所有要素

（1）只重视技术的更新换代，对更新改造和运行维护技术关注不够，没有将针对技术运行维护的培训纳入技术转让内容中。事实上，技术设备的实际运行效率会随着时间的推移而下降，距离设计效率会越来越远，如何通过有效的运行维护，使设备能够在更长时间范围内充分发挥出其设计效率，这个问题应该得到发展中国家的足够重视。发达国家在设备维护运行和更新改造方面有很多很好的技术诀窍，而且这部分技术诀窍也相对容易获取，发展中国家应大力促进这类技术的转让。（2）处于研发阶段和示范阶段的未商业化的技术风险大、价格高，无法引起发展中国家的足够兴趣。

4. 信息障碍

（1）对可得的技术和融资渠道缺乏了解。（2）对特定领域的技术需求缺乏了解。

---

① 部分参考 *UK-India collaboration to identify the barriers to the transfer of low carbon energy technology project phase I final report* 和 Zou Ji，2008b。

5. 机构障碍

机构设置方面存在不足，例如，缺少发挥共同政府作用和实施有效政策工具的政府间机构。

6. 促成环境不足

（1）必要的基础设施和辅助设施不足，例如，技术交易信息的不透明和缺少统一的交易机构导致高额的交易费用。（2）缺乏训练有素的人力资源。（3）对知识产权的过度保护导致了令广大发展中国家无法承受的高额费用，阻碍了环境友善技术的广泛应用。（4）发展中国家薄弱的国家创新体系，以及由此导致的发展中国家企业薄弱的技术吸收能力。技术接受方本身的技术能力会影响技术转让的成败。相对来说，接受方技术水平越高越利于双方达成共识。

7. 其他

技术开发与转让国际合作创新机制将以克服上述障碍为目标。

五　对技术开发与转让创新机制的设想

（一）技术开发与转让创新机制的目标

技术开发与转让国际合作机制致力于加快发达国家向发展中国家转让环境友善技术的速度，拓宽环境友善技术国际合作的覆盖领域，加大国际技术合作的力度以及深化环境友善技术国际合作的深度，使得发展中国家充分了解自身的技术需求和先进技术信息，能够以可承受的价格获取自身需要的技术，同时具备应用技术的能力，能够通过应用技术获得实实在在的减缓或适应气候变化的收益。

（二）技术开发与转让创新机制的特点

技术开发与转让国际合作创新机制与传统机制的不同主要体现在以下几方面：

（1）机制作用的最终目的是保护气候这一全球公共物品，实现全人类的可持续发展。这就与传统机制追求经济利益最大化的目的有了很大区别。

（2）机制倡导的技术转让特指技术从发达国家向发展中国家的转让，要求较早和较多地占有温室气体排放容量公共资源、并拥有先进技术的发达国家采取主动措施，实现技术从发达国家向发展中国家的快速、广泛、实质性的转让和扩散，同时通过联合研发等方式提高发展中国家自身的科研能力。

（3）机制遵循以政府为主导，私人部门充分介入的公私合营伙伴关系思路，用以解决具有公共物品属性的环境友善技术在开发与转让过程中所产生的外部性和市场失灵问题。

（三）技术开发与转让创新机制的原则

1. “共同但有区别责任”原则

技术开发与转让国际合作机制必须建立在《公约》和《京都议定书》确定的关于技术转让和资金机制的原则和发达国家的履约责任的基础上。

为通过共享环境友善技术以保护和创造全球气候这一公共财富，在历史上和今天较早和较多占有温室气体排放容量公共资源、并拥有先进技术的发达国家有责任采取主动措施，向发展中国家转让、扩散环境友善技术。发达国家政府和立法机构应当将保护全球气候的政治意愿体现到促进全球共享环境友善技术上来，主动促进形成激励政策环境，为本国研发机构和企业向发展中国家研发机构和企业转让技术创造有利条件并直接在公有技术的合作方面采取行动。发达国家具有雄厚资金和技术实力的企业也应当切实承担起企业在全球气候保护方面的社会责任，处理好企业外部成本内部化和技术知识产权的关系，为保护全球公共物品尽到自己的社会责任，率先以多种形式和优惠的条件向发展中国家的企业、市场转让、传播环境友善技术。

2. 减缓与适应并重的原则

机制并不仅仅针对减缓气候变化的技术，同时也旨在推动适应技术的开发和转让以降低发展中国家应对气候变化的脆弱性，减少其因气候灾害而导致的损失。

3. 政府主导、企业参与、基于市场的公营私营部门合作原则

政府的公共服务职能决定其要在对企业的引导和市场的监管上发挥主导作用。政府要通过国家明确的政策信号引导私营部门作出有益于保护气候的决策，运用公共财政手段在降低交易费用、减少开拓市场和采用新技术的风险、补偿增量成本等方面为企业开发、转让和部署环境友善技术创造优惠的条件。发达国家公共财政应当率先发挥驱动激励作用。

4. 技术研发与推广部署并重原则

环境友善技术国际合作可以在技术发展的各个阶段，以多种形式，在多种场合全面展开，既包括联合研发设计，也包括联合制造及直接购买知识产权和设备等多种形式。

5. 费用有效原则

机制的投入产出应遵循费用有效原则，其中机制的产出可以以它的减排量，避免气候损失量，推动可持续发展的效果，资本市场、碳市场资金流入环境友善技术市场用于技术开发与转让的资金规模等指标衡量。

6. 全球公共利益驱动原则

机制解决的是保护气候这一全球公共物品问题，是以公共利益为导向的，和传统机制以商业利益为导向的模式相区别。

（四）技术开发与转让创新机制的核心组成部分

具体来说，技术开发与转让国际合作机制包括以下核心组成部分：《公约》下的机构安排；资金机制；监督核查与绩效评估机制。

此外，技术开发与转让国际合作机制的其他要素还包括：致力于平衡知识产权拥有者获利和尽快推广技术保护全球气候之间关系的知识产权机制；致力于促使发达国家企业履行社会责任和加强发展中国家企业能力建设的企业社会责任和能力建设机制；致力于提高技术交易信息透明度，降低交易成本的促进技术交易机制。

1.《公约》下的机构安排

（1）设定技术开发与转让附属机构的必要性。考虑到气候问题的外部性和《公约》的多边性，在新的国际合作机制中，政府间合作仍将作为环境友善技术国际合作的主要驱动力，同时结合市场机制的作用，共同推动环境友善技术的国际合作。

虽然《公约》对环境友善技术的开发与转让已经做了一些相关决策，但是目前并没有解决如何在国际合作进程中保证这些决议得到落实的问题，由于缺少相关的操作实体（如类似清洁发展机制中的执行委员会之类的专门的执行机构），使得这些决议流于空泛。

因此，为强化政府间合作机制的作用，建议在 UNFCCC 框架内建立专门负责环境友善技术国际合作的常设政府间附属机构，专门负责技术开发与转让活动的规划、协调、组织、审查和评估，促进国际上不同利益相关方之间技术信息、经验的交流。

（2）机构的组织结构。技术开发与转让附属机构定位为运行和执行机构。它平行于 SBI 和 SBSTA，直接向缔约方会议负责，下设一个战略规划委员会和若干个专题工作组（如图 4 所示）。

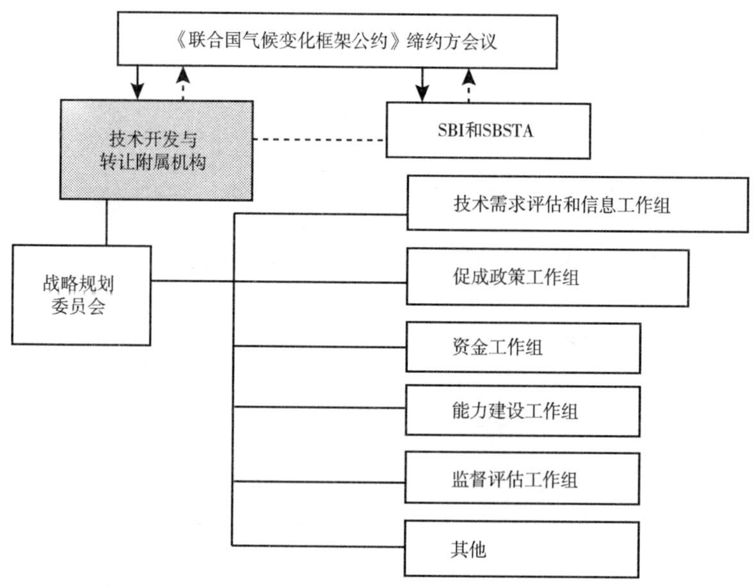

图 4　技术开发与转让附属机构的组织结构

资料来源：Zou Ji & Li liyan，2008。

战略规划委员会应负责对《公约》下的技术开发与转让活动提供常规指导，同时为各缔约方提供与技术事宜相关的专家咨询评估服务。

专题工作组应分别具备以下职能：①技术需求评估和信息；②促成政策措施的对话和协调，包括知识产权管理；③用于促进环境友善技术的开发、转让和扩散的相关基金的管理；④能力建设；⑤技术开发与转让绩效的监测与评估。

（3）机构的职能和优先领域。机构的主要职能包括：①为环境友善技术的国际合作提供意见、指导和建议；②做好不同国家的利益相关者以及各国政府政策之间的协调工作；③推动各国间信息/知识的交流和共享，开展组织政策对话、

交流；④组织技术需求评估工作；⑤制定技术开发与转让国际战略、规划、计划；⑥对支持技术开发与转让的专门基金的筹集、使用进行决策、提供指导和管理；⑦制定相关的鼓励、限制和惩罚政策；提供信息和法律服务，指导和促进能力建设活动；⑧监测和评估《公约》下技术开发与转让的进展和效果。

机构作用所涉及的优先领域包括：①通过政策对话为私人部门提供激励：包括为出口环境友善技术的发达国家企业提供税收豁免；提供补贴激励环境友善技术的开发和转让；为与环境友善技术相关的出口信贷提供优惠条件，如提供贸易担保、出口补贴等；解除对环境友善技术的进出口限制；其他的政策和措施。②关于创新性资金机制的研究。③促进公有技术的直接转让和扩散：发达国家政府除了要鼓励私人部门积极参与到技术转移中，更要鼓励其公共部门拥有的技术发挥更大的作用。机构应促成发达国家政府向发展中国家优惠转让其公共资助的技术，改善公共拥有的技术的转让和扩展机制。

（4）机构的管理。《公约》下的技术开发与转让附属机构对所有缔约方开放，战略规划委员会和各专题工作组的成员组成按照联合国区域分配原则，由非附件一缔约方和附件一缔约方各推选数名成员，另外还应包括小岛国代表。成员的更换按照现行 EGTT 成员更替的做法进行。各国政府也应指定技术开发与转让的主管机构和联系部门。

2. 资金机制

技术开发和转让的资金来源问题一直是争论的焦点，也是技术转让的一个瓶颈问题，在有关气候公约下技术转让障碍的研究中，“资金缺乏”已成为技术开发和转让的重要障碍。

现有的基于 GEF 的资金机制存在着资金规模严重不足、资金来源单一、与资本市场脱节、对技术开发与转让问题影响微弱等缺陷。因此，有必要建立一个全新的专门针对技术开发与转让的资金机制为技术开发与转让国际合作创新机制提供充足的、确定的资金保障。

（1）基于资金流的资金机制的总体框架。图 5 展示了用于促进环境友善技术开发、转让和扩散的资金机制的总体框架。该资金机制的基本思想是发展公私合营伙伴关系，将公共资金与碳市场、资本市场和技术市场联系起来，以有限的公共部门资金为基础，建立一个主要来源于发达国家的公共部门资金的多边技术获取基金（Multilateral Technology Acquisition Fund，MTAF）。然后以该基金作为催化剂，通过税费优惠、补贴、贷款担保、投资保险、提供服务等政策措施提供经济激励去引导和带动更大数额的私人部门资金（包括资本市场资金、常规投资、风险投资和碳市场资金），并将上述多边技术获取基金与资本市场建立联系，形成诸多金融衍生产品，吸引私人资金投资于发展中国家特定的环境友善技术研发、转让与推广（见图5）。

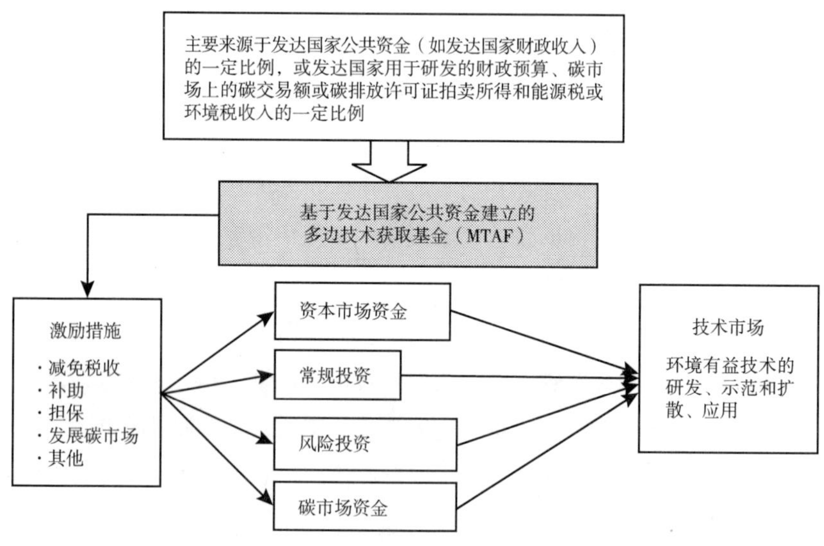

图5　基于资金流的资金机制的总体框架

（2）多边技术获取基金。多边技术获取基金是建立在发达国家的公共部门资金的基础上的专门用于促进环境友善技术开发、转让和扩散的技术基金，是传统官方发展援助（ODA）之外的新的附加性的资金来源。

①基金的设计遵循以下原则：在《联合国气候变化框架公约》的授权下运行，接受缔约方会议的管理和指导；建立透明的且能公平均衡代表各缔约方的管理体制；确保资金需求国能直接获取基金援助；确保发展中国家（受援国）能参与到资金安排决策过程中。

②基金的资金来源和筹措方式：多边技术获取基金的资金主要来源于发达国家公共部门，可以考虑从发达国家财政收入中以一定的比例提取，也可以考虑从发达国家用于研究与开发的财政预算、碳市场上的碳交易额或拍卖碳排放许可证所得和能源税或环境税收入中以一定的比例提取。

基金的目的并不在于覆盖环境友善技术开发与转让过程中的全部费用，而是要充分发挥基金作为催化剂的作用，通过建立公私合营伙伴关系，带动大量能源研发机构和企业的私人常规资本、风险投资、碳市场的资金以及资本市场中资金的涌入。这一资金数目很可能大大超过基金中来源于发达国家公共部门资金的部分。

此外，基金的资金来源还应包括发达国家各方的社会捐助。基金还应通过国际协调和对话以及有效的国际合作机制，吸引各国际组织等的资金投入。

若考虑从发达国家财政预算中以一定的比例提取，并将提取比例设定为0.5%，那么以OECD国家2005年的财政收入数据作初步测算可以发现，在不考虑私人资本和发达国家其他社会捐助的前提下，基金的资金规模约为610.4亿美元[①]，这一数字已经远远大于目前GEF用于技术开发与转让的资金规模。

③基金资助的重点领域。基金将主要用于资助：支持联合设计、研发具有商业化或大规模应用前景的环境友善技术；为技术合作者提供示范、信息、降低市场开拓和采用新技术风险等方面的便利和服务；提供激励，补偿发展中国家为保护气候而发生的增量成本，促进技术开发和转让。其中，用于特定部门和技术领域中技术变化基准成本的方法学需要明确，以便支持增量成本的估算。开展以人力资源开发、体制建设、去除市场障碍为主的活动。

④基金适用的主要政策手段。基金适用的主要政策手段包括：研究与开发补贴，用于所识别的优先领域的环境友善技术的发明和示范；保险，用于降低新的环境友善技术的开发、转让和扩散过程中的投资风险；贷款担保或补贴，用于支持环境友善技术的出口和扩散；直接投资于环境友善技术的开发、转让和扩散，包括一般参股或通过风险投资的方式；投资于与环境友善技术开发、转让和扩散相关的金融产品，包括持有股票、债券和其他潜在金融产品；投资于基础设施，例如信息、交易平台、监测和执行体系；用于发展中国家能力建设投入，将人力资源开发作为优先领域；由政府采购环境友善技术；购买环境友善技术的专利许可或强制专利许可；等等。

⑤基金的管理。基金的使用应遵循以下原则：基金用途由发展中国家根据国家驱动的原则来决定，资金安排决策要有发展中国家充分参与；基金管理应在现有GEF基金管理方式的基础上进行改革，简化审批手续，提高基金使用效率，

① 数据来源：OECD数据库。

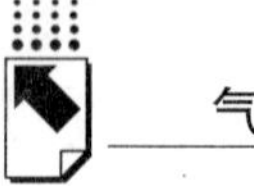

并与资本市场建立起联系；基金实施有关的政策和基金资金使用应接受技术开发与转让附属机构、战略规划委员会和资金工作组的指导和管理；基金大的投资方向、重点、领域、原则和战略应由缔约方会议（COP）确立，但基金具体项目的决策权可根据发达国家出资额或股权进行分配。

3. 监督核查与绩效考核机制

绩效评估能够发挥目标导向和激励作用，并能为制定环境友善技术开发与转让的促进政策措施和未来相关规划提供更明确的指南。为了实现技术开发与转让绩效评价，必须建立一套科学、全面、合理、可行的评估指标体系以及相关的方法学。为此，COP13 通过的第 3 号决议，要求 EGTT 将建立技术开发与转让绩效评估指标体系纳入其 2008～2009 年的工作计划中。技术开发和转让合作机制将建立专门的监督核查与绩效考核机制，对发达国家向发展中国家进行技术转移的速度、范围、规模和影响定期进行监测和评估。

技术开发与转让监督核查与绩效考核机制的最终目标是了解技术开发转让的实际效果和差距，为技术开发与转让机制的绩效考核提供标准，分享环境友善技术开发与转让过程中与最佳做法和经验教训相关的信息和思想，为进一步改革和调整机制提供方向，从而快速、有效地提高发展中国家减缓和适应气候变化的技术水平。为满足这一目标，机制需要完成以下具体任务：

（1）通过发展一套指标体系，评价数据和信息的可得性和可靠性，设计审核和评价的步骤和程序，建立以可测量、可报告、可核查的方式评估环境友善技术开发与转让效果的方法学框架，开发建立相应数据库。

（2）开发相应的工作步骤和形式，用于监测和评估的具体实施。

（3）建立机构和缔约方报告导则，要求技术开发与转让下属的各工作组以及发达国家缔约方要定期汇报机构以及缔约方与技术开发与转让相关的活动及相应成效，汇报内容应与指标体系挂钩。具体的汇报内容和要求应在导则中有明确规定。有关指标量化的方法以及获取指标数据的方法学问题（包括基准线的设置）也应在导则中有明确阐述。

（4）用监测和评估结果为技术开发与转让机制的绩效考核和资金拨付提供标准，为机制的进一步改革和调整提供方向。

（5）对评估指标的初步设想。

具体来看，对技术开发与转让的绩效进行评估，需要从技术开发与转让的规模、速度、范围、直接效果和影响等方面进行：

①技术流的规模。技术转让/联合研发项目数；技术转让/联合研发资金规模，包括来自于公共部门、GEF、国际资金机构和私人部门（包括私人常规投资、风险投资、碳市场资金和资本市场资金）用于技术转让和联合研发项目的资金规模和变化趋势。

②技术流的速度。发达国家与发展中国家技术差距缩小的速度；技术开发与转移速度，即单位时间段内发生的技术开发与转移规模；设备到位、技术发挥效益的时间，指发展中国家在获得无偿转让或者优惠购买的技术后，进行消化吸收，使其成为自有的、能投入使用的成熟技术所需花费的时间；技术扩散的速度，指技术从发展中国家有效利用到在国内形成扩散所需时间。

③技术开发与转让的覆盖范围和结构。技术覆盖的行业范围和结构，如水泥、电力和钢铁行业等生产性行业和交通、建筑等生活性行业相应技术的覆盖程度；能效技术与核能和可再生能源技术各自的覆盖程度，以及减缓和适应技术各自的覆盖程度；行业中被转让的环境友善技术或产能的覆盖率。

④技术开发与转让的直接效果。温室气体减排量；避免气候损失量，即因适应气候变化技术的应用而减少的气候不利影响以及避免的气候灾害损失。

⑤技术开发与转让的其他社会经济影响。企业经济效益；企业和公众保护气候的意识；就业率。

⑥对政府能力（包括机构改革、政策制定、政策实施）的影响。对可持续发展水平和能力的影响；对公共卫生与局部环境的影响，主要指公共卫生状况的改善程度和环境污染的缓解程度；对妇女和贫困问题的影响；对教育和人力资源的影响。

⑦机制管理。监督核查与绩效考核机制应由技术开发与转让附属机构下的监督评估工作组负责管理和实施。

技术开发与转让下属的各工作组以及发达国家缔约方应定期按照机构和缔约方汇报导则的要求，并向监督评估工作组报告与技术开发与转让相关的活动及相应成效。

监督评估工作组应在报告的基础上依据规定的评估工作步骤和形式实施独立的监督评估考核作用，并根据监测评估的结果向技术开发与转让附属机构及缔约方会议提交绩效报告和机制的进一步改革建议。

4. 技术开发与转让国际合作机制的其他要素

（1）知识产权机制。

大部分先进的环境友善技术由发达国家的公司所掌握。截至2007年底，有17.7%、17.8%和44.8%的可再生能源专利技术分别由美国、日本和欧盟所掌握；有15.7%、28.9%和50.3%的机动车减排专利技术分别由美国、日本和欧盟所掌握。发展中国家掌握的技术非常有限。[①]

目前知识产权问题的焦点在于如何平衡知识产权拥有者获取高额利润和保护全球气候的问题，即如何在不影响企业积极性和研发投入的状况下（即肯定对知识产权的保护和认可知识产权应获得合理偿付的前提下），通过公共政策激励或企业自愿等方式让企业出让部分收益。

具体可采取的措施如下：

①直接经济激励。包括发达国家政府财政直接向企业提供经济激励；发展中国家以开放部分市场份额、合资建厂、在发展中国家设零部件厂等为代价获取技术转让。

②强制许可。发展中国家可以以法律手段获得专利技术许可，但是还需要特殊的方案来解决技术诀窍和知识、技能的问题。

③公共拥有的专利联盟。向发展中国家提供免费或者低价的专利技术，这些专利可以是发达国家直接购买的，也可以利用气候变化基金、捐赠资金和其他资金购买。

④差别定价。为发展中国家提供可以接受的便宜技术，而专利所有者可以获得发达国家的补贴或者风险担保作为补偿。但是差别定价容易导致“有价无市”的局面，在使用时需要警惕。

⑤平行进口。通过不同市场间的价格差，平行进口可以为发展中国家提供比直接进口便宜的技术。

⑥投标竞价。利用发达国家内部的竞争，进一步压缩企业的超额利润。

⑦联合研发。发达国家和发展中国家的企业共同投资进行技术研发，提高发展中国家的科研能力，但是由于技术所有权、工业、技术和创新能力方面的差距，需要区别对待知识产权研发成果的分配，而不仅仅是看资金、时间和人力的

---

① 资料来源：OECD，Patent Database，June 2007。

投入量。对于环境友善技术的联合研发，需要探讨建立一个创新的知识产权共享机制。

需要注意的是，具体措施的选择与技术本身的知识产权特点以及技术所处的行业密切相关。对于那些专利和设计图纸等硬件所占比例较大、本身具有垄断性，且掌握在有限企业手中的技术，强制性条款可能是一个可行的选择；对于技术本身掌握在多家企业中，企业间竞争本身就比较激烈的情况，那么平行进口有利于剔除企业的额外利润，例如开放市场份额，共同开发未来市场等对企业也会有较大的吸引力；对于技术诀窍和技术改造创新所需的知识技能的转让，一方面需要技术需求方提高对此部分技术的重视，将其纳入有关技术开发与转让的谈判中，另一方面也需要发达国家政府采取一定的激励措施。

此外，对于不同的技术诀窍可以采取不同的获取方式。研究者通过一系列企业研讨活动发现，技术诀窍转让的难易程度与所处行业密切相关。各国电力行业之间由于不存在直接竞争，更可能形成关于设备运行、管理、调控等方面技术诀窍的转让。但对于企业间存在直接竞争的行业，或者说转让技术诀窍后会直接影响企业本身未来市场竞争力，给自己树立竞争对手的行业（如电力设备制造业），技术诀窍的转移就比较困难，需要直接经济激励、联合研发、投标竞价、平行进口等手段的共同作用。

技术开发和转让过程中的知识产权相关事宜的管理应由技术开发与转让附属机构下设的知识产权工作组负责。其工作领域主要包括：信息，为 WTO 提供技术信息和其他的专业问题服务；能力建设，为 WTO 员工和商业人员提供气候变化与减缓问题的能力建设，包括指导原则和专家咨询服务；监测和评估，建立一个专家组和监管标准体系来监管 WTO 下的技术转让实践，帮助他们改进。

此外，WTO 作为国际知识产权问题的主要领导机构也应在环境友善技术开发和转让方面发挥作用，其作用主要体现在以下五个方面：

①创造有效环境。与 UNFCCC 紧密合作，识别出减缓及气候变化过程中最可能被交易和转让的技术。另外，WTO 还需要设置新的或者修改现有的协议来解决环境友善技术转让中可能出现的问题。

②鼓励。为环境友善技术的转让提供特别的奖励资金，降低环境友善技术的交易成本。

③参与。为技术转让平台作贡献，需要为技术转让交易提供信息、规范准

则、监管和评估体系，并且还要鼓励其成员参与到技术转让中来。

④示范。组织整理环境友善技术转让的成功案例，总结有效经验并向其成员进行推广。

⑤推动。增加环境友善技术的投资与技术的可获得性，寻找解决环境友善技术争端的有效方式。

（2）企业实现社会责任与能力建设机制。

环境友善技术的技术开发与转让离不开各利益相关方的参与，为进一步提高企业对气候变化问题的认识，提高企业参与技术开发与转让进程的积极性和能力，需要建立一个促进企业实现环境社会责任与能力的机制。

该机制分为两部分：一是促使发达国家具有雄厚资金和技术实力的企业切实承担起企业在全球气候保护方面的社会责任，处理好企业外部成本内部化和技术知识产权处置的关系，为保护公共资源尽到自己的社会责任，率先以多种形式和优惠的条件向发展中国家的企业、市场转让、传播环境友善技术。二是提高发展中国家企业对环境友善技术的了解，帮助其获取环境友善技术运行操作方面的流程和技术诀窍，以及对环境友善技术进行改动和革新所需的知识和技能，最终提高其应用、吸收和再创造环境友善技术的能力。发展中国家企业的技术能力也会对技术开发转让的效果产生影响，其技术能力越好，相应的技术合作就越可能成功。

建立促进企业实现社会责任与能力建设机制首先要求设立企业履行气候责任委员会，其工作任务如下：

①建立企业履行气候责任报告的报告模板。包括企业温室气体排放水平，以及企业采取的减少温室气体排放的措施（包括环境友善技术的开发、升级和转让）；建立一套企业履行应对气候责任评估指标。

②要求发达国家企业定期发布其履行气候责任报告，并对全球主要发达国家企业履行气候责任的状况进行评估，发布企业履行应对气候变化社会责任评审报告。

③根据企业气候责任评审工作报告，委员会可以召集年度会议或论坛公开发布企业气候责任评审工作报告的内容。在环境友善技术的开发、升级和转让方面做得好的企业将得到表彰和宣传。这种会议或论坛可以成为企业交流环境友善技术的平台，也能成为消费者、公众认识企业的平台。

④成立专家小组（可以由委员会聘请专家，也可由发达国家相关企业提供专家），帮助发展中国家企业进行应对气候变化能力建设。

此外，缔约方会议还可以号召各缔约国通过采取相关措施，如限制高耗能企业和高耗能产品的广告，推动企业自愿签订节能协议等来促进本国企业履行企业环境社会责任。同时，缔约方会议还可以建议发展中国家自身行业内的先进技术企业支持落后企业的能力建设。

（3）促进技术交易机制。

促进技术交易机制的目的是通过提高交易便利程度、加强技术供求信息交流、改善交易规则、降低交易成本来推动环境友善技术的交易。

考虑到技术交易与技术信息密切相关，因此将考虑由技术开发与转让附属机构下的技术需求评估和信息工作组负责此项工作。具体来说，促进技术交易机制将在以下方面发挥作用：

①针对交易中信息不完全、不对称造成的成本，推动构建高效有序的环境友善技术信息网络，降低信息获取费用。

《联合国气候变化框架公约》秘书处已建立了技术信息平台 TT：Clear。但作为环境友善技术信息网络，TT：Clear 所提供的信息还非常有限，信息的完整性与时效性还不能充分满足相关从业者与私人部门用户的需求。因此，TT：Clear 应尝试与私人部门建立联系，并在广大发展中国家中选择更多的在实际技术交易中发挥作用的中介机构作为建设信息网络的合作伙伴。

②针对技术价值评估与契约制订过程中的成本，应加强对发展中国家中介机构的能力建设。

高水平中介机构的存在可以有效节约双方鉴别交易对象的交易成本，并通过提供专业化的服务克服制度、文化差异，从而全面降低国际环境友善技术交易的费用。目前在国际环境友善技术市场上，这样的高水平中介机构种类与数量不足，在发展中国家尤其缺乏。因此，在技术开发与转让附属机构下设技术需求评估和信息工作组中，应专门设立对中介机构的管理工作委员会，对中介机构的资格进行审查与认证，同时对发展中国家的中介机构提供培训和能力建设。

③针对各国贸易保护及行政管制造成的成本，应促使各国政府加强合作，提供优惠政策和辅助性制度支持，构建竞争性的市场体系，降低额外的由于贸易保护和行政管制而产生的交易费用。

国际航空和海运燃料排放问题及谈判进展

田春秀　尚宏博等*

摘　要：本文对国际航空和海运排放问题在气候变化谈判中的背景、谈判焦点问题、当前谈判进展及各方立场以及未来谈判形势等方面进行了介绍和分析。由于国别区分方法尚未确定，这部分排放目前仍未计入各国排放总量。表面上看，该问题是关于如何改善国际航空和海运温室气体排放的国别区分问题，实际上是关于是否要在国际航空和海运领域遵守“共同但有区别的责任”原则以及如何适用该原则的问题。

关键词：国际航空　国际海运　温室气体

根据政府间气候变化专门委员会（IPCC）《2006年国家温室气体清单指南》的定义，国际航空排放是指从一国起飞并在另一国降落的飞机所排放的温室气体，包括起飞和降落阶段的排放。国际水运排放是指从事国际水运的所有船舶因燃料燃烧而排放的温室气体，该运输可发生于海上、内陆湖或水道和沿海水域，包括从出发国到目的地国全程的排放，但不包括渔船的排放。在气候变化谈判

* 田春秀，环境保护部环境经济与政策研究中心，高级工程师，研究领域为环境保护政策、体制研究，气候变化国际国内政策研究；尚宏博，环境保护部环境经济与政策研究中心，工程师，研究领域为国际环境政策研究、气候变化国际国内政策研究；董利奎，中国民航局安技中心，高级经济师，研究领域为民用航空安全技术、节能减排；胡君，中国民航局安技中心，高级经济师，研究领域为民用航空安全技术、国际合作；马湘山，中国民航局节能减排办、中国民航局安技中心，高级经济师，研究领域为民用航空安全技术、规划、节能减排；孙隽，浙江海事局危管防污处，高级工程师，研究领域为国际海事合作、国际海事政策研究；吴宛青，大连海事大学，研究所所长/教授，研究领域为国际海事政策研究；崔成，国家发展和改革委员会能源所能源环境与气候变化研究中心，副研究员，研究领域为能源环境与气候变化研究；胡晓强，国家发展和改革委员会能源所能源环境与气候变化研究中心，副研究员，研究领域为能源环境与气候变化研究。

中，这两种排放一般被统称为国际舱载燃料排放或国际航空与海运燃料排放①，统指从事国际空运和海运的飞机和船舶由于燃料的燃烧而排放的温室气体。

近年来，随着气候变化谈判进入白热化以及国际航空和海运排放量的快速增加，国际社会要求对国际航空和海运排放加以控制的呼声也越来越高，国际航空海运燃料排放问题也成为气候变化谈判的重点之一。但是，由于区分国际海运排放的国别在技术上存在困难，同时由于各国对于是否区分和如何区分这部分排放存在分歧，该问题至今未形成解决方案。

一 谈判背景和进程

目前，《联合国气候变化框架公约》（以下简称《公约》）、国际海事组织（IMO）和国际民用航空组织（ICAO）分别针对国际航空和海运温室气体排放问题开展谈判。《公约》从其1995年召开的第一次缔约方会议开始，便讨论国际航空与海运燃料排放问题；国际海事组织下的海上环境保护委员会从其1998年召开的第42届会议开始对国际海运燃料排放问题进行谈判；国际民用航空组织从其1998年召开的第32届大会开始对国际航空排放问题开展谈判。同时，国际民用航空组织和国际海事组织也一直通过提供信息和技术协助等形式参与《公约》的谈判。

以下就这三个机制的谈判情况进行介绍。

（一）《公约》下的谈判

国际航空和海运的温室气体排放问题是《公约》进程一直以来关注的问题之一，也是《公约》附属科技咨询机构（SBSTA）一直以来的谈判议题之一。从1993～2009年，关于这一问题的谈判持续了16年。

1. 问题的提出

《公约》生效前，1993年8月在日内瓦举行的《公约》第八次政府间谈判委

① 在当前气候变化谈判中，谈判中的“国际海运排放”指的就是“国际水运排放”，包括从事国际运输的船舶在海上、内陆湖或水道和沿海水域产生的排放。实际上，谈判中应当使用“国际水运排放”这一更为准确的概念。考虑到国际船舶在内陆湖或水道和沿海水域产生的排放量比例很小，本书中国际海运排放仅指从事国际海运的船舶所产生的排放。

员会（以下简称 INC）会议上，在关于编制国家温室气体清单方法的讨论中，就已经明确提出了国际船舶和飞机燃料排放量的分配问题。IPCC 在这之前已经开始制定编制国家温室气体清单的方法，并在第八次 INC 会议上提交了其初步的成果，供会议审议。经过讨论，INC8 指出：船舶飞机等所用燃料产生的排放量如何分配是一个困难的问题；鉴于这一议题的信息不够充分，请临时秘书处与国际民用航空组织和国际海事组织等其他有关组织合作，向委员会提出建议，供下届会议审议。

在 1994 年的 INC9 会议上，该问题在方法学议题下单独列出，秘书处建议了一个临时解决办法，即将船舶飞机燃料排放在国家清单中另外列出，等《公约》第一次缔约方会议之后再仔细考虑这个问题。在 INC9 关于方法学问题的决定中（9/1），建议缔约方会议研究这部分排放的分配问题，鼓励相关国际组织继续加强在有关机用燃油方面的工作，并通知临时秘书处。在 INC9 关于附件一缔约方第一次国家信息通报的决定（9/2）中，要求附件一缔约方将国际航空和海运燃料排放列入国家排放清单，但不计入国家排放总量。

但是，国家总量中未包括国际航空和海运排放是不完整的。这部分排放在全球总量中所占比例虽然较小，但并不是可以忽略的。所以，如何将国际航空和海运排放计入国家排放总量，便成为《公约》日后谈判所需要解决的一个问题。

2. 谈判历程

（1）国际航空和海运燃料排放问题进入 SBSTA 谈判议程。

在《公约》第一次缔约方会议（COP1）上，为了进一步研究该问题，COP1 作出决定（4/CP.1），要求 SBSTA 和《公约》附属履约机构（SBI）考虑各国政府和相关国际组织正在进行的工作，研究来自国际机用燃料的排放量的划分和控制问题；在关于 SBSTA 职责的决定中（6/CP.1），要求 SBSTA 就国际舱载燃料排放的分配和控制为缔约方提供指导，并要求 SBSTA 考虑各国政府和相关国际组织正在进行的工作，以研究来自国际舱载燃料的排放量的划分和控制问题。也就是说，从 COP1 开始，该问题就进入了 SBSTA 的职责范围。

（2）历次 SBSTA 谈判情况。

SBSTA 第一次会议（SBSTA1）上，决定请秘书处就“国际舱载燃料排放量的划分和控制”问题提出建议，供以后的会议审议。在此后的 SBSTA2、3、4 会议上，针对该问题的讨论焦点都是国际舱载燃料排放量的划分方法，以解决温室气体清单中数据不一致的问题。

SBSTA4 在结论中指出，国际船用飞机用燃料涉及三个不同的问题：健全一致的登记、排放量的划分和控制方案。国际船用飞机用燃料所产生的排放的国别区分与登记和控制问题有关。SBSTA4 鼓励缔约方根据经修订的 1996 年《IPCC 国家温室气体清单指南》（以下简称《IPCC 清单指南》）在其《国家信息通报》中将国际航空燃料和船用燃料的排放分开汇报。

在 COP3 会议就该问题通过的决定中（2/CP. 3），敦促 SBSTA 进一步考虑将这些排放量列入缔约方总的温室气体清单。SBSTA6、7、8 会议上，该问题在"与相关国际组织合作"的议题下进行了讨论，主要是请缔约方与国际民用航空组织和国际海事组织进行合作，请这两个组织继续开展与该问题相关的工作，并向 SBSTA 进行报告。SBSTA9 会议请秘书处向 SBSTA10 提供关于从事国际运输的船舶或飞机燃料燃烧排放情况的资料。

SBSTA10 会议上，在方法学议题下，就国际运输舱载燃料产生的排放问题进行了讨论，焦点仍然是如何估算和报告国际航空和海运的温室气体排放。秘书处向缔约方提供了 IPCC 根据 ICAO 的请求编写的《航空与全球大气问题特别报告》以及一份非正式文件《用于收集资料以及估算和报告国际舱载燃料排放量的方法》。在结论中，SBSTA 指出：附件一缔约方提供的有关国际运输舱载燃料排放量的数据，往往是不完整和不一致的。为了确保编制一致和透明的清单，需要进一步开展方法工作。同时，SBSTA 请附件一缔约方以透明的方式提供排放量的数据和估计排放量所采用方法的资料，将其作为它们年度温室气体清单的一部分。

SBSTA11 会议结论指出，需要加强缔约方所报告的根据出售给从事国际运输的船舶和飞机的燃料计算的排放数据的准确性、一致性和可比较性。在 COP5 会议就该问题通过的决定中（18/CP. 5），要求 SBSTA 继续开展有关计算排放量的方法学方面的工作。

SBSTA12、13、14 会议上，就该问题进行的讨论主要集中在如何加强秘书处与 ICAO 和 IMO 的合作，以及秘书处、ICAO 和 IMO 提交的相关工作报告等方面。SBSTA15 会议上，IPCC 就《国家温室气体清单优良做法指南与控制不确定性》文件中关于"根据向从事国际运输的船舶和飞机出售的燃料报告排放量"的各方面内容进行了介绍，SBSTA 请 ICAO 和 IMO 与秘书处就如何检查和提高国际航空和航海燃料排放数据报告的质量及可比较性方面开展研究。

SBSTA16 会议决定在 SBSTA18 会议上对航空航海排放数据报告的方法学问题进行讨论。SBSTA18 会议上，SBSTA 请 ICAO 和 IMO 与秘书处磋商，在 SBSTA20 会议之前组织两次专家会议，会议的目的是讨论改进估算和报告国际航空和航海所使用的燃料引起的排放的方法，为 IPCC 修订《国家温室气体清单编制指南》提供参考。

SBSTA20、21 会议就该议题进行了激烈的谈判，除了邀请 ICAO 和 IMO 在 SBSTA 会议上继续报告相关情况、鼓励 IPCC 在排放因子数据库中增加航空和航海排放因子等两个问题上形成结论外，关于是否举行专题研讨会和邀请缔约方就研讨会讨论的议题提交国家意见等实质问题尚未达成一致。在之后的 SBSTA 会议上，围绕航空和海运议题进行的讨论也主要是估算和报告国际航空和海运所使用的燃料引起的排放的方法学问题。由于各方分歧很大，历届 SBSTA 会议在该问题上始终未取得实质进展。在最近的第 22 ~ 27 届 SBSTA 会议上，谈判的表面问题主要涉及是否应在 SBSTA 下组织专家研讨会专门研究航空海运排放估算的方法和数据报告质量问题。在这几届会上，沙特、卡塔尔等石油输出国的反对力量和声音越来越强烈。SBSTA25 – 28 会议上，沙特等更是建议将该议题从议程中删除，SBSTA 也未就该议题进行磋商。

（二）ICAO 和 IMO 下的谈判

从《公约》的开始阶段，ICAO 和 IMO 就作为《公约》秘书处和 SBSTA 的合作方参与了航空航海议题的谈判进程。同时，在《公约》进程之外，在欧盟等推动下，ICAO 和 IMO 也逐步在其议事日程中纳入了国际航空和航海温室气体减排的问题，并且得力于其多数通过的议事规则，其推动的势头较之于《公约》的进程更快。ICAO 和 IMO 不仅在研究如何改善国际航空和航海排放的估算方法和数据，也在讨论如何减少国际航空和航海排放的问题。

1. ICAO 和 IMO 在《公约》谈判中的参与情况

如前文所述，《公约》生效前，INC8、9 就开始请临时秘书处与 ICAO 和 IMO 合作研究该问题。COP1 要求 SBSTA 考虑 ICAO 和 IMO 正在进行的工作，以研究未来国际航空和海运温室气体排放的问题（COP1 决定 4/CP. 1 和 6/CP. 1）。COP5 要求《公约》秘书处继续与 ICAO 和 IMO 就相关事项开展合作（COP5 决定18/CP.5）。《京都议定书》第2条第2款[①]也要求附件一缔约方分别通过ICAO和IMO作出努力，谋求限制或减少航空和航海舱载燃料产生的《蒙特利尔议定书》未予管制的温室气体的排放。

SBSTA2、3、4次会议期间，SBSTA请ICAO和IMO与IPCC等进行合作，就国际航空和航海排放的划分问题开展工作，并就该问题向SBSTA提出建议。SBSTA6、7、8次会议请缔约方与ICAO和IMO进行合作，请这两个组织继续开展与国际航空和航海排放相关的工作，并向SBSTA进行报告。SBSTA9请ICAO和IMO向SBSTA10报告其工作情况。

1999年，在SBSTA10上，SBSTA请ICAO和IMO提供它们在国际航空和航海排放问题上的数据和专门知识，通报其有关根据出售给从事国际运输的船舶或飞机的燃料计算排放量的工作计划，并向SBSTA会议定期提供进度报告。SBSTA还请秘书处探讨进一步加强ICAO、IMO和SBSTA之间交流信息的办法。ICAO和IMO根据这些要求提供的相关信息反映在秘书处向SBSTA11和SBSTA14提交的文件中（FCCC/SBSTA/1999/INF.9、FCCC/SBSTA/2001/INF.1）。

SBSTA15继续请ICAO和IMO与秘书处就国际航空和海运燃料排放数据报告的方法学问题开展研究。由于SBSTA16决定将在SBSTA18会议上根据售给从事国际运输的船只和飞机的燃油情况，审议排放量报告方法学方面的问题，SBSTA请ICAO和IMO在这届会议上报告这方面的活动。根据这些要求，在SBSTA18前，ICAO和IMO分别于2003年2月和3月召开了两次专家会议，讨论了附件一缔约方在编制和报告国际和国内航空和航海温室气体清单中遇到的困难，包括方法学问题以及国际和国内燃料使用的定义问题，同时还讨论了《公约》秘书处的温室气体数据与ICAO和IMO数据之间的联系，以及ICAO、IMO和《公约》如何使用这些数据以提高数据报告的质量和可比性。会议结果反映在秘书处向SBSTA18提交的关于国际航空和海运所使用的燃料引起的排放的文件中（FCCC/SBSTA/2003/INF.3）。

根据SBSTA18的要求，ICAO和IMO分别于2004年4月举办了两次专家会

---

① 《京都议定书》第2.2条：附件一所列缔约方应分别通过国际民用航空组织和国际海事组织作出努力，谋求限制或减少航空和航海舱载燃料产生的《蒙特利尔议定书》未予管制的温室气体的排放。

议，目的是讨论改进估算和报告国际航空和航海所使用的燃料引起的排放的方法的各种选择办法，为 IPCC 在修订《国家温室气体清单编制指南》方面开展工作提供参考。会议结果反映在秘书处向 SBSTA20 提交的关于估计国际航空和海运的排放量有关的方法学问题的文件中（FCCC/SBSTA/2004/INF. 5）。

SBSTA19 上，ICAO 提交了关于国际航空排放量数据汇编的材料 FCCC/TP/2003/3。SBSTA22 上，ICAO 提交了新的关于国际航空排放量数据汇编的材料 FCCC/SBSTA/2005/MISC. 4。在 SBSTA23 ~ 29 届会议上，ICAO 和 IMO 并未参与每次会议，只是在其中几次会议上简要介绍了相关工作进展。

2. ICAO 下的谈判

ICAO 下负责国际航空排放的是航空环境保护委员会（CAEP）。CAEP 是 ICAO 下的一个委员会，成立于 1983 年，主要负责飞机噪音和飞机发动机污染物排放问题研究。ICAO 的成员国中目前有 20 个是 CAEP 的成员。政府间组织、工业协会以及环境非政府组织也作为观察员参加会议。该委员会以前历届会议的工作集中于航空器噪声问题，但在欧盟等推动下，近几年逐渐向温室气体转移。CAEP 对 ICAO 理事会负责，该理事会是 ICAO 的常务管理机构，任期 3 年，由 ICAO 大会选举的 33 个 ICAO 成员国组成。ICAO 理事会对 ICAO 大会负责。

ICAO 的工作范围不包括收集或估算国际民用航空的温室气体排放，但它的一个统计项目在系统地收集各国的数据。该统计项目包括民用航空，但不包括军用航空。其工作主要集中于商业航空运输，较少关注其他民用航空活动。ICAO 针对每个国家收集广泛的数据，包括许多与商业航空运输活动相关的指标，如以吨公里为单位的运输能力或实际运输量等。

（1）问题的提出。

ICAO 于 1998 年召开的第 32 届大会在一项决议中请 ICAO 理事会研究限制或减少民用航空温室气体排放的政策措施，并向 ICAO 大会报告。另外，ICAO 大会对如何进一步实施 COP 决定 2/CP. 3 进行了讨论，认为有必要就此问题继续与《公约》秘书处开展合作，并决定与 SBSTA 开展密切合作，以研究划分国际航空排放的适宜方法。

（2）谈判历程。

ICAO 下的 CAEP 在 1998 年设立了三个工作组，分别开展与温室气体排放相关的以下三个方面的研究：技术和标准（包括改善发动机和机型设计）、操作性措施（如通过先进通信技术采用更加直接的航线等）以及市场措施（如排放税或排放费以及排放交易等）。CAEP 于 2001 年对这三方面的研究进行了评审。

2007 年的 CAEP 第 7 次会议审议了有关成员国提出的减、限排国际航空温室气体排放的相关市场措施等方案，但没有达成一致意见。在 2007 年 9 月份举行的 ICAO 第 36 届大会上，会议决定设立一个新的由各国政府官员组成的实行“协商一致”表决规则的国际航空和气候变化工作组（GIACC）。GIACC 确定召开四次会议，在第四次会议后，提出“国际民航组织关于国际航空与气候变化的行动方案”，并于 2009 年底前提交国际民航组织高级别会议审议。

目前，GIACC 已召开两次会议。在第二次会议上，GIACC 同意成立三个工作组，即全球意向性目标、措施、评估进度方式三个工作组，根据不同的职权范围分别开展工作，完成各自的工作组报告并提交 GIACC 全会讨论。

欧盟曾提出将航空温室气体排放纳入排放交易体系，但是遭到 ICAO 大部分成员国反对。

3. IMO 下的谈判

IMO 下负责国际海运排放的是海洋环境保护委员会（MEPC），它负责 IMO 工作范围内与船舶海洋污染的预防和控制相关的所有问题。MEPC 大约每 8 个月召开一次会议，向 IMO 理事会负责。

（1）问题的提出。

MEPC 关于温室气体问题的正式讨论开始于 1998 年，在其于 1998 年召开的第 42 届会议上，决定请 IMO 秘书处开展一项关于船舶温室气体排放的研究，包括目前的排放状况和短期以及长期的减排措施。该项研究在 2000 年召开的 MEPC 第 45 届会议上进行了报告。MEPC 下设立分委员会对该研究进行了技术评审。评审结果指出，短期的减、限排措施应在自愿的基础上进行；实施长期措施前，应由 IMO 在考虑船运工业的成本效益和全球舱载燃油消耗数据的基础上进行仔细研究。2001 年召开的 MEPC 第 46 届会议决定成立一个工作组对船舶温室气体问题进行讨论。这样，国际海运温室气体排放问题正式进入了 MEPC 的谈判议程。

（2）谈判历程。

2003 年 IMO 第 23 届大会，IMO 针对国际海运温室气体排放问题形成了一个决议，即 A. 963（23），“IMO 与船舶温室气体减排相关的政策和措施”，该决议要求IMO的海洋环境保护委员会就国际船舶的减排措施开展研究。

在IMO第23届会议之后，MEPC52、53编制和通过了《船舶温室气体排放指标自愿临时试用指南》，供各国试用。其中的“自愿”、“临时”和“试用”等字眼均经过了发展中国家的努力才加进去。2006年，MEPC第54次会议决定设立一个工作组，就船舶大气污染问题开展研究，其中包括针对IMO决议A.963（23）的后续行动。

2006年，MEPC第55次会议通过了一项计划于2008年或2009年完成的工作计划和时间表，以研究对船舶CO_2排放进行限制和减少的必要机制。该工作计划包括进一步改善《船舶温室气体排放指标自愿临时试用指南》、研究和评估CO_2排放基准线方法以及应对船舶温室气体排放的技术、营运和市场方法。

2008年4月召开的MEPC第57届会议，IMO突然加快了步伐。虽然中国、沙特、印度、巴西等国持不同意见，但由于发达国家在投票中占多数，根据简单多数的投票原则，会议最后通过了IMO秘书长关于加快国际航运船舶温室气体减排工作的提议，提出了建立国际航运船舶温室气体减排法规框架的原则，其中包括要求强制性、平等地适用于所有船旗国的原则，并进一步明确了下一步国际航运船舶温室气体减排所需要优先考虑的近期和远期措施。

在2008年6月举行的MEPC会间会上，气候变化工作组根据MEPC57制订的工作计划讨论了新船二氧化碳设计指数（丹麦和日本在此次会前提出该指数）、船舶营运温室气体排放指数、排放交易、排放税、船舶温室气体良好做法等问题。会上，以欧盟、丹麦、日本为首的发达国家主张建立相关减排制度和措施，强调减排措施平等适用于所有国家。但中国、巴西、沙特、印度等发展中国家在会上表示有关气候变化的制度和行动应遵守“共同但有区别的责任”原则，发展中国家不应承担与发达国家一样的减排责任；在给发展中国家增加义务的情况下，发达国家应提供相应的技术和资金。会议最后在有关发展中国家作出一定保留的情况下初步通过了关于新船设计指数的制度草案，由MEPC58最后作出决定。会议在排放交易和排放税等方面只是记录了各方的观点，并未达成一致。

2008年10月，MEPC58届会议审议了会间会的谈判结果。由于国际航空和海运排放问题已经受到普遍关注，在这次会议上，许多发展中国家派出代表参加了会议，在与发达国家的讨论中取得了票数上的优势。最后，会议主要取得了以下几方面的结果：①关于“共同但有区别的责任”原则问题。会议主席同意在

MEPC59 次会议上讨论如何建立一个专家组来专门研究如何适用该原则的问题。②关于“新船 CO_2 设计指数和基线”的计算公式以及如何适用该指数和“船舶 CO_2 营运指数”的问题。会议同意将这两个指数的名称分别改为“新船能效设计指数”和“船舶能效营运指数”。③关于“新船能效设计指数”的完善。会议同意对“批准试用该‘新船能效设计指数计算方法临时导则草案’”进行计算和试用，以进一步改善该指数。④对于“船舶能效运营指数”的完善，留待下次会议继续讨论。总体来看，这次会议上并未确定 IMO 框架下不适用“共同但有区别的责任”原则，也未解决公式自身存在的问题，都留待以后的会议继续讨论。

（三）欧盟的单边行动

在多边谈判进展缓慢的情况下，欧盟开始设计和实施单边措施，并促使其他国家参与欧盟主导的减排活动。2006 年 12 月 20 日，欧盟委员会通过一项立法提案，建议将民航运输业纳入欧盟温室气体排放配额交易机制①，该提案建议以各航空公司 2004～2006 年间的温室气体平均排放量为基础分配给各航空公司一定的排放限额，以此为基础开展排放贸易，以利于欧盟总体减排目标的实现。民航业此前未被纳入该机制管辖范围。根据最新修订的条例草案，这一交易机制将从 2012 年 1 月 1 日起适用于所有在欧盟机场起降的民航班机，对欧盟和非欧盟民航运营商一视同仁。

欧盟这一提案一经出台，立即遭到许多国家的反对，认为欧盟不应单方面实施对其他国家航空公司产生约束力的制度，但目前看来这些反对的声音效果不大。2008 年 6 月，欧盟成员国和欧洲议会的代表已就该方案达成一致：从 2012 年起，航空业温室气体排放总额将被限制在 2004～2006 年参考水平的 79%，2013 年进一步降至 77%。此外，在最初阶段，85% 的排放配额将免费发放给航空公司，其余 15% 将通过拍卖方式有偿发放。

2008 年 7 月 8 日，欧洲议会通过了关于将航空业纳入欧盟温室气体排放交

① 欧盟排放交易体系是欧盟为履行《京都议定书》下的减排义务而制定的一套灵活机制，其核心内容是对未纳入排放交易系统的行业设定排放限额，再将这些排放额度分配给各企业，企业可将用不完的配额出售，但如果企业超配额排放，则需从市场购买配额。

易体系的提案。这意味着航空业纳入欧盟排放交易体系几成定局。据国际航协（IATA）估计，如果执行欧盟排放交易体系，第一年将会让欧洲航空业的成本增加35亿欧元，并且这一数字会逐年递增。

欧盟的一系列行动显示其开始通过自身的内部政策从特定部门推动其他国家参与减排。虽然众多国家对欧盟的这一单边措施表示反对，但如果该立法提案于2012年开始实施，非欧盟国家的航空公司将不得不根据相关制度参与排放交易。

二 谈判焦点问题

（一）“共同但有区别的责任”原则

对有关国际谈判进行回顾，可以看出，关于国际航空和海运排放问题谈判的焦点，实际上是各方对于是否要在国际航空和海运领域遵守“共同但有区别的责任”原则以及如何适用该原则的不同认识。

在《公约》下关于该问题的谈判中，表面上看，目前的焦点问题主要是关于国家温室气体清单的方法学问题，实际上，由于在技术上区分国际海运排放的国别特别是国际船舶所有权问题难度很大，所以一直未能找到比较好的解决办法。在国际海运领域，如果无法解决国别区分的方法学问题，将无法以国家为承担减排义务的主体进行减排，从而也就不存在发达国家和发展中国家承担不同减排义务的问题。如果不考虑国别，而是以从事国际海运的船舶或船东为承担减排义务的主体，发达国家和发展中国家的国际海运船舶都要进行减排，这种情况下如何适用“共同但有区别的责任”原则，将可能是未来谈判中需要解决的问题之一。所以，在《公约》谈判中，针对该问题的谈判焦点实质上是如何适用“共同但有区别的责任”原则的问题。

ICAO谈判中，目前的焦点问题也主要是如何适用“共同但有区别的责任”原则问题，即未来在国际航空领域应对气候变化的行动方案中，是否对发达国家和发展中国家的国际航空业一视同仁，两者承担同样的减排义务，还是根据“共同但有区别的责任”原则，各自承担有区别的责任。

在IMO的国际海运温室气体减排谈判中，对是采用“平等、无差别”原则还是“共同但有区别的责任”原则也有争议。发达国家回避其在气候变化问题上的历史责任问题，强调该行业的特殊性，表示如果适用“共同但有区别的责任”原则会相对提高其国际海运企业的成本，使其企业在市场竞争中处于劣势；提出发展中国家和发达国家国际海运企业承担同等减排义务的责任分担模式，明确对“共同但有区别的责任”原则提出了挑战。对此，发展中国家表达了坚决反对的立场。发展中国家认为发达国家对气候变化负有主要责任，因此要适用“共同但有区别的责任”原则，国际航空和海运领域的减排方案也应遵守该原则。

总体来看，在《公约》、ICAO 和 IMO 关于国际航空和海运排放问题的谈判中，发达国家和发展中国家主要围绕是否要遵守“共同但有区别的责任”原则问题上产生分歧。这在一定程度上体现了发达国家在应对气候变化的国际合作中，不愿依据历史责任划分减排责任，不愿继续承担更多的减排责任，反而要求发展中国家承担同等减排义务的倾向。这也体现了发展中国家仍然强调历史责任，认为发展中国家和发达国家应承担不同责任的立场。

（二）谈判涉及的各方利益

发达国家和发展中国家在国际航空和海运排放问题上采取的不同立场，实质上是在维护各自的政治经济利益。

从经济利益看，发展中国家的国际航空和海运业大多数仍处于初步发展阶段，仍需要进一步的发展空间，进而需要更大的排放空间，如果承担减排义务，将严重限制其发展空间。相反，发达国家的国际航空和海运业发展已经比较完善，进一步扩大规模的需求不大，有的甚至开始出现逐渐萎缩的情况，所以进行减排并不会限制其发展空间。但是，进行减排将可能相应增加其行业成本，降低其行业竞争优势。所以发达国家一直强调各国在该行业承担同等的减排义务，以保持其航空海运业的竞争力。但是，在应对气候变化的国际合作中，抛开历史排放责任谈减排义务的分担和市场竞争是不合理的，发达国家应该在承担历史排放责任、承担减排义务的前提下考虑其行业竞争力。当然，作为地球村的一员，发展中国家也应在考虑自身可持续发展的同时，思考如何通过国际合作共同应对威胁全人类的气候变化问题。

从政治角度看，该问题的谈判实质上也是发达国家和发展中国家在“共同但有区别的责任”原则这一重大政治问题上的争议。这一原则反映了发达国家

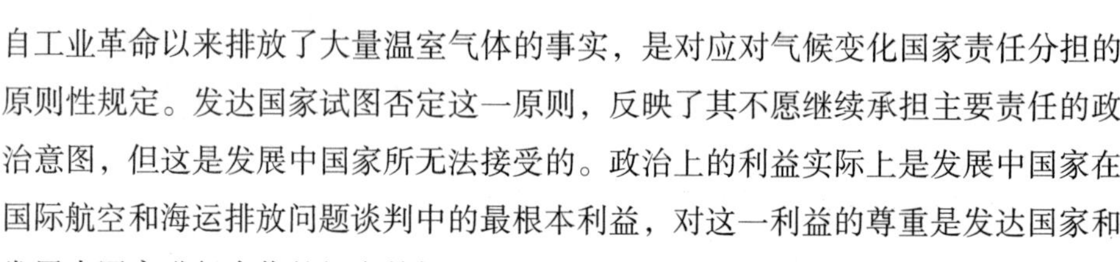

自工业革命以来排放了大量温室气体的事实，是对应对气候变化国家责任分担的原则性规定。发达国家试图否定这一原则，反映了其不愿继续承担主要责任的政治意图，但这是发展中国家所无法接受的。政治上的利益实际上是发展中国家在国际航空和海运排放问题谈判中的最根本利益，对这一利益的尊重是发达国家和发展中国家进行合作的根本前提。

总而言之，关于国际航空和海运排放问题的谈判，核心仍然是应对气候变化的国际责任如何分担的问题。发达国家不能无视历史责任，否定“共同但有区别的责任”原则，要求和发展中国家承担同等的责任。发展中国家虽然需要继续发展，但也不能将有区别的责任等同于无责任，而应参与国际合作，转变发展模式，走绿色的低碳发展道路，共同应对气候变化。

三　谈判进展及各方主要立场

（一）谈判进展

面对发达国家利用 IMO 多数通过的议事规则，强力推动 IMO 在应对气候变化方面制定适用于所有国家的行业规则，否定国际社会已达成共识的“共同但有区别的责任”原则，越来越多的发展中国家开始对该问题高度重视起来。

在 2008 年 6 月份举行的《公约》SBSTA28 会议上，中国、巴西、阿根廷、巴基斯坦以及石油输出国组织的国家等广大发展中国家，对 IMO 下有关会议利用多数通过议事规则强力通过的未来减排制度平等适用于所有船旗国的原则进行了批评，并形成了一定的影响力，使发达国家进行了一定程度的反思。关于《公约》就该问题的谈判如何进行，SBSTA28 决定在 SBSTA29、30、31 会议上不进行实质性谈判，只是在 IMO、ICAO 和《公约》之间继续开展合作和交换信息，继续收集 IMO 和 ICAO 有关这个问题相关工作的资料，以便缔约方能够就这方面的资料交换意见。之后，在 SBSTA32 会议上进一步审议该问题。

在 IMO 进程下，考虑到发展中国家在原则问题上的坚定立场，发达国家目前的立场也有所缓和。于 2009 年 3 月份举行的 MEPC 温室气体工作组第二次会间会上（会议谈判进程见表 1），各方同意在这次会上仅讨论有关技术问题，有关技术标准的适用等政治性问题留待 MEPC59 及以后的会议讨论。在 2009 年 7 月份

表 1　国际航空海运温室气体排放国际谈判进程

时　间	《公约》谈判	IMO 和 ICAO 参与《公约》谈判	IMO 谈判	ICAO 谈判
1993 年	INC8:提出国际船舶和飞机燃料排放的分配问题	INC8 请临时秘书处与 IMO 和 ICAO 合作研究该问题		
1994 年	INC9:在“附件一第一次国家信息通报”中暂时单独列出,不计入国家总量。由缔约方会议继续研究	INC9 请 IMO、ICAO 继续这方面工作		
1995 年	COP1:将该问题列入方法学议题,要求 SBSTA 研究该问题 SBSTA1:开始讨论排放的划分和控制	COP1 要求 SBSTA 考虑 IMO 和 ICAO 正在进行的工作		
1996 年	SBSTA2、3、4:在“附件一缔约方国家信息通报”议题下,讨论排放划分方法 SBSTA4:提出八项分配船用飞机用燃料的方案	SBSTA2、3、4 请 ICAO 和 IMO 与 IPCC 等合作研究该问题,并向 SBSTA 提出建议		
1997 年	COP3:敦促 SBSTA 进一步考虑将这些排放量列入缔约方总的温室气体清单			
1997 ~ 1998 年	SBSTA6、7、8:在“与相关国际组织合作”的议题下讨论,请缔约方与 ICAO 和 IMO 进行合作	SBSTA6、7、8 请这两个组织继续开展相关工作,向 SBSTA 进行报告		
1998 年	SBSTA9:在“附件一缔约方国家信息通报”议题下,请秘书处向 SBSTA10 提供排放情况的资料	SBSTA9 请 ICAO 和 IMO 向 SBSTA10 报告其工作情况	MEPC42:决定开展研究,包括排放状况、短期和长期减排措施	ICAO32:请 CAEP 研究减限排政策措施。CAEP 设立工作组开展研究,包括技术和标准、运营措施以及市场措施
1999 年	SBSTA10:在《公约》方法学议题下,讨论如何估算和报告排放。指出需要进一步开展方法学工作	SBSTA10 请 ICAO 和 IMO 报告其开展的工作		
1999 年	SBSTA11:在《公约》方法学议题下,讨论如何根据出售给国际运输船舶或飞机的燃料计算排放量	SBSTA11 请 ICAO 和 IMO 提供信息:FCCC/SBSTA/1999/INF. 9		
1999 年	COP5:要求 SBSTA 继续开展有关根据出售给国际运输船舶或飞机的燃料计算排放量的方法学工作	COP5 要求秘书处继续与 ICAO 和 IMO 就相关事项开展合作		

续表 1

时　间	《公约》谈判	IMO 和 ICAO 参与《公约》谈判	IMO 谈判	ICAO 谈判
2000～2001 年	SBSTA12、13、14：指出要加强秘书处与 ICAO 和 IMO 的合作	SBSTA14 请 ICAO 和 IMO 提供信息：FCCC/SBSTA/2001/INF. 1	MEPC45：对开展的研究进行了评审 MEPC46：决定成立工作组	CAEP：对上述研究进行了评审
2001 年	SBSTA15：IPCC 介绍了《国家温室气体清单好的作法指南与控制不确定性》文件中“根据向从事国际运输的船舶和飞机出售的燃料报告排放量”的内容	COP6：议定书 2. 2。 SBSTA15 请 ICAO 和 IMO 与秘书处合作开展研究		
2003 年	SBSTA18：请 ICAO 和 IMO 与秘书处磋商，在 SBSTA20 会议之前组织两次专家会议，讨论相关方法学问题	SBSTA18 请 ICAO 和 IMO 提供信息； SBSTA19 请 ICAO 提交排放数据信息	分别召开专家会议，讨论方法学问题以及国际和国内燃料使用的定义问题，还讨论了《公约》秘书处的温室气体数据与 ICAO 和 IMO 数据之间的联系。 MEPC48、49 和 IMO23：起草、形成决议 A. 963(23)：IMO 与船舶温室气体减排相关的政策和措施	
2004 年	SBSTA20、21：鼓励 IPCC 在排放因子数据库中增加航空和航海排放因子； 关于是否举行专题研讨会和邀请缔约方就研讨会讨论的议题提交国家意见等实质问题未达成一致	SBSTA20 请 ICAO 和 IMO 提供信息	分别举办了专家会议，讨论改进估算和报告国际航空和海运燃料排放的方法，为 IPCC 在修订《国家温室气体清单编制指南》方面开展工作提供参考 MEPC52：起草 CO_2 指数指南	
2005～2007 年	SBSTA22－27：谈判陷入停滞，未取得进展	SBSTA22 请 ICAO 提交数据材料	MEPC53：通过 CO_2 指数指南 MEPC54：决定成立工作组 MEPC55：通过 2008～2009 年工作计划	CAEP7：审议减、限排相关市场措施 ICAO36：拒绝将航空业纳入温室气体排放交易体系，但设立了工作组，以研究和提出一项“国际航空和气候变化行动方案”
2008 年	SBSTA28：决定在 SBSTA29－31 会上听取 IMO 和 ICAO 的报告并交换意见；在 SBSTA32 上继续讨论该问题； 众多发展中国家在会上对 IMO 提出的“平等适用”原则提出批评，强调“共同但有区别的责任”原则		MEPC57：通过了 IMO 秘书长关于加快工作的提议，提出强制性、平等地适用于所有船旗国的原则	CAEP 气候变化工作组召开了两次会议

举行的MEPC第59次会议上，各方通过了“新船能效设计指数临时导则”，初步讨论了减少国际海运排放的市场机制问题，计划在2010年3月份的MEPC第60次会议上进一步深入讨论市场机制问题，并对“新船能效设计指数临时试用导则”的试用情况进行讨论，以及在可能的情况下讨论其适用范围和实施的问题。从技术性讨论来看，目前从事国际海运的船舶类型众多，船舶所用航油成分有一定区别，用单一的公式为各种船舶计算和设定标准有很大的困难，而且公式中各指标也存在很大不确定性，技术标准的实施将面临很大困难。所以，通过制定技术标准的方式来应对气候变化，其可行性和效果有待实践检验。

在ICAO进程下，2009年6月份的GIACC会议经过谈判，最终决定向ICAO理事会以及之后的高层会议提交一项全球意向性目标，即使国际航空的燃油效率每年提高2%。另外，GIACC向ICAO理事会提议启动国际航空减排市场机制方面的谈判。

总体来看，关于国际航空和海运排放问题，在《公约》、ICAO和IMO三个进程中，《公约》谈判停滞不前，谈判主要集中在ICAO和IMO。从这两个国际组织的谈判过程看，目前发达国家和发展中国家的分歧主要是：国际航空和海运领域的减排制度是否应遵守“共同但有区别的责任”原则。但是，在实际谈判中，各方目前采取了暂时回避该问题的方式，暂时搁置了针对这一问题的讨论，谈判主要集中在各方没有原则分歧的技术标准、管理和营运措施等方面。关于技术标准以及管理措施如何适用，即是否适用于所有国家，以及采取自愿适用还是强制适用的方式，将涉及如何适用“共同但有区别的责任”原则问题，这些问题都留待各方在技术标准上达成一致后再进行讨论。

（二）各方的主要立场

从各利益集团的立场来看，欧盟在开始阶段显示出不区分发达国家和发展中国家，尽快推动国际航空和海运减排进程的态度；挪威、丹麦、日本等发达国家的立场与欧盟相似。由于发展中国家坚决反对制定违背“共同但有区别的责任”原则的减排制度，欧盟等目前不再明确反对适用“共同但有区别的责任”原则，但仍然表示应尽快制定相应规则，实现国际航空和海运领域的减排。欧盟提出，国际社会或者解决航空和海运温室气体排放的估算方法问题，将国际航空和海运温室气体排放估算纳入国家清单，最终将航空和海运温室气体减排问题纳入整个制度框架之中，或者在 ICAO 和 IMO 框架下制定行业减排规则，无论选择何种方式，最终要尽快实现国际航空和海运领域的减排。

四　未来的谈判形势

从未来形势看，在 2008～2009 年关于 2012 年后减排制度的谈判中，发达国家表现出了要求发展中国家，尤其是像中国、印度、巴西这样的发展中大国参与减排的强烈愿望。在国际航空和海运领域大力推动建立不区分发达国家和发展中国家的减排制度，不能不说是发达国家强拉发展中国家承担减排义务的一种手段。

从《公约》、IMO 和 ICAO 的谈判形势看，IMO 谈判中，发展中国家一般只有巴西、沙特、印度、中国等几个发展中大国在表达立场，大多数发展中国家由于自身没有国际航运船舶，不涉及其直接利益，因而对该问题不太关心，有时甚至不出席相关会议，因此发展中国家在 IMO 谈判中常常出现整体声音较弱，在投票中常常处于弱势的情况。另外，发展中国家由于自身发展水平有限，参与谈判的人员技术能力普遍比较薄弱，在涉及技术问题的谈判中，往往只有少数几个发展中国家的专家与发达国家的众多专家进行辩论，发展中国家专家的意见常难以反映在谈判结果中。因此，IMO 的谈判中，发展中国家处于明显弱势，通过不平等的谈判产生的谈判结果非常可能对发展中国家不利。

美国、加拿大等国一直对《公约》下的谈判进程态度不积极，在该议题上也不例外。鉴于沙特已经起到了盾牌的作用，美国等在该议题上一般不表明立场，偶尔发表意见，也是强调 ICAO 和 IMO 是独立的国际组织及其规则平等适用的一贯原则，不应以《公约》的“共同但有区别的责任”原则否定其“平等适用”的原则。

小岛国由于担心气候变化对其不利的影响，一贯主张在气候变化问题上采取积极行动，其有些立场甚至比欧盟更激进。因而，在该议题上，小岛国也持积极推进的立场。在欧盟等和石油输出国僵持的情况下，小岛国作为 77 + 中国集团的成员，保持了中立态度，主张在议程中保留该议题，在未来继续进行讨论。

IMO 谈判中，与中国立场相似的有巴西、沙特、印度等几个发展中大国。大多数发展中国家由于自身没有国际航运船舶，不涉及其直接利益，因而对该问题不太关心，立场相对比较模糊。

行业方法问题及谈判进展

王灿　蔡闻佳*

摘　要:《巴厘行动计划》提到通过合作的行业方法和具体行业行动来促进《公约》第四条第1款（c）项的实施，行业减排方法正受到越来越多的关注。在简要介绍行业方法的定义、分类和动机的基础上，本文从公约谈判和相关研究角度总结了该类方法的最新进展，并对其近期发展特点进行了归纳与评述，指出发展中国家尤其是我国在行业减排方面亟待解决的问题。

关键词: 行业方法　行业减排　温室气体

从行业的视角应对气候变化问题从来就不是一个陌生的提法。《联合国气候变化框架公约》（以下简称《公约》）中［第四条第1款（c）项］就明确要求各方积极促进和合作发展行业温室气体控制技术——“所有缔约方，考虑到它们共同但有区别的责任，以及各自具体的国家和区域发展优先顺序、目标和情况，应在所有有关部门，包括能源、运输、工业、农业、林业和废物管理部门，促进和合作发展、应用和传播（包括转让）各种用来控制、减少或防止《蒙特利尔议定书》未予管制的温室气体的人为排放的技术、做法和过程”。在《京都议定书》中一方面（第二条）规定①“附件一国家应增强本国经济有关部门的能源效率……以达到减少排放和促进可持续发展的目的”；另一方面（第十条）也

---

* 王灿，清华大学环境科学与工程系，博士，副研究员，主要研究方向为能源与环境系统分析和气候变化政策研究；蔡闻佳，清华大学环境科学与工程系，博士研究生。

① 原文为：附件一国家应增强本国经济有关部门的能源效率，通过在有关部门采用市场手段和改革方案，以达到减少排放和促进可持续发展的目的。

规定[①]“所有缔约方应制定、执行、公布和定期更新涉及能源、运输和工业部门以及农业、林业和废物管理等领域的载有减缓气候变化措施的国家方案”，“要合作促进有效方式用以开发、应用和传播与气候变化有关的有益于环境的技术”，“并采取一切实际步骤促进、便利和酌情资助将此类技术……转让给发展中国家”。《京都议定书》对从行业角度应对气候变化的规定在《公约》基础上做了深化，不仅强调各方发展技术，而且强调技术由发达国家向发展中国家的转移；并提出各方要制定、执行行业减缓气候变化的国家方案，对于发达国家而言，更明确要利用行业方法增强本国行业的能源效率。在2007年底《公约》第十三次缔约方会议上通过的《巴厘行动计划》在第一条就明确规定，通过“行业合作方针和具体行业的行动来加强减缓气候变化的国家/国际行动”，并通过考虑“具体部门技术合作机制和工具的有效性来加强技术开发和转让方面的行动”，支持缓解和适应行动。《巴厘行动计划》明确提出“行业方法”，且弱化了从行业视角减缓气候变化的具体实施者，这也为近年来日益热烈的关于“行业方法”、“行业减排方案”的讨论提供了政策背景。

行业减排方案不同于已有的基于国家层面的减排方案，而是基于行业设计的减排方案的统称。近年来，行业减排方案受到发达国家的积极推动。世界可持续发展理事会水泥可持续行动（WBCSD-CSI）、国际铝业协会（IAI）、国际钢铁协会（IISI）等均启动了关于其行业内全球统一能效标准或CO_2排放标准方面的研究和讨论；某些公共部门和私营部门（如亚太清洁发展与气候伙伴计划APP[②]、欧盟与其境内汽车制造商签订的温室气体减排协定[③]）也开展了自愿行业减排伙伴关系的合作和行业减排标准的设定；国际能源署、欧盟与日本、美国等国家的政府和研究机构纷纷抛出了以行业减排为核心内容的所谓承诺方案，意在影响

① 原文为：在不给非附件一国家增添任何新承诺的条件下，所有缔约方应制定、执行、公布和定期更新涉及能源、运输和工业部门以及农业、林业和废物管理等领域的载有减缓气候变化措施的国家方案；要合作促进有效方式用以开发、应用和传播与气候变化有关的有益于环境的技术、专有技术、做法和过程，并采取一切实际步骤促进、便利和酌情资助将此类技术、专有技术、做法和过程特别转让给发展中国家或使他们有机会获得，以便于有效转让公有或公共支配的有益于环境的技术，并为私有部门创造有利环境以促进和增进转让和获得有益于环境的技术。

② 主要是电力、钢铁和水泥等行业的技能技术的识别和推广工作。

③ http：//www.dw-world.de/dw/article/0,，3841830，00.html.

2012 年后气候制度的设计。从目前的发展趋势看，关于行业减排方案的讨论和争论将成为 2012 年后气候制度谈判的热点问题之一，成为发达国家与发展中国家相互博弈的焦点问题之一。

一 行业方法概述

（一）行业方法的定义和类型

行业方法没有统一的定义，不同研究在行业减排方案的具体类型上具有不同的特点。国际能源署（IEA）曾经对 2007 年底之前国际上提出的各种行业减排方案做了较为全面的文献综述①。在 2008 年 9 月，可持续能源服务与创新公司 Ecofys 也向荷兰环保局提交了一份关于“行业方法与发展”的研究报告②，对近年来的行业方法进行了区分。Ecofys 对各方案的划分标准如下：

法律约束力：具有法律约束力的目标或承诺，或者不具约束力的目标或承诺。

责任主体：政府负责，政府与行业协会合作参与，或是完全由公司自行参与。

地理范围：全球尺度，跨国尺度，或是国家尺度。

系统边界：整个经济体，全行业，或是（多个）项目边界。

目标类型：是政策的执行，是技术的推广和研发，是技术标准的执行，还是绝对的排放量目标，或者相对的排放强度目标。

严格程度：是由政府自己决定，是设立“统一”标准但考虑地区特点，是项目层次相对常规情景（BAU）的减排，是国家行业中所有项目加总后相对 BAU 的减排，还是国家中全行业的减排。

执行方法：完全取决于政府，完全取决于企业，事先设计好如何执行，或是完全自愿。

与碳市场的联系：无联系，包含在碳市场中，或是额外的独立市场。

资金机制：私营部门筹资，国际基金，官方发展援助资金，或是碳市场。

---

① IEA，2007. *Sectoral Approaches to Greenhouse Gas Mitigation-Exploring Issues for Heavy Industry*. OECD/IEA. Paris.

② Hohne，N.，et al.，2008. *Sectoral Approaches and Development*. Online at：http：//www. mnp. nl/images/sectoral%20approachand%20development%20final_ tcm61 – 40487. pdf.

关注点：发展中国家参与，技术开发与扩散，防止竞争力扭曲，成本有效性，可持续发展。

管理主体：行业协会、清洁发展机制执行理事会（CDMEB）、缔约方大会（COP）达成的新协议，由政府和工业行业参与构建的新机构，或是国家作出由COP认可并接受的承诺。

根据以上标准，可以把目前的行业方法的提案再按其核心内容（基于政策、基于技术或是基于排放）分为表1所示的类别①。

（二）发达国家提出和推动行业减排方案的动机

很多行业减排方案的相关文献都明确指出，按照经济理论，针对总体经济的减排方案的经济成本最小，而行业方案只是次优方案。但是这些文献也指出，之所以提出和推动行业减排方案，主要有以下几个因素的考虑。

（1）竞争力。发达国家认为本国的减排行动增加了本国企业的成本，造成其在国际市场上竞争力的削弱。而且发展中国家不参与减排，还会产生“碳泄漏”。而推动行业减排方案，将发展中国家纳入其中，有助于避免“碳泄漏”，避免竞争力的扭曲。

（2）广泛性。许多文献都持相同的论调，即没有发展中国家，尤其是几个发展中大国的参与，全球减排目标难以实现。而行业减排方案可以将那些不准备承诺总体减排目标的发展中国家纳入其“国际合作”体系之中。

（3）效果。行业减排方案可以集中于几个主要的排放大国（包括发展中大国），可以集中于主要的高耗能、高排放的行业以及正在经历大规模投资的行业，从而可以以更低的成本、更有效地实现全球减排目标。关注于特定行业，有助于决策者制定减排政策措施时更好地吸纳行业专家的参与，并有助于全球范围内的经验交流和共享。行业减排方案也有助于关键减排技术的识别，并促进关键技术的开发、转让和扩散。

（4）透明和可比较。许多文献认为，行业减排方案除了加强了减排措施的效果外，还提高了政策措施的透明性和国家间的可比性。

（5）简单。一些文献认为，行业减排方案可以减少谈判参与方的数量，简化

① 表中分类不排除出现重叠或遗漏的情况。

表 1　各种行业减排的特征比较

	基于政策的	基于技术的		基于排放的					
					清洁发展机制（CDM）		行业目标		
	可持续发展政策措施（SD-PAMs）	技术合作	行业技术标准	跨国/全球排放目标	传统 CDM	行业 CDM	行业无损目标	有约束力的行业目标	有约束力的国家排放目标
法律约束力	有约束力/无约束力	无约束力	有约束力/无约束力	无约束力	无约束力	无约束力	无约束力	有约束力	有约束力
责任主体	政府	政府和行业协会	政府	公司	私人团体（公司）	私人团体（公司）	政府	政府	政府
地理范围	全国	跨国/全球	全国/跨国/全球	跨国/全球排放目标	全国	全国	全国	全国	全国
系统边界	行业/整个经济体	行业	行业技术标准	行业	基于项目	（多）项目/行业	行业	行业	整个经济体
目标类型	政策执行	技术/研发	技术标准的执行	绝对/相对的排放目标	绝对/相对的排放目标	绝对/相对的排放目标	绝对/相对的排放目标	绝对/相对的排放目标	绝对的排放目标
严格程度	由政府自己决定	n. a.	“统一”标准，但考虑地区特色	待定	项目层次的相对 BAU 的减排	国家行业中所有项目加总后相对 BAU 的减排	国家行业中所有项目加总后相对 BAU 的减排	国家行业中所有项目加总后相对 BAU 的减排	待定
执行方法	取决于政府	自愿	取决于政府	取决于公司	事先设计好	事先设计好	取决于政府	取决于政府	取决于政府

续表 1

	基于政策的	基于技术的		基于排放的					
					清洁发展机制(CDM)		行业目标		
	可持续发展政策措施(SD-PAMs)	技术合作	行业技术标准	跨国/全球排放目标	传统 CDM	行业 CDM	行业无损目标	有约束力的行业目标	有约束力的国家排放目标
与碳市场的联系	无	无	无/包含在内	无/额外的独立市场	包含在内	包含在内	包含在内	包含在内	包含在内
资金机制	私营部门筹资/国际基金/官方发展援助资金	公共部门和私营部门共同筹资	私营部门筹资/国际基金/官方发展援助资金	碳市场/国际基金/官方发展援助资金	碳市场	碳市场	碳市场/国际基金	碳市场/国际基金	碳市场/国际基金
关注点	发展中国家参与	技术开发与扩散	防止竞争力扭曲/技术开发与扩散	防止竞争力扭曲/成本有效性	成本有效性,可持续发展	成本有效性,可持续发展	发展中国家参与	发展中国家参与	发展中国家参与
管理主体	国家作出由COP认可并接受的承诺	由政府和工业行业参与构建的新机构	COP达成的新协议	行业协会	CDM EB	CDM EB	COP达成的新协议,由新的技术机构做顾问	COP达成的新协议	COP达成的新协议
举例	南非:促进高能效、低成本的住宅	钢铁:APP行业工作组 - SOACT炼铁手册	汽车业:日本Top-Runner方法;加拿大汽车工业承诺2010年的减排	航空:国际航空业的排放贸易,与《京都议定书》的碳市场相连接	钢铁:高炉余热回收利用	电力:多项目基准线(如600g/kW·h)	水泥:国家平均基准线(以吨水泥 CO_2 排放量计算)	水泥:国家平均基准线(以吨水泥 CO_2 排放量计算)	类似于《京都议定书》中的排放目标

谈判过程。

但是，除了文献中提到的上述明确的理由之外，事实上，发达国家推动行业减排方案也有一些潜在原因：通过行业减排方案，发达国家可以突破“共同的但有区别的责任”所设置的障碍，通过强调企业竞争、减排效果、程序简单等各方面理由，试图将发展中国家纳入实质的减排进程。而设定行业减排目标，也可以为设定发展中国家的国家减排目标奠定基础。

二 行业方法最新进展

（一）近期开展的重要活动

1. 特设工作组

《京都议定书》特设工作组（AWG-KP）和《联合国气候变化框架公约》之下长期合作行动特设工作组（AWG-LCA），自成立以来都对《巴厘行动计划》提到的“共同行业方法和具体行业行动，以促进《公约》第四条第1款（c）项的实施”给予了不同程度的关注。

AWG-KP工作组在2006年明确地将研究行业排放趋势、减排潜力、行业减排对竞争力的影响，以及把行业减排作为《公约》附件一国家“进一步承诺减排量目标”的手段的可行性纳入自己的工作计划。在2007年中，AWG-KP工作组主要组织附件一国家研究其政策、措施和技术可能带来的减排潜力，以及该潜力所对应的可能的进一步减排目标，其中也涉及某些重点行业的减排潜力；2007年举办了一次关于政策、措施和技术的减排潜力的圆桌会议。在2008年，AWG-KP工作组则将工作重心转移到讨论达到减排目标的方式和相关方法学问题上，并就此问题特别举行了两次研讨会和一次圆桌会议①；同时，AWG-KP工作组也建立了关于“温室气体、行业和排放源种类”（Greenhouse Gases, Sectors and Source Categories）和“可能的处理行业排放的方法”（Possible Approaches Targeting Sectoral Emissions）的接触小组（Contact Group）。主要讨论的问题包括：如何共享行业的技术信息，推广最优技术和最佳实践；自愿或命令的定性/定量的行业行动；对于发展中国

① 2008年12月在波兰波兹南举行的研讨会的主题再一次回到减排潜力。

家行业行动给予信用，以行业 CDM 作为附件一国家达到其减排目标的可行方式；在国家排放总量目标外单独对行业排放进行核算。

AWG-LCA 工作组总体工作启动于 2008 年，关于共同行业方法的讨论主要出现在 AWG-LCA 3 上。AWG-LCA 建立了三个接触小组，而关于行业方法的讨论虽没有直接出现在联络组的命名中，但仍是其中所含的内容。AWG-LCA 3 成立时举办了一次关于"共同行业方法和具体行业行动，以促进《公约》第四条第 1 款（c）项的实施"的研讨会。在研讨会上，讨论了行业方法和行业行动的性质及应用范围问题，讨论了共同行业方法和行业行动的具体做法，同时讨论了行业方法实施的挑战，会上也确定了未来的重要关注点。

2. 相关研讨会

在 2008 年底《公约》缔约方第十四次会议（COP14）举办的多场边会（side event）中，有 7 场边会直接以行业方法（sectoral approach）为主题。作为未来国际气候制度的可能组成部分，行业方法近年来所受到的关注程度正日益提升。以行业减排方法为主题的边会主要围绕以下几个领域展开：①行业方法对技术转让的促进；②行业方法如何融入现有的《联合国气候变化框架公约》（UNFCCC）体系；③行业方法的具体设计问题，如行业信用机制、行业减排方案模板等。

2008 年 4 月 17 日，在巴黎举行的第三次主要经济体会议（MEM）上，同时举行了一场关于行业方法的研讨会①。研讨会主要讨论了三个议题：①全球行业生产和排放的背景以及正在进行中的行业减排行动（包括电力、水泥和钢铁）；②不同研究单位所提出的"行业减排方案"介绍（包括跨国的行业协议、SD-PAMs、无损的行业效率目标）；③如何将行业方法融入未来的国际气候协议。研讨会向 MEM 提交了报告，指出：APP 和其他行业协会所开展的工作证明行业方法在影响决策、技术合作和转让及促进最佳实践的使用上是有效的，但仅仅"按行业方式"思考还远远不够，无法达到减排的总体要求，行业方法不能代替国际气候协议，而应该作为一种工具在哥本哈根制定协议时充分考虑。研讨会报告同时指出，政策必须发挥其在认可和实施行业行动方面的作用；行业方案的设计极耗时间，同时需要复杂的管理过程，其执行也不仅仅是数据和可测量、可报

① http://www.iddri.org/Activites/Ateliers/Workshop-on-sectoral-approachess/.

告、可核证（MRV）的问题，而是需要技术和其他多方面因素来提高数据数量和质量以及国家的执行力。

日本政府于2008年5月8日在巴黎召开行业温室气体减排潜力国际研讨会①，来自17个国家、3个国际组织以及欧盟的约80名政策制定者、研究人员、工业行业代表参加了本次研讨会。本次研讨会的目的是分享各个行业减排潜力的最新研究成果，并在研究人员、工业行业代表和政策制定者之间统一对于行业方法的理解。研讨会关注的主题主要包括三个方面：自下而上的行业温室气体减排潜力研究、共同的行业行动以识别并实现行业减排潜力、未来的工作方向。

IEA于2008年5月14~15日在巴黎召开“国际气候政策下的行业方法”研讨会②，重点就“本次研讨会所讨论的行业方法的边界”、“基于行业的减排潜力和成本分析”、“行业方法的具体实施和可能障碍”和“未来的工作方向”等四个方面的问题进行了讨论。来自国际组织（如IEA、UNFCCC、世界银行）、政府（如日本经济贸易与工业部、欧盟、墨西哥、波兰环境部、印度）、行业协会（国际钢铁协会、国际铝业协会）、公司（如拉法基、东京电力公司、日本住友金属公司）、智囊团（如Ecofys、McKinsey、CCAP、WRI、PewCenter、欧洲政策研究中心）和学术机构（如剑桥大学、中国发展研究基金会）的代表参加了此次会议。

2008年5月24~26日在日本神户召开了G8环境部长会议③，会议就生物多样性，减少/减量化、再利用、再循环（3R），以及气候变化问题展开了讨论。会议在“后京都气候格局”的部分讨论了“行业方法的有效性”问题。会议肯定温室气体减排潜力的自下而上研究能够成为设定国家减排目标的重要工具，能够帮助形成一个有效的未来气候格局；同时指出发展中国家的减排潜力可能很大而且成本较低，而来自发达国家的对共同行业方法的支持能够帮助实现这些潜力。

2008年12月22日，日本政府第二次在巴黎举行行业温室气体减排潜力国际研讨会④。约100名政策制定者、研究人员和工业行业代表参加了此次研讨会。主要讨论的议题包括：①最新的自下而上的行业温室气体减排潜力研究；②自

① http：//www.env.go.jp/en/headline/headline.php？seial=802.

② http：//www.iea.org/Textbase/work/workshopdetail.asp？WS_ ID=380.

③ http：//www.env.go.jp/earth/g8/en/img/G8EMM%202008%20Chair'sSummary_ Final_ .pdf.

④ http：//www.env.go.jp/en/earth/cc/2nd_ iwserp.html.

下而上的减排潜力分析如何能够帮助发达国家设定公平且具有可比性的定量化减排目标；③怎样的分析能够促进发展中国家的 MRV 行动；④未来的工作方向。

2009 年 3 月日本政府再次举办了关于行业方法的研讨会。

3. 已经开展和正在开展的重要项目

世界可持续发展理事会水泥工业可持续行动（WBCSD-CSI）：水泥工业可持续行动始于 1999 年，当时由 10 家占全球水泥产量 1/3 的企业发起，旨在减少该行业的生态足迹，增强利益相关者参与，挖掘行业的社会贡献。目前有 19 个成员企业[①]（工厂遍及全球 100 多个国家），其中没有中国企业。水泥工业可持续行动（CSI）在 2002 年发布了行动方案，其中包括了保护气候方面的行动。2008 年 12 月，CSI 发布了《气候行动》，提出水泥行业的行业减排方案：设定全球、地区或国家层次的排放上限或效率目标（此效率目标在每个地区间可以不同，要充分考虑地区和国家历史排放和效率现状的情况），同时也在用经济模型模拟水泥行业的行业减排与其他政策减排方式的差异。CSI 的行业方案强调要与现有和未来的公约和机制相符；要包含主要的发达和发展中国家；要具有强制性；要加强技术开发；要有利于发展中国家的能力建设。世界可持续发展理事会（WBCSD）也同时在钢铁、造纸和铝业行业开始行业减排的制度开发。中国建材工业协会已于 2006 年 3 月与 WBCSD 达成合作意向[②]，双方决定以项目合作形式在推进培训，技术交流，CDM，持久性有机污染物（POPS），原燃料替代及合理应用，能源效率统计及对比，矿山可持续开采，水泥生产节能技术，测量及 CO_2、NOx 等有害气体减排，建筑节能，混凝土的可持续发展，企业员工健康及安全等诸多方面开展实质性合作。CSI 已经于 2008 年 1 月在中国开展了公共部门和私营部门合作的 CO_2 议定书能力建设项目，为期三年；有些企业也已经在 2007 年加入了为期两年的挪威—中国水泥企业燃料替代伙伴关系；CSI 也支持了在 APP 中建立 Chinese Center of Excellence。

国际钢铁工业协会（IISI，现已改名为 World Steel Association）：130 多家钢铁生产企业是其会员，这些企业的钢产量占全球钢产量的 90% 强，其中包括世

① 包括世界前三大水泥集团法国拉法基、瑞士 Holcim 集团、墨西哥 CEMEX 水泥公司。

② http：//www. cbminfo. com/tabid/348/InfoID/179256/Default. aspx.

界前20家大型钢铁企业，巴西、俄罗斯、印度和中国（BRIC）四个国家中的大型钢铁企业也是其成员。中国的成员有宝钢、首钢、武钢、邯钢、鞍钢等，中国钢铁工业协会也是世界钢铁协会的会员。该协会在布鲁塞尔和北京都设有办公室。IISI的行业减排方案（Global Steel Sectoral Approach，GSSA）始于2007年10月，4个主要组成部分是：①承诺减少吨钢的碳排放；②技术转移；③研发突破性的技术；④提出钢铁业的节能办法。GSSA的核心指标是强度指标。

亚太清洁发展和气候伙伴关系（APP）：APP成立于2006年1月，包括7个国家（澳大利亚，加拿大，中国，印度，日本，韩国和美国）。APP以技术为导向，多采用行业方法和自下而上的方法，下设8个工作组，分别是：①更清洁化石能源；②可再生能源发电和分布式供能；③发电和输电；④钢铁；⑤制铝；⑥水泥；⑦煤矿开采；⑧建筑和家用电器。APP在中国已开始的工作包括：2008年4月在中国召开了关于全氟化碳（PFC）减排的研讨会，同年11月在中国珠海召开水泥行业CSI议定书培训会。2008年8月在中国开展第二次水泥企业绩效诊断，有4家企业接受了绩效诊断，受到最佳实践的推荐。针对由美国劳伦斯伯克利国家实验室（LBNL）开发出的水泥企业能效标杆的软件工具（BEST-Cement），于2008年7月在山东、河北和山西举办了研讨会和培训会，总共有140家水泥生产厂参加培训。钢铁工作组在中国也进行了几家企业的绩效诊断。电力组与中国电力联合会合作对中国几座煤电厂进行审计。

国际铝业协会（IAI）：国际铝业协会成员的原铝产量占全球产量的80%强，共有25家成员单位，中国仅有一家企业是其会员——中国铝业。中国铝业是全球第二大氧化铝和第三大电解铝生产商。IAI已经对主要的自愿目标、温室气体（GHG）测量和计算过程以及减排策略有了广泛和统一的认识，所推行的行业方法包含以下主要方面[①]：①PFC排放，到2010年将吨铝冶炼过程中排放的PFC降低到1990年水平的20%。但实际上这个目标在2006年就已实现。②原铝冶炼的能源效率，IAI成员已经就一个自愿目标达成协议——到2010年，能源效率要在1990年的水平上提高10%。从1990年到2006年，铝工业的能源效率已经增长了6%。达到2010年的目标对整个行业来说是一个大的考验。③铝土矿冶炼时吨能耗到2020年降低10%。④促进使用过的铝产品的回收。⑤促进铝制品在

① http：//www. world-aluminium. org/cache/fl0000231. pdf.

汽车轻量化等方面的应用。⑥对所有原铝生产过程使用统一的测量和GHG计算方法，与政府间气候变化专门委员会（IPCC）的国家GHG排放导则、ISO的GHG管理和生命周期标准，以及WBCSD/WRI的GHG协议保持一致。⑦从全球198个冶炼厂中的115个收集数据，代表全球原铝产量、氧化铝精炼量和开采铝土矿量的约64%。⑧促进设备能耗、排放和安全性能标杆的持续进步。⑨聘请特别的气候变化专家来宣传最佳实践、培训员工，使用IAI赞助的设备开展排放测量，分析GHG数据并开发分析方法。

（二）典型行业减排方案介绍

综合以上活动，我们总结出六种影响力较大的行业减排方案：①美国清洁大气政策中心——行业无损目标；②日本政府——行业技术/标准；③技术合作；④可持续发展政策和措施SD-PAMs；⑤国际行业协会——跨国/全球排放目标；⑥行业CDM。广大发展中国家普遍支持技术合作的方案，但基于目前的研究进展，并没有哪个机构针对技术合作提出具体的方案。另外，对于国际行业协会提出的行业方案，在前一节我们已经有了介绍，这里我们就不再重复。因此，我们将针对①②④⑥四种方案进行介绍。

1. 行业无损目标[①]

美国清洁大气政策中心（CCAP）提出的行业方法（Sector-based Approach）[②]约始于2005年，近年来多次在COP边会上进行宣传，在几乎所有与行业减排方案相关的国际研讨会上都能见到CCAP关于其行业方法的介绍。

此行业减排方案要求发展中国家在重点工业行业设定温室气体排放强度的自愿目标（比如吨钢的温室气体排放量），超过自愿目标的减排行动和减排量将会获得发达国家和国际金融机构的技术和资金支持；如果没有实现目标也不会受到惩罚。CCAP所提出的行业方案的核心就是发展中国家的参与。

CCAP在提出“行业方法”概念的基础上，现已开始实际收集重点工业行业

① CCAP对自己方案的命名是“The Sectoral-based Approach”。但为了突出与其他方案的区别，本文将其实质内容——行业无损目标作为其方案的名字。

② Schmidt, J., et al., 2006. *Sector-based Approach to the Post -2012 Climate Change Policy Architecture*. http://www.ccap.org/docs/resources/68/Sector_Straw_Proposal-FINAL_for_FAD_Working_Paper.pdf.

的数据，同时开始一系列能力建设和宣传工作；与此同时，其也正在建立一个分析框架，用来模拟行业方法的好处及其对国际市场竞争的影响。在政策方面，CCAP 的研究重点将放在：①设计合适的资金激励机制，使发展中国家愿意采取额外的行业减排行动；②设计合适的政策框架，使行业方法成为后京都气候框架中实际可操作的一部分。CCAP 对行业方法的研究同时在中国、印度、墨西哥和巴西这些发展中国家展开，主要研究电力、铝业、水泥和钢铁行业。

2. 日本政府提出的行业方法

日本对行业方法的研究起始于 2003 年①。到 2008 年，在每次 AWG-LCA 的会议上，日本政府都会提交关于行业方法的最新提案②。

日本对行业方法的定义是：行业方法是从行业的角度应对全球温室气体排放问题的工具；每个国家先分别计算其国内行业的减排潜力，基于减排潜力和对行业生产活动的预测计算行业可能的减排量。这其中的计算都要经过别国的审查。然后自下而上地将各行业的减排量的计算结果加总起来，为设定定量化的温室气体全国减排目标提供依据。与此同时，行业方法也是加速全球温室气体减排的有力工具，它能够识别出每个行业中的最优做法和最佳技术，并加快这些技术和经验的转移。

图 1 可以反映日本提出的行业方法的主要目的和内容，即“在 MRV 发达国家减排承诺的同时强调发达国家之间减排贡献的可比性；不强调发展中国家的承诺，只注重主要发展中国家的行动，并将其 MRV 化”。日本的行业方法中也提到了关于在 UNFCCC 下设立顾问小组和通过额外适当的资金支持（包括行业信用机制）来支持发展中国家采取实际行动。

原则：行业方法不能替代国家层次的减排目标；行业方法要与“公平但有区别的责任和各自能力”原则保持一致；行业方法并不是简单地将一个相同的标准应用到所有的国家；行业方法不应导致任何的贸易制裁。

日本未来的行动方略：继续数据收集的工作并逐步加强；收集各方对行业方法的意见和看法，进一步细化行业方法；支持发展中国家行业层面的温室气体控

① Ninomiya, Y., 2003, *Prospects for Energy Efficiency Improvement through an International Agreement in Climate Regime Beyond* 2012 “*Incentives for Global Participation*”, NIES/IGES Joint Research Report.

② MISC0101, MISC04.

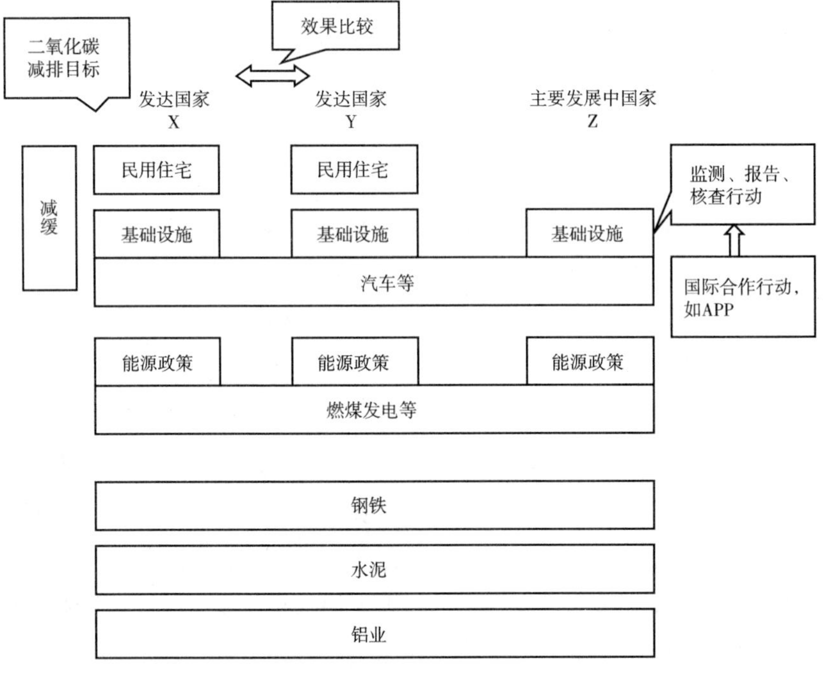

图 1　日本提出的行业方法构架

制；比较发达国家的减排贡献；在重点部门加强国际技术开发；在制订 2009 年 AWG-LCA 工作计划时，应当将数据收集、支持发展中国家进行行业温室气体控制以及技术开发作为工作重点。

3. 可持续发展政策和措施 SD-PAMs

可持续发展政策和措施是基于在某行业实施政策的承诺（此政策有减排效果），而非基于排放。因此，可持续发展政策和措施是由国家发展需求驱动，发展中国家自愿确定具体承诺。

可以承诺的政策和措施类型：例如提高某行业的能源利用效率，建立 5 万座节能房屋，鼓励再造林。起初的目标可以是自愿的，或者对少数发展中国家是强制的，之后可能对一些中等收入的发展中国家变成强制目标。在执行过程中需要在国际气候框架内建立报告机制（报告进展），同时也需要建立审查机构和机制。根据可持续发展政策和措施机制的具体设计，可以使一些活动受到发达国家的帮助和资金支持。

4. 行业 CDM

Bosi 和 Jane 指出，《京都议定书》中各工业化国家的减排义务都是基于在整个国家范围寻求低成本减排可行性的综合方式，而许多研究者则认为在行业范围寻求基于市场的减排方式在可行性、解决竞争问题以及实行、推广等方面更具有合理性。因此他们在行业基础上提出了行业信用机制（Sectoral Crediting Mechanism, SCM）。在此机制下，行业中减少排放的政策或投资就能带来减排。这些减排量可以在碳市场上出售，也可以用于抵消 GHG 减排承诺，同时也可以将其储存，用于抵消将来的减排承诺。行业信用机制的构建可以有不同的方法，例如：可以利用 SCM 在行业中鼓励增加消减 GHG 的投资，或者促进制定更多的减排政策。行业排放权机制可以基于排放总量控制，也可以基于排放强度。这些机制产生的动机和义务的类型取决于与之对比的行业基准线是“限制的”还是“非限制的”。如果存在可以避免重复计算的方法，行业排放权机制就可以与现存的 CDM 机制同时使用。

按照实施范围设计，SCM 可分为以下两种方法。

（1）国际行业机制：这些机制的范围包括全球范围内某行业所有企业或大部分企业。该机制广泛的覆盖面可以帮助减少对竞争的影响。国际行业机制可能与跨国行业更相关。2004 年，den Elzen 和 Berk 指出，该方法也适用于国际运输行业，如航空。

（2）国内行业机制：国内行业机制下，政府为某些行业制定排放基准线，利用行业减排权促进行业中更多的 GHG 减排投资，减少 GHG 排放。一些行业中，政府管理的行业机制一般被认为是减少排放的第一步。

按目标和基准线设计，SCM 可分为以下三种类别。

（1）基于政策机制：此机制中，行业的决策者必须遵守一些要求实现 GHG 减排的政策，一旦减排量被确定为是基于这些政策的结果，则自然产生相应的排放信用。“政策”是指某一区域内的官方政策（如税收、标准和规章）。政策可以涵盖整个行业（如交通运输、水泥生产等）或行业的一部分。

（2）基于强度机制：基准线以每单位产出所产生的 CO_2 当量进行计算，一个行业或企业的排放水平低于允许的排放限制，就可以产生减排。

（3）总量控制机制：制定一个绝对的排放限额，在给出的期限内，行业的实际排放记录与该限额之间的差值将作为行业的排放信用。

三 发展动向评述

从行业方法的最新进展看，目前国际行业温室气体减排方法发展的特点包括以下几个方面。

第一，概念趋同化，但并未达成共识。目前对行业减排方法甚至具体方案的讨论已经逐渐聚焦到较可行的几个类别上（即技术合作、行业信用机制和行业无损目标），许多具体的行业排放计算方法、行业减排方案与行业减排模板也纷纷出炉。但对于每个类别，不同的研究机构和倡导者在构成要素的具体内容方面还有着不同的定义，各说各话的局面依然存在，并未达成共识。发达国家和发展中国家在行业方法的关注点上仍有较大差异：发达国家更加强调全球通过行业方法进行共同减排，而且非常关注发展中国家如何利用行业方法衍生的机制进行实际减排的问题；而发展中国家则依然坚守阵地，将行业方法定位于发达国家向发展中国家进行技术开发援助与技术转让的层面下。

第二，研究深入化，但在顶层制度设计方面探索不足。国外的研究机构纷纷选定一类或几类具体的行业减排方法，设计其在国家和行业层面可能的操作细节，并讨论此方案对经济、社会和环境可能产生的影响，但对于行业减排方法如何融入现有公约体系的关键性问题仍然缺乏深入的研究和有影响力的建议。

第三，大部分行业减排方法将研究重点放在发展中国家的数据收集和制度设计上，忽视了发达国家减排的政治意愿才是推动行业减排方法在发展中国家实施的关键。许多行业减排方法的研究机构和倡导者积极地在发展中大国同时也是某些高耗能行业的排放大国收集技术数据和政策信息，开展方案设计和案例研究，但忽视了在发展中国家成功运作行业减排方法的前提——发达国家必须进一步加大减排规模，从而需要以新的技术和资金协助换取发展中国家的减排信用。

第四，发达国家和发展中国家对行业方法的研究存在较大差距。发达国家对行业方法的讨论逐步深化，并积极考虑发展中国家可接受性的问题，避开谈全球设置统一标准的问题，转而讨论行业无损目标或行业信用机制等具体行业方法如何操作、如何运行，并识别其挑战。而发展中国家往往仅是其项目的参与者，无法起到主导的地位。

国际行业温室气体减排方法的发展对发展中国家尤其是我国构成了多方面的

挑战，也提出了相应的亟待解决的问题。在国家层面，虽然《公约》谈判中发展中国家强调严格依照《巴厘行动计划》的界定开展对“合作的行业方法和具体行业的行动”的讨论，排除任何形式的引入发展中国家新义务的行业减排方案，但在谈判桌外，一些国际组织和研究机构积极推动行业减排进程甚至在中国开展实际项目的行动依然值得密切关注。因此亟须对行业减排方法的发展动态进行追踪，对其本质进行进一步剖析，系统分析行业减排方法对我国经济、社会和环境等多领域的潜在影响，包括对我国节能减排行动可能起到的积极促进作用；研究我国工业行业在行业减排方法中可能受到的正面和负面影响，制订行业主管部门、行业协会和企业在国际行业减排行动方面的具体应对方案。行业层面的挑战更多地来自于如何协调行业长期竞争力、远期市场与当前的气候谈判立场的关系，亟须分析行业减排方法对我国工业部门未来的竞争力和国际市场的中长期影响，研究在低碳经济发展趋势下我国工业部门（尤其是高耗能工业部门）的中长期发展战略。

碳汇与毁林问题及谈判进展

高清竹　李玉娥*

摘　要： 本文详细介绍了土地利用、土地利用变化和林业活动（LULUCF）与减少发展中国家毁林及森林退化的温室气体排放（REDD）有关议题的背景、谈判焦点和进展以及主要缔约方观点，综述了缔约方对现有LULUCF规则的修改建议及其对附件一国家减排目标的可能影响，并提出了针对LULUCF和REDD议题的谈判对策建议。

关键词： 土地利用　土地利用变化和林业活动（LULUCF）　减少发展中国家毁林及森林退化排放（REDD）　碳汇　减排　谈判焦点与进展

一　土地利用、土地利用变化和林业活动有关议题谈判进展

（一）土地利用、土地利用变化和林业活动有关议题背景

大气中温室气体浓度增加造成的全球气候变化，是国际社会普遍关注的重大全球性问题。它不仅对全球环境和生态系统产生重大影响，而且还涉及人类社会的生产、消费和生活方式等社会经济诸多领域。为此，国际社会为保护全球气候采取了一系列的行动，如《京都议定书》（以下简称《议定书》）规定了《联合国气候变化框架公约》（以下简称《公约》）附件一国家在第一承诺期（2008～

* 高清竹，中国农业科学院农业环境与可持续发展研究所农业环境与气候变化室副研究员，博士，主要从事全球气候变化及生态安全方面研究；李玉娥，中国农业科学院农业环境与可持续发展研究所气候变化研究室主任，研究员，主要从事农业与气候变化相关的科研工作。

2012年）的量化减排指标。实现减排目标的主要途径包括国内能源、工业等部门的减排和促进土地利用、土地利用变化与林业（LULUCF）有关活动的碳汇，附件一国家之间的排放贸易和联合履约，以及附件一国家和非附件一国家的清洁发展机制（CDM）等。为履行《议定书》，第七次《公约》缔约方会议制定了一系列规则——《马拉喀什协定》，其中包括只适用于第一承诺期的LULUCF规则（11/CP.7）。附件一国家利用LULUCF活动产生的碳汇在很大程度上减轻了它们履行第一承诺期减排义务的压力。

在2005年召开的《公约》第十一次缔约方会议（COP11）上已启动了2012年后国际社会减缓气候变化的谈判。2007年在印度尼西亚巴厘岛举办的《公约》第十三次缔约方会议（COP13）上继续谈判发达国家2012年之后的减排指标，并邀请缔约方就附件一国家实现减排目标的途径提出建议，其中包括排放贸易和基于项目的减排机制，LULUCF规则，可能包括的温室气体、部门和排放源种类，部门减排目标的制定等。

无论是从发达国家利用碳汇抵消第一承诺期减排承诺的作用来看，还是从未来两年的谈判进展来看，第二承诺期如何利用LULUCF活动产生的碳汇将是谈判的重点。

（二）第一承诺期LULUCF规则要点及对附件一缔约方履约的作用

1. 第一承诺期LULUCF规则要点

（1）关于附件一国家利用碳汇应遵循的原则：①以科学为基础；②在估计和报告LULUCF活动时始终使用统一的方法；③LULUCF活动的核算不得改变《议定书》第三条第1款提出的减排目标；④只考虑LULUCF活动造成的碳储量的净变化；⑤开展LULUCF活动应有助于生物多样性的保护和自然资源的可持续利用；⑥不能将减排义务转移到将来的承诺期；⑦LULUCF活动造成的碳汇的排放要在适当时候进行弥补；⑧剔除由于CO_2浓度增加、间接的氮沉降对碳储量的影响，剔除基准年以前的活动造成树龄结构的动态变化而产生的碳汇。

（2）关于《议定书》第三条第4款的合格活动及核算方式。关于第三条第4款的合格活动包括森林管理、农田管理、草地管理和植被恢复，并且这些活动必须是在1990年之后发生的。LULUCF规则还规定了这些活动的碳汇核算方式，并根据各国具体情况及减排努力分别为附件一缔约方规定了利用森林管理活动

[包括国内森林管理和联合履约（JI）项目] 碳汇数量的上限。由各种活动获得的碳汇核算方式如下：

①森林管理。1990 年以后，如果某一缔约方通过森林管理获得的碳汇总量等于或大于第三条第 3 款的净排放量，可以用森林管理的碳汇弥补第三条第 3 款的净排放量，但每一个缔约方每年最多可使用 900 万吨碳，对这部分碳汇不进行折扣。森林管理活动产生的碳汇在扣除用于弥补第三条第 3 款的净排放量（最多不能超过 900 万吨碳）。第三条第 4 款下森林管理活动所获得的碳汇在弥补第三条第 3 款净排放量的剩余额与 JI 森林管理活动所获的碳汇数量之和不应超过 LULUCF 规则中规定的碳汇使用上限。

②其他管理活动。其他管理活动包括农田管理、草地管理和植被恢复三种广义的活动。对这三类活动产生的碳汇采用“净 – 净”核算方式。对农田管理和草地管理的碳汇不进行折扣，对植被恢复产生的碳汇乘以折扣系数 0.15，但没有规定这些活动产生的碳汇使用上限。

（3）关于造林、再造林清洁发展机制（CDM）项目。在第一承诺期，只有造林和再造林活动是合格的 CDM 项目。附件一国家平均每年可利用造林和再造林项目碳汇的上限为缔约方基准年排放量的 1%。

2. LULUCF 活动对附件一国家履行《议定书》的作用

第三条第 4 款、第六条和第十二条碳汇使用总量占批准《议定书》的附件一国家基准年排放量的 3.3% ~3.9%。日本、加拿大森林管理与 JI 项目的碳汇使用上限分别为 1300 万吨碳和 1200 万吨碳，超过了日本和加拿大估算的国内森林管理的固碳现状。附件一国家 2007 年提交了 1990 ~2005 年期间的国家温室气体排放清单，表 1 为加拿大、日本、俄罗斯、欧盟 1990 年的排放量与第一承诺期允许利用的碳汇数量。第一承诺期允许使用的碳汇数量分别相当于各自基年排放量的 5%（日本），8% ~12%（加拿大），5% ~7%（俄罗斯）和 2%（欧盟）。由此可见，第一承诺期附件一国家使用 LULUCF 活动产生的碳汇量大大抵消了它们履行《议定书》的义务。

根据附件一缔约方提交给《公约》秘书处的国家温室气体排放清单，本文汇总了加拿大、日本、俄罗斯、澳大利亚、新西兰和欧盟 27 国等森林管理活动的碳汇和排放现状（图 1）。从图 1 可以看出，日本、俄罗斯、加拿大、澳大利亚、新西兰和欧盟 27 国森林管理活动表现为汇，1990 ~2005 年森林管理碳汇平

表1　主要附件一国家基年排放量及碳汇作用

国　家	基年排放量*（Tg CO_2e）	第一承诺期允许使用的碳汇数量**（森林管理+JI+CDM）（Tg CO_2e/yr）	第一承诺期允许使用的碳汇量占基年排放量的比例（%）
加拿大	596	-54～-71	8～12
日　本	1272	-60	5
俄罗斯	2990	-164～-211	5～7
欧盟(27国)	5369	-89	2

注：*数据来源于（UNFCCC，2007）；**根据（UNFCCC，2005a）计算得出。

均分别为80.8、264.7、67.1、29.0、21.4和435.3 TgCO_2e，均高于规定的第一承诺期可以使用的森林管理碳汇上限。俄罗斯和加拿大估算的过去十几年森林管理碳汇波动很大，但日本和欧盟估算的碳汇并没有考虑对森林管理活动碳汇的折扣，也没有对农田管理和草地管理活动采用“净-净”的核算方式。如果严格按照第一承诺期LULUCF规则核算日本和欧盟LULUCF部门碳汇数量（即对森林管理活动产生的碳汇扣除85%，其他活动采用“净-净”的核算方式），则日本和欧盟在近五年使用的碳汇数量远远低于规定的使用上限。加拿大和俄罗斯两国的LULUCF部门碳汇估算结果波动大，如2000年俄罗斯LULUCF部门为源，排放量为3.5亿吨CO_2e，而仅在三年之后，俄罗斯的LULUCF部门变为汇，碳汇数量为3.8亿吨CO_2e。这说明利用LULUCF活动产生的碳汇的估算不确定性很大，年际变化量大，利用碳汇履行减排义务有可能严重削弱《议定书》的环境效果。

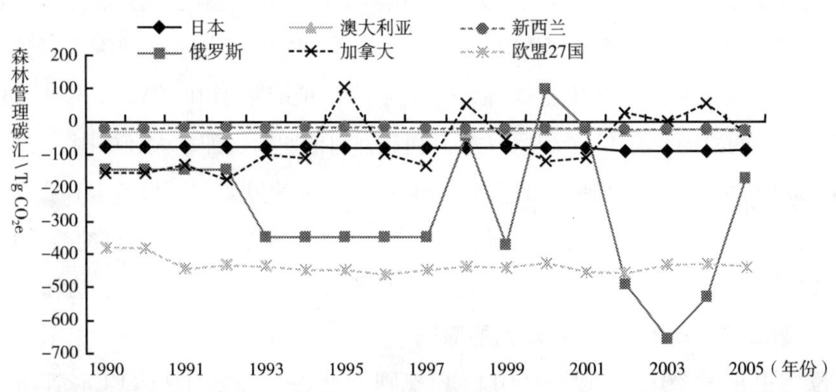

图1　主要附件一缔约方森林管理碳汇现状

3. 第一承诺期 LULUCF 规则的主要问题

由于估算人的活动造成的碳汇涉及的科学问题难以在短时间内解决，同时考虑到各方利益，已达成的 LULUCF 协议主要存在如下问题。

（1）不同的附件一缔约方采用的毁林的核算方法不一致。对基年造林、再造林和毁林活动不是净排放源的国家，毁林采用的是“总 - 净”核算方式（第三条第 3 款），而对 1990 年或基年造林、再造林和毁林活动为净排放源的国家，毁林造成的排放采用的是“净 - 净”核算方式（第三条第 7 款）。

（2）规定森林管理的碳汇使用上限并不能真正激励有关国家去改善森林管理增加碳汇。

（3）农田管理和放牧草地管理采用的“净 - 净”核算方式，可能会因为基年和目标年核算的土地范围发生变化而使核算结果产生较大偏差。

（4）木质林产品未纳入核算范围，不利于激励有关国家采取措施增加木质林产品使用寿命。

（5）采用 1990 年或其他某一年为基年（而不是某一时期的平均值），会因为陆地生态系统碳汇的年际变异而产生较大误差，这对采用“净 - 净”核算方式的活动的影响是很大的。

（6）没有考虑植被破坏产生的碳的排放。协议允许一个国家选择使用“植被恢复”活动产生的碳汇，而不需对“植被破坏”产生的碳排放进行核算。

（二）关于第二承诺期 LULUCF 规则的各方观点

通过 6 次《京都议定书》特设工作组（AWG-KP）会议，各缔约方同意就《京都议定书》第二承诺期 LULUCF 有关的定义、规则和程序进行深入讨论，以增强《京都议定书》的环境整体性，且未来的讨论应基于 16/CMP. 1 号决议中有关 LULUCF 的原则。有 12 个国家（澳大利亚、白俄罗斯、加拿大、中国、爱尔兰、日本、新西兰、挪威、沙特、图瓦卢、斯洛文尼亚代表欧盟和斯里兰卡）提交了附件一缔约方实现减排目标途径的建议，并分别就排放贸易和基于项目的减排机制、LULUCF 规则、温室气体种类、排放源类型和部门减排目标等表明了看法和立场。

1. 第二承诺期 LULUCF 规则的原则

欧盟提出了 2012 年以后 LULUCF 规则的几条原则：①LULUCF 活动应对《公约》的最终目标有所贡献；②农林业碳汇计量应有利于保护气候和《议定

书》的环境完整性；③需要考虑陆地生态系统碳储存对自然扰动的脆弱性和气候变化对陆地生态系统碳储存潜在影响；④计量 LULUCF 活动排放和吸收时，应促进减排和避免不正当的鼓励机制；⑤未来的 LULUCF 规则应促进 LULUCF 活动的减排、可持续利用生物质能源和林产品以及可持续利用与管理农田与林地。此外，新西兰也提出了未来 LULUCF 规则应考虑不可抗拒的自然灾害的影响。

2. 主要缔约方对现有 LULUCF 规则的修改建议

几乎所有提交意见的缔约方都提出了修改现有 LULUCF 规则的建议。爱尔兰和加拿大等提出对现有规则的修改应保证 LULUCF 规则的科学性和方法学的完善；澳大利亚和新西兰提出应在确定附件一国家第二承诺期减排目标之前完成 LULUCF 规则的制定；中国提出为了保证连续性和可比性，不应对 LULUCF 的规则进行较大的改动；欧盟也提出未来的 LULUCF 规则和现行规则应具有可比性。几乎所有提交意见的附件一缔约方认为，目前的规则削弱了它们采取增加碳汇的活动的积极性，要求对现行 LULUCF 规则进行修改，建议降低规则的复杂性和减少成本，提高增加碳汇的积极性，使 LULUCF 活动的减排增汇作用最大化。

图瓦卢提出第一承诺期的规则允许附件一国家不计量由于森林火灾和病虫害导致的毁林排放，在第二承诺期的计量规则制定中应考虑所有土地上的排放；加拿大、新西兰、挪威等都提出反对设置森林管理碳汇的使用上限；澳大利亚、爱尔兰、挪威等提出 LULUCF 应包括更广泛的活动，如爱尔兰提出《议定书》第三条第 4 款下的合格活动还应包括湿地恢复；日本提出要考虑居住区的树木和多年生禾本植物的生物量变化。关于合格的 CDM 项目活动，挪威提出还应包括毁林、防止森林退化、促进碳汇和可持续森林管理活动，但必须做大量的工作以解决如基准线、泄漏和持久性等方法学问题等。对于森林管理中的排放核算方法，挪威、新西兰等国也提出了新的建议。

总之，附件一国家都希望在第二承诺期利用更多的碳汇完成减排义务。

3. 缔约方对第二承诺期 LULUCF 规则建议的可能影响

第二承诺期如何利用 LULUCF 活动产生的碳汇是近两年争论的焦点，发达国家一直积极推动这一问题的进程。在第五次 AWG-KP 会议的波恩续会上，各方初步识别和提出 2012 年之后利用 LULUCF 碳汇有如下几种选择。

（1）选择一：沿用当前规则。

16/CMP. 1 决议中规定的第一个承诺期 LULUCF 活动的定义、特征、规则和指南等继续在《京都议定书》的第二承诺期中使用。该选择将保持报告和核算的连续性，保持规则不变以避免再次谈判等。该选择将导致附件一缔约方在1990年不含LULUCF活动的情况下，LULUCF净吸收或减排量占国家总排放量的百分比超过3%（每年500TgCO_2，设定缔约方将不会改变《京都议定书》第三条第4款下的活动选择）或超过4%（每年700TgCO_2，设定缔约方将会强制核算《京都议定书》第三条第4款中的所有活动）。该选择导致可交易的供应量有可能小幅度增加，将不改变或略微改变国内减排活动，或许鼓励增加和保持森林地区，但少许或不提倡促进可持续森林管理和在已存在的森林和农业土壤中增加吸收与减少排放。这有可能限制森林和农业的可持续发展以及保持和增加森林覆盖率。

（2）选择二：仅改变森林管理有关规则。

由于通过森林管理活动可以达到减少排放的目的，所以对森林管理的处理已经引起一些缔约方的关注。这些活动包括一些非人类因素的影响以及它们在减排目标中的贡献。在选择二（a）和（b）下将只改变对在16/CMP.1决议中详细描述的森林管理的处理。

①选择二（a）：采用森林管理折扣因子。16/CMP.1决议规定的第一个承诺期森林管理的定义、特征、规则和指南，除了森林管理中的封顶将会用折扣因子代替外，其他的将会在《京都议定书》的第二个承诺期继续适用。该选择将提供森林管理活动的鼓励机制，并且保留了当前定义、规则、特征和指南方针的连贯性。对附件一缔约方的影响决定于商定的折扣因子。例如，应用当前附件一缔约方的国家排放清单报告的森林排放和吸收量的85%为折扣量，这将相当于使用了当前的封顶［约为1990年不包括LULUCF时年总排放量（每年267TgCO_2）的1.4%］所造成的结果，可能对个别的缔约方差别更大些。对碳市场的影响依赖于折扣因子的大小，折扣因子越小，森林管理产生的潜在额外贸易单位的数量越大。该选择将鼓励林业管理，促进森林的可持续发展。

②选择二（b）：森林管理中使用“净-净”核算方法。16/CMP.1决议确定的第一个承诺期森林管理的定义、特征、规则和指南，也将适用于《京都议定书》的第二个承诺期，但森林管理中的温室气体排放和吸收将基于基准年和承诺期间所有的量（“净-净”核算方法）来进行解释。该选择将鼓励核算在森林管理中减少排放或增加吸收的所有变化，并在很大程度上符合当前的定义、规

则、特征和指南，确保了在《京都议定书》第三条第4款中其他活动处理的连贯性。但是，该选择需要面对如何区分直接的人为因素和其他影响因素（自然干扰和间接人为因素引起的影响），怎样处理造林、再造林和毁林的净排放用森林管理的净吸收来补偿等问题。该选择对附件一缔约方的影响，在1990年森林管理不涵盖LULUCF活动的情况下，净吸收或减排量占国家总排放量的百分比超过1.6%（设定缔约方将不会改变《京都议定书》第三条第4款中活动的选择）或者超过1.5%（如果所有缔约方均选择森林管理）。该选择使森林管理可交易的供给量可能会小幅度的增加，而在造林、再造林和毁林，农田管理，放牧草地管理和植被恢复方面没有变化。促进森林可持续发展，加大鼓励实施森林管理的积极性，可能会增加国内LULUCF方面的减排行动，但其他部门国内行动可能会减少。

（3）选择三：统一《京都议定书》第三条第3款和第4款中活动的规则。

这一选择是为了解决处理不同LULUCF活动的矛盾。这些矛盾是由不同的活动适用不同的规则造成的，或者根据相关事实，在《京都议定书》第三条第4款中仅仅在原则上会导致净吸收的活动才称为合法的活动。

①选择三（a）：在第二个承诺期使用当前的定义、特征、规则和指南，并且所有活动（包括造林、再造林和毁林活动，森林管理，农田管理，草地管理和植被恢复等）都使用“净－净”核算方法。

所有合理的LULUCF活动的温室气体排放和吸收都需要核算基准年和承诺期间的量（“净－净”核算）。所有活动的核算都是强制性的，没有必要单独报告造林、再造林、毁林和森林管理的排放和吸收。尽管不是所有的土地都需要写入报告、所有的排放都需要核算，但该选择需要近似地核算所有土地的排放。该选择将一致性地处理《京都议定书》第三条第3款和第4款中的活动，使报告和核算简单化。估计对附件一缔约方的影响将会小于选择一的影响，附件一缔约方的净吸收量（比较1990年和2001～2005年的平均净吸收量）将会增加到总排放量（不包括LULUCF）的2%。对国内减排影响很小或微乎其微，鼓励造林和再造林以及减少毁林活动，将会增加森林管理活动。农田管理、草地管理和植被恢复活动将会增加但其影响不会很大，而其他部门国内行动可能会减少。

②选择三（b）：《京都议定书》第三条第3款中允许“土地利用灵活性”。在此选择中，采伐过地区的排放可以同样大小地区的吸收来弥补，即使吸收量可

能会少于排放量。该选择仅适用于人工种植的森林。目前，社会对土地的需要阻碍了《京都议定书》第三条第4款中活动规则的应用。毁林造成的排放不能总是从造林、再造林活动的吸收得到补偿，因为新的森林土地成为一个有效的净汇需要一定的时间。灵活利用土地可以保证这种补偿，并增加造林、再造林和减少毁林的鼓励机制。对附件一缔约方排放影响很小。造林、再造林活动增加所造成的额外的吸收，占1990年附件一缔约方除了LULUCF外的全部排放量的百分比远低于0.5%。毁林造成的排放和造林、再造林的吸收之间弥补的可能性，导致可交易供给量微不足道的小幅度减少。在国家水平上，该选择使土地管理具有更强的灵活性，在毁林造成的净排放量预计会超过造林、再造林活动的净吸收量的缔约方中，鼓励其造林、再造林活动的增加。

③选择三（c）:《京都议定书》第三条第4款中增加符合条件的新活动。该选择对《京都议定书》第三条第4款中符合条件的新活动进行识别很有必要，例如，这些活动包括森林退化、除草和湿地管理等。核算应保证匀称性，当森林管理中报告的土地面积小于总的森林管理面积时，森林退化可以在核算中忽略不计。如果活动的选择是森林管理中的一部分，《京都议定书》第三条第4款中包括的“退化森林”作为一个额外活动会消除不平衡性。类似的推理被用于植被受损以再种植来平衡的选择。湿地管理应包括在核算中，这可以增强对湿地重建带来的净吸收的鼓励机制。湿地管理可以覆盖湿地中其他活动来确保核算的平衡性。在大多数附件一缔约方中，易受森林管理影响的地区和被分为“森林管理”的地区很大程度上是一样的，一些附件一缔约方需要核算森林退化造成的排放，多数的附件一缔约方没有发生大规模的森林退化，因此本选择将对附件一缔约方产生小到中等程度的影响。另外，附件一缔约方没有对植被受损进行评估。只有三个缔约方在第一个承诺期选择了植被恢复。通过增加植被恢复来平衡植被受损对排放预算会有很小的影响。根据IPCC第四次评估报告，干燥的有机土壤恢复减缓排放的潜力是很大的。当考虑所有的气体时，用湿地恢复来达到减排的潜力具有很大的不确定性。干燥的有机土壤和处于退化威胁状态的土壤可能包括在农田管理、草地管理和森林管理的排放核算中，这些取决于缔约方的选择。原则上，新增的活动是净汇的话可以增加《京都议定书》中的贸易供应量而减少贸易需求量。相反，也可能是净源。湿地恢复的排放核算会导致《京都议定书》中贸易供应量的增加。其他新活动的核算可能导致供应量的小幅度增长。这些影

响取决于选择是如何实施的。比如，是否新的活动是强制性的或受封顶和折扣因素的影响。

（4）选择四：《公约》中适用于以报告为基础的核算：所有土地利用范畴的强制性和“净-净”核算方法。

该选择将所有土地利用的范畴和土地管理活动造成的排放和吸收都包括在LULUCF的核算中，并且以《公约》中报告的最新温室气体清单为基础。该选择是一种为降低核算不平衡性风险的全面而又均衡的方法，可以保持《公约》报告的一致性、简化报告和核算并减轻附件一缔约方的压力，并且允许应用“净-净”核算方法。对附件一缔约方排放的影响占不包括LULUCF在内的附件一缔约方1990年国家总排放量的比例多于2%（以当前报告为基础），到2030年时大约为30%。对国内减排活动的影响取决于国家环境和执行的规则。原则上，该选择能够增加LULUCF国内活动，但是这会造成其他部门国内活动的减少。权衡其他社会需要使用土地，碳管理将会成为影响土地利用政策的一个更大的因素。

（5）选择五：应对年际波动。

年际波动和其他干扰对LULUCF的核算有重大的影响。这些波动和干扰在5年的承诺期中可能会有所减弱，因此会逐渐减少对报告和核算的影响。由于基准年是单独的一年，因此这种减弱趋势是不可能的。LULUCF的年际波动幅度是很大的（见图2）。附件一缔约方在1991～1995年间LULUCF温室气体净排放和吸收量的5年浮动平均值与1990年相比，仅为1990年的-24%～-45%。如果反过来说，那5年的平均值和1991年的水平相比，相应的范围会变为4%～12%。对于个别缔约方，这种变化会更大一些。选择五（a）、（b）和（c）可以用来克服这个问题。

①选择五（a）：在易受自然干扰的地区，应用暂时吸收。该选择负责处理易受自然干扰地区的暂时吸收问题。在这些地区，自然干扰使温室气体排放量和吸收量呈现较大波动，因此，这些地区的排放量和吸收量将被报告，但不需要核算在内。自然干扰（如火灾和虫灾的爆发）和贸易交往造成的林地排放和吸收量的波动对一些国家（如加拿大和俄罗斯）有重大的影响。对于加拿大来说，在报告中，1990～2005年林地类别中剩余林地的最大排放量和最大吸收量之间的差别已经多于300Tg CO_2e；对于俄罗斯，其最大排放量和最大吸收量的差别更大一些，达到了750Tg CO_2e。这些由自然干扰造成的整体差异是不明确的。

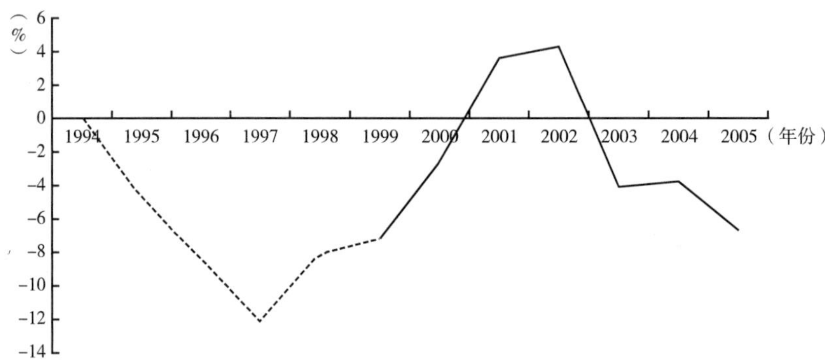

图2 所有附件一缔约方的土地利用、土地利用变化和林业部门的净排放量或吸收量的变化趋势（偏离基准线1990～1994年的百分比）

注：以1990～1994年排放量为基础，此趋势表现的是5年浮动平均净排放量或吸收量的波动幅度。这些年的数值是以计算出的5年的平均计算值为基础的（例如，1999年是指1995～1999年期间平均值）。1995～1999年期间包括基准年并且由虚线部分确定。

而这些大的波动表明，自然干扰所产生的影响是很大的，大概占到总排放量的5%。这里的总排放量是指附件一缔约方1990年不包括LULUCF活动的排放量。自然干扰（如火灾、虫害爆发）的风险和温室气体排放的潜在影响已经被视为森林管理的一个障碍。该选择将减少这些风险并鼓励附件一缔约方对森林管理中的排放和吸收进行核算，这种办法也可以适用于其他活动和基于土地的核算。这些对缔约方排放预算的实际影响决定于当前的自然干扰。

②选择五（b）：采用基准期替代单独的基准年。在“净－净”核算中，基准年应该被一个基准期来替代。基准期排放量可以涵盖大约5年或10年间的平均排放量和吸收量。使用10年的平均排放量将会进一步减少波动的影响。本选择可以消除波动和干扰的影响。附件一缔约方承诺期的平均排放量和吸收量不会发生变化；然而，一个5年或10年基准期的使用很可能会减少减排承诺量：如果附件一缔约方LULUCF部门在1990年是净排放源，减排承诺量会减少约1990年不包括LULUCF活动的总排放量的1%（如果基准期适用的话，一些缔约方的LULUCF部门会转变为排放的净源）。采用“净－净”核算方式，减排承诺量大约会占1990年不包括LULUCF活动在内的总排放量的2%（基准年的吸收量会相对大些）。这可能导致潜在贸易需求量大幅度增加，这决定于后续选择，选择的一段时期或是一年以及执行的规则。实现减排潜力的积极性决定于LULUCF活

动如何排放和吸收包括在缔约方的基准年总排放量和国家总体排放目标，其影响可能是积极的也可能是消极的，这决定于核算方法和国家环境。

③选择五（c）：应用具有前瞻性的基准线。LULUCF 的核算不应该以基准年为基础，取而代之的是以事先制定的基准线作为标准，而基准线可以凭借管理计划和历史资料等相关内容来制定。例如，在承诺期的某一年中的排放量和吸收量不应该与基准年的相比较，而是通过与同一年制定的基准线相比较来说明相关问题。具体的，基准线可以根据自然干扰或者其他因素的影响做出相应的修正。该选择既能处理自然干扰，又考虑了国情，核算直接由人类活动所引起的排放量和吸收量。在承诺期内，附件一缔约方排放量或吸收量的平均值将不会改变。对碳市场的影响取决于这选择中的规范。以目前的信息，我们还不能提供确定的该选择对碳市场的影响，原则上使用基准线而不是基准年可以潜在地限制由 LULUCF 产生的交易单位。

（6）选择六：LULUCF 强制性核算和报告。

现有的核算规则将不会改变，但对《京都议定书》第三条第 4 款中活动的报告将是强制性的。在使用 LULUCF 活动时，要求附件一缔约方之间的核算规则是一致的。对附件一缔约方排放预算的影响取决于执行的规则。假设应用于第一个承诺期内的规则将保留：造林、再造林、减少毁林和森林管理很大程度上像是农田管理、草地管理及植被恢复的当前核算规则，增长 0 ~ 8%（也可能接近下限范围）。该选择导致可交易需求量有小幅度增加，增加了国内减排的积极性，可能会增加国内 LULUCF 的活动，可以促进森林管理和农业生产的可持续发展（也权衡了由于农业用地碳管理增加所引起的粮食安全问题）。

（7）选择七：限制 LULUCF 规模。

一些缔约方对附件一缔约方关于《公约》目标中 LULUCF 的贡献规模表示关心。虽然选择五和选择六是为了解决 LULUCF 的问题而不是其规模，但其中的一些选择也限制了其规模（例如，应用折扣因素，或采用“净 - 净”的核算方法）。此外，一些缔约方建议 LULUCF 活动的规模，也可以通过限制 LULUCF 活动中信贷的互换性来达到目的。

（8）选择八：核算收获木质产品的排放。

《京都议定书》应用了《1996 年 IPCC 国家温室气体清单指南修订版》（以下称为《1996 年 IPCC 指南修订版》）中的默认假设，即木材产品源的大小没有

改变。换言之，现只有与森林贮存量变化相关的气体排放量和吸收量被报告和核算，收获木材的排放量已经在收获年份和收获的国家进行了报告和核算。该选择承担了收获的木材产品（HWPs）的报告和核算，其可以通过使用下列方法中的一种或几种建议进行报告和核算：①贮存量变化的方法。此方法可以估计森林中木质产品源碳储存的净变化。森林碳储存变化的核算是在木材生产国家完成的，而产品池的碳储存变化在产品使用的国家进行核算。这些储存的变化在国家边界内进行计算，不管是在何时何地发生的。②生产的方法。此方法可以用来评估森林中木质产品源的碳储存的净变化，但只可以用作生产的国家。储存变化是计算什么时候而不是什么地方发生的。生产方式的变化是所谓的简单的衰变方式，这种方式使用排放系数来核算收获木质产品的碳分解。③大气流动的方法。此方法用于核算国家边界内，不管是何时何地，从大气中产生的净排放量和吸收量。归因于森林种植造成的大气碳排放的核算计入生产国，由木制产品的氧化带来的大气碳排放的核算计入消费国。所有的办法均应该考虑收获的木质产品中储存的碳对排放量的影响，但这种影响这里不予考虑。

该选择更精确地反映收获木质产品的实质变化，鼓励增加收获木质产品的库存和森林管理的可持续发展，增强木材替代能源消费材料的作用。增加鼓励收获木质产品源可以导致低排放（例如额外的净吸收），估计每年会少于100TgCO_2e（低于附件一缔约方在1990年国家总排放量的0.5%）。潜在的供给会有小幅度增加，需求会有所降低，报告中森林采伐造成的排放减少影响了贸易单位。另外，对碳市场的影响强烈地取决于所采取的方法和执行的规则。

（四）第二承诺期LULUCF规则的展望和建议

近年来有关固碳的持久性、估算的不确定性、剔除间接人为因素对碳吸收的影响等方面没有取得明显的科学进展。因此，在第二承诺期，应制定更完善的LULUCF规则，保证利用LULUCF活动减缓气候变化以利于实现《公约》的最终目标。因此，在第二承诺期LULUCF规则谈判时应强调：

（1）关于附件一国家第二承诺期利用碳汇应遵循第一承诺期提出的LULUCF利用原则。

（2）应限制在第二承诺期大量使用LULUCF碳汇减少温室气体排放，一方面保证减排效果的持久性，另一方面可以促进具有减排效果的高新技术的开发、推广与转让，有利于人类社会的可持续发展。

为避免附件一缔约方不合理地、过分依赖 LULUCF 的汇清除或减排量，应首先设定 LULUCF 汇清除或减排量的使用限额，包括 CDM、LULUCF 活动的使用限额，然后再确定各附件一缔约方的减排承诺指标。为促进附件一国家更多地从能源、工业等源排放部门实现减排，LULUCF 的使用限额不应高于第一承诺期。

在碳汇计量方面，应采取更完善与更科学的方法，只应考虑额外于基准年情况下人为直接 LULUCF 活动造成的碳储量变化，对森林管理活动也应采用“净－净”的核算方式，避免利用常规活动产生的碳汇履行减排义务。

与其他部门温室气体排放量的估算结果相比，碳汇估算的不确定性很大。因此，在计量方法的制定中应保证估算结果的保守性。

根据《议定书》第三条第 4 款的要求，在估算 LULUCF 活动产生的碳汇时应剔除间接人为因素（CO_2 浓度增加和氮沉降作用以及基准年以前的活动对碳储量的影响）和自然因素（火灾、病虫害和气候波动）对碳储量的影响。

在未来的规则中不应仅仅选择为汇的活动，还要包括造成排放的活动；在 LULUCF 规则制定中，要考虑人为活动引起的生态系统退化造成的碳储量下降。

陆地生态系统固定的碳是不稳定的，通过 LULUCF 活动增加的碳储量有可能由于人为活动、自然干扰和环境变化包括气候变化的影响又排放到大气中，如由于台风、火灾、植被演替（不能适应气候变化的植物被新的植物取代）和其他因素造成的毁林。这种潜在的可逆转性是 LULUCF 活动与其他部门减排活动的不同之处，减排效果不具有持久性。因此，在制定 LULUCF 活动的碳汇计量方法时，要考虑 LULUCF 活动固碳非持久性的问题。

二　减少发展中国家毁林及森林退化排放有关议题谈判进展

（一）减少发展中国家毁林及森林退化排放有关议题背景

森林覆盖面积占全球陆地面积的 30%，森林生物量的碳储量占全球植被碳储量的 77%，森林土壤碳储量占陆地生态系统土壤碳储量的 39%。20 世纪 90 年代以来，由于毁林全球每年大约排放 5.8$GtCO_2e$，其中大约 96% 来自热带的发展中国家，如南美洲的巴西、非洲的刚果和东南亚的印度尼西亚等。热带地区毁林严重，2000～2005年间森林净损失每年达730万公顷，毁林已经成为人类活动导致的最重要的温室气体排放源之一。研究表明未来的毁林会在热带地区短期和中期内保持较高的水平。Sathaye等估计到2050年累积毁林总量近6亿公顷。Soares-Filo等利用空间模型并考虑人口和经济因素，预计基准线情景下2050年毁林将导致亚马孙河流域40%的森林面积消失，排放大约11.7 $GtCO_2e$。因此，减少发展中国家毁林和森林退化是《联合国气候变化框架公约》谈判中重要的议题之一。

由于存在额外性、基准线、泄漏等方法学问题，减少发展中国家毁林和森林退化（REDD）没有被列入《京都议定书》第一承诺期的清洁发展机制（CDM）中。南美部分国家迫切需要开展REDD的CDM活动，以在减少毁林保护环境的同时获得额外的CDM收益，在《联合国气候变化框架公约》第十一次缔约方会议（COP11）期间提出应制定相关政策考虑减少发展中国家的毁林问题。通过讨论，该次会议决定用两年的时间来审核REDD相关理论、技术及方法上的问题，并制定可能的政策和激励机制减少发展中国家毁林问题。COP13通过的《巴厘行动计划》要求制定减少发展中国家毁林和森林退化的政策和激励机制。

（二）减少发展中国家毁林及森林退化排放有关议题进展和各方观点

2005年7月，巴布亚新几内亚和哥斯达黎加两国联合向《公约》秘书处提出启动“减少发展中国家毁林排放：激励机制”问题谈判的建议，并得到了玻利维亚、中非、智利、刚果（布）、刚果（金）、多米尼加和尼加拉瓜等国的支持。许多有着大量毁林排放的发展中国家也对此表示支持。随后该议题被列入2005年12月在加拿大蒙特利尔召开的《公约》第十一次缔约方会议的临时议题，后来又被列入正式议题，并进行了长期谈判和讨论。

巴布亚新几内亚和哥斯达黎加两国还提议科技咨询附属机构（SBSTA）研究相关议题，并考虑将减少热带毁林排放纳入国际气候谈判议程。两国提出设立国家基准线来解决诸多技术问题，包括额外性、泄漏、永久性和监测等。其中通过确立国家毁林基准线快速准确地判断减少毁林行动的额外性，确定是否从历史水平上真正实现了减少毁林。通过设立国家水平，毁林泄漏就可以解决，而基于项

目的计量则做不到。两国建议建立碳银行机制和保险市场来解决传统风险（如火灾和洪涝等）从而保证持久性，利用卫星遥感技术实现准确有效的监测。

在随后的几次会议上各缔约方纷纷提出各自的议案，形成了不同的立场。小岛屿国家联盟认为①首先要对 REDD 采取积极的激励机制和政策措施，所有的行动都要避免对生物多样性及当地社区和居民的生计产生不利影响，而且指出要在国家或次国家层面上解决 REDD 相关问题。在森林退化问题上，其认为要继续研究评估森林退化的方法，IPCC 应协助发展中国家建立评估森林退化的方法，并将可持续森林管理等相关的措施纳入考虑范畴，在实施 REDD 相关行动时要考虑非永久性及泄漏问题。要建立 REDD 基金及其他适应资金来增强对森林的保护，并增强发展中国家的能力建设使其能积极有效地监测森林及减少来自毁林和森林退化的排放。中美洲国家也赞成设立基金，因为发达国家不愿承担市场风险，也不愿对 REDD 相关活动进行大量的资金补贴，而面对消除贫困的当务之急，这些中美洲国家必将承担着经济和政治双重风险。中美洲国家愿意在国家层面上采取积极行动减缓气候变化，并建议进行双边和多边合作来达到共同的减排目标，敦促发达国家要积极合作共同做出减排努力②。非洲国家也面临着同样的问题，赞比亚提出③尤其需要充足可持续的资金支持来实现 REDD 行动，尤其是那些最不发达的国家，并且要保证当地消除贫困的努力不能受到影响，还必须要兼顾环境的完整性，保证 REDD 行动的利益公平分配，促进当地社区和土著居民的参与也十分必要。

世界上毁林最严重的国家巴西认为④，减少毁林和森林退化是一项减缓气候变化的积极措施，不应受到其他非林业减缓措施的歧视，并已经承诺了减少毁林的行动。对于科学、技术和方法学等问题，巴西指出要进行深入的讨论，在计量和监测毁林排放方面需要国际社会的合作，尤其是发达国家的技术支持十分重要。巴西拥有世界上面积最大的热带雨林，而毁林主要是用来种植大豆、饲养牲畜等，减少毁林会对巴西经济发展产生巨大影响。在资金方面，考虑到市场机制存在的风险尤其是价格和成本等因素，以及实现减少毁林所付出的巨大代价，巴

① http：//unfccc. int/resource/docs/2008/awglca4/eng/misc05. pdf.

② http：//unfccc. int/files/kyoto_ protocol/application/pdf/cehnpanamasuggestion300908. pdf.

③ http：//unfccc. int/files/kyoto_ protocol/application/pdf/zambia060209. pdf.

④ http：//unfccc. int/resource/docs/2006/sbsta/chi/10c. pdf.

西并不赞成市场机制，而是建议采取积极资金奖励制度，即按照一个参考排放率（根据预先确定的参考毁林速率和议定的碳含量计算）提供资金奖励。《公约》附件二所列缔约方应自愿为这一安排提供资金，同时考虑它们的官方发展援助承诺。这些资金将在参加 REDD 的发展中国家之间按与它们取得的减排量相同的比例分配。

印度尼西亚[①]希望 REDD 计划能成为《京都议定书》确定的清洁发展机制的替代选择，这可以帮助该国在经济上更好地管理其林业部门。和巴西一样，印度尼西亚和澳大利亚也都承诺了 REDD 行动，但它们却希望最好通过市场机制利用国际资金来更好地激励 REDD。这两个国家已经开展了策略政策对话、增强碳计量能力、确定并执行基于激励机制的示范项目等领域的合作，以此来共同研究相关政策和方法学上的问题，以及相关国家框架等问题。

澳大利亚[②]认为应该同等对待 REDD 和造林及再造林等活动，并将其通过 UNFCCC 下的市场机制来完成，指出市场机制可以为 REDD 提供激励，促进私有部门以有效的规模进行投资。日本[③]也强调 REDD 的重要性，认为其比发展中国家的森林保护、可持续森林管理及增强森林碳储量更紧迫。这两个国家都强调需要可靠的方法和技术对减少毁林及森林退化进行准确计量和监测，保证 REDD 真正的可测量，具有永久性、额外性和独立核实性。对于基准线、泄漏、额外性、永久性及定义等方法学问题需要进一步讨论并达成一致。同时也指出需要对发展中国家提供能力建设，保护当地社区和居民的权利并鼓励其参与 REDD 的相关活动，建立示范项目为政策制定提供经验。

欧盟[④]强调，REDD 机制应该带来额外的、更大的、永久的减排，指出要遵循共同但有区别的责任的原则，更需要对最不发达的国家提供援助。对于资金机制问题，欧盟愿意考虑如何开发公共资金和碳市场来支持 REDD 的相关活动。但同时也指出 REDD 的成功可能给那些森林碳储量相对稳定的国家带来压力。对于一些方法学问题，欧盟提出永久性在对森林碳储量有长期责任的地方能得到解

① http：//unfccc. int/resource/docs/2008/awglca4/eng/misc05. pdf.

② http：//www. climatechange. gov. au/international/pubs/redd. pdf.

③ http：//unfccc. int/files/kyoto_ protocol/application/pdf/japan_ redd. pdf.

④ UNFCCC. Ideas and proposals on the elements contained in paragraph 1 of the Bali Action Plan, Submissions from Parties.

决，修复泄漏需要制定国家基准线并保证各国的广泛参与，而额外性则要求对历史排放或稳定水平有所了解，在未来二三十年内追踪减少来自毁林的排放。

不难看出，发展中国家要想实现减少毁林和森林退化带来的温室气体排放，面对着巨大的减排成本及必要的能力建设，必须要有发达国家的资金和技术支持。在资金机制上，巴西、中美洲及非洲的发展中国家希望能够得到额外的资金，这部分资金要在发达国家的海外发展援助（ODA）计划之外，来保证发展中国家实施 REDD 行动的同时能够很好地促进当地的可持续发展和消除贫困。而澳大利亚、欧盟等发达国家却更倾向于市场机制，将碳减排的额度进行交易，广大的热带雨林国家有着巨大的减排潜力，如果能够获得巨额的减排量，发达国家的减排承诺额度很有可能被抵消，而这不利于遏制大气中温室气体浓度的上升，不能对《公约》最终目标的实施作出贡献。

一些非政府组织和国际组织也提出自己的议案。绿色和平组织①提出反对将带有复杂性和不确定性的森林减排额度纳入国际碳市场交易中，因其存在不可避免的泄漏、永久性、基准线设定等问题，减少毁林带来的收益可能无法抵消减排成本，造成发展中国家利益损失，并可能导致减缓成本的过度消耗，而且市场垄断的风险可能增加，因为低成本、低风险的购买者可能聚集在一两个发达国家，容易操纵市场价格等因素。该组织还提出热带毁林减排机制（Tropical Deforestation Emission Reduction Mechanism，TDERM），即将发展中国家取得的 REDD 成果与气候生物多样性及当地居民的权利保护结合起来共同评估。总之，不管是市场机制还是非市场机制，都要保证愿意进行减少毁林和森林退化排放行动的发展中国家能得到充足的资金保障，促进当地的可持续发展和消除贫困。其他的一些资金机制如多边资源、公共—私人合作关系、生态环境服务付费（PES）等都需要进一步讨论。国际森林联盟②提出必须要首先解决泄露等方法学问题，还需要制定出有效的政策措施把社会影响纳入评价的标准中。其认为环境服务付费机制很荒谬，因其宏观效应容易导致一个国家失去大部分的森林，而对现有森林的补贴需要强大的财政支持。此外，市场机制容易将妇女和土著居民及其他社会团体边缘化，这些人已经处在了市场经济的边缘，他们需要森林和其他生态系统带来的物

① http://unfccc.int/resource/docs/2008/smsn/ngo/057.pdf.

② http://unfccc.int/resource/docs/2009/smsn/ngo/106.pdf.

品和功能来维持生计，但他们却缺少资金来为环境付费，也没有能力参与市场竞争。他们也是减少毁林获利最少的人群，获得补助的可能性也微乎其微。

在技术层面上，面对泄漏、永久性等问题需要对毁林进行有效的监测，目前最可行的手段是利用遥感测算森林覆盖率的变化，并根据地面森林类型及其相关的碳储量进行准确的矫正。印度和巴西，已经存在国家尺度上的毁林监测系统，但技术的转移（如非洲国家和东南亚国家技术不足）需要进一步的探讨，还要解决发展中国家监测成本的问题，这尤其需要发达国家的技术和资金支持。

各缔约方国家存在争议最多的地方还是集中在对方法学问题的探讨。森林的定义对减少因毁林和森林退化引起的排放有很大的影响，也会影响其他林业减缓选择的可能性。因此迫切需要阐明何种定义可以被使用。但要考虑不同国家的情况和各个国家内不同生态环境系统的种类，使定义具有广泛适应性。由于项目级别的减少毁林活动容易造成转移泄漏，即在商业目的或经济发展的驱动下，毁林活动可能转移到其他地区进行，因此采用国家框架更容易将转移泄漏包含在内。尽管有些缔约方偏好这种国家方法，但也有些则强调需要纳入有一定弹性的次国家方法。不管是采用次国家方法如项目制还是国家制方法，或是二者兼用，还需对其优缺点进一步讨论。参考情景涉及历史数据，而基准线涉及未来趋势。对过去有高毁林率的国家，参考情景显得较合适。至于未来毁林有增加可能性的国家，根据未来趋势建立基准线的可能性显得较合适。由于火灾、雷电或病虫害等自然灾害，以及土地利用压力和经济发展的限制可能无法保证森林成为永久的碳库，所以关于减少毁林的碳信用额是暂时的还是永久的，需要国际社会对其进一步讨论。

专题研究

碳预算方案：一个公平、可持续的国际气候制度框架

潘家华　陈迎*

摘　要：全球温室气体减排已有一定的科学认知和国际政治意愿。由于涉及经济代价和发展权益，现有全球温室气体减排的国际制度框架均难以兼顾公平与可持续性双重目标。以保证气候安全的允许排放量为全球碳预算总量，设为刚性约束，可以确保碳预算方案的可持续性；将有限的全球碳预算总额以人均方式初始分配到每个地球村民，满足基本需求，可以确保碳预算方案的公平性。根据历史排放和未来需求进行碳预算转移支付，设计相应的资金机制，使碳预算方案具有效率配置特征。不同于分时段、临时目标的《京都议定书》途径，上述的碳预算方案是一个全面涵盖的整体性一揽子方案。然而，由于气

* 潘家华，中国社会科学院城市发展与环境研究中心，研究员，研究领域为世界经济、能源与气候变化经济学和城市发展；陈迎，中国社会科学院城市发展与环境研究中心，副研究员，研究领域为全球环境治理、能源和环境政策。

候变化问题已泛政治化，许多技术性问题需要国际政治与外交谈判才能解决。

关键词： 碳预算方案　公平　可持续性　国际气候制度

一　引言

气候变化问题是当前全球热点问题，全球应对气候变化的国际制度和行动必将对未来世界经济和国际政治产生长远而深刻的影响。2007 年底在印度尼西亚巴厘岛召开的《联合国气候变化框架公约》（United Nations Framework Convention on Climate Change，UNFCCC）第十三次缔约方会议达成了《巴厘行动计划》，在公约下启动了促进长期合作行动的谈判进程①，目标是到 2009 年底在丹麦哥本哈根召开的第十五次缔约方会议上，就 2012 年后的国际气候制度达成新的协议。当前国际气候谈判的 5 大关键要素是：对全球长期合作行动的共同愿景（shared vision）、减缓（mitigation）、适应（adaptation）、技术和资金②，其中的核心问题是如何反映各国具体国情，公平地进行温室气体减排义务的分担或排放权分配，并通过相应的国际机制保障其实施。中国作为发展中大国，在国际气候谈判中的地位举足轻重，也面临着日益强大的国际压力。

现有《京都议定书》模式，以 1990 年的排放为基础，通过谈判确定发达国家各自的减排义务③。本文跳出现有京都模式的思维定式，基于人文发展基本碳

① 目前，国际气候谈判采用双轨并行的模式：一个是公约下的长期合作行动特设工作组（Ad Hoc Working Group on Long-term Cooperative Action under the Convention，AWG-LCA），另一个是在《京都议定书》下就发达国家和转轨经济国家后续承诺期减排义务进行谈判的特设工作组（Ad Hoc Working Group on Further Commitments for Annex I Parties under the Kyoto Protocol，AWG-KP），二者共同推动国际气候谈判进程。参见 http：//unfccc. int/。

② 人类社会应对气候变化主要有减缓和适应两大途径。减缓是指减少温室气体排放或增加碳汇的人为活动，适应是指自然系统或人为系统对新的或变化的环境做出的调整。根据《巴厘行动计划》的规定，共同愿景应包括一个减排温室气体的全球长期目标。减缓包括所有发达国家的减缓承诺，发展中国家适合国情的减缓行动，以及减少发展中国家毁林和森林退化导致的排放问题。适应行动是为减少所有缔约方的脆弱性而采取各种行动，包括防灾减灾、风险管理、促进多元化等。技术和资金是指以支持减缓和适应行动为目的技术开发和转让以及提供资金资源和投资支持的行动。

③《京都议定书》规定，在特殊情况下，少数国家允许选择其他基准年。《京都议定书》主要缔约方达成的减排目标为：欧盟减排 8%，日本 6%，美国 7%。其中，欧盟作为整体承诺的减排目标通过内部谈判进一步分解到各成员国，如英国减排 12.5%，德国 21.7% 等。2001 年，美国宣布退出该议定书，因此其在议定书下的减排义务不具有法律效力。详细情况参见《京都议定书》文本，http：//unfccc. int/。

排放需求理论与方法[①]，研究形成全球温室气体减排的碳预算方案。该方案不仅能够更好地体现气候公约确立的“共同但有区别责任”的原则，而且能够实现全球中长期的减排目标，是构建更为公平、有效的国际气候制度的一个综合方案。

二　碳预算方案的基本理念和公平含义

从经济学的角度看，大气具有全球公共物品的属性，具有消费的非排他性和非竞争性。如果不加以管理，将可能上演“公地悲剧”，对全球环境造成难以逆转的严重影响。温室气体主要来自人类活动，尤其是大量化石燃料的燃烧。在全球能源系统仍以化石能源为主的情况下，温室气体排放是人类社会发展难以避免的“副产品”。因此，为了保护全球气候系统，大气容纳温室气体排放的有限的环境容量成为一种稀缺资源。温室气体排放权与一般经济学意义上的产权（如土地等的产权）有本质不同。其主要表现在大气空间具有均质性特征，一旦排放就均匀扩散到大气层中，其所造成的影响是全球性的。而土地资源有级差，土地等级不同，土地收益便不同，地租额也就不同。且土地资源不存在主权争议，不涉及发展权益的分配。而温室气体排放权的主权属性尚未明确，也不可能进入市场交易。因此，国际社会有必要通过谈判达成国际气候制度，促进有限碳排放权资源的合理使用，使全球福利最大化。

迄今为止，国际上对于2012年后国际气候制度下的减缓问题已经提出了许多方案[②]，其中多数是发达国家学者提出的[③]。由于受到国家立场的局限，这些方案都难以兼顾公平和可持续原则，即使是为发展中国家利益考虑的方案，也难

---

① Jiahua Pan, “Fulfilling Basic Development Needs with Low Emissions-China's Challenges and Opportunities for Building a Post - 2012 Climate Regime”, in Taishi Sugiyama (ed.), *Governing Climate: The Struggle for a Global Framework beyond Kyoto*, International Institute for Sustainable Development (IISD), 2005, pp. 87 - 108.

② 政府间气候变化专门委员会（Intergovernmental Panel on Climate Change, IPCC）的第四次评估报告（AR4）对此有全面详细的介绍。详见 IPCC, *Climate Change 2007: Mitigation of Climate Change*, Contribution of Working Group Ⅲ to the Fourth Assessment Report of the Intergovernmental Panel on Climate Change, 2007。

③ D. Bodansky, S. Chou, and C. Jorge-Tresolini, *International Climate Efforts beyond 2012*, Pew Center on Global Climate Change. Dec. 2004. http://www.pewclimate.org/docUploads/2012%20new.pdf. Accessed on 2 July 2009.

以从根本上体现发展中国家的国情和根本利益。

比如，英国全球公共资源研究所（Global Commons Institute，GCI）提出的"紧缩趋同"（Contraction & Convergence，C&C）方案[①]，设想发达国家与发展中国家从现实出发，以人均排放量为标准，逐步实现人均排放量趋同，最终在未来某个时点实现全球人均排放量相等。这种方案从公平角度看，默认了历史、现实以及未来相当长时期内实现趋同过程中的不公平。虽然符合发达国家占用全球温室气体排放容量完成工业化进程后向低碳经济回归的发展规律，但对仍处于工业化发展进程中的发展中国家的排放空间构成严重制约，因此，客观上并不公平。

巴西方案是考虑历史责任方案的代表。因为温室气体在大气中有一定的寿命期，今天的全球气候变化主要是由发达国家自工业革命以来二百多年间温室气体排放的累积效应造成的，因此，在考虑现实排放责任的同时，追溯历史责任，才能更好地体现公平。巴西方案原本只针对发达国家，后来发达国家学者将这一方案扩展到发展中国家。但是，这种基于历史责任的减排义务分担方法，只考虑国家的排放总量，而未考虑人均排放量；只强调污染者要为历史排放付费，而没有考虑处于不同发展阶段的各国当前及未来发展需求，因此，从公平角度看依然失之偏颇。

瑞典斯德哥尔摩环境研究所（Stockholm Environment Institute，SEI）学者提出的温室发展权（Greenhouse Development Rights，GDR）框架认为[②]，只有富人才有责任和能力减排，应通过设置发展阈值，保障低于发展阈值的穷人的发展需求。该方法采用超过发展阈值的人口的总能力（经购买力平价调整的 GDP）和总责任（累积历史排放）两个指标，对实现全球升温不超过 2℃ 目标所需要的全球减排量进行减排义务分担。但是，该方法只考虑各国排放的历史责任，不考虑未来排放需求。而且，发展阈值的假设、累积历史排放的计算，以及所需统计数据的来源等问题也存在争议。

碳预算方案依据人文发展理论，从人的基本需求的有限性和地球系统承载能力的有限性公理出发，强调国际气候制度应保障优先满足人的基本需求，促进低碳发

---

① Ubrey Meyer，"GCI Briefing：Contraction & Convergence"，*Engineering Sustainability*，01/12/2004.

② P. Baer，T. Athanasiou，S. Kartha and E. Kemp-Benedict，*The Greenhouse Development Rights Framework：The Right to Development in a Climate Constrained World*，（revised second version），2008. http：//www. ecoequity. org/docs/TheGDRsFramework. pdf. Accessed on 2 July 2009.

展，遏制奢侈浪费，同时满足公平分担减排义务和保护全球气候的双重目标[①]。碳预算方案从全球普遍认同的公平理念出发，提出公平原则应该具有以下几层含义。

首先，公平的本意是人与人之间的公平，这与人均排放方法的基本出发点是一致的。尽管当代国际社会是以国家政治实体为单元，通过政府间的国际气候谈判来解决气候变化问题，但是，伦理学上公平的本意，不是保障国家之间的“国际公平”，而是促进人与人之间的“人际公平”。这是因为衣、食、住、行、用等个人消费都要消耗能源，社会正常运转所必需的公共消费也需要消耗能源。在以化石能源为基础的能源体系还难以彻底改变的情况下，温室气体排放权显然是保障人生存和发展的基本人权的重要组成部分。

其次，促进人与人之间的公平，关键是保障今天生活在地球上的当代人的权利，使每个人都能公平地享有作为全球公共资源的温室气体排放权。温室气体排放归根到底来源于人的消费需求。事实证明，控制人口的政策对于减缓全球气候变化具有重要意义[②]。这就需要选定基准年人口作为排放权分配的基础。我们认为，当代人是历史的传承，掌控着未来人口。如果以当代人作为排放权分配的基础，新增人口就不能获得新增的排放权，而只有通过“稀释”现有人口的人均排放权来保障新增人口的基本需求。如果未来人口减少也不削减已经分配的排放权，那么，相对现有人口人均排放权增加就可以使当代人享受到“人口红利”。这似乎是对未来人的不公平。但是，碳排放源自人的消费需求，合理的气候制度不应鼓励通过人口增加来获取更多的排放权，而且从技术外溢的后发优势看，由于技术进步，未来人获取同样的消费所需的碳排放量会比当代人低。因此，以当代人口数量作为排放权分配的基础，符合公平要求。当然，排放权作为一种人权，人口迁移，排放权也相应迁移。

再次，促进人与人之间的公平，关键不是现实或未来的某个时点上流量（年排放量）的公平，而是包括历史、现实和未来全过程的存量公平，可以从历史评估起始年（例如1900年）到未来评估截至年（例如2050年）累积排放量

① 潘家华：《满足基本需求的碳预算及其国际公平与可持续含义》，《世界经济与政治》2008年第1期。

② Leiwen Jiang and K. Hardee, “How Do Recent Population Trends Matter to Climate Change”, *Population Action Internatioal*, April, 2009. http://www.populationaction.org/Publications/Working_Papers/April_2009/population_trends_climate_change_FINAL.pdf. Accessed on 2 July 2009.

来衡量。温室气体排放是伴随工业化、城市化和现代化而迅速增加的，工业化、城市化进程的完成表明城市基础设施、房屋建筑和区域性的交通、水利等基础设施基本到位，一旦完成，无须继续增加，只需对存量进行维护和更新。发展中国家开始工业化进程较晚，历史排放较少，积累的社会财富较少，其当代人的发展水平也较低，基本需求尚未满足的现象仍普遍存在，因而未来在实现工业化进程中的排放需求较大。历史排放与未来需求之间存在负相关关系，因此寻求从历史、现实到未来全过程的存量公平，较之默认历史排放不公平而只看未来剩余排放空间的分担方法，更具合理性。

最后，促进人与人之间的公平，需要反映各国的具体国情，充分考虑气候、地理、资源禀赋等自然因素对未来满足基本需求的影响，从而对碳排放量进行客观、必要的调整。

三　碳预算总额及其初始分配

如何兼顾保护全球气候的可持续性目标和保障每个人基本需求的发展目标?大致可以有两种不同思路：一种是“自下而上”的方法。这需要首先界定人的基本需求及其标准，根据各国国情对基本需求进行调整，然后在一定社会经济和技术条件下估算各国满足基本需求所需的碳排放量，经过加总得到全球总排放量，据此判断能否满足保护全球气候的长期目标。如果超出，就需要对基本需求的界定及其标准进行相应调整，形成反馈机制①。另一种是“自上而下”的方法。这需要首先确定全球长期目标，从该目标出发计算满足全球长期目标的全球碳预算，将全球碳预算对各国进行公平分配，并根据各国具体国情进行必要的调整，然后各国在碳预算约束下制定满足人的基本需求的发展和减排政策，判断其能否满足调整后的碳预算。如果不能满足，则需要对减排政策进行调整，由此形成反馈机制②。前者的重点在于优先满足人的基本需求，计算过程相对繁琐，对技术细节存在较多争议，而后者的重点是优先满足全球长期目标，计算过程相对

---

① 朱仙丽：《人文发展基本需要的碳排放》，博士学位毕业论文，中国社会科学院研究生院，2006。

② 潘家华：《满足基本需求的碳预算及其国际公平与可持续含义》，《世界经济与政治》2008 年第 1 期。

简单。本文试图将“自上而下”和“自下而上”的方法结合起来：采用“自上而下”的方法，在确定全球减排目标的基础上，进行碳预算的分配、调整和转移；采用“自下而上”的方法，讨论各国现实排放趋势，以及如何在碳预算约束下满足其基本需求。

全球碳预算总量的确定，是一个科学认知不断深化和政治意愿达成共识的过程。作为一种制度框架的构建，为简化起见，我们以大略满足大气温室气体浓度450ppm当量水平的排放量作为碳排放预算额度①，以当前的科学认知水平和政治意愿承诺作为研究方案的基础。联合国政府间气候变化专门委员会于2007年完成的第四次评估报告明确提出，到2050年全球温室气体至少要比当前削减50%。2008年7月八国集团峰会在其宣言中明确承诺，认可2050年全球排放减排50%的长期目标，以及《斯特恩报告》提出的2050年人均排放2吨碳的趋同目标等等②。本研究应用情景分析方法，以2005年为评估基准年，2050年为评估截至年，未来排放路径在满足全球减排目标的条件下设置了两种排放情景：A假设全球排放在2015年封顶，峰值高于2005年水平大约10%；B为全球排放在2025年封顶，峰值高于2005年水平大约20%（见图1）。

确定未来全球排放情景和相应排放路径之后，全球碳预算即是从起始年到评估年累积的全球排放量③，为简化起见，采用直接累计的计算方法，计算结果见表1。尽管英国的工业革命始于18世纪中叶，但当时的排放总量不大，而且当年的排放多已自然衰减，对当前的增温潜力几乎可以忽略不计。不仅如此，以

① ppm，容量浓度单位，百万分之一。在全球未来排放情景的设计中，全球长期目标可以有多种不同的表达方式，例如：京都模式的排放目标是大气中温室气体稳定浓度为450ppm，欧盟倡导全球升温不超过2℃。排放、浓度和升温目标之间虽然存在一定的函数对应关系，但也不是一一对应，存在一定的不确定性。

② Stern N.，*Key Elements of a Global Deal on Climate Change*，The London School of Economics and Political Science（LSE），April，30，2008. http：//www. lse. ac. uk/collections/granthamInstitute/publications/KeyElementsOfAGlobalDeal_ 30Apr08. pdf. Accessed on 2 July 2009.

③ 限于现有温室气体的统计数据，化石能源消费和工业生产过程排放的CO_2数据较之土地利用、土地利用变化和林业（Land Use，Land Use Change and Forestry，LULUCF）排放的CO_2以及非CO_2数据更为丰富、可靠，因此，本研究仅针对化石能源和工业生产过程排放的CO_2。全球及各国历史排放数据均来自美国橡树岭国家实验室数据库，CDIAC，*Global*，*Regional and National Fossil Fuel CO_2 Emissions*，http：//cdiac. ornl. gov/trends/emis/meth_ reg. htm，updated on Aug. 27，2008. Accessed on 2 July 2009。

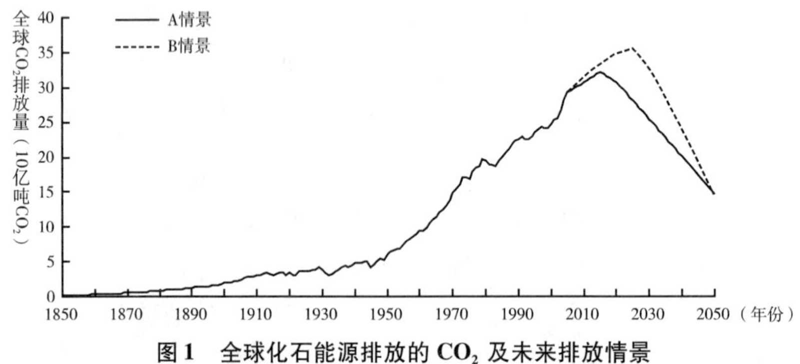

图1　全球化石能源排放的CO_2及未来排放情景

1850年或1900年为起始年算起，差别也只有1.7%左右，非常小。但随着全球经济发展，尤其是工业化发达国家的增多和工业化进程的加快，全球排放总量逐年增长。以1900年为起始年与以1960年为起始年，全球历史累积排放量相差大约23%，差别变得比较明显。以2050年为评估年，1900～2050年计150年，与CO_2在大气中的寿命期142年比较相近，因此选择以1900年为起始年，计算历史排放的累积责任可以明确看出发达国家与后发的发展中国家之间的巨大差异。在假设的A情景和B情景下，全球未来碳预算相差大约14%。同样，为了满足2050年相对2005年减排50%的目标，拐点出现越晚，拐点处的排放峰值越高，排放空间相对也越大。反之，拐点出现越早，拐点处的排放峰值越低，则排放空间相对也越小。

表1　全球碳预算

单位：10亿吨CO_2

	全球碳预算（2050年）		历史实际累积排放量（2004年）	未来碳预算（2050年）	
起始年	A情景	B情景		A情景	B情景
1850	2311.1	2472.0	1143.5	1167.6	1328.5
1900	2272.5	2433.4	1104.9		
1960	2019.1	2180.0	851.5		

表1结果表明，在A情景下，1900～2050年的151年间全球碳预算约为22725亿吨CO_2，2005年全球总人口大约64.6亿人①，人均累积排放量约为

① 全球及各国人口数据来自世界银行数据库，http：//www.worldbank.org/.

352.5 吨 CO_2，平均到每人每年的碳预算约为 2.33 吨 CO_2。如果按 B 情景计算，1900～2050 年这 151 年间，按 2005 年人口总量平均，人均累积排放量为 376.7 吨 CO_2，每人年均碳预算约为 2.5 吨 CO_2。

根据国际能源机构（International Energy Agency，IEA）2008 年的估计①，2006 年能源燃烧所排放的 CO_2 全球人均为 4.28 吨，发达国家（含已完成工业化的原苏联、东欧地区国家）人均为 11.18 吨，而广大的发展中国家，人均只有 2.44 吨。在《京都议定书》的基准年即 1990 年，全球人均排放为 3.99 吨，发达国家为 11.82 吨，发展中国家只有 1.58 吨；1990～2006 年，发达国家的人均 CO_2 排放量下降了 5.4%，而发展中国家的人均 CO_2 排放量增加了 4.3%。即使是拒绝履行《京都议定书》承诺的美国，在此期间，尽管总量上增加了 17.1%，但人均 CO_2 排放量也下降了 2.3%。

按汇率计，1990 年发展中国家每天人均 GDP 只有 2.86 美元（以 2000 年不变价格计），按世界银行每天人均 2 美元为生存收入标准，1999 年发展中国家人均 1.5 吨 CO_2 的排放水平，尚不能满足生存需要。2006 年 2.44 吨 CO_2 的排放水平，所对应的每天人均 GDP，按汇率计（以 2000 年不变价格计）也只有 4.85 美元。尽管有的发展中国家收入水平已经较高，或者一些贫困国家或地区的富人收入或许也已经很高，但是从整体上看，发展中国家 2006 年的排放水平尚处于满足基本需求阶段。

如果要将大气温室气体浓度稳定在 450ppm 水平，全球人均年排放水平就只有 2.33 吨（情景 A，2015 年封顶）至 2.50 吨（情景 B，2025 年封顶）。这就意味着，为了保护全球气候，全球的碳预算总量在当前的技术经济和消费格局下只能满足 65 亿人口的基本需求。从公平的角度看，在全球有限的碳预算约束下，每一个地球村民均有分享保障基本需求的权利。从社会福利改进的角度看，在边际水平上，高收入群体的排放增量所带来的福利改善递减，甚至为负；而低收入群体的排放增量所带来的福利改善却处于递增阶段②。这就意味着，高收入群体带有奢侈消费性质的高排放，占用了低收入群体用于满足基本需求乃至生存的碳预算。由于全球总碳预算额度相对于 65 亿人规模的地球村民而言，在当前的技

① IEA，*CO_2 Emissions from Fuel Combustion*，Paris：OECD Publishing，2008.

② Jiahua Pan，"Welfare Dimensions of Climate Change Mitigation"，*Global*，vol. 18，Issue 1，2008，pp. 8－11.

术经济及消费模式下，已经没有多少可供奢侈浪费的空间，在这样一种情况下，伦理学意义上的公平和经济学意义上的福利改进，均要求有限的全球碳预算应该为地球村民人均分享。因此，本文的全球碳预算初始分配，按全球人均核定。

由于各国人口规模相去甚远，以此为依据进行的各国碳预算初始分配表明，一个国家在总体上的温室气体排放空间取决于其基准年人口占全球总人口的比例。为了说明碳预算在各国之间的分配及调整情况，我们依据国际气候谈判主要国家和国家集团的划分，选取了一些典型国家进行深入分析。在附件一国家中重点考虑欧盟、加拿大、日本、俄罗斯、美国、澳大利亚，其中欧盟重点考察法国、德国、意大利、英国①。非附件一国家中重点考察巴西、中国、印度等发展中大国，以及韩国、墨西哥、南非等工业化程度较高的其他发展中国家②。各国碳预算初始分配的计算结果如图 2 所示。由于人口众多，中国和印度以国家政治实体为单元的碳预算初始分配总额最大；而经济相对发达但人口相对较少的加拿大、澳大利亚按人口平均的初始分配碳预算总量则相对较小。

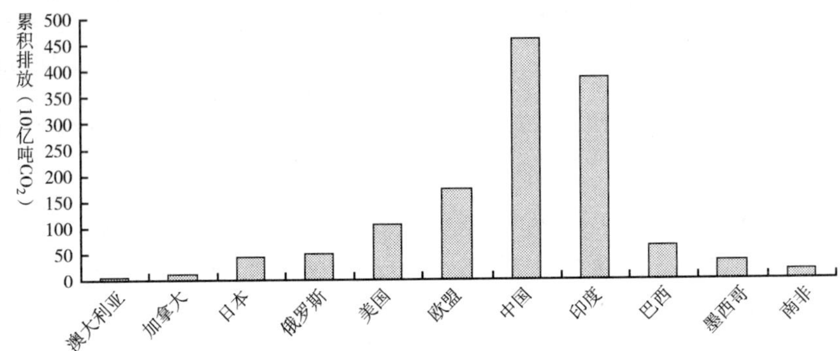

图 2　各国碳预算初始分配情况（A 情景，1900～2050 年）

四　碳预算的调整与转移支付

从原则上讲，人们对碳排放的需求源于对能源的消费需求。在气候变化的国际

① 附件一国家包括 39 个发达国家和经济转轨（Economies in Transition）国家。经济转轨国家，指原苏联、东欧地区国家。

② 非附件一国家包括除附件一国家外的其他发展中国家。

谈判和全球气候制度构建中，均要求考虑各国的国情。碳预算的初始分配，只是简单人均，并未考虑国情特点。而国情特点，无外乎自然条件和社会经济状况两类。自然条件涉及气候、地理和能源资源禀赋等内容；而社会经济状况的核心是碳预算的供求平衡。具体来讲，人作为生物学个体，有一个适宜的温度范围。高于或低于这一范围，社会经济乃至生命活动都将受到影响。显然，在极端高温和极端低温的情况下，保持一个适宜的温度范围所产生的碳排放，属于满足基本需求的范畴。同样，地广人稀地区与人口密集地区相比，前者用以满足交通基本需求的碳排放量要明显高于后者。而且，一个国家的能源资源是以高碳的煤炭为主，还是以较为清洁的石油、天然气为主，或者以零碳的核能、水能、风能、太阳能和碳中性（carbon neutral）的生物质能为主①，对应于同样的能源服务，产生的碳排放显然有所不同。因此，需要根据排放的大致格局和相关的技术参数，对各国的初始碳预算分配进行调整。总体来讲，分析结果表明，各国的自然条件对碳预算调整幅度的影响并不大；而实际需求与碳预算初始分配之间的巨大反差，则需要通过转移支付来保持全球碳预算的总体平衡和各国碳预算的平衡。

（一）基于自然条件的初始碳预算调整

1. 气候因素

气候因素主要影响各国的建筑物耗能和碳排放。发达国家作为成熟经济体，建筑物能耗大约占其终端能源消费量的1/3左右，其中用于供热和制冷的能耗约占建筑物能耗的1/2左右，因此，我们拿出全球碳预算的1/6，根据各国气候条件进行重新分配。衡量各国自然气候条件和人口分布情况的重要指标是经人口加权的采暖度日数（Heating Degree Days）和制冷度日数（Cooling Degree Days）②。依据该指标进行调整的结果是，气候比较寒冷的国家如俄罗斯、加拿大和气候相对较热的国家如印度、印度尼西亚，碳预算都有所增加，而气候相对温和的国家

① 碳中性，是指绿色植物从大气中通过光合作用固定二氧化碳，又通过燃烧或腐烂释放二氧化碳。在平衡状态下，生物质能吸收和排放的二氧化碳等值。

② 采暖度日数和制冷度日数是以18℃为标准，将日平均气温距离该标准的差逐日累加并经人口加权计算得到。该指标综合反映了自然气候条件和人口分布状况，某些气候条件极端的地区因居住人口稀少对加权后的综合指标影响较小。该指标数据来自世界资源研究所。WRI, *Carbon Analysis Indicators Tool*（*CAIT*），http：//www. wri. org/project/cait.

如南非、澳大利亚、墨西哥、巴西，则碳预算略有减少，调整幅度在 -10% ~ +14% 范围内。

2. 地理因素

地理因素主要影响各国交通耗能和碳排放。发达国家作为成熟经济体，交通部门的能耗占其终端能源消费的 1/3 左右。人口的平均出行里程和运输距离与地域分布密切相关。因此，可将全球碳预算的 1/3，根据各国地理因素进行重新分配。衡量人口地域分布的重要指标是受人为活动影响的国土面积①。依据该指标进行调整的结果是，地广人稀的国家如澳大利亚、加拿大、俄罗斯碳预算有较大幅度上升，而人口密度较高的国家如韩国、日本、印度碳预算略有减少，调整幅度在 -14% ~ +62% 范围内。

3. 能源资源禀赋

资源禀赋，尤其是能源资源禀赋与能源消费结构有一定关系。发达国家凭借较强的经济实力可以摆脱资源禀赋的约束，例如日本资源匮乏，几乎消费的所有石油都来自进口，但发展中国家的能源消费结构往往受到本国能源资源禀赋的极大制约。为了满足同样的能源需求，煤炭资源禀赋多或者以煤炭为主要能源的国家碳排放量更大。因此，需要对能源消费结构较重的国家予以补偿，但是，对能源消费结构较重国家的碳预算补偿应该适当，否则将不利于鼓励各国在促进低碳能源或可再生能源开发方面的努力。因此，我们拿出全球碳预算的 1/2，根据各国能源消费的碳强度指标②，对各国的初始碳预算分配方案进行了调整。结果显示，中国、印度和南非等少数几个以煤炭为主要能源的国家，碳预算有所增加；而碳强度较低的发达国家如法国、加拿大、意大利，以及部分使用生物质燃料较多的发展中国家如巴西、肯尼亚，碳预算略有减少，调整幅度在 -40% ~ +25%。

综合来看，如图 3 所示，上述三个因素的调整在一定程度上有彼此抵消的作用，最终各国碳预算的总调整幅度为 -20% ~ +78%，幅度有所收敛。与当前发

---

① 该指标不同于国土总面积，因为交通是人为活动，没有人为活动的国土不会产生交通能源消耗和排放需求。该指标数据来自世界资源研究所。WRI, *Carbon Analysis Indicators Tool* (*CAIT*), http://www.wri.org/project/cait.

② 采用 2004 年单位能源消费的碳排放数据衡量，能源消费总量来自世界能源研究所（World Resources Institute, WRI), *Carbon Analysis Indicators Tool* (*CAIT*), http://www.wri.org/project/cait。碳排放数据来源于美国橡树岭国家实验室数据库，http://cdiac.ornl.gov/trends/emis/meth_reg.htm。

达国家和发展中国家之间碳预算初始分配额度相差近5倍的现实相比，这一调整额度微乎其微。美国哈佛大学和澳大利亚国立大学学者在对本碳预算方案的反馈意见中提出，基于自然因素的调整实际意义可能不大，但其引发的争议却可能非常大。这是因为，第一，人类对自然条件有一个适应过程，可以不需要额外增加排放或只需要增加较少的排放（例如对气候因素的适应，生活在热带的人比较耐热）；第二，各国在调整的影响因素和调整幅度上，难以达成共识；第三，在经济全球化条件下，国际贸易可以消除至少部分自然资源禀赋的不利影响。

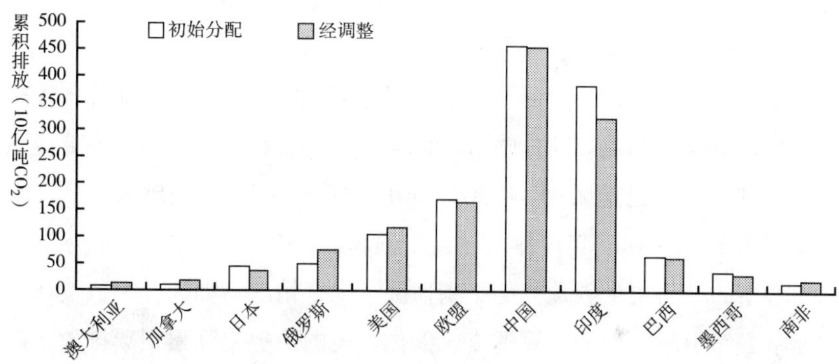

图3　基于自然条件进行的各国初始碳预算（A情景，1900～2050年）的综合调整

（二）基于实际需求的碳预算转移支付

要保护全球气候，稳定大气温室气体浓度，全球温室气体排放必须控制在全球碳预算额度内。那么，各国的实际排放和未来需求是否就在各国初始分配或基于自然条件调整后的碳预算总额之内呢？如果各国碳预算平衡，则全球总预算平衡，如果有国家出现赤字，亏缺部分必须要在其未来预算之外从其他国的预算盈余中调剂，通过维持国家层面的碳预算平衡，达到全球碳预算总平衡的目标，从而确保全球气候的可持续性。这就意味着，国家之间需要进行碳预算的转移支付。

根据前面的计算结果，实现2050年全球减排50%的目标，在A情景假设下碳预算是人均年排放2.33吨CO_2。从历史和现实排放数据可以发现，许多国家，尤其是发达国家的实际碳排放量均数倍于其碳预算；而有一些国家——多为发展中国家——历史排放远低于其碳预算水平，当前排放也多低于或接近其碳预算水

平。例如，美国1971年人均年排放量即达21吨CO_2，2006年虽有所降低，但仍高达19吨CO_2；即使是能源效率较高的日本，1971年也达7.24吨CO_2，超出预算两倍，2006年更是增加到9.49吨CO_2；欧盟成员国卢森堡，1971年人均年排放更是高达45.1吨CO_2，2006年减少近一半，但仍然达到23.64吨CO_2，也就是说，卢森堡当前一年的排放，需要其10年的碳预算。[①] 可见，不论是历史还是现在，发达国家均已出现高额碳预算赤字。而发展中国家由于工业化进程起步晚，进程慢，水平低，历史和现实排放多低于其碳预算额度。例如，印度1971年人均排放只有0.36吨CO_2，即使是2006年，人均也只有1.13吨CO_2，每年每人有50%以上的预算盈余；孟加拉国1971年人均排放只有0.04吨CO_2，到2006年，人均水平也只有0.24吨CO_2，按此水平，孟加拉国10年的排放，才用掉一年的碳预算；中国1971年人均排放0.95吨CO_2，每年有60%的碳预算盈余，到2000年人均排放水平已达2.41吨CO_2，年度预算与使用大体持平，到2006年人均水平升至4.27吨CO_2，年度排放已超出预算的83%。

以上考察的是历史上碳预算的平衡情况。未来情况将如何？多数发达国家历史上的赤字必然引起巨额的预算透支。例如，美国历史实际累积碳排放量已经是其总预算的2.6倍，英国为2.9倍。发展中国家未来的预算使用也将出现较大的分化。中国作为工业化程度已经较高的国家，随着工业化、城市化进程的加快和人们生活水平的提高，人均排放量还将进一步提高，未来的碳预算也将出现赤字。亚洲新兴工业化国家，如韩国和新加坡，2006年人均排放均已超过9吨CO_2。而那些工业化刚刚起步或尚未起步的国家，未来碳预算使用无疑会有大量盈余。

显然，碳预算的转移支付是必要的。这是因为，首先，发达国家的历史欠账需要还，否则，预算难以平衡。其次，发达国家对未来的碳预算已全部透支，一些老牌的工业化国家如英国、美国等，已经没有任何预算可用，但是根据前面讨论的伦理学和经济学原理，基本需求的碳预算又必须保证。因此，从发达国家来讲，需要有碳预算的国际转移支付。对一些工业化程度较高的发展中国家来讲，未来超过碳预算的排放，也可能存在转移支付的必要，但是究竟选择历史盈余的自我跨期转移支付，还是选择国际转移支付，需要视具体情况而定。

---

① IEA, *CO_2 Emissions from Fuel Combustion*, Paris: OECD Publishing, Nov. 2008.

由于全球总的碳预算是一定的，国家之间或国家跨期的碳预算转移支付是否可行，取决于是否有碳预算盈余的存在。从原则上讲，欠发达国家由于工业化程度低，商品能源消费有限，未来的工业化进程也存在较大的不确定性，历史和未来的碳预算均存在大量盈余。即使是这些国家在将来某一时间启动工业化进程，考虑到技术外溢的后发优势，同样的工业化发展，较之当前和过去的工业化，碳预算的需求也会大幅降低。当前工业化程度较高的发展中国家，未来的碳预算几乎不可能有盈余，还可能有赤字，但历史上的预算，应该有相当的盈余额可用，例如，尽管进入21世纪，韩国人均排放已高至9吨CO_2以上，但在1971年人均排放只有1.58吨CO_2。对于这样的国家，不同时间的碳预算可以进行国家内的跨期转移支付。对于未来严重透支的早期工业化国家，由于资金技术优势可能出现低碳乃至零排放的可能，加之未来人口下降出现的“红利”①，这些国家未来碳预算需求并不一定会出现赤字。这就表明，欠发达国家的总体盈余、工业化程度较高的发展中国家的历史盈余以及发达国家人口下降的“红利”和零碳技术选择，均表明碳预算的国际和跨期转移支付是可行的。

碳预算的转移支付，不仅必要而且可行。考虑到气候变化谈判和国际义务的分担，是以国家政治实体为单元出现的，因此本研究重点分析的不是一个国家内部的跨期转移支付，而是国际碳预算的转移支付。后者包括两个方面：一是发达国家的历史预算赤字，二是保障发达国家国民未来基本需求的碳排放。这两次碳预算转移支付额度有多大？为发达国家的历史透支买单的转移支付，规模大约为3100亿吨CO_2。保障发达国家每个人的基本需求进行的第二次碳预算转移支付，规模大约为1456亿吨CO_2。二者相加，碳预算转移的总规模大约为4556亿吨CO_2，相当于发展中国家每人每年0.58吨CO_2，约占碳预算总额的1/4。

经过上述两次碳预算的转移支付，发达国家获得的碳预算，以累积排放衡量有明显的增加，如图4所示，美国由1172亿吨CO_2增加到3411亿吨CO_2，欧盟由1666亿吨CO_2增加到3207亿吨CO_2，均增长近3倍。若以年人均累积排放量衡量，发达国家明显高于全球碳预算的平均水平，突破了每个人公平享有碳预算

① 由于碳预算按2005年基年人口分配而不考虑未来人口增减，如果未来人口减少，则未来人均额度会增加；反之则减少。

的分配原则。如图5所示，全球碳预算是年人均2.33吨CO_2，美国为7.7吨CO_2，欧盟为7.2吨CO_2。

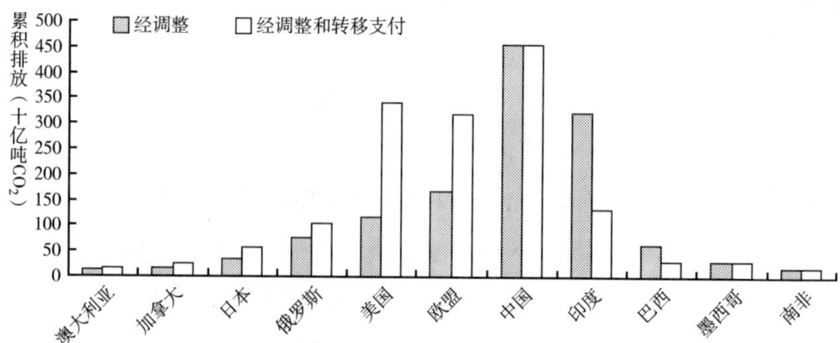

图4 以累积排放量衡量经调整和转移支付后的碳预算A情景（1900~2050年）

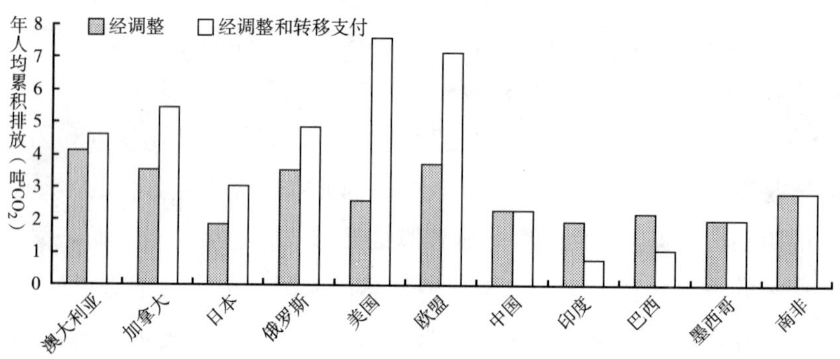

图5 以年人均累积排放量衡量经调整和转移支付后的碳预算A情景（1900~2050年）

综合来看，对于由39个发达国家和转轨经济国家组成的附件1与其他发展中国家组成的非附件1这两大集团的碳预算而言，初始分配时二者碳预算的比例是19.5∶80.5，[①] 经过自然因素调整后变为21.0∶79.0，而经过发展中国家向发达国家进行历史赤字和未来基本需求两次大规模的碳预算转移后，该比例变为40.5∶59.5，碳预算的实际使用和温室气体排放格局出现巨大变化。需要注意的是，发达国家的实际排放，可能还会高于此数字，因为发达国家的排放远高于其

① 初始分配以人均碳预算为标准，由于发展中国家人口众多，因此占据较大份额。

基本需求水平，而且为了保证其当前的发展水平不受影响，发达国家可能还会从市场上购买预算额度。

五　碳预算方案对特定国家有偏好吗？

碳预算方案有其公平和可持续性的双重优势，表面上看起来似乎对人口众多的后发国家有利。诚然，这一方案对于人口众多而又后发的发展中国家而言，保障了其作为弱势一方的居民温室气体排放与发展的基本权益，而且，作为后来者，其不会再去重复早期工业化国家低能源效率排放的技术选择，高起点、高效率、低排放的优势使发展中国家尤其是欠发达国家历史和未来的碳预算都可能存在高额的盈余。因此，这一制度设计保障的是国际社会相对弱势群体的利益，符合发展中国家的发展需要。尤其是碳预算的转移支付制度，如果能够获得资金和技术的回报，对于发展中国家的低碳发展，无疑更是利好。

正是这样，这一方案在国际上宣讲得到西方学者的第一反应就是该方案的出发点和落脚点都是为了中国的利益①。但是，稍加分析就会发现，这一反应是肤浅的，带有偏见的。碳预算的理论基础是坚实的，方法是科学的，对世界上的每一个人、每一个国家都是适用的，并不是针对某个国家而设计的。当然，任何方案，具体到某个人、某个国家，其含义是明确的。它厘清了发达国家的历史责任，维护了发展中国家的基本权益，保障了包括发达国家富人在内的基本碳排放需求，且碳预算的转移支付与资金、技术回报相衔接，实现了可持续与经济效益的双赢。

那么，具体到中国，该方案的含义何在？

第一，从人口上看。尽管人口多，一个国家的预算额度就大，但是就每一个人而言，都是均等的，没有任何优势可言。中国自 20 世纪 70 年代实行计划生育政策以来，减少了约 4 亿人口的出生，但这并没有计算在碳预算之中。以 2005 年人口作为基数，是一个现实的客观选择，并非是因为中国在 2005 年人口数量最大。实际上，按国家计划生育委员会的预测②，中国人口将持续增长到 2033

① 例如：Bert Metz，是 IPCC 第三工作组共同主席，曾明确表示这是人口众多的发展中国家的谋略，但后来全面了解情况后，原则上对此方案持认同态度。

② 国家计划生育委员会：《国家人口发展战略研究报告》，中国人口出版社，2007。

年前后，届时峰值达15亿人。新增的人口是没有预算配给额度的。从这一意义上讲，发展中国家由于人口尚在快速增长，未来人口将高于当前人口，而预算不会因人口增加而增加，这一基年选择，对发展中国家包括中国在内，并不是有利的。而对于发达国家，人口稳中有降，欧洲、日本未来的人口预测均低于当前人口水平，碳预算方案却并未因未来人口减少而削减配额，从这一意义上讲，该方案对这些成熟经济体应该更为有利。当然，美国、加拿大、澳大利亚和俄罗斯地大物博，人口密度低。本土人口自然增长与欧洲、日本类似，但人口迁入会导致这些国家人口的机械增长，由于碳预算方案允许排放配额随人口跨国移动，因此，这些国家人口机械增长的不利影响可基本排除。

第二，中国是一个相对后发的国家。中国当前工业化进程中的技术水平，远比18世纪、19世纪和20世纪早期工业化国家当时的技术水平高。但也要看到，当年的早期工业化国家，以侵略、殖民的手段从落后国家无偿抢掠大量资源，中国在半殖民地半封建社会时被割地赔款，表明早期工业化国家的资本积累，有大量的发展中国家的“贡献”。中国、印度在今天的工业化，以及欠发达国家在未来的工业化进程中，虽然具有后发的技术优势，但发展过程所伴随的碳存量的积累只能在本土实现。相对于工业化尚未起步的后发国家，中国当前的技术总体上是较高碳的，如果静态总量的一次性的碳预算分配对这些国家有利的话，对中国的利好表现只能居中，并不突出。况且，任何国家也不希望是“后发”的。

按照预算方案的总体设计，中国初始碳预算为4588亿吨CO_2，经自然因素调整后为4542亿吨CO_2，对中国的综合影响不大。由于中国是一个相对“后发”的国家，历史排放并不多。1900～2005年，历史实际排放887亿吨CO_2，只占预算总额的19.5%；2006～2050年，未来剩余碳预算大约为3655亿吨CO_2。未来45年，时间不足总时间段的1/3，而预算尚存总量的80.5%，表面上看来，中国今后碳预算似乎很宽松，但中国的发展只能是渐进的，即使是不断提高能源效率、改善能源结构，也不可能在未来45年达到零排放。如图6所示，如果按照情景1，中国的碳排放将在2030年封顶，比2005年增长105%，2050年比2005年增长90%，未来累积排放将超过可用碳预算801亿吨CO_2。只有通过低碳发展和国际合作，按照情景2，努力实现2030年封顶，并将峰值控制在增长55%，2050年增长45%，才能控制在碳预算内，并没有多余的碳排放额度可供出售。中国2006年相比1990年碳排放总量净增长154%，要实现情景

1 和情景 2 到 2030 年封顶和相应的控制排放增长目标，中国面临的挑战比其他国家更为严峻。

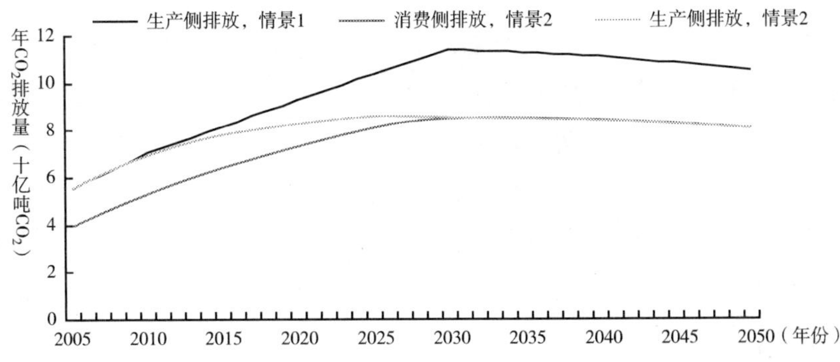

图 6　中国基于生产侧和消费侧的碳排放情景（2005～2050 年）

当然，有分析表明，中国作为“世界加工厂”，目前大约有 30% 的能源消费和排放是商品的进出口造成的①。如图 6 所示，如果以消费侧衡量，中国的碳预算约束大约放松了 8%。事实上，高能耗、高碳排放产品生产与消费不匹配的情况，在工业革命初期就出现了。英国工业革命时期，是全球纺织品的制造厂，相当多的产品用于全球的消费，随后是欧洲大陆、北美、日本先后都曾为“世界加工厂”。中国当前是“世界加工厂”，20 年或 30 年后，印度或非洲可能取代中国成为“世界加工厂”。如果将“世界加工厂”的历史旧账和未来新账都拿出来算，无疑是十分困难的。而且，作为“世界加工厂”，通过规模化生产，国内消费部分的碳生产力也应该是有国际竞争力的。况且，消费侧排放的核算，并不能为中国带来大量的预算空间，还会引发不少争论。因此，在本文的碳预算方案中并没有特别强调生产与消费不匹配造成的排放差异。

综合上述分析可见，碳预算并不对某一特定国家或国家集团有偏好，而是具有相对的客观和公正性。中国作为发展中人口大国，不可能获益于碳预算方案而减轻其国际减排压力。相反，碳预算作为一种硬约束，表明中国只能走低碳发展之路。

---

① 陈迎、潘家华、谢来辉：《中国外贸进出口商品中的内涵能源及其政策含义》，《经济研究》2008 年第 7 期。

六　相关国际机制设计

碳预算方案涉及初始分配、调整、转移支付、市场、资金机制，以及报告、核查和遵约机制等，其实施需要一整套相应的国际气候制度，鼓励和促进各国将排放控制在碳预算范围内，为实现保护全球气候的长期目标作出贡献。碳预算方案尽管有其理论和方法上的科学性，但作为一项全球温室气体减排的总体方案，许多内容仍然需要国际政治与外交谈判才能最终形成，本部分并不探讨碳预算方案可能涉及的气候谈判细节问题，而只是对一些关键机制加以讨论，包括市场机制、资金机制、遵约机制等。

（一）市场机制

碳预算方案，从根本上讲是一种“限额—贸易”方案（Cap and Trade）①，但是其限额表现在三个层次上，第一是全球层面，是为了保护全球气候，经科学论证和政治认同的温室气体排放总量；第二个层次是国家层面，是根据一国人口和自然社会经济调整后的国家碳预算总额；第三个层次是个人层面，由于碳预算是每个人的，是保障每个人的基本需求的，完全可以预算到人，且一旦预算核定，在国际和人际的贸易原则上就可以进行。

由于发达国家当前的人均排放是碳预算额度的3倍以上，碳预算的转移支付只是保障基本需求，超出的部分，可以通过市场碳排放贸易来获取。一方面，发达国家可以较低代价获取额外碳预算满足其当前的消费需求；另一方面，发展中国家出让部分盈余的预算额度，可以获取必要的资金、技术，促进其低碳发展。未来国际碳市场的实际规模将取决于供求关系和各国的减排努力。如果需求旺盛而供给不足，则碳价格有上升趋势，不仅会刺激发展中国家强化国内减排行动，增加供给，发达国家也将扩大国际合作，实现海外减排。

碳预算的交易，也可以在一个国家内部实现，政府可以将预算额度以拍卖、配给等方式分配给企业或消费者，然后形成碳预算交易市场。当前的排放贸易主要是生产商之间。实际上，碳排放贸易也可以在消费者之间进行。由于每个人消

---

① 欧盟的排放贸易方案和当前美国的排放贸易提案，均是约束总量，允许使用者市场交易配额。

费水平的偏好不一，有一部分人需要较多的预算，而另一部分人可能需要较少的预算，从而形成消费者之间的碳交易。

（二）资金机制

应对全球气候变化，需要从减缓和适应两个方面着手。减缓温室气体排放需要资金和技术，适应气候变化也需要资金和技术。尤其广大发展中国家，适应气候变化和低碳发展需要大量的资金和先进的技术。然而，长期以来，资金是一个巨大的问题。

资金从何来？碳预算方案提供了一个很好的获得资金机制。第一，碳预算的转移支付，为了保持全球碳平衡，我们没有考虑其资产属性，既然碳是一种稀缺资源，就应该是有价的，其转移支付就意味着货币上的回报。当然，对于转移支付，我们需要考虑其特殊性。历史预算赤字是事实，但在 1992 年以前，温室气体排放没有列入控制之列，没有法律约束，排放不应负法律责任。然而当前大气中有相当的温室气体仍源自 1992 年以前的排放，对于这部分转移支付，价格可适当降低些。1992 年到目前的排放是在法律认定温室气体排放有害的情况下实施的，针对此时的历史预算赤字进行转移支付的碳配额价格就应该高些。未来基本需求的转移支付，由于是基本需求用途，其价格当然不适宜用奢侈浪费排放的价格来要求货币回报。历史赤字和基本需求两次碳预算的转移支付，总量高达 4557 亿吨 CO_2。如果以当前国际市场价格每吨 CO_2 为 10 欧元估算，碳预算转移支付的总价值高达 4.6 万亿欧元，平均到未来每年约 1000 亿欧元，远远高于目前发达国家履行向发展中国家提供资金援助义务所贡献的数额。

第二，由于发达国家当前的人均排放居高不下，区区每人每年 2.33 吨 CO_2 的转移支付，只能保障基本需求，不够维持其当前的生活水平，发达国家必然有巨量的碳预算需求，来满足其排放需要。2006 年，附件 I 国家人口总额为 12.67 亿人，人均排放 11.8 吨 CO_2，一个人平均买 5 吨 CO_2，即有 60 亿吨 CO_2 的预算交易，仍按每吨 CO_2 为 10 欧元计，总额将超过 600 亿欧元。

第三，如果发达国家不改变生活方式，零碳能源生产不能满足减排需要，则需要采用一种惩罚性的资金机制。这一机制是碳排放的累进税制。发达国家当前排放 11.2 吨 CO_2，基本需求的转移支付为 2.3 吨 CO_2，市场购买 5 吨 CO_2，尚有 5 吨 CO_2 超过预算。对于超出的部分，需要采用一种惩罚性机制来征收碳税。

征收碳税的依据是实际排放超过碳预算的程度，税率的上限是可再生能源的价格。因为如果税率达到可再生能源的价格，该缔约方就会选择以可再生能源替代传统能源，实现国内减排，而不会选择支付罚款。以美国为例，假设国际市场仅满足其一半的购买需求，未来累积排放将是碳预算额度的2.6倍。按每吨CO_2为10欧元计算，2005～2050年合计应征税金总额接近4000亿欧元，平均到每年，大约每年为87亿欧元。这些资金应该注入现有资金机制或成立新的全球基金，以支持发展中国家的减缓、适应行动，促进技术转让。资金的使用和分配应考虑各国对碳预算转移的贡献。印度等国对碳预算转移贡献较大的国家将受益最多。必须指出的是，超过碳预算的部分，即使缴纳了罚款，也不意味着免除减排义务获得额外的碳预算，当前超出的碳预算要从其下一承诺期（2050年前后，需要通过政治途径谈判确定）相应扣减，从长远来看，必须保证全球碳预算的平衡，否则无法实现保护全球气候的可持续性目标。欧盟的排放贸易制度就是这样一种安排。

（三）遵约机制

由于碳预算的刚性约束，各个国家必须要遵守约定，碳预算方案的公平和可持续特性才能得以体现。前面所讨论的是惩罚性资金机制即遵约机制，但是，如何实施这一机制，尚有许多具体问题需要解决。

第一，累进税率如何确定？第二，这一税款由谁来收，是采用国际机制，抑或是国家征收？第三，税款是国际统一使用，还是各国自己使用？是用于减排，还是用于适应？是用于发达国家，还是用于发展中国家？这些问题，都需要通过国际谈判协商解决。

总的来看，碳预算方案不仅在排放权分配、调整和转移中具有透明和可预见性，增强了方案的可操作性，而且在国际机制设计上与现有《京都议定书》的机制有很强的兼容性。

这是因为，第一，在确定长期目标基础上分阶段实施。上述机制设计是针对2005～2050年的，根据谈判进程，可以分为若干承诺期来执行。例如：以2005年为基年，第二承诺期从2013～2020年。第二，拓展市场机制。所有国家都可以参与全球碳市场。第三，强化资金机制。现有资金机制是自愿的，碳预算方案下的资金机制规模扩大，且为强制性机制。第四，衡量、报告和核实机制。由于碳预算分配、调整和转移都是透明和可预见的，只要利用现有报告机制收集相关排放数据，对其是否满足碳预算进行定期评估，就不会在可衡量、可报告和可核实机制方面增加新的困难。第五，强化遵约机制。现有遵约机制很弱，实施碳预算方案需要在现有机制基础上引入强制罚款的资金机制，以强化遵约机制。

七　结论与讨论

本文提出的碳预算方案，秉承人文发展理念，是一个可操作的、兼顾公平和保护全球气候目标，且可量化的排放权分配及其相关国际机制的一揽子方案。

确定合理的碳预算水平，面临发展目标与可持续性环境目标之间的权衡取舍。发展目标重点是保障人的基本需求，而可持续性目标必须满足保护全球气候安全的长期目标。相比而言，后者作为硬约束，在权衡取舍中应该优先考虑。一方面，碳预算强调通用性，将人与人之间排放权的平等扩展到发展的全过程。除人口之外，各国在现阶段的经济社会发展水平及其相关的 GDP、能源消费、排放水平等指标差异只是暂时的，并不作为排放权分配的主要依据。另一方面，碳预算也兼顾了差异性，考虑各国在自然环境方面的不同国情对碳预算做出调整，但无论如何，合理的调整幅度远远小于现实排放的差异。不仅如此，碳预算方案是一个一揽子综合方案，涵盖了发展全过程，不同于《京都议定书》方案，一次只考虑一个时间段，目标也没有全局性。

碳预算建立了一个满足全球长期目标、公平体现各国差异的人均累积排放权标准。每个人都应该努力将个人的“碳足迹”控制在这个合理的范围之内，国家需要有相应的政策措施，保障其基本需求，遏制奢侈浪费，鼓励形成可持续发展的消费风尚。无论是发达国家，还是发展中国家，都有这个责任。只有每个人都建立可持续的消费模式，才能更有效地利用有限的资源为全人类创造美好的生活。

当然，碳预算方案的方法论还有待进一步研究和改进。例如：在上述计算过程中，所有累积排放的计算都采用了直接累积方法，从科学角度看，排放对大气中 CO_2 浓度的增加程度随时间衰减，应该引入衰减函数，采用衰减法进行累积排放的计算。但衰减函数的精确计算需要复杂的气候模式，尤其是涉及未来排放路径对大气浓度的影响，没有观测数据的校正，不确定性很大①。从定性角度看，发达国家历史排放多，未来有条件大幅度减排，而发展中国家历史排放少，未来排放增长趋势明显。因此，引入衰减函数进行累积排放的计算，淡化了发达国家的历史责任，对发达国家是有利的。

碳预算方案的方法论中有一些参数的选择可能引起争议。例如，全球减排的长期目标、历史累积排放计算的起始年等。有些争议可以通过谈判来解决，有些则可进行敏感性分析来研究这些参数对计算结果的影响。

无论如何，碳预算方案是基于科学基础，优先满足基本需求的公平原则与全球的可持续性目标结合起来，为构建 2012 年后国际气候制度而设计的一个完整方案。通过本文对碳预算方案的量化分析，有利于全球对以下重要事实达成一致，即全球碳排放要达到 2050 年减排 50% 的目标面临非常严峻的挑战，主要是因为发达国家历史、现实和未来都不可避免地超越碳预算，严重侵占了作为全球公共资源的排放空间。发展中国家碳排放尽管普遍低于碳预算，拥有发展和排放的权利，但为了保护全球气候安全的共同利益，也必须通过低碳发展为减缓气候变化作出贡献。构建 2012 年国际气候制度应该基于上述事实做出合理的制度安排，在公平和保护全球气候的前提下，通过国际合作实现全球应对气候变化的长期目标。这些政策含义对于打破当前国际气候谈判的僵局提供了一些有参考价值的新思路。

---

① UNFCCC，“Scientific and Methodological Assessment of Contributions to Climate Change”，Report of the expert meeting，Document number FCCC/SBSTA/2002/INF. 14，2002.

低碳经济转型的国际经验与发展趋势

庄贵阳　谢倩漪*

摘　要： 在气候变化背景下，全球向低碳经济转型不仅仅是一个选择和一种必须，而且是如何迅速并且在什么规模上促进向低碳经济转型的问题。世界各国政府和商业部门都在调整贸易、融资和生产计划方面的决策，提出了各种低碳政策措施，发起各种低碳倡议。中国今天的选择对全球未来影响较大。为避免重蹈西方国家“先污染、后治理”的覆辙，中国向低碳经济转型必须借鉴国际经验教训，以超前的眼光对低碳经济进行战略部署，尤其要在大规模基础设施建设中避免高碳排放技术的锁定效应。

关键词： 气候变化　低碳经济　国际经验

伴随着全球环境保护的制度化趋势，建立公平有效的国际气候治理机制已成为当今世界政治的主要议程之一。2007 年政府间气候变化专门委员会（IPCC）第四次科学评估报告发表之后，尤其是“巴厘路线图”（Bali Roadmap）达成以来，低碳经济理念受到国际社会的广泛关注，全球向低碳经济转型成为大势所趋。面对这场新的工业革命的开始，英国等欧洲国家倡导发展“低碳经济”，日本提出建设低碳社会，世界各地多有发展低碳城市的动议。尽管全球向低碳经济转型尚没有可资借鉴的成熟模式，但政策制定者和企业家们已开始调整在贸易、金融和生产计划方面的决策。不可否定的是，中国的选择将影响世界未来。中国需先行一步，抓住未来发展的先机。

---

* 庄贵阳，中国社会科学院城市发展与环境研究中心研究员，研究方向为低碳经济与气候变化政策；谢倩漪，中国社会科学院研究生院硕士研究生，研究方向为低碳经济学。

一　全球向低碳经济转型的主要驱动力

世界正处在一场新的工业革命的开始，新工业革命的驱动力是对能源和气候安全方面的重视。能源价格及其供给的波动性正激励着各国更有效地利用能源。日益紧张的全球石油和天然气供给也为新技术的开发提供了足够动力。针对这一新的现实，政策制定者和企业家们开始调整在贸易、融资和生产计划方面的决策。不过真正推动这种决策调整的是对未来的展望，这种展望关乎向低碳未来转型所带来的潜在的经济与政治利益——而不是转型的成本考虑。

（一）避免较高的未来成本

自 IPCC 在 2007 年发布了其第四次评估报告以后，全球对于人类活动和气候变化之间的联系已基本形成共识。气候变化的威胁已成为全球实现低碳转型的一个重要的政治驱动力。

根据“巴厘路线图”，国际社会计划于 2009 年 12 月在哥本哈根联合国气候变化会议上就 2012 年以后的国际气候制度安排做出决定。科学家们已经反复强调时间的紧迫性。如果国际社会在哥本哈根不能就后京都国际气候制度做出决定，那么我们这个社会所面对的气候风险将非常严重。虽然 IPCC 报告不允许就具体的目标提出建议，但它所给出的证据已经表明，把全球温升控制在工业革命前 2℃以内的水平，可以大大减少气候风险。我们目前还有很大的机会避免最严重的气候变化风险发生。IPCC 第四次评估报告①绘制的可选择的发展路径是全球排放最迟要在 2020 年前达到峰值，到 2050 年排放水平至少在 1990 年水平上减少 50%，并设定雄心勃勃的中期目标。这虽然是一项艰巨任务，但许多研究已经表明，越早采取行动越经济可行。如果到 2030 年把大气温室气体浓度稳定在 445ppm ~ 535ppm，宏观经济代价是 GDP 减少 3%；如果 2050 年把大气温室气体浓度稳定在同样的水平，宏观经济代价将增大 GDP 减少 5%②。

---

① 托尼·布莱尔：《打破气候变化僵局——构建低碳未来的全球协议》，呈送给北海道八国集团首脑会议的报告，2008 年 6 月。

② IPCC，Climate Change 2007：Mitigation of Climate Change，Cambridge University Press，2007.

气候变化的预计影响令人担忧。据《斯特恩报告》[①] 估计，可避免的、由不作为而产生的减排成本占每年 GDP 的 5% ~20%。如果一切照旧，那么预计到本世纪末气温将急剧升高 4℃ ~7℃。由于气候敏感度问题比先前预计的严重，决策者们应担负起制定风险管理政策的责任，尽可能将温度升高控制在 2℃范围内。换言之，全球 CO_2 排放量要在今后 20 年内达到峰值，到 2050 年减少 50% 以上。

布莱尔的报告指出，尽管在应对气候变化问题上尚存在科学不确定风险，但气候系统有重要的自身动力。当全球温升 2℃，气候变化的不利影响显现的时候，我们可能没有时间扭转趋势。我们等待的时间越长，减排的成本会越高。此外，拖延行动将减少开发和采用新技术的激励，增加减排的最终成本。总之，等待与观望既不能减少不确定性也不能减少行动成本，推迟行动只会增加风险和成本。现在必须要采取行动。

（二）避免锁定在碳密集型投资中

未来 10 年内，由于碳排放的继续增长意味着为了稳定全球气温需要更大幅度减排。荷兰环境评价机构进行的研究表明，如果全球排放推迟 10 年达到高峰，那么每年所需要的最大减排率将翻倍，超过 5%，相对于立即采取行动，将导致更高的成本，因为现存的基础设施和设备需要在其经济生命周期前淘汰。[②] 为了避免被锁定在碳密集投资中，目前需要做出严肃的决定确保以经济最优的方式过渡到低碳未来。

所谓锁定效应，是指基础设施、机器设备及个人大件耐用消费品等，其使用年限都在 15 年乃至 50 年以上，其间不大可能轻易废弃，即技术与投资都会被“锁定”。换句话说，锁定效应就是事物的发展过程对初始路径和规则选择的依赖性，一旦选择了某种道路就很难改弦易辙，以致在演进过程中进入一种类似于“锁定”的状态[③]。诸如电厂、交通之类高载能部门很容易发生锁定效应。因为

① Stern Nicolars, Stern Review on the Economics of Climate Change, Cambridge University Press, 2007.

② M. G. J. den Elzen, M. Meinshausen, Meeting the EU 2 degrees C climate target: global and regional emission implications, Netherlands National Environmental Agency, May 2005.

③ 邹骥等：《低碳道路的技术转让和资金机制》，见《2009 中国可持续发展战略报告——探索中国特色的低碳道路》，科学出版社，2009。

一旦建成，其运行方式在较长的生命周期中难以改变。

今天的中国经济正好进入了一个高能源消耗、高能源强度的阶段。如果没有发生重大的技术革命，我们可能会面对一个所谓“锁定效应”问题。以电力部门为例，在今后25年，全球能源供应的基础设施建设需要投资约为22万亿美元，仅中国便需要37000亿美元。中国的电力部门，对煤的依赖程度与扩建速度是众所周知的。据估计到2030年，将新增发电能力126万兆瓦的发电站，其中70%为燃煤电站①。中国在积极发展电力的过程中，如果未能避免传统燃煤发电技术的弊端，则这些电站50年后还会像现在这样较多地排放碳。用传统技术建设这些发电装置会立即增加排放量，同时也减少了将来转换到低碳能源的机会。即未来中国几十年排放的状况将不可避免地在最近几年内被锁定。为了给未来保持一个气候安全的世界，我们需要避免被锁定在高碳密集的选择中，发展中国家应该采取不同寻常的发展路径。

（三）确保能源安全

当今世界，日趋紧张的供需形势、不断攀升的国际油价、对能源产地和运输通道的战略竞争，以及与能源相关的污染与排放等问题使得能源安全问题成为全球最高政治会晤的首要议题。2005年以来高价且波动的石油价格，使得能源安全战略成为各国优先考虑的问题。从历史来看，1973年第一次石油危机曾触发了第二次世界大战后最严重的全球经济危机，在这场危机中，美国的工业生产下降了14%，日本的工业生产下降了20%以上。1978年第二次石油危机也成为20世纪70年代末西方经济全面衰退的一个主要诱因。在可以预见的将来，能源安全问题将进一步成为制约世界经济发展的瓶颈。

在全球层面，还没有信号表明近期能源需求将减少。根据美国能源部能源信息署（EIA）发表的《2007年国际能源展望》报告预测，2030年世界能源消费将比2004年增长57%。在全球油气资源供给日趋趋紧且全球能源地理分布相对集中的大前提下，受到国际局势变化和重要地区政局动荡等地缘政治因素的影响，国际市场的不稳定性增加，油气供给和价格波动的风险显著上升。对油气燃料的依赖和需求增长将导致能源价格，特别是石油价格的

① 李永怡：《中国和欧盟能够引领低碳经济的发展》，《中外对话》2007年11月。

走高，引发对石油资源的争夺，中东和非洲等资源丰富地区则成为政治动荡之地。

然而，受一些政治及经济原因的影响，世界能源生产及供应已经出现了一些问题，表现出油气行业勘探和开采投资不足、海运及管道运输能力遭遇瓶颈、炼油能力迟滞不前等。各国能源专家普遍认为，当前导致世界石油剩余产能不足的重要原因之一便是近年来各国对石油产业的投资不足。国际能源机构（IEA）《2008 年世界能源展望》报告估计，未来 20 年内，全球需要超过 26 万亿美元投资，才能确保足够的原油供应。

能源安全是影响全球推引低碳经济发展的重要驱动因素。国际能源机构指出，当前世界能源体系正面临着实现向低碳、高效、环保的能源供应体系的转变。能否成功解决这个问题，将决定未来人类社会的繁荣与否，可以说现在急需的是一场能源革命。目前从环境、经济、社会等方面来看全球能源供应和消费的发展趋势，具有很明显的不可持续性。为防止全球气候产生灾难性的和不可逆转的破坏，最终需要的是对能源的来源进行去碳化，确保全球能源供应，同时加速向低碳能源体系过渡，需要国家和地方政府采取强有力的措施，以及通过参与国际协调机制来实现。

二　全球向低碳经济转型的国际趋势

“低碳经济”概念最早正式出现在 2003 年的英国能源白皮书《我们能源的未来：创建低碳经济》① 中，在其后的“巴厘路线图”中被进一步肯定，2008 年的世界环境日主题定为“转变传统观念，推行低碳经济”，更是希望国际社会能够重视并采取措施使低碳经济的共识纳入到决策之中。面对这种情况，英国等欧洲国家倡导发展“低碳经济”，日本提出建设低碳社会，世界各地争相发展低碳城市。各国政府提出了众多的实施低碳举措，企业领导人也在积极行动。全球金融危机为低碳经济转型提供了契机。今天的问题不再是向低碳经济转型是否必须，而是如何迅速并且以什么规模促进向低碳经济的转型。

① DTI（Department of Trade and Industry），Energy White Paper：Our Energy Future—Create a Low Carbon Economy，London：TSO，2003.

（一）部分国家低碳经济发展战略与行动

虽然低碳经济理念已经得到多数国家的认可并付诸行动，但对于发达国家和发展中国家来说低碳经济有着不同的内涵。发达国家着眼于低碳化，其低碳经济目标是与控制温室气体排放的国际义务联系在一起的。发展中国家更关注发展，强调在实现发展目标的同时，控制温室气体的排放，实现减排与发展的双赢。

（1）欧盟。欧盟一直是应对气候变化的倡导者，积极推动国际温室气体的减排行动。自英国提出“低碳经济”之后，欧盟各国不同程度地给予积极评价并采取了相似的战略。2008 年 1 月欧盟委员会提出的《气候变化行动与可再生能源一揽子计划》（The Climate Action and Renewable Energy Package），旨在带动欧盟经济向高能效、低排放的方向转型，并以此引领全球进入“后工业革命”时代。根据该计划，欧盟承诺到 2020 年将可再生能源占能源消耗总量的比例提高到 20%，将煤炭、石油、天然气等一次能源的消耗量减少 20%，将生物燃料在交通能耗中所占的比例提高到 10%。此外，欧盟单方面承诺到 2020 年将温室气体排放量在 1990 年的基础上减少 20%，如果其他的主要国家采取相似行动则将目标提高至 30%，到 2050 年希望减排 60%～80%。

（2）美国。在气候变化问题上，美国的态度一向与多数国家相左。由于没有批准《京都议定书》，美国受到了国际社会的普遍批评。但是在可持续能源发展方面，美国吸引的风险资本和私人投资最多，生产税收减免等联邦法规也对开发和利用可持续能源、发展低碳经济起到了积极的推动作用。2006 年 9 月，美国公布了新的气候变化技术计划。美国将推动在新一代清洁能源技术方面的研发与创新，尤其是将会提供资金用于开发燃煤发电的碳捕获与埋存技术，并鼓励可再生能源、核能以及先进的电池技术的应用，通过减少对于石油的依赖来确保国家的能源安全和经济发展。在政府和市场的共同推动下，美国在当前和未来的温室气体减排技术和发展低碳经济方面有可能获取全球优势。事实上，在金融危机的影响下，低碳技术与新能源经济已经成为美国经济振兴计划的重要战略选择。2009 年 6 月，美国众议院通过了旨在降低美国温室气体排放、减少美国对外国石油依赖的《美国清洁能源安全法案》。该法案规定的减排目标为：至 2020 年，二氧化碳排放量比 2005 年减少 17%，至 2050 年减少 83%。尽管这一中期目标与国际社会的期望相距甚远，美国在应对气候变化的立法过程依然面临诸多挑战，但该气候变化法案的出台，仍然标志着美国在减排方面迈出了重要一步。

（3）英国。英国是最早提出“低碳”概念并积极倡导低碳经济的国家。2003 年，英国政府在《能源白皮书》中提出了温室气体减排目标：计划到 2010 年二氧化碳排放量在 1990 年水平上减少 20%，到 2050 年减少 60%，到 2050 年建立低碳经济社会。2007 年 6 月，英国公布了《气候变化法案》草案，明确承诺了到 2020 年，削减 26% ~32% 的温室气体排放，到 2050 年，实现降低温室气体排量 60% 的长远目标。在发布《气候变化法案》的同时，英国出台了《英国气候变化战略框架》，提出了全球低碳经济的远景设想，指出低碳革命的影响之大可以与第一次工业革命相媲美。

通过激励机制促进低碳经济发展是英国气候政策的一大特色。英国气候变化政策中的经济工具包括气候变化税、气候变化协议、英国排放贸易机制、碳基金等。各种经济工具，不仅各具特色，而且是一个相互联系的有机整体。其中碳基金公司（The Carbon Trust）是英国政府支持下的一家独立公司，成立于 2001 年，其任务是通过与各种组织、机构合作，减少碳排放量，促进商业性低碳技术开发利用，加速向低碳经济的转型。其业务主要包括 5 个相互补充的重要领域：阐释与气候变化相关的商业机遇，帮助政府和企业做出更佳决策并采取有效行动，推动低碳发展战略；提出碳减排方案，帮助企业和公共部门寻找碳减排的最佳时机和实现路径；汇集关键性技术及资源，扶持创建低碳、高增长企业，加速发展低碳市场；通过创新发展具有商业前景的低碳技术，帮助它们尽早实现企业化并走向市场；给具有商业潜力的清洁能源企业提供投资，同时以商业回报鼓励其他社会资金投向低碳经济发展。

（4）日本。日本是《京都议定书》的诞生地。根据 2008 年日本提出的“福田蓝图”，其减排长期目标是到 2050 年温室气体排放量比目前减少 60% ~80%，把日本打造成为世界上第一个低碳社会。作为世界第二大经济体，日本是世界上主要能源消费大国。近几年来，日本不断研发的新能源技术使能源利用效率大幅度提高，新能源开发利用展现出扭亏为盈的倍增趋势，使日本经济的抗风险能力不断增强，大大降低了对传统能源的依赖程度。日本已经在不知不觉中谋求着从“耗能大国”到“新能源大国”的转变。2008 年 7 月，日本政府选定了包括横滨、九州、带广市、富山市、熊本县水俣、北海道下川町 6 个不同规模的城市作为“环境模范城市”，以表彰和鼓励它们积极采取切实有效措施防止温室效应。

此外，重启太阳能鼓励政策，将是日本经济转型中的核心战略之一。2009 年日本把发展太阳能首次被正式列入日本经济刺激计划，足见太阳能能源的受重视程度。

（5）瑞典。早在 1991 年，瑞典就开始对油、煤炭、天然气、液化石油气、汽油和国内航空燃料征收二氧化碳税，其税基是燃料的平均含碳量和发热量。瑞典政府希望与国际合作把大气温室气体浓度稳定在 550ppm，这意味着瑞典的人均排放在 2050 年应该低于 4.5 吨 CO_2 当量，相当于在当前水平减排超过 40%。2009 年 2 月，瑞典执政的温和党、人民党、中央党和基督教民主党四党派就瑞典可持续发展的能源政策达成一致并发布了政策文件。该政策文件指出，瑞典的能源和气候政策应该建立在环保、竞争力和安全三大基石之上。该能源政策的目标是到 2020 年，使瑞典的可再生能源比例提高到 50%。瑞典国内可实现减排任务的 2/3，其余的 1/3 将通过在其他欧盟国家投资和 CDM 机制等实现。为实现上述目标，瑞典政府将推出一些经济调节措施，如提高二氧化碳税和其他能源税等。

（6）巴西。巴西是推动生物燃料业发展的先锋，也是当前生物燃料业发展较为成功的范例。作为世界上最大的甘蔗种植国，巴西每年甘蔗产量的一半用来生产白糖，另一半用来生产乙醇，代替汽油作为机动车行驶的燃料。近几年来，由于过高的汽油价格和混合燃料轿车的推广，巴西燃料乙醇工业更是得到了长足的发展。在混合燃料轿车需求的拉动下，巴西燃料乙醇的日产量从 2001 年的 3000 万升增加到 2005 年的 4500 万升，已能满足国内约 40% 的汽车能源需求。如今，与其他竞争燃料相比，巴西的乙醇燃料在价格上已具有竞争性。除了燃料乙醇外，巴西政府于 2004 年颁布了有关使用生物柴油的法令，规定在 2007 年前允许柴油批发商在柴油中添加一定比例的生物柴油；从 2008 年起，全国市场上销售的柴油必须添加 2% 的生物柴油；到 2013 年添加比例应提高到 5%。此外，巴西还出台了相应的鼓励政策与措施。

（二）国际低碳城市建设的领跑者

作为消费活动最为集中的地域，城市消费了全球能源的 75%，占全球温室气体排放的 80%。低碳城市是以城市空间为载体，发展低碳经济，实施绿色交通和建筑，转变居民消费观念，创新低碳技术，从而达到最大限度减少温室气体排放的目的。不少城市已经认识到自己的责任，纷纷积极行动起来，以城市为单元开始实践低碳发展理念。2005 年 10 月由伦敦市长发起召开了大城市气候峰会，18 个国际级城市成立“大城市气候领导组织” （Large Cities Climate Leadership Group）。2006 年 8 月，该组织与由美国前总统发起的克林顿气候动议合作，并更名为“C40”。2007 年 5 月在纽约召开了第二次大会，第三次大会于 2009 年 5 月 18 ~ 21 日在韩国首尔举行。

要减缓全球气候变化，必须制定全方位的政策，从调整能源结构、提高能源效率、改善城市规划等各方面入手，减少温室气体排放。全方位制定应对气候变化的策略，需要整合和协调不同政策部门的工作，其中关键便是当地政府的政治意愿。国外一些大城市如伦敦、东京和纽约，对于应对气候变化行动需要的反应以及在低碳城市建设方面起到了领跑者的作用。

（1）伦敦。伦敦市长利文斯顿于 2007 年 2 月发表《今天行动，守候将来》（Action Today to Protect Tomorrow）计划，把伦敦的二氧化碳减排目标定为在 2025 年降至 1990 年水平的 60%。伦敦政府认为，转用低碳技术的成本，比处理已排放的二氧化碳所需要的成本低。“不需降低生活品质，只要改变生活方式”是报告反复强调的观念。换句话说，伦敦政府认为应对气候变化，包括节能及提高能源效率等措施，不会令原有的生活品质下降。反之，加强开发应对气候变化的技术，有助于伦敦发展成为环保技术的研发中心。

伦敦政府相信计划提出的措施，能够在 2025 年前，令该市的二氧化碳排放每年减少 1960 万吨。然而，要达到减排目标，伦敦还要每年减排 1340 万吨二氧化碳，这需要英国政府推动全国性的政策配合。因此，利文斯顿承诺游说英国政府加快推行相关政策，例如在全球大规模投资可再生能源，向各行业征收二氧化碳税等。

伦敦市低碳城市建设有几个政策方向：①改善现有和新建建筑的能源效益。推行“绿色家居计划”，向伦敦市民提供家庭节能咨询服务；要求新发展计划优先采用可再生能源。②发展低碳及分散（low-carbon and decentralized）的能源供应。在伦敦市内发展热电冷联供系统（combined cooling，heat and power），小型可再生能源装置（风能和太阳能）等，代替部分由国家电网供应的电力，从而减低因长距离输电导致的损耗。③降低地面交通运输的排放。引进碳价格制度，根据二氧化碳排放水平，向进入市中心的车辆征收费用。④市政府以身作则。严格执行绿色政府采购政策，采用低碳技术和服务，改善市政府建筑物的能源效益，鼓励公务员习惯节能。

（2）纽约。经过5年多时间，纽约从“9·11”灾难的阴影中走出来，经济增长强劲，犯罪率跌至1964年以来的最低。然而，纽约市的发展也存在隐忧：人口增长压力、公共交通运输系统和供电设施老化、空气和水污染等。为了让纽约持续地发展，在2006年底市长彭博宣布一项名为《策划纽约》的行动，长远规划未来30年的发展。市政府为此进行为期四个月的咨询，收集公众意见，并与100多位市民组织代表会面，举行十一场居民听证会。在2007年彭博公布了计划详情，并确定全球气候变化是纽约面临的一项重要的挑战，而彭博的目标是到2030年，在2005年水平上减少30%的温室气体。《策划纽约》行动强调，“减缓气候变化需要凝结全球的力量，但我们担当不起等待其他人牵头的后果……一直以来，纽约扮演先锋，为现代社会的严峻问题提供答案”。[①]

《策划纽约》针对全球气候变化提出的措施主要有：①成立“能源规划部”（energy planning authority）。该部门掌管本来分散于不同政策部门的能源工作，如能源需求管理、扩大清洁能源供应、推广节约能源等；②政府拨款支持节能。每年投入相当于政府一年能源开支（电费和暖气费）的金额，用于研发技术和推广节能措施；③提高建筑物能源效益。制定更严格的纽约市建筑物能源规定，如提出更严格的通风标准；同时推广水泥成分减少30%～40%的混凝土，以减少生产水泥时排放的二氧化碳；④增加清洁能源的供应。给予太阳能发电装置以税收优惠；培育可再生能源市场；⑤节能。针对政府、工商业、家庭、新建建筑及电器用品五大领域制定节能政策；⑥减少来自交通的温室气体排放。扩建铁路系统和改善巴士服务；试行道路收费计划，在工作日每天早上六点至晚上六点，进入曼哈顿区的汽车需付8美元，货车需付21美元。

（3）东京。东京政府于2007年6月发表一份名为《东京气候变化战略——低碳东京十年计划的基本政策》，详细介绍了东京政府对气候变化问题的开发和政策：东京政府不仅要减少温室气体排放，并且要针对日本政府无法带领该国提出应对气候变化的中长期战略，以身作则制定全方位减排政策。东京政府定下目标，要以2000年为基准，在2020年时减少25%的温室气体排放[②]。

---

① The City of New York，PlaNYC：A Greener，Greater New York，2007.

② Tokyo Metropolitan Government，Tokyo Climate Change Strategy：A Basic Policy for the 10year Plan for a Carbon-Minus Tokyo，June 2007.

低碳东京的基本政策有四个方面：①协助私人企业采取措施减少二氧化碳排放，推行限额贸易系统（cap and trade system）为企业提供多一种减排工具，成立基金资助中小企业采用节能技术；②在家庭部门实现二氧化碳减排，以低碳生活方式减少照明及燃料开支，大力提倡使用节能灯照明，要求居民放弃浪费电力的钨丝灯泡，与家装公司合作，提醒客户在翻新住房时采取节能措施，例如加装隔热窗户；③减少由城市发展产生的二氧化碳排放，新建政府设施需符合节能规定，要求新建建筑物的节能表现必须高于目前的法定标准；④减少由交通产生的二氧化碳排放，制定有利于推广使用省油汽车的规则。

东京、伦敦和纽约在应对全球气候变化、发展低碳城市的经验上，在以下几个方面非常值得借鉴。

第一，应对气候变化的决心。应对气候变化的挑战是艰巨的，决策者必须有坚定的政治意愿，而三个城市对自身发展的成熟程度有相当的自觉，不约而同地强调要带领国内其他城市甚至全世界，制定严格的温室气体减排措施和标准：东京政府坚决推行“世界最高水平的应对战略。在解决气候变化问题的方法上领先全国”；伦敦计划成为应对气候变化的科技研发和金融中心；纽约政府决心成为应对全球气候变化的先锋。

第二，制定明确的减排目标。有效的温室气体减排战略，需要清晰的目标作为前提。在这个意义上，三个城市都是共通的。东京的目标是以 2000 年为基准，在 2020 年时减少 25% 的排放；伦敦决心到 2025 年在 1990 年的基础上减少 60% 的二氧化碳排放；纽约计划于 2030 年，在 2005 年的排放水平上减少 30% 的温室气体。只有制定了具体的减排目标，才能让公众监督政府的措施是否有效。

第三，整合不同政策的全方位减排。城市生活的不同层面，如交通、住房、供电等均与能源消耗和温室气体排放息息相关。换言之，从政府管制的角度看，应对气候变化并非任何个别部门能够独立担当的工作。东京强调以城市作为规划单位，制定全球气候变化应对战略；伦敦和纽约也制定全面战略，从提高能源效率、改善交通规划、提高建筑物设计标准、发展可再生能源等减少温室气体排放，正好说明决策者制定高层次全面政策，协调不同政策的重要性。

第四，应对气候变化与发展经济并行不悖。在保护环境和发展经济之间取得平衡，是可持续发展的核心理念，而伦敦和纽约的经验说明，应对气候变化的政策措施不但不会妨碍经济发展，更能带来经济效益。纽约政府估计，通过节能和增加供应清洁能源，全市的电费和暖气开支，可望在2015年前每年减少20亿～30亿美元。伦敦政府估计，节能措施可以在未来二十年替市民节省10亿英镑的能源开支。此外，伦敦决心把握发展环保技术带来的商机。由此可见，应对气候变化与发展经济并不矛盾。

（三）中国低碳城市的发展探索

在发达国家和国际大都市积极采取行动向低碳经济转型的同时，在国内学界和社会力量的积极关注和推动下，目前，从率先探索的上海和保定，到积极谋划的珠海、杭州、唐山、吉林、德州和贵阳，这条绿色发展之路日渐清晰，各地结合自身的实际情况，因地制宜，迈出了定位准确、特色鲜明的低碳步伐。低碳城市建设既可以打造低碳经济名片，也可以为城市发展带来众多机会。

首先，发展低碳经济与国家正在开展的建设资源节约型和环境友好型社会在本质上是一致的，是贯彻和落实科学发展观的具体体现；其次，发展低碳经济，通过与节能减排和生态城市建设相结合，促进和协调各地的优先发展领域，强化当地的可持续发展；再次，发展低碳经济可以创造国际合作的机会。目前在中欧战略合作框架下，能源与气候变化问题是合作重点。欧盟成员国在发展低碳经济和减缓气候变化方面积极行动，希望以低碳经济投资和贸易的方式帮助发展中国家发展低碳经济；最后，低碳经济的着眼点是未来数十年以“低碳经济”为标志的新一轮全球竞争。发展低碳经济，可以增强经济竞争力。中国城市要未雨绸缪，赶上潮流，争取在竞争中占据一席之地。

（1）世界自然基金会（WWF）“中国低碳城市发展项目”。2008年1月，WWF启动了“中国低碳城市发展项目”，以期推动城市发展模式的转型，保定和上海是首批试点城市。

上海市在打造“低碳城市”的过程中，着重对建筑的能源消耗情况进行调查、统计，从办公楼、宾馆、商场等大型商业建筑中选择试点，公开能源消耗情况，进行能源审计，提高大型建筑能效。同时还将对公共建筑的物业管理人员进行培训，提高其节能运行的能力。为了减少碳排放量以实现可持续发展，上海市已着手在南汇区临港新城、崇明岛等地建立“低碳经济实践区”，推动低碳经济发展。上海将充分利用南汇区临港新城和崇明岛的后发优势建立和完善实现低碳发展的政策框架，在两地建设若干低碳社区、低碳商业区和低碳产业园区等低碳发展综合实践区，以促进低碳技术的集成应用，带动两地低碳经济的发展，为上海建设低碳城市探索新的发展模式。另外，上海世博园区目前已在低碳发展方面做了很好的探索。

保定市借鉴美国加州“硅谷”的发展模式，提出了建设“中国电谷”的概念，建设“绿色保定，低碳城市”，依托保定国家高新区新能源和能源设备产业基础，依靠保定国家高新区内的国内外知名龙头企业，打造光伏、风电、输变电设备、新型储能、高效节能、电力电子器件、电力自动化及电力软件七大产业园区。“中国电谷·低碳保定”已成为保定产业发展与城市建设的新亮点与新品牌，为保定迎来一个崭新的发展局面。建设“低碳保定”，就是要探索建立一个低排放、低污染、低消耗、生态化的经济增长方案，实现一种循环、节约、可持续的低碳城市发展之路。2007 年初，保定市政府已经提出了“太阳能之城”的概念，计划在整座城市中大规模应用以太阳能为主的可再生能源，以降低碳排放量。该市规划，力争用 2～3 年时间，将保定建设成国内首座在照明、供热、取暖等各个方面大范围应用太阳能的城市，力争到 2010 年，全市每年节电 4.3 亿度，节约标准煤 11.8 万吨，减排二氧化硫 1.29 万吨，减排二氧化碳 42.8 万吨。

（2）中英“崇明东滩生态城”项目。2001 年，上海规划将崇明定为生态岛，明确“崇明是上海未来城市发展战略空间”。2005 年 11 月，上海实业集团与奥雅纳公司分别代表中英双方签署了东滩生态城规划项目，明确了将东滩建成全球首个可持续发展生态城。此后，东滩生态城在国际上引起了广泛关注，被美国《商业周刊》评选为“未来中国十大最具影响力的规划与项目”。根据规划，东滩这个大上海城边上杂草丛生的小岛一角，将被建设成为一个可以容纳 5 万人的高能效城市，城市垃圾将被循环利用于发电，海边将安装上小型的风力发电机。按照规划，项目第一阶段将在 2010 年上海世博会开始之前建成，经过 30 年的建设，最终将成为能够容纳 50 万人的大型生态城。

在东滩生态城的建设起步阶段，其开发模式被河北廊坊和曹妃甸、浙江湖州等地复制和应用。然而，东滩生态城项目终如流星一般陨落，原因在于：一方面，生态城规划虽然由世界知名的建筑工程公司设计，但外方却不了解中国国情和当地居民的切实需求；另一方面，关于实际投资方的争论令东滩生态城缺乏充足稳定的资金支持，由于工程期较长，资金难以到位，随着上海市市政府权力更迭，使东滩生态城项目变成了一个烫手山芋，继任者对其唯恐避之而不及[①]。总之，上海东滩生态城建设所面临的困难和反映出来的问题，为中国各地方城市对低碳城市建设的热情提供了反思的案例，很多经验教训值得吸取。

（3）气候组织“城市低碳领导力”项目[②]。2008 年气候组织正式推出“城市低碳领导力项目”，并得到汇丰气候伙伴同行项目（HSBS Climate Partnership）的大力支持。城市低碳领导力项目致力于推动城市低碳经济的发展，通过研究城市在发展低碳经济方面所具有的优势，以及面临的困难和挑战，协助城市政府制定促进当地低碳经济发展的、切实可行的激励政策，建立低碳生态城市联盟，发挥城市领导力，分享资源与最佳实践，共同应对气候变化带来的挑战。气候组织计划在未来 3 ~5 年内，在中国发展 15 ~20 个“低碳城市”，在这些城市探索并建立低碳经济发展模式，以推动降低二氧化碳排放，应对气候变化。目标城市除了北京、上海、天津等大城市外，大部分将是中国的二、三级城市，因为这些地区的发展空间更大。气候组织将推动地方政府、金融企业通过政策激励和融资支持，驱动技术创新和资本流动，在城市中推广能有效节能减排的低碳技术。

三　全球绿色新政对中国的启示

当前世界正面临多重危机。除了全球金融和经济形势面临日益恶化的风险之外，长期以来由传统发展模式引发的资源、环境和气候变化问题，正威胁着世界经济的持续、稳定增长。如何权衡经济发展的短期阵痛与气候变化的长期影响之间关系，成为对各国战略智慧的重大考验。联合国环境规划署（UNEP）推出的全球绿色新政概念，其目的就是要在应对这些风险的同时，寻求一条有效而可持续地解决这些多重危机的道路。

---

① 《中国生态城市：早产的乌托邦》。参见 http：//www. huaxia-ng. com/web/action-viewnews-itemid－61961。

② 参见 http：//www. theclimategroup. org. cn。气候组织是一家独立的国际非营利机构，致力于推动各国政府部门和工商企业发挥领导作用应对气候变化，通过推广温室气体减排的最佳实践，推动全球走上低碳经济发展道路。

（一）全球绿色新政提出的背景

“绿色新政”（Green New Deal）是当下热门的话题，其中“新政”（New Deal）一词来源于罗斯福当年应对大萧条时强力拉动内需的铁腕经济政策。为稳定金融体系和经济增长，各国相继或联合推出了激进的货币政策和财政政策，制定了上万亿美元的大规模救市方案。如果把目前的救市资金（再加上在等候时机的投资者的数万亿美元）盲目地投入到旧产业以及穷途末路的经济模式中，只会导致污染加剧、生态恶化，经济即便走向复苏，也将付出沉重的代价。为此，联合国环境规划署（UNEP）在 2008 年 10 月推出了全球绿色新政的概念，目的是应对当前的经济危机，通过大力发展环保产业来扩大需求，刺激经济增长。前任世界银行首席经济学家斯特恩爵士认为，有效执行绿色新政是脱离当下经济困境的最佳出路，因为这不仅是简单的凯恩斯派刺激方针，更是为将来的可持续发展奠定良好的基础。

当前的金融危机在一定程度上增加了人们对发展绿色经济、尤其是低碳经济的关注。实质上，发展绿色经济和低碳经济，不仅可以成为度过目前经济困难的有效方式，而且是确保在中期经济持续增长最可行的手段。从短期来看，绿色经济不但可以迅速拉动就业、提振经济，还能有效调整全球经济结构，理顺资源环境与经济发展的关系；从长期来看，低碳经济和绿色经济更有利于全球经济可持续的、广泛的增长，避免危机重演，实现真正意义上的协调、可持续发展。

在 2009 年 4 月初二十国集团（G20）峰会开幕前夕，联合国环境规划署又发表了一份《全球绿色新政政策概要》报告，呼吁各国领导人实施绿色新政，做出有远见的战略考虑，为全球经济的可持续发展奠定坚实的基础。报告呼吁各国领导人在两年内（2009 ~ 2010 年）将全球国内生产总值的 1% 、约 7500 亿美元投入可再生能源等五个关键领域。这五个领域包括：提高新旧建筑的能效；发展风能、太阳能、地热、生物质能源等可再生能源；推广清洁能源车辆，发展高速列车、公共汽车等便捷公交系统；对淡水、森林、土壤、珊瑚礁等地球生态基础设施进行投资；发展包括有机产品在内的可持续农业。报告指出，以提高新旧建筑的能效为例，利用现有节能技术，可将目前建筑物能耗降低 80% ，如果在这一领域进行额外投资，不仅将刺激建筑业及其他相关行业的复苏，也将创造大量的绿色就业机会，仅在欧洲和美国就可能因此增加 200 万 ~ 350 万个工作岗位，发展中国家在这方面的潜力将更大。政策概要估计，到2030年前向可再生能源领域投资6300亿美元将能够至少新增2000万个就业岗位，其中风能部门有200万个、太阳能部门有630万个、生物质能部门有1200万个。

（二）各国绿色经济计划与行动

联合国环境规划署启动的“全球绿色新政及绿色经济计划”，已经得到了许多国家的积极响应。为稳定金融体系和经济增长，当下世界各国推出的一系列经济刺激计划，都带有明显的“绿色新政”印记。欧盟在2009年3月宣布将在2013年之前投资1050亿欧元支持发展绿色经济，促进就业和经济增长。美国政府在经济刺激计划中，划拨了677亿美元，用于发展清洁能源和节能交通等。韩国计划未来4年内在绿色经济领域投资50万亿韩元（约合380亿美元）。日本则宣布，争取在2015年之前把绿色经济规模扩大至100万亿日元（约合1.08万亿美元）。

受金融危机的影响，美、英、日、俄、韩、加拿大等多个国家都面临严重的失业问题。国际劳工组织发表的《全球就业趋势》报告显示，截至2009年底，全球可能将有5100万人失去工作，全球失业率将上升到7.1%。面对全球失业率蹿升的严峻形势，联合国秘书长潘基文呼吁全球领导人在应对气候变化方面进行投资，促进绿色经济增长和就业，以修复支撑全球经济的自然生态系统。

英国政府于2008年10月和2009年2月先后两次出台经济刺激计划，并于2009年3月推出一项低碳排放工业战略，计划在未来8年里创造40万个就业机会；其中将花费1000亿美元投资风力项目，到2020年，提供16万个就业岗位。德国总理默克尔将保护就业作为2009年的首要任务，要求大企业“绝对不能裁员”。美国未来10年斥资1500亿美元以提高能源使用效率，将帮助创造500万个就业岗位。法国政府将把大量资金用于家庭、办公楼以及政府为低收入者建造的房屋中所需的绝热材料上，在减少建筑能耗的同时，创造20万~50万个工作岗位。韩国计划将在未来4年内投资50万亿韩元（约380亿美元）开发36个生态工程，并因此创造大约96万个工作岗位，用以拉动国内经济，并为韩国未来的发展提供新的增长动力。南非政府支持的“水计划”雇用超过3万人，包括妇女、年轻人以及残疾者。

（三）绿色新政对中国的启示

选择“绿色新政”和绿色经济发展模式具有重要的现实意义。“绿色新政”，既是应对和化解当前危机的必要举措，也将为全球经济的可持续发展奠定坚实的基础。联合国的研究已经证明，投资于自然保护领域或所谓生态基础设施领域的经济回报和劳动就业的收益，要远远高于传统的汽车制造、钢铁、信息等部门或产业，它们可以成为经济增长的新引擎。

对所有国家来说，发展绿色经济，需要认真协调各方面的政策。其中，发展绿色经济最有借鉴意义的经验或教训，就是基础设施建设完成之后的锁定效应。面对全球经济衰退威胁，中国政府正在采取果断措施，以财政刺激来确保经济实现8%的增长。中国这一轮财政刺激措施，确实比以往更加关注民生问题，但重点依然是铁路、机场和高速公路等基础设施建设项目。预计在今后25年中，全球能源供应基础建设投资需求高达22万亿美元，仅中国就需要3.7万亿美元。因此，今天关于能源基础设施需求和消费模式的决策对全球稳定温室气体排放的努力具有决定性的影响。为了确保以经济最优的方式过渡到低碳未来，必须避免今天的投资决策锁定于高碳排放的项目建设。

从国际实践来看，节能减排和经济发展之间并非完全冲突。发展绿色经济有助于中国实现“保增长、调结构、促内需、重民生和节能减排”的多重目标。当然，在诸多重要的切入点当中，要将更多的注意力放在电力部门、交通部门、建筑部门等，把它们放在重中之重考虑，因为它们涉及基础设施建设。当前，我们的经济面临着被锁定在高污染、高消耗、高排放水平的挑战。如果今天不行动，我们将会在未来几十年陷入被动。

京都灵活机制与全球碳市场

陈洪波*

摘　要： 碳排放权交易是应对气候变化的重要政策工具，《京都议定书》确立的三个灵活机制为全球碳市场的发展奠定了制度基础。本文阐述了京都机制产生的理论与政策实践背景，分析了全球碳市场发展历程与现状，尤其是欧洲排放交易体系、清洁发展机制和自愿交易市场的运行机制和发展状况，最后展望了全球碳市场的发展趋势。

关键词： 全球碳市场　京都灵活机制　国际气候制度

一　前言

在经济学家看来，气候变化从本质上说是一个外部性问题。因其影响范围广（全球性的）、时间跨度长，有人甚至认为气候变化是“人类所遭遇的最大的外部性问题”（Stern，2006）。最早系统地分析外部性问题的是英国经济学家庇古，他认为市场中的微观主体在交易过程中可能对第三方或社会造成损害（如环境污染），导致私人成本低于社会成本，使社会不能达到帕累托最优状态。因此，他认为应该对私人活动征收一种庇古税（Pigouvian taxes），或称修正性税收（Corrective taxes），促使私人生产或消费活动的私人成本与社会成本一致。庇古理论使征税或补贴成为政府管制环境问题的一种政策工具，并且这一理论与各国普遍倡导的“污染者付费原则”（Polluter pays principle，简称 PPP）相吻合，受到许多国家政府的青睐。然而，科斯（Coase，1960）对庇古税提出了质疑，他认为，通过清晰界定产权，包括污染的权利，并允许产权进行市场交易，能够更有效地解决外部性

* 陈洪波，中国社会科学院城市发展与环境研究中心，副研究员，研究领域为环境经济学与碳市场。

问题。科斯的理论为排放权交易奠定了思想基础，克罗克尔（Crocker，1966）和戴尔斯（Dales，1968）则将这种思想发展成一种新的政策工具，他们提出利用许可制度对污染物实行数量控制的政策措施。即：首先界定企业的污染物排放的合法权利，然后允许企业对这种权利自由买卖，以此控制污染物排放总量。

美国是最早对排放权交易理论进行政策实践的，1990 年的清洁空气法修正案确立了发电厂二氧化硫排放的许可证发放和交易制度。从 1990 ~ 2007 年，通过排放权交易，美国二氧化硫排放减少了 43%，这一目标的实现比预定计划提前了 3 年，成本也只有预算的 1/4。可见，排放权交易不仅能够实现控制污染物排放的预定环境目标，也是一种成本有效的政策工具，能够激励企业技术创新，自觉控制污染物排放。美国还将排放权交易引入到水污染控制、汽车尾气的铅排放控制等，英国、瑞典、澳大利亚、德国等国家也相继在不同领域实践排放权交易制度，都取得了积极的政策效果。

套用马克思在论述货币时曾说到的：金银天然不是货币，但货币天然是金银这样一句名言，我们认为排放权交易天然不是温室气体，但温室气体天然适合排放权交易。排放权交易并不是为温室气体减排设计的，但温室气体减排却最适合进行排放权交易。以二氧化碳为例，二氧化碳是一种无色、无味、无毒的气体，一经排放，便均匀地分布在大气中。二氧化碳本身并没有直接的危害，只有当二氧化碳的排放量大幅增加，在大气中不断累计，使大气中二氧化碳的浓度达到一定水平时，才引起气候变化，进而影响整个地球生态系统和人类社会经济系统。由此可见，第一，引起气候变化的唯一变量是大气中温室气体的浓度，是总量，控制总量就可以减缓气候变化，可称之为“总量效应”。第二，气候变化的影响是全球性的（尽管对不同地区的影响程度会有所不同），并且造成这种影响的各种“源”和“汇”也是来自全球各地，任何地区的温室气体排放都会造成全球性影响，同理，任何地区的温室气体减排都会对减缓气候变化发挥同样的作用，这可称之为温室气体减排的“地域无差异性”。第三，气候变化是温室气体在大气中长期累积的结果，温室气体都有一个存留期，在相当长时间内，保持相对稳定。尽管科学证明温室气体浓度达到一定水平时，其影响是加速的，人类越早采取行动越有利。但在短期内，比如说 5 年，由于温室气体的相对稳定性，何时减排没有差异，可称之为温室气体减排的短期“时间无差异性”。

由于“总量效应”，排放权交易比征税更适合作为温室气体减排的主要政策工具，因为在碳税政策下交税后就可以排放，使征税这种政策工具难以控制排放总量。由于“地域无差异性”，温室气体比其他任何污染控制更适合进行排放权交易。其他污染物，如二氧化硫减排，其影响是区域性的，只适合在某区域内交易。而温室气体减排的影响是全球性的，可以建立全球性的交易市场。由于“时间无差异性”，减排配额，或排放许可证，可以在某个时期内的不同时间点进行交易，甚至可以储蓄（Banking），从而可以利用各种金融工具推动温室气体排放权交易。由此可见，“温室气体天然适合排放权交易”。

二 气候交易制度设计与京都灵活机制

（一）气候交易制度的效率与公平问题

效率与公平是任何制度设计的核心问题，气候制度设计也是一样，也必须关注效率与公平问题。斯特恩在有关2012年后气候制度的报告中，也认为有效性、效率和公平是三个核心原则①。然而，由于人们对效率与公平的理解不同，并且涉及各缔约方的重大利益，效率与公平的争论就一直贯穿于《京都议定书》制定的过程之中。

从理论上说，设计一种统一的气候交易制度，能够形成合理的碳价格，由碳价格信号引导全球范围内的企业进行温室气体减排。而一个合理的碳价格，应当等于在既定的定量减排目标下的全球边际减排成本，这时的气候交易制度才是最优效率的。这种气候交易制度的实施有三个前提条件：第一，温室气体减排目标是清晰的，是所有国家都能接受的，并且能够正好实现全球升温控制目标；第二，所有国家负有相同的减排义务和责任；第三，存在一个全球统一的完全竞争的商品市场、要素市场和碳交易市场。如果这些条件能够满足，政府只需要按照既定的减排目标确定总的排放配额，再通过某种方式把配额分配到各个企业，由市场进行自由交易，必然自动地使碳价格等于全球边际减排成本，达到最有效率的结果。并且，只要配额的总量是确定的，将它分配给谁，如何分配，无论是免

① Stern Nicholas，2008，Key Elements of a Global Deal on Climate Change，在这篇报告里，斯特恩认为国际气候制度的设计必须符合三个原则，即：有效性，通过设定排放的绝对限制有效地控制气候变化风险；二是效率，较低减排成本；三是公平，促进私人部门的资金流向发展中国家，促进发展中国家的低碳发展。

费发放，还是拍卖，都不影响效率本身，只影响财富分配。

然而，不幸的是，这三个前提条件都不存在。首先，科学上存在不确定性，科学研究的结果并不能清晰、准确地告诉人们，要实现某个温控目标，就必须确定一个什么样的定量减排目标。并且，由于各个国家所处的发展阶段、技术水平和资源禀赋不同，不同的减排目标对不同的国家的利益会造成不同的影响。因而，确定全球减排目标本身就需要谈判。其次，各个国家对温室气体减排应承担的责任存在较大的差异。发达国家自工业革命以来排放了大量的温室气体，导致了目前的气候变化，这些国家应该对气候变化负有历史责任。并且，发达国家的人均排放也远远高于发展中国家，各国应对气候变化的能力也存在巨大差异。因而，承担相同的减排责任和义务对发展中国家是不公平的。最后，世界发展是不平衡的，资源禀赋存在巨大差异，从来就没有一个统一的、完全竞争的全球商品市场和要素市场，也不可能形成一个全球统一的、完全竞争的碳交易市场。

由此可见，建立一个教科书式的最优气候交易制度是不现实的，但在公平地分担各国减排责任和义务的前提下，寻求一种次优的交易制度是可能的。这种次优的交易制度必须按照“共同但有区别的责任”的原则，综合考虑全球温控目标和各个国家应对气候能力、历史责任和发展阶段，确定多数国家认同的不同层次的目标和制度，然后形成全球碳交易市场。

（二）京都机制：不同交易制度并存

1997年在日本京都达成的《京都议定书》是人类的一大创举，它为建立全球性的排放权交易市场奠定了法律基础。《京都议定书》承认不同国家之间在应对气候变化的能力、历史责任、发展阶段、技术水平、人均排放水平上的差异，确立了一个包含多层次目标和多种机制共存且相互链接的制度，既有明确目标，又有充分的灵活性，体现了效率与公平的兼顾。

首先，《京都议定书》针对发达国家（附件1国家）制定了明确的减排目标，即：发达国家作为整体要在2008～2012年承诺期内将规定的温室气体排放总量从1990年的水平至少减少5%，发达国家之间再根据不同情况分别制定不同的减排或限排目标，发展中国家应积极采取应对气候变化的行动，但不承担定量的减排义务。

其次，《京都议定书》确立了三个灵活机制，一是发达国家之间的排放贸易（Emission Trade，简称ET）；二是发展中国家与发达国家之间的清洁发展机制

（Clean Development Mechanism，简称 CDM）；三是转型国家与发达国家之间的联合履约（Joint Implementation，简称 JI）。

排放贸易是承担定量减排义务的发达国家之间开展合作的一种灵活机制，《京都议定书》规定发达国家缔约方可以参与排放贸易，但任何这种贸易应是对为实现规定的量化的减排或限排承诺的目的而采取的对本国行动的补充。

清洁发展机制是发展中国家与发达国家之间的合作机制，它允许发达国家在发展中国家投资温室气体减排项目，而由此产生的经核证的减排量（CERs）可以抵免本国所承担的减排义务。其目的有两个，一是降低附件一国家履行其在议定书中所承担的约束性减排义务的成本；二是通过资金和技术的转移，促进发展中国家的可持续发展。因而，CDM 被看成是一种基于项目的双赢的合作机制。2001 年 10 月，在摩洛哥马拉喀什召开的公约缔约方第七次会议（COP7）又进一步展开了技术性谈判，最终达成了有关《京都议定书》履约问题（尤其是 CDM）的一揽子高级别政治决定的《马拉喀什协定》。该协议为发达国家批准《京都议定书》并使其生效铺平了道路，同时详细规定了 CDM 的模式和程序，包括机构设置和方法学中技术性和程序性方面的安排，从而，使 CDM 具有可操作性。

联合履约是苏联和东欧转型国家与发达国家之间的基于项目的合作机制，它类似于 CDM，但有其独立的管理机构、注册程序、方法学等。转型国家也是附件 1 国家，本应承担定量减排或限排义务，但由于《京都议定书》确立的基准年是 1990 年，而这些国家在当时经济比较繁荣，温室气体排放水平较高。进入转型期后，经济大幅下滑，在制定《京都议定书》时的温室气体排放水平大大低于 1990 年的水平，遂存在大量的“热空气”。如果按照排放贸易机制，允许这些没有采取任何减排行动而获得的排放配额进入全球碳市场，既不公平，也会扰乱碳市场，于是针对转型国家制定了联合履约的机制。

三　全球碳市场的发展历程与现状

（一）全球碳市场发展概况

很显然，京都灵活机制的诞生，是直接推动全球碳市场发展的关键因素。然而，尽管《京都议定书》于 2005 年 2 月才正式生效，由于《京都议定书》规定

2000年以后的CDM项目产生的减排量可以抵免发达国家2008～2012年承诺期的减排义务，加上人们的乐观预期，碳交易活动事实上在2005年之前就已经开始。并且，所谓的“全球碳市场”，事实上包括了各种不同目的、不同类型且又相互关联的碳交易活动。这些碳交易活动，如果按照交易的目的分，可以分为京都机制下的碳交易活动和京都机制外的自愿交易活动；如果按照不同管理体制和合同类型所产生的碳资产不同类型分，又可分为基于项目的减排量（project based emission reductions），如CDM下的CERs（经核证的减排量）和JI下的ERU，和基于限额－交易（Cap-Trade）的配额交易，如AAU和EUA等。同时，碳交易还可分为现货（Spot）交易和期货（Future）交易、初级（Primary）市场交易和二级（Secondary）市场交易、交易所交易和场外直接交易（over-the-counter），等等。由于碳交易形式的复杂多样，对碳市场的交易情况进行准确统计是非常困难的。目前较有影响的碳市场年度分析报告是由世界银行和点碳公司（Point Carbon）发布的，尽管这两份报告提供的数据有一定的差异，但总体上能反映碳市场的变化趋势。

根据点碳公司2009年碳市场报告（Carbon 2009：Emission trading coming home），2004年以前碳交易活动已经开始，但市场规模很小。随着2005年《京都议定书》的生效，碳市场迅速发展，交易规模每年成倍增长。到2008年，全球碳市场各种交易活动的交易量总计达到49亿二氧化碳当量，比2005年增长6倍左右；交易金额达到920亿欧元（合1250亿美元），比2005年增长10倍左右（见图1）。根据世界银行2006年和2009年碳市场的现状与趋势报告，2008年全球碳市场总交易量为48.11亿吨二氧化碳当量，交易额为1263.45亿美元，交易量比2005年的7.05亿吨增长了592%，交易额比2005年的109.90亿美元增长了1050%。这两份报告都表明，碳市场是一个高速发展的市场，其发展速度之快，几乎超过了同期任何其他全球性的交易市场。从市场构成来看，EU ETS（欧洲排放交易体系，主要是配额交易）一直占据了较大的份额，2005年以后始终保持在60%以上。因而，欧洲碳市场是左右全球碳市场动向的主导力量。

在碳市场交易规模高速增长的同时，碳价格也呈现出一种总体上不断走高的趋势。从点碳公司对2004年12月以来各种碳价格的统计来看（见图2），碳价格表现如下几个特点：第一，EUA第一交易期、第二交易期和CERs二级市场的交易价格有较强的相关性，EUA第二交易期的价格对其他碳价格有显著影响；第二，尽管波动较大，各种碳价格的总体趋势是逐步上升的，从每吨二氧化碳当

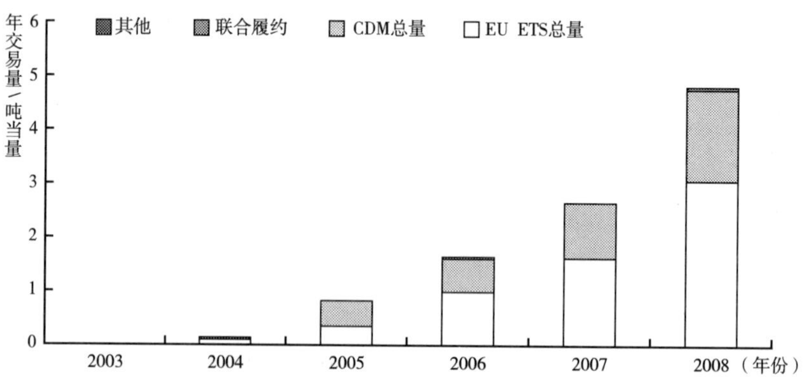

图 1　全球碳市场交易量的变动趋势

资料来源：Point Carbon' Carbon 2009 Market Trader。

量不足 10 欧元增长到最高 29.38 欧元（EUA 在 2008 年 1 月份达到这个高点），反映了人们总体上对碳市场较为乐观的预期。当然，EUA 第一交易期的价格有一定的特殊性，将在欧洲碳市场部分进行详细分析；第三，全球金融危机对碳市场的影响比较大，导致碳价格大幅波动。

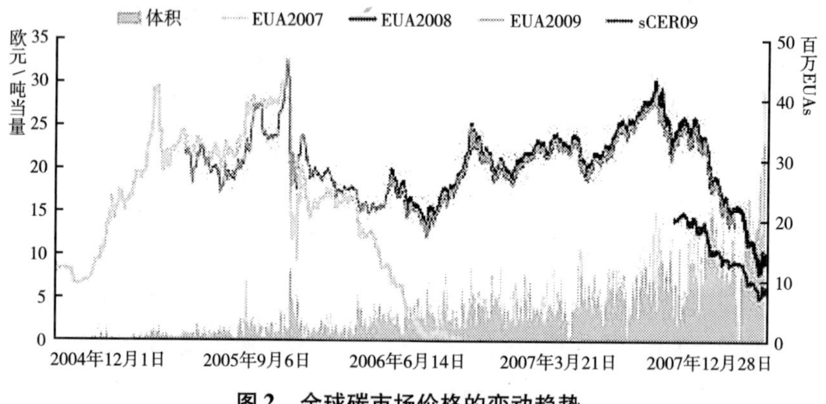

图 2　全球碳市场价格的变动趋势

资料来源：Point Carbon' Carbon 2009 Market Trader。

2008 年以来，全球金融危机成为对全球碳市场影响最大的因素，导致了成交量的萎缩和交易价格的急剧下跌，EUA 的价格从 2008 年 1 月份创纪录的 29.38 欧元跌至 2009 年 3 月份的 7.5 欧元，但此后出现了逐渐恢复的迹象（见图 3）。金融危机对碳市场影响的机理是：一方面，由于经济衰退，附件 1 国家的许多工厂停产或者减产，能源需求下降，温室气体排放量也随之下降，这种自动减排效应减少了对碳信用的需求；另一方面，对碳资产的投资高度依赖于金融市场的资金供应，由于部分金融机构陷于困境，资金供应链收紧，投入到碳资产的资金减少。在 CDM 市场表现尤为明显，许多 CDM 项目开发处于停滞状态，一级市场的交易量明显萎缩（见图 6、图 7）。同时，CERs 一级市场的交易价格也一路下跌，从 2008 年 9 月的 14 欧元左右下降到 2009 年 3 月的 7 欧元左右，下降约 50%。金融危机对碳市场会造成短期波动，长期影响不会太大。随着全球经济的恢复，碳市场也将恢复到正常状态。长期影响全球碳市场的因素是国际气候制度、能源市场和经济增长的长期趋势等。

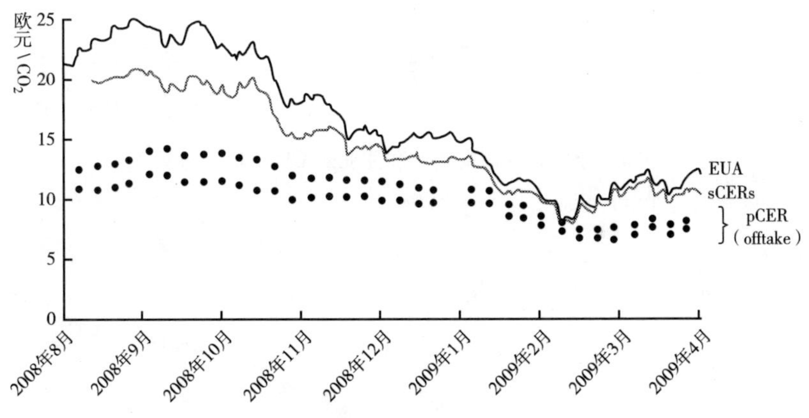

图 3　金融危机对碳市场的影响

资料来源：世界银行《2009 年全球碳市场现状与趋势》。

（二）CDM：基于项目的碳信用市场

1. CDM 市场

（1）CDM 的总体发展状况

CDM 项目开发早在 2005 年《京都议定书》正式生效之前就已经开始，正式生效后，CDM 进入了一个快速发展的阶段。在 2004 年 11 月，提交指定经营实体（DOE）审定的项目仅 48 个，到 2009 年 6 月 1 日，累计提交 DOE 审定的项目达到 4995 个，增长了 100 多倍，其中已经在 CDM 执行理事会（EB）注册的项目有 1652 个，另有 221 个项目处在注册审查阶段（见图 4）。已注册的项目中，到 2012 年预计将产生减排量16.34亿吨CO_2当量（见图5）。所有提交审定的CDM项目到2012年预计将产生减排量27.48亿吨CO_2当量，到2020年预计产生77.56亿吨CO_2当量。可见，CDM的实施对于减少温室气体排放发挥了重要作用。

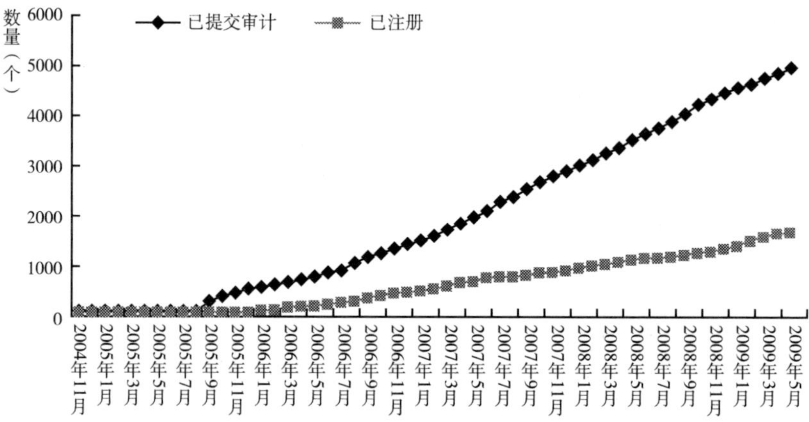

图4　全球累计提交审计和注册的CDM项目数量

资料来源：UNEP Risoe Center。

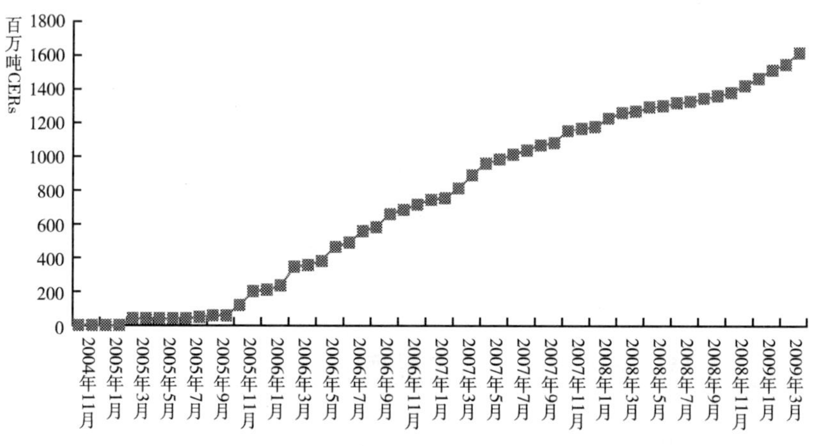

图5　已注册的项目到2012年预计产生的减排量

资料来源：UNEP Risoe Center。

CDM项目的市场交易非常活跃，发展迅速。从交易量来看，经核证的减排量（CERs）一级市场在2005年出现了爆发式增长，达到3.41亿吨CERs，比2004年增长了252%，2006年比2005年又增长了近58%，此后进入稳定增长期，但2008年由于金融危机影响，CERs一级市场出现大幅下降，2008年比

2007 年下降近 30%。但 CERs 二级市场从 2005 年以来一直保持高速的增长态势，2008 年比 2005 年增长了约 107 倍，年增长率在 1.5 ~ 21 倍之间，即使在金融危机的情况下，2008 年仍然比 2007 年增长了 347%（见图 6）。从交易额来看，CERs 一级市场从 2004 年约 4.85 亿美元增长到 2007 年的 74.33 亿美元，增长了 14 倍。同样，由于金融危机的影响，2008 年比 2007 年交易额下降了 12.3%。CERs 二级市场则由 2005 年的 2.21 亿美元增长到 2008 年的 262.77 亿美元，增长了 117.9 倍（见图 7）。CERs 的交易价格保持稳步增长的态势，从 CERs 一级市场的平均交易价格来看，从 2004 年的 5.15 美元增长到 2008 年的 16.78 美元，年均增长率在 40% 左右（见图 8）。

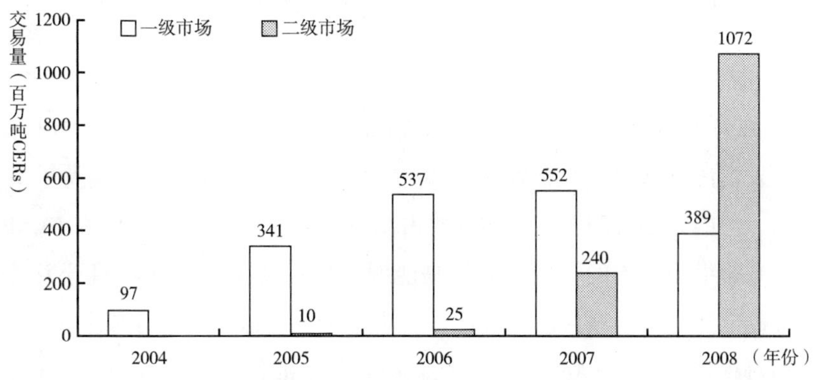

图 6　2004 ~ 2008 年 CERs 交易量

资料来源：根据世界银行 2005 ~ 2009 年《全球碳市场现状与趋势》整理。

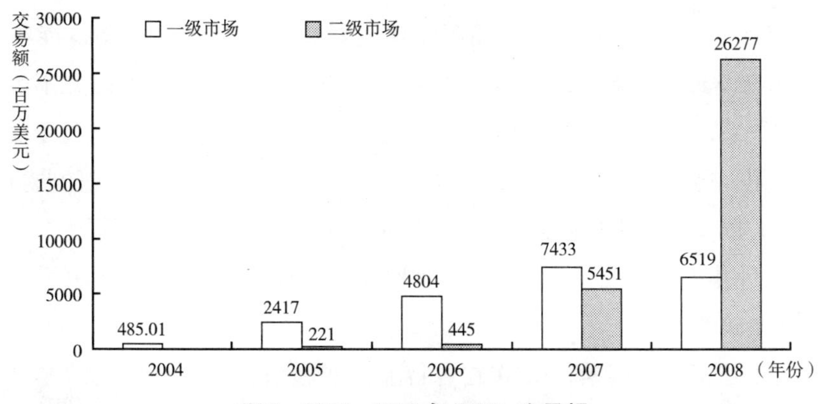

图 7　2004 ~ 2008 年 CERs 交易额

资料来源：根据世界银行 2005 ~ 2009 年《全球碳市场现状与趋势》整理。

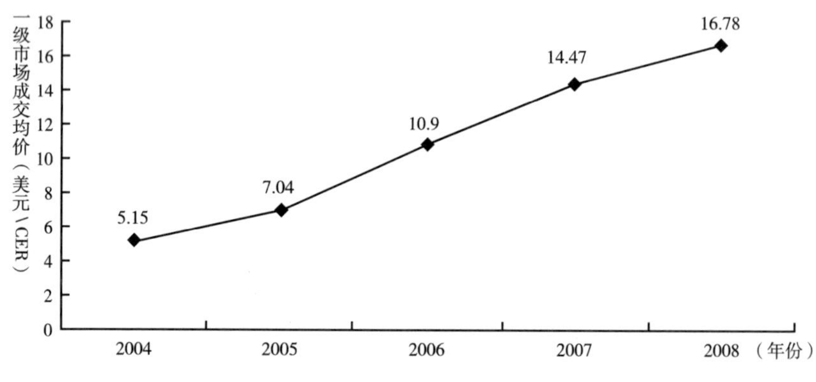

图 8　2004～2008 年 CERs 一级市场平均价格

资料来源：根据世界银行 2005～2009 年《全球碳市场现状与趋势》整理。

（2）CDM 项目的行业分布

CDM 在各个领域（或行业）实施的情况取决于各个行业实施 CDM 的潜力、方法学开发情况和项目开发的相关利益方对项目开发的收益、成本及风险的预期。首先，与能源相关的温室气体排放占温室气体排放总量的 70% 左右，因而，温室气体减排潜力最大的领域也必然是能源领域；其次，CDM 项目开发必须依据已批准的方法学编写项目设计文件，方法学越多或越简单适用的领域，项目开发的也相对越多。截至 2009 年 7 月 5 日，EB 共批准各类方法学 168 个（包括大规模方法学、小项目方法学和造林再造林的大小方法学），其中能源生产行业（包括可再生能源和非可再生能源）44 个、制造业 26 个、造林再造林 18 个、化工行业 17 个、废物处置 15 个、能源需求侧能效提高 12 个，等等。能源行业 CDM 的方法学最多。不过，方法学的多少与该行业的项目开发有时并不表现为直接相关关系，因为许多方法学是跨多个行业的，另外，有的方法学过于复杂而很少被应用。再次，CDM 项目各行业的开发状况还取决于项目开发的收益、成本和风险，以及项目开发的复杂程度和额外性问题。总体来说，可再生能源领域（如风电、水电）的项目开发相对简单、额外性相对较易论证，项目开发的风险较小，成本较低。

综合上述三方面因素，CDM 在各行业的实施情况表现出较大的差异。如表 1 所示，从项目数量来看，可再生能源是 CDM 实施的最重要的领域，共有 2877 个进入 DOE 审定程序（包括已注册的项目），占项目总数的 65%；其次是甲烷煤层气领域，共有623个项目，占总数的14%；再次是能源供应侧能效领域，共有452个项目，占总数的10%。从这些项目预期产生的年减排量来看，可再生能源依然占据最大的份额，达到41%。而氢氧碳化物（HFCs）、全氟碳化物（PFCs）和氧化亚氮（N_2O）分解项目由于一般单个项目的减排量巨大，所以，该类型项目数量虽然相对较少，但预期年减排量较大，所占份额达到22%，居第二位。接下来是甲烷煤层气和供应侧能效，所占份额分别为16%和12%。

表1　CDM项目的行业分布情况

类　型	项目数(个)		年减排量(百万吨)		到2012年减排量(百万吨)	
HFCs/PFCs/N_2O 分解	100	2%	133.26	22%	739.03	27%
可再生能源	2877	65%	248.59	41%	1009.68	37%
甲烷煤层气	623	14%	97.76	16%	482.94	18%
供应侧能效	452	10%	73.47	12%	288.10	10%
燃料替代	122	2.8%	40.58	6.72%	178.16	6.5%
需求侧能效	185	4.2%	7.02	1.16%	33.08	1.2%
造林再造林	48	1.1%	2.39	0.4%	12.36	0.4%
交通	10	0.2%	0.99	0.2%	4.78	0.2%
合　计	4417	100%	604.06	100%	2748.14	100%

资料来源：根据联合国环境署 Risoe 中心资料整理。

注：由于四舍五入的原因，有些合计与栏目加总并不完全吻合。

可见，无论从项目数量，还是预期年减排量来看，能源行业始终是CDM的最重要领域，尤其是可再生能源领域。然而，人们曾预期提高能效也是实施CDM的重要领域，但结果并非如此。主要是因为该领域要么难以计量、监测，项目开发过于复杂，要么是额外性难以论证，导致项目开发成本过高，风险较大，令人望而生畏。以建筑节能为例，众所周知，建筑行业的节能和温室气体减排潜力巨大，但由于涉及的技术较多，边界难以清晰界定。同时，建筑能耗受天气、地域、管理、生活习惯等多种因素影响。因而，计量和监测由建筑节能改造而产生的减排量异常复杂。另外，对既有建筑进行节能改造的投资大，成本高，而由减排量带来的收益较小，通过CDM来实施建筑节能经济上的可行性较低。

因此，目前仅有一个建筑节能 CDM 项目在 EB 注册，但无 CERs 获得签发。

（3）CDM 项目的地区分布

CDM 的实施在不同地区和国家之间也很不平衡，从进入 DOE 审定的项目来看，亚洲太平洋地区处于遥遥领先地位，目前 CDM 项目数量达到 3432 个，占全球项目总数的 77.65%；这些项目预期到 2012 年将产生减排量为 22.25 亿吨 CO_2 当量，占全球总量的 80.88%。其次是拉丁美洲地区，CDM 项目数量为 791 个，占全球的 17.90%；预期到 2012 年的减排量为 3.92 亿吨 CO_2 当量，占全球的 14.24%。与此同时，CDM 在非洲、中东和中亚地区的实施情况却不甚理想，无论项目数量，还是预期年减排量，均不超过全球总数的 3%。不仅地区之间不平衡，国家之间的差异也很大，仅中国、印度和巴西 3 个国家的项目数量就占全球总数的 72.1%，这些项目到 2012 年预期减排量占全球总数的比例将达到 77.11%（见表 2）。

CDM 项目地区分布不平衡是 CDM 这种机制饱受批评的原因之一，然而，深入分析发现，这种不平衡是有其内在的必然性的。首先，CDM 在各国、各地区实施的潜力是由该国家或地区的温室气体减排潜力决定的，而减排潜力则与人口和经济规模、发展阶段、能源利用状况等因素密切相关。CDM 项目大国如中国、印度和巴西都是人口大国，经济规模较大，进入工业化初期或中期阶段，近年来经济增长迅速，能源利用效率相对较低，能源消费以化石能源为主。因而，温室气体减排总体潜力较大，潜在的 CDM 项目较多，适宜大规模开发。而非洲许多国家，经济规模较小，尚未进入工业化阶段，工业项目较少，能源利用多以传统生物质能（薪柴）为主，能源替代所产生的减排量较小，适宜 CDM 开发的项目较少。

其次，CDM 的实施状况与各国的配套政策和能力建设密切相关。无论可再生能源项目，还是提高能源效率项目，都需要大量的投资。而 CDM 的收益相对有限，仅仅依靠 CERs 收益，难以吸引私人投资者介入，需要东道国制定相关政策予以推动。以中国为例，中国为了实施 CDM，专门制定了 CDM 管理办法，并将可再生能源、提高能效和甲烷煤层气利用作为优先领域。同时，中国也制定了针对可再生能源开发和提高能源效率的优惠政策，激励企业对这些领域的投资。另外，中国政府通过开展能力建设，使各个利益相关方认识、了解和掌握 CDM 相关知识，提高 CDM 项目开发能力，也促进了 CDM 的实施。

表 2　CDM 项目的地区分布情况

地区/国家	项目数(个)	占总数比例(%)	到 2012 年减排量(百万吨)	占总量比例(%)
拉丁美洲	791	17.90	391.72	14.24
其中:阿根廷	25	0.57	29.42	1.07
巴西	340	7.69	173.82	6.32
智利	69	1.56	40.08	1.46
哥伦比亚	41	0.93	18.62	0.68
墨西哥	155	3.51	65.53	2.38
秘鲁	29	0.66	14.71	0.53
亚洲太平洋地区	3432	77.65	2224.72	80.88
其中:中国	1726	39.05	1520.24	55.27
印度	1123	25.41	426.97	15.52
印度尼西亚	89	2.01	39.40	1.43
马来西亚	130	2.94	37.74	1.37
菲律宾	77	1.74	12.02	0.44
新加坡	8	0.18	2.02	0.07
韩国	61	1.38	102.56	3.73
斯里兰卡	18	0.41	2.42	0.09
泰国	96	2.17	25.82	0.94
越南	68	1.54	18.27	0.66
中亚地区	48	1.09	19.31	0.70
其中:亚美尼亚	7	0.16	1.36	0.05
塞浦路斯	8	0.18	1.37	0.05
摩尔多瓦	6	0.14	1.43	0.05
乌兹别克斯坦	10	0.23	7.08	0.26
非洲	101	2.29	81.53	2.96
其中:埃及	12	0.27	16.27	0.59
肯尼亚	14	0.32	2.91	0.11
摩洛哥	10	0.23	2.60	0.09
南非	27	0.61	19.57	0.71
乌干达	10	0.23	1.23	0.04
中东	48	1.09	33.45	1.22
其中:以色列	27	0.61	11.94	0.43
约旦	3	0.07	2.66	0.10
阿联酋	13	0.29	2.93	0.11
全　球	4420	100.00	2750.72	100.00

资料来源：根据联合国环境署 Risoe 中心资料整理。

最后，CDM 制度本身决定了大项目更受青睐。CDM 是一种基于项目的市场机制，项目开发各方是由经济利益导向的，更愿意开发减排量大、收益大、成本低、风险小的项目。而非洲国家由于缺少工业项目和较大的可再生能源项目，项目规模太小不能满足项目开发方的商业目的。因而，非洲等地区在现阶段难以大规模实施 CDM。只有当这些地区发展到一定阶段，才能更有效地实施 CDM。

（三）JI 市场

如前所述，JI 是转型国家与发达国家之间基于项目的合作机制，与 CDM 十分相似。该市场自 2003 年开始启动，截至 2009 年 8 月 1 日，累计提交 DOE 审定的项目共 217 个，其中在联合国注册的项目有 39 个。如果所有项目都能注册，预期每年可产生减排量（ERUs）7834 万吨 CO_2 当量。这些项目主要来自俄罗斯和乌克兰，分别有 104 个和 37 个项目，其次是保加利亚（14 个），波兰、匈牙利和立陶宛分别有 10 个项目，其余国家的项目数量都在 10 个以下。从预期产生的年减排量来看，俄罗斯占总数的 59% 左右，处于绝对领先地位①。项目所涉及的领域主要有风能、水电、生物质能、垃圾填埋气、煤层气和工业节能项目等。ERUs 的交易价格比 CERs 略低，但走势与 CERs 比较接近。由于 JI 在全球碳市场中所占份额很小，与中国 CDM 项目关联性极小，本文不做详细介绍。

（四）EU ETS：配额交易市场

（1）EU ETS 的制度安排

EU ETS 是一个典型的限额交易体系，其目的是为了使欧盟作为一个整体共同履行其在《京都议定书》中承诺的量化减排义务。为了实现该目的，欧盟建立了比较完善的制度体系。

①限额与配额的分配。欧盟 15 国总的限额是，在 2008 ~ 2012 年间排放量总数在 1990 年的水平上下降 8%。为了将这样一个相对量变成一个绝对量，欧盟采取一种可交易的许可证（Tradeable permit）的形式，即欧盟配额（European Union Allowances，简称 EUA），以此确定一个绝对数量的限额。由于非二氧化碳

① 资料来源：联合国环境署 Risoe 中心。

类的温室气体和小企业及农业部门难以监测，EU ETS 只涵盖二氧化碳一种温室气体，实施范围包括发电企业和大部分工业企业，而建筑、交通等行业没有包括在内。市场覆盖的二氧化碳占欧盟二氧化碳排放总量的45%，占温室气体排放总量不足40%。配额分配的形式有两种：一是免费发放，这是主要方式，每年根据历史数据等因素发放给企业；二是拍卖，现阶段很少采取这种形式，未来将成为主要方式。2004 年以来，参与交易的国家也由最初的 15 国扩充到东欧及挪威、冰岛等国。

②交易期。为了确保 EU ETS 在第一承诺期（2008～2012 年）正式运行，欧盟从 2005 年开始，启动了一个为期 3 年的试验期（2005～2007 年）。试验期的 EU ETS 同样是法定的交易制度，但试验期的配额不能转存于 2008 年以后使用。

③管理体制。欧盟只是国家联盟，不是主权国家，建立适当的监管体系是 EU ETS 正常运行的基础。欧盟首先在欧盟议会制定了《碳交易体系指令（ETS Directive)》，规定 EU ETS 的功能，并赋予欧盟委员会监管的权利。各成员国再根据《碳交易体系指令》制定本国的国家分配计划（National Allocation Plans，简称 NAPs)，确定配额的发放数量和发放方式。欧盟委员会对各成员国的 NAPs 有评估和否决的权利，NAPs 在成员国议会通过后成为本国法律，颁布实施。在此基础上，再制定一整套报告、监测、认证、注册和执行制度。纳入 EU ETS 的企业有义务按照法律规定报告、监测本企业的二氧化碳排放量，其报告获得认证之后，通过网络自动注册，并根据配额使用情况参与碳市场交易。

④惩罚机制。欧盟规定，每年对纳入 EU ETS 的企业进行一次核算，对于试验交易期，企业超限额使用的配额每吨罚款 40 欧元，第一承诺期则罚款 100 欧元。并且，上交罚款的企业并不能因此免除其义务，还应在下一年度购买等量的配额予以弥补。

（2）EU ETS 的市场发展状况

EU ETS 从 2004 年开始就有少量交易活动发生，2005 年进入快速发展阶段，2006 年以来，交易量占全球的 60% 左右，成为全球最大的碳市场。如前所述，EU ETS 分试验期和第一承诺期两期运行的，两期的 EUA 不能相互替代，但交易活动是并行的。对于试验期的 EUA 从 2004 年开始交易，随后交易量迅速上升，到 2007 年每天的平均交易量达到 10000 个 EUA 左右。然而，由于试验期的 EUA 不能在第一承诺期中继续使用，EUA 的价格经历了一个由快速上升到急剧下跌

的过程。2005 年初 EUA 的价格在 8 欧元左右，到 2006 年 4 月涨到 30 欧元左右，随后快速下跌，到 2007 年下半年，EUA 的价格接近 0 欧元的水平（见图 9）。由此可见，要保持碳价格的相对稳定，避免碳市场的大幅波动对应对气候变化带来不利影响，保持市场制度的延续性和稳定性是非常必要的。对于第一承诺期的 EUA 的交易由于至少可以持续到 2012 年，日交易量和交易价格在金融危机之前呈现出一种稳步上升的态势。从 2006 年以后，日平均交易量逐步放大，由交易量 4000 吨左右增长到 2008 年 5 月的 10000 吨左右。交易价格虽有较大波动，但总体保持稳步上升趋势（见图 10）。金融危机爆发以后，正如前面分析的，这种趋势被打破，出现了交易量价双双下跌的趋势。

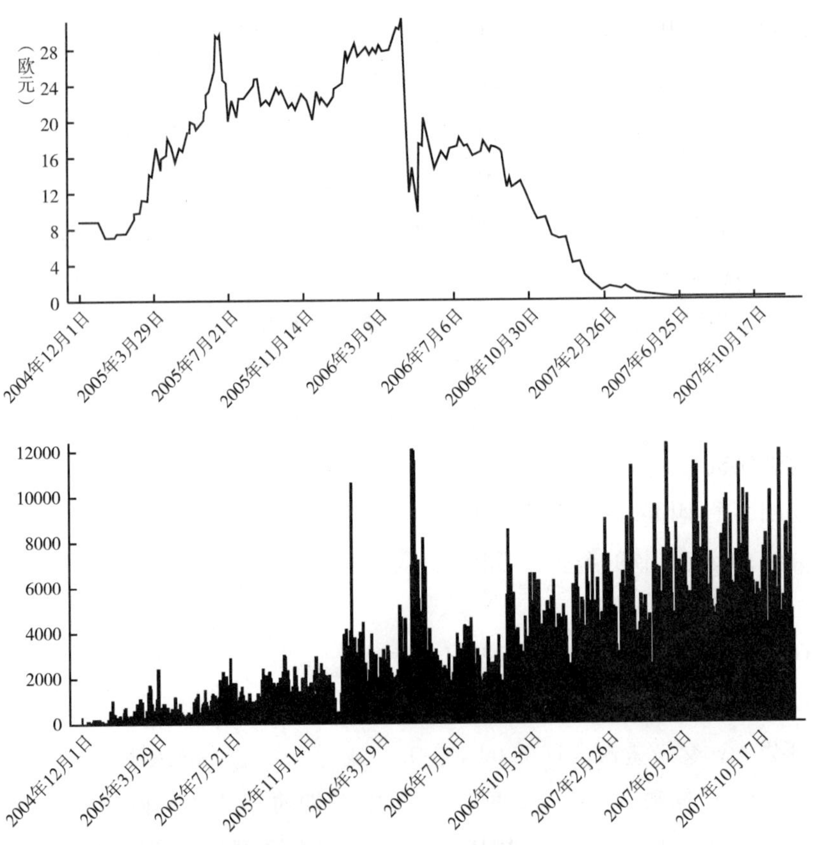

图 9　试验期 EUA 的日交易状况（2004～2007 年）

资料来源：Point Carbon。

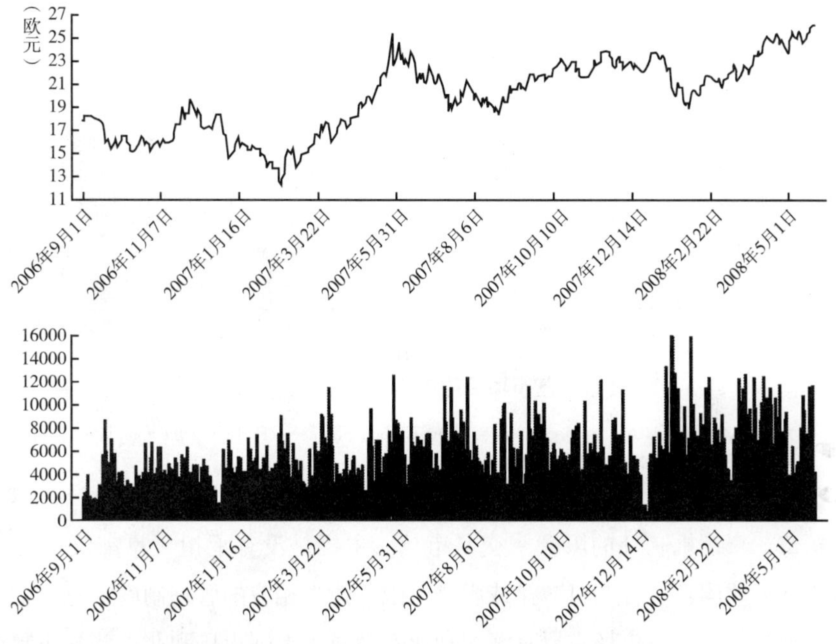

图 10　第一承诺期 EUA 的交易状况（2006～2008 年）

资料来源：Point Carbon。

（五）自愿交易市场

本文所分析的自愿交易市场是京都机制以外的碳市场，它包括两大部分：第一，基于项目的、纯粹的自愿交易市场。主要是不承担温室气体减排义务的机构、企业和个人，为应对气候变化尽一份责任，自愿购买一定数量的基于项目产生的减排量，以中和自身的生产和生活活动所产生的碳排放。随着人们应对气候变化的意识逐步增强，自愿购买减排量的需求越来越大，于是有些机构专门从事这种交易活动，遂形成了碳自愿交易市场。交易形式主要分两种：一是在芝加哥气候交易所（Chicago Climate Exchange）或其他交易所进行交易；二是场外交易。该市场在 2005 年前经历了一段徘徊期，2005 年后迅猛发展，交易量和交易金额每年成倍增长，到 2008 年达到 7.05 亿美元，比 2005 年增长 15 倍左右（见图 11）。减排量主要来源于水电、风电、垃圾填埋气等。类似于 CDM 项目，需要经过 DOE 认证，但不需要在联合国注册，按照各个俱乐部的规则运行即可。

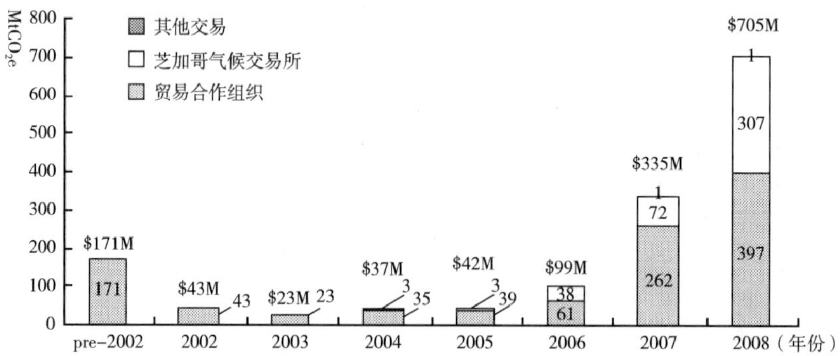

图 11　基于项目的自愿交易市场发展状况

资料来源：Ecosystem Marketplace，New Carbon Finance：Fortifying the foundation，the State of Voluntary Carbon Market。

第二，京都机制外的限额 - 交易市场。主要是没有承担《京都议定书》定量减排义务的国家官方制定减排或限排上限，建立相应的管理制度，允许企业对减排量进行买卖。该市场主要有澳大利亚新南威尔士碳市场和北美部分州制定的减排或限排制度 RGGI。这种限额 - 交易市场在 2008 年交易量达到 6100 万吨，交易额达到 2.93 亿美元①。

四　全球碳市场的发展趋势展望

如今，多数国家都承认，市场机制是应对气候变化的重要手段，是一种成本有效的政策工具，并且能够实现温室气体有效减排。尽管京都灵活机制和现阶段的碳市场还存在许多问题，遭受很多批评，但更多的人认为，应该保持京都灵活机制的相对稳定性和延续性，避免碳市场出现过大的波动，使碳价格信号真正发挥引导全球迈向低碳发展的作用。因而，从长期来看，碳市场一定会继续存在，且规模会越来越大。但是，至于 2012 年以后的全球碳市场将如何发展，还取决于许多不确定的因素。

首先，2012 年后全球碳市场的规模取决于发达国家的减排目标。所有排放

① 资料来源：Ecosystem Marketplace，New Carbon Finance：Fortifying the foundation，the State of Voluntary Carbon Market。

权交易的市场需求都是由政府创造的，政府实行越严格的环境目标，市场需求将越大，市场规模也越大。有关2012年后的国际气候制度谈判正在进行之中，其中发达国家的减排目标是谈判的焦点问题。欧盟于2008年底通过了能源和气候一揽子计划，承诺3个“20%”的目标，即：无论其他国家如何行动，欧盟作为整体，到2020年，温室气体排放总量在1990年的基础上下降20%，可再生能源比例达到20%，能效提高20%。如果其他国家也采取积极的行动，欧盟将减排30%。美国奥巴马政府也提出将限额-交易作为应对气候变化的主要手段，建立国内碳市场，承诺到2020年温室气体排放总量在2005年的基础上下降17%。澳大利亚等国也先后提出了2012年后的目标。从目前的提议来看，发达国家第二承诺期的减排力度比第一承诺期更大，相应的需求和市场规模将更大。然而，发达国家目前的承诺与IPCC报告里提出的发达国家整体在第二承诺期须减排25%~40%的目标还相差很远，还需要一个更大的碳市场和资金机制来帮助发展中国家一道应对全球气候变化。

其次，CDM如何改革将决定发展中国家以何种方式和在多大程度上参与全球碳市场。多数国家都承认CDM在推动发达国家和发展中国家在应对气候变化合作中所发挥的作用，应该保持CDM的延续性。但由于CDM本身的管理体制问题、额外性问题、对可持续发展和技术转让的促进作用问题等，使CDM的作用没有得到充分发挥，都认为应该对CDM进行改革。但如何改革，各国分歧很大。部分发达国家认为，应该将发展中国家分成不同层次，分别实行不同的市场机制①。特别提出中国等先进的发展中国家退出基于项目的机制，而采取对各个行业设定限额的行业方法，这实际上是要求发展中国家变相地承诺量化减排义务。中国等发展中国家认为，CDM需要改革，但不应该是颠覆性的改革，要在注册效率、简化程序、增加透明度、确定性、公平性和环境完整性方面进行完善，取消某些项目类型的额外性论证，并加强东道国的作用。目前有关CDM的谈判仍在继续，发展中国家以何种方式和在多大程度上参与全球碳市场还存在不确定性。

再次，美国国内碳市场如何与欧洲等国的碳市场链接，将影响全球碳市场的效率。美国、澳大利亚等退出《京都议定书》的国家的政府以更加积极的姿态

① 如由Mark Lazarowicz撰写并经英国首相委托发布的报告“Global Carbon Trading: A framework for reducing emissions”提出了建立碳交易的双层体系。

应对气候变化，先后提出要建立国内碳市场。然后，这些国家国内的碳市场是否或如何与欧洲碳市场链接、是否或如何接受发展中国家基于项目产生的碳信用，还存在不确定性。一个统一的、全球性的碳市场将有利于低碳技术在全球范围内扩散，有利于降低全球温室气体减排成本。建立一个统一的、更有效率的全球碳市场需要各主要国家政治家的智慧和共同努力。

最后，应对气候变化的市场机制与其他政策工具如何协调影响全球碳市场的健康发展。市场机制是应对气候变化的重要的政策工具，但它不是万能的，不能解决所有气候变化问题，需要与资金机制、产业政策、税收、补贴、贸易政策、技术研发与推广政策等政策工具相配合。各国国内政策工具之间的协调，以及与其他国家政策之间的协调，将有利于应对气候变化，也有利于全球碳市场的健康发展。近年来部分发达国家提出的单方面征收碳关税、边境调节税等无视“共同但有区别的责任”等基本原则的政策，不仅会给全球贸易带来冲击，也会影响全球碳市场的健康发展，最终不利于应对气候变化，发展中国家应予以坚决抵制。

低碳发展对中国就业影响的初步研究

潘家华　郑　艳　张安华　柯水发*

摘　要： 低碳发展被认为是在满足能源、环境和气候变化挑战的前提下实现可持续发展的唯一途径。本文探讨了低碳发展的就业效应，以火电行业和林业为案例，初步测算了中国实施节能减排和造林政策导致的就业影响，指出低碳发展有助于促进经济增长，总体上对于中国就业的影响是正向的。最后，提出了促进低碳发展和就业目标协同实现的政策建议。

关键词： 低碳发展　气候变化　就业

一　前言

全球气候变化问题已经成为世界各国共同关注的焦点和热点问题。2006 年 10 月，英国政府发布的《斯特恩报告》① 指出，气候变化将导致全球每年 5% ~ 20% 的 GDP 损失，呼吁各国借助低碳技术向低碳经济转型。2007 年联合国政府间气候变化专门委员会（IPCC）第四次评估报告②指出全球气候变化已经是不争的事实，全球未来温室气体的排放取决于发展路径的选择，强调人类必须一致行动应对气候变化带来的挑战。“巴厘路线图”的达成，使得全球向低碳经济转型

* 潘家华，中国社会科学院城市发展与环境研究中心，研究员，研究领域涉及世界经济、能源与气候变化经济学和城市发展；郑艳，中国社会科学院城市发展与环境研究中心，助理研究员，博士，研究领域为可持续发展与气候变化经济学；张安华，华能集团高级工程师、中央财经大学能源研究中心教授，研究方向为能源与环境经济学；柯水发，中国林业大学，副教授，研究方向为林业经济。感谢课题组其他成员及国际劳工组织、人力资源与社会保障部专家对课题研究的贡献。

① Stern Nicolars, Stern Review on the Economics of Climate Change, Cambridge University Press, 2007.

② IPCC, Summary for Policymakers of IPCC Fourth Assessment Report, Working Group Ⅱ, 2007.

成为大势所趋。2008 年以来，面对全球性的金融危机，各国纷纷推出绿色投资计划，积极发展低碳经济并推动绿色就业。

各国实施低碳发展，主要有以下几种基本路径：①能源结构的清洁化：发展风电、太阳能、生物质能、核能等清洁能源；②产业结构的优化：推动产业升级换代，发展更多的低能耗、高附加值的低碳型产业，如技术型服务业，旅游与会展产业，软件产业，环保技术产业，有机农业，花卉种植等林副产业等；③技术水平的提高：在能源相关行业推广采用节能环保型的新产品和新技术，促进能源利用效率的提升；④消费模式的改变：消费是一切生产活动的最终目的，消费模式的改变是一个渐进的过程，培养公众对低碳社会的认识，逐渐向低能耗、低污染和低排放的生产和生活方式转型；⑤其他政策和技术手段：如积极发展森林碳汇，发挥生态系统吸收碳的能力；利用碳捕获技术对碳资源进行再利用，或借助碳封存技术减少地区碳排放总量等。

低碳技术、产业升级和发展低碳能源等低碳发展途径都需要通过资金、技术、劳动力和资本的一系列投入来实现。借助投资乘数效应，整个经济体系能够逐渐转向以低碳排放、低资源消耗、低污染为主要特征的低碳型经济。

二　气候变化、低碳发展与就业的关联

（一）低碳发展对投资和就业的影响

气候变化是以化石能源燃烧产生温室气体效应导致的全球环境问题。对于环境与经济发展问题之间的关联，一般认为取决于经济规模、产出结构、投入结构（资源禀赋）、生产率、环境技术等因素。环境库兹涅茨曲线假设被广泛用来检验环境污染与经济发展之间的关联效应，20 世纪 90 年代以来，二氧化碳等温室气体也开始被作为一种环境污染问题进入研究视野。对一些发达国家的研究表明，在人均 GDP 达到 5000 美元以上时，经济开始出现高能耗和高碳排放的特征，而技术进步、经济结构和能源消费结构的优化能够有效推动经济的低碳化①。根据国际货币基金组织（IMF）和世界银行（WB）的统计，2008 年中国人均 GDP

① Tol, Pacala & Socolow, Understanding Long-Term Energy Use and Carbon Dioxide Emissions in the USA, FEEM Working Paper, No. 107, 2006.

（PPP 美元）已超过了 5000 美元，目前中国正处于工业化和城镇化进一步提升的关键时期，能源消耗和二氧化碳排放增长较快。不过由于技术的蛙跳效应，中国有可能利用低碳技术实现低碳化发展。

低碳经济本质上是要实现环境友好和低碳排放的目标，对于环境投入及其就业影响国外已有不少相关研究。1990 年以来，为了配合各国环境政策改革，欧盟国家的研究者积极探讨了环境税收、环境投资和企业新技术投入的就业效应。一般而言，经济发展必须具备几个主要的投入要素，即：资本、劳动力、能源和技术，这些要素对于经济增长具有不同贡献。研究发现，在能源、资本和劳动力三个要素之间存在着替代或互补的关系①②③。其政策含义在于，如果能源与非能源生产要素（资本、劳动力、原材料等）之间存在着替代关系，则能源价格提高或实施节能减排政策，可以通过能源的资本替代或劳动力替代，继续保持行业产出的增长；反之，如果某一行业的能源与非能源要素之间是互补关系，则提高能源利用成本的环境政策就会减小行业对能源要素的投入比重，从而降低行业产出水平。由于劳动力投入与自然资源投入的互补效应，理论上清洁技术投资常常会导致企业削减就业岗位，然而实际情况并非如此。一项对 5 个欧盟国家的 1500 家企业的调研指出，企业以削减成本为目标的技术投资会导致就业缩减，但是环境友好型的生态革新将对就业产生积极的净效应，尤其是将终端部门的技术创新扩及相关产品及服务的清洁生产过程④。一些实证研究发现，采用清洁技术使得企业市场份额扩大，就业效应表现为企业劳动者的健康和社会保障水平改善，以及企业员工激励增加⑤。

从不利影响来看，新技术和新行业的发展，不但需要巨额的资金，还需要大

---

① 杨中东：《对我国制造业的能源替代关系研究》，《当代经济科学》2007 年 5 月 29 卷第 3 期。

② Murry, D. A., Dan, G. D., 1990 Sep, The energy consumption and employment relationship: A clarification, Journal of Energy and Development; Vol. 16. 1.

③ Tsangyao Chang, Wenshwo Fang, Li-Fang Wen, Energy consumption, employment, output and temporal causality: evidence from Taiwan based on cointegration and error-correction modelling techniques, Applied Economics, Volume 33, Issue 8 June 2001, pp. 1045 – 1056.

④ Klaus Rennings, Thomas Zwick, 2002, Employment impact of cleaner production on the firm level: empirical evidence from a survey in five European countries, International Journal of Innovation Management, Vol. 6, No. 3.

⑤ Getzner, July 2003, Cleaner production, employment effects and socio-economic development, International Journal of Technology Management, Volume 17, Number 5, pp. 522 – 543.

量的高技术人才，而发展中国家大多的劳动力都是低技术或零技术含量，这在产业结构提升过程中将造成结构性失业。例如，中国实施的节能减排政策要求限制钢铁、火电、水泥、重化工等行业落后生产力的发展，许多高耗能、高污染的中小企业逐步关停并转，这会带来相应就业岗位的缩减，造成一些低端技术人员的失业。

总体来看，实施低碳发展对于投资和就业的影响表现出以下几种效应。

（1）结构效应

工业化带来的产业结构升级，使得对资本和能源高度依赖的传统制造业转向以高附加值的新技术产业、现代服务业为主体的产业结构。例如发达国家完成工业化之后进入消费型社会，带动了服务部门就业。

（2）替代效应

由于在低碳发展过程中，低碳生产要素逐渐替代高碳要素投入，能源效率高的新技术替代落后技术，使得相关部门对劳动力投入的需求也同时发生变动。一方面，传统能源部门因为生产效率提高（如大机组替代小机组），导致对就业岗位的需求减少。另一方面，新能源技术使得能源部门产生新的就业机会（如风电、太阳能、生物质能等）。

（3）收入效应

使用能源产品的行业因为成本下降，能够消费更多的能源产品，或由于成本节约能够用更多的投资扩大生产，增加就业。同时，由于社会生产力水平提高，使得人们的收入水平增加，于是购买力提升，总需求增加，从而带动更多对新产品和新服务的引致性需求，促进经济体系进一步扩张，带动更多新增部门的就业。

上述效应还可归结为技术效应与规模效应两个方面。产业升级和资源开发利用效率的提高都离不开技术进步的推动；经济发展使得生产规模扩大，增加了对就业的整体需求。

低碳发展对就业的影响可以分为：直接就业、间接就业及引致性就业①。直接就业指的是由于产业结构调整、新技术投资、清洁产品的应用等导致本行业内部产生的就业增加或减少；间接就业是指本行业投入或产出的变动对于相关

① GHK，2007，Links between the environment，economy and jobs，in association with Cambridge Econometrics，Institute of European Environmental Policy，www. ghkint. com.

的上下游行业造成的就业效应；引致性就业是指由于本行业及相关行业劳动者由于收入和消费变化带动的就业变化。例如直接投资林业、环保产业、新能源等行业能够直接带动这些部门的就业，同时也能够带动与低碳行业投资相关的设计研发、设备制造、技术服务、运输等上下游行业的就业变动。低碳发展对就业既有促进作用，也有不利影响，主要体现在间接效应和引致性效应。研究表明，提高能效的新技术投资能够直接带动的就业约为10%，90%的新增就业来自能源成本下降和相关投资增加导致的间接和引致性就业效应[①]。可见，如果能够采取积极的措施推动技术进步，低碳发展政策对于就业的总体影响是非常积极的。

（二）低碳发展对不同部门的就业影响

尽管从长期来看，低碳发展能够带动经济增长和促进就业，然而，在不同部门和领域，减缓气候变化的低碳发展政策对就业的影响是不同的。联合国环境规划署与国际劳工组织发布的《绿色就业：在低碳、可持续的世界中实现体面劳动》报告[②]，指出了能够促进温室气体减排、资源节约和促进就业的重点领域，包括：能源供应行业，交通运输部门，生产制造业，建筑行业，资源回收和利用行业，零售行业，农业，林业等。这些行业不但具有巨大的减排潜力，而且拥有不同程度的绿色就业开发潜力，例如可持续农业和林业、可再生能源、建筑节能、资源回收和利用等行业，反之，火电行业、钢铁行业则受到能源效率改善和落后产能调整的影响而减少就业。

1. 能源行业

低碳发展要求以清洁的低碳或零碳能源代替以化石能源为主的传统能源，这将造成火电行业净就业的减少。水电、风电、太阳能、生物质能等可再生能源的发展，能够推动新能源技术开发、设备制造和安装、维护等上下游行业，从而产

---

① ACEEE，1992，Energy Efficiency and Job Creation，http：//www. aceee. org/pubs/ed922. htm，Regarding the different effects，less than 10% of the net jobs created are associated with direct investment in efficiency measures while more than 90% are associated with energy bill savings and respending of those savings.

② 联合国环境规划署、国际劳工组织等，《绿色就业：在低碳、可持续的世界中实现体面劳动》，2008年9月，www. unep. org/civil_ society。

生一系列新的就业机会。根据全球风能协会《2008年全球风能展望》报告，风能利用使得全球二氧化碳排放每年可减少15亿吨左右，带动的直接与间接就业岗位高达35万个，到2020年，预计风电能为全球带来200万个就业岗位①。《中国可再生能源中长期发展规划》提出了在未来10～20年将中国可再生能源比重从目前的5%提高到10%～15%的发展目标，并积极鼓励和推进可再生能源技术的产业化发展。这意味着中国的可再生能源行业在促进经济发展的同时还将带动大量的就业。

2. 林业

森林是最大的“储碳库”和最经济的“吸碳器”，应对气候变化和低碳发展使得林业具有广阔的就业潜力。林业发展的就业潜力主要表现在以下几个方面：①林业产业开发和林副产业。包括木材生产和加工，林产化工，林机制造，森林旅游，森林食品，森林药材，花卉和竹产业等。中国开发林副产业的潜力非常巨大，具有显著的就业潜能。②造林。中国正在实施的六大林业重点工程，今后10年的造林任务达0.76亿立方米，可提供大量的就业机会。③森林旅游。中国的生态旅游和森林旅游发展很快，森林旅游人数年均增长率达到30%以上。到2008年底中国已建立各类森林公园2277处，接待人数为2.74亿人次，直接旅游收入达187.37亿元。据统计，2007年，森林公园直接吸收就业10083人，间接带动社会就业人员44余万人。

3. 钢铁行业

钢铁工业是典型的高能耗、高排放和高污染行业，总体上，低碳发展对于钢铁行业的就业具有负效应。中国是世界上最大的钢铁出口国，针对中国钢铁行业产业集中度低、规模小、生产工艺落后等特点，国家发展和改革委员会在2005年制定了《钢铁产业发展政策》，要求钢铁冶炼企业通过产业重组，逐步淘汰设备落后、耗能高、污染高的小钢厂。2009年1月出台的《钢铁产业调整振兴规划》提出要以控制总量、淘汰落后产能、联合重组、技术改造、优化布局为重点，推动钢铁产业的振兴。节能减排和行业振兴计划的深入实施将对钢铁行业的就业产生两个方面的影响：①淘汰落后产能，遏制行业扩张趋势，将减少钢铁行业就业数量；②采用先进工艺技术，将在钢铁行业内部创造部分工作岗位。然

① GWEC，Global Wind Energy Outlook 2008，http：//www. gwec. net/index. php. id = 92.

而，从间接就业效应来看，钢铁行业通过对落后和过剩产能的淘汰，能够大幅度提高行业生产效率，降低产品成本，有利于下游相关行业减小成本和增加就业。

4. 资源回收和再利用行业

再生资源是循环经济的一个重要组成部分，循环经济要求在生产、流通和消费等过程中实现资源消耗的减量化、废弃物的再利用和资源化，具体表现为“资源—产品—再生资源”和“生产—消费—再循环”两种模式。中国可再生资源的回收利用还未形成产业化，与其他国家相比，中国的资源生产率只有1/10，企业技术条件和资源消耗水平相差很大。资源回收和再利用产业是一个涉及服务业、制造业等多个部门的完整的产业链条，中国发展资源回收与再利用产业发展前景广阔，能够创造大量的直接和间接就业岗位。2005年中国公布的第一批循环经济试点的重点领域中，包括了再生物资回收加工利用体系建设、废旧金属再生利用、废旧家电回收利用及再制造等。目前，中国从事这一行业的人员有1000多万人，其中有600多万人都是农民工，其中许多从业者处于非正规就业状态。为了提升资源回收利用行业的整体水平，规范这一行业的发展，需要对这些非正规的从业者进行培训，加大政策扶持力度，以便逐步推动这一行业的专业化水平①。

5. 研发、技术咨询及相关服务业

未来借助气候变化减缓与适应政策带来的巨大投资，能给服务业带来大量的就业机会，包括研究开发、技术咨询、保险、金融、商业气象服务、环境管理、生态服务、科普教育、传媒及出版物等。服务业的发展可以促进我国的产业结构优化，为城乡失业人群提供更多更好的就业机会。中国通过政策激励推动节能减排，使得数以亿计的国内外资金通过贸易、投资等渠道被吸引到能源效率和可再生能源领域。在国际碳市场上，中国是清洁发展机制的主要受益国之一，随着碳排放权交易市场的逐步扩大，中国需要更多的专业人才从事相关领域的金融服务工作。

（三）各国低碳发展与就业促进政策

2007年英国出台的《气候变化战略框架》展望了全球低碳经济远景，指出低碳经济的巨大影响可以与第一次工业革命相媲美。为了应对全球范围的金融危

① 何方明：《再生资源回收利用是节能减排的最有效措施之一》，《中国科技成果》2007年第14期。

机，联合国环境规划署于2008年10月提出了“全球绿色新政及绿色经济计划”[①]，倡导各国在经济刺激计划中支持和加强绿色投资，通过发展清洁能源、节能建筑和有机农业等绿色经济，扭转当前各国高能耗、高排放的经济发展模式，向低能耗、低排放的低碳发展模式转型。

一些国家敏锐地看到了低碳发展所蕴含的发展机遇，利用绿色投资计划积极推动绿色就业的实践。美国奥巴马政府提出了以发展新能源为核心的“绿色复兴计划”（Green Recovery Programe）[②]，希望通过绿色基础设施投资建立低碳经济体系，并借助新能源投资的溢出效应（spillover effect）来创造更多的就业。据测算，在新能源领域每投资10亿美元，能够为美国创造约2万~3万个就业岗位，同时每年可减少60万吨温室气体排放[③]。加州大学伯克利分校根据美国可再生能源发展前景预测了相应的就业效应，认为到2020年美国可再生能源领域的就业人数将达到130多万个[④]。

欧洲各国具有注重劳动者福利的传统。1999年，德国联合工会与环境组织和企业一同发起设立了“工作与环境联合计划”（Alliances for Work and Environment），旨在通过建筑节能改造措施同时促进环境保护和绿色就业，2001~2009年，德国政府为该计划提供的资金支持接近100亿美元。该计划目前已经创造了20多万个工作机会，减排二氧化碳200万吨[⑤]。为了应对气候变化、经济危机和失业，德国政府还将在2009年和2010年推出110亿美元的经济刺激计划继续实施建筑节能改造，届时绿色就业岗位将达到60万个，每年可减

---

① 联合国环境规划署，2009年2月，《实现全球绿色新政》，http://new.unep.org/Documents.Multilingual/Default.asp? Document ID = 562&ArticleID = 6079&l = zh&t = long。

② 该计划拟在两年内投资1000亿美元，建设六大领域的绿色基础设施项目，包括：节能建筑，公共运输系统，智能电网，风电，太阳能发电，第二代生物燃料等。2009年美国正式提出了7870亿美元投资的经济刺激方案，占其GDP的5.7%，其中有800亿美元与能源领域有关，包括在未来十年提供200亿美元的税收补贴，以鼓励发展可再生能源技术。

③ PERI, Center for American Progress, Green Recovery-A Programe to Create Good Jobs and Start Building a Low-Carbon Economy, Sept. 2008, www.peri.umass.edu；联合国环境规划署，2009年2月，《实现全球绿色新政》http://new.unep.org/Documents.Multilingual/Default.asp? DocumentID = 562&ArticleID = 6079&l = zh&t = long。

④ Max Wei，《绿色经济扩大就业的潜力——以美国为例》，中国绿色就业国际经验分享研讨会，2009年3月30日。

⑤ 沃纳·施耐德、德国联合工会，《德国的工作与环境联合计划》，中国绿色就业国际经验分享研讨会，2009年3月30日。

排二氧化碳300万吨。

韩国提出了380亿美元的绿色新政计划（约占GDP的1.2%），其中包括流域治理，公共交通网络，绿色信息基础设施建设，水利基础设施，绿色汽车与清洁能源，资源回收再利用，森林再造与恢复工程，乡村、学校建筑节能改造九大项目。据估算，该项目在流域治理、森林保护和能效建筑等主要领域的投资将带动约50多万人的就业。

此外，2009年3月，欧盟宣布将在2013年之前投资1050亿欧元支持发展绿色经济，促进就业和经济增长。日本宣布将于2015年之前把绿色经济规模扩大至100万亿日元（约合1.08万亿美元）。中国提出的4万亿元（约5860亿美元）投资计划中，有230亿美元将用于节能减排和生态环保领域。这些绿色的低碳投资将会带动各国相关就业的增加。

（四）中国低碳发展的政策与实践

中国政府根据国家可持续发展战略的要求，从国情出发先后制定、颁布了一系列与应对气候变化相关的政策和立法措施，其中最重要的是节能减排政策，这与减少温室气体排放、促进低碳发展具有内在的一致性。2006年至今，中国政府先后制定了《应对气候变化国家方案》、《可再生能源中长期发展规划》、《可再生能源发展十一五规划》、《节约能源法》、《可再生能源法》、《清洁生产促进法》等相关立法。目前，备受关注的《能源法》也已进入审议程序。2008年8月通过了《循环经济促进法》，为节能减排和建设环境友好型社会奠定了制度基础。江苏、北京、辽宁、浙江、广东等省市已经先后制定了本区域循环经济发展的总体规划，上海、保定、吉林、广州等城市开展了低碳城市的试点，进一步将节能减排和低碳发展落实到地方层面。从1990~2005年的15年间，中国的单位GDP能耗降低了46.6%，相当于减少二氧化碳排放18亿吨。中国再生能源占到一次能源的7%~7.5%，目前中国正在积极开发风能、太阳能、核能、水力发电，通过清洁能源优化能源结构。与此同时，中国注重森林和生态保护对于低碳发展的贡献，近些年植树造林的投资力度不断加大。

“十一五”期间，中国实施节能减排已初见成效。2006~2008年，中国单位国内生产总值能耗累计下降了10.08%。在金融危机的影响下，钢铁、石化、电力等高耗能行业产能收缩，实现“十一五”减排任务的可能性也随之增大，但是从长期来看，实现低碳发展还面临着经济紧缩带来的资金、技术和发展压力①。如果能够以此为契机，借助绿色投资和绿色建设促进中国经济向低碳经济的战略转型，将会有助于带动未来就业和经济增长。中国科学院发布的《2009年中国可持续发展战略报告》，建议中国应把“低碳化”作为国家社会经济发展的战略目标，争取到2020年单位GDP能耗比2005年降低40%～60%，单位GDP的二氧化碳排放降低50%左右。为了实现低碳转型，中国需要采用更严格的环境和技术标准，加大资金投入和政策优惠力度，以加速推动能源效率的提高和可再生能源的开发。这些举措将有助于中国优化产业结构，实现向低碳就业的转型。

三 中国主要行业低碳发展与就业的总体分析

（一）研究方法及数据来源

探讨就业效应大致有两种方法，一种是自上而下的宏观分析方法，包括统计分析、投入产出方法、CGE模型等；另一种是自下而上的微观分析，包括企业调研，专家评估等。本研究采用历史趋势分析估算了节能减排政策的总体就业效应，在行业案例研究中，采取企业调研和统计预测测算了典型行业的就业影响。研究中采用了以下主要指标：

①碳生产力：指单位碳排放产出的GDP，行业碳生产力是行业增加值与碳排放总量的比值。

②能源强度：即单位GDP能耗，指的是单位国民生产总值所消耗的能源总量；行业能源强度是指单位行业增加值所对应的能源消耗量。

③碳就业率：指单位碳排放所对应的劳动力投入，或行业每增加单位就业数所对应的二氧化碳排放增量。

主要指标的计算公式如下：

① 碳生产力(万元／吨) ＝ 国内生产总值／CO_2 排放总量 ＝ $\sum_{1}^{i} GDP / \sum_{1}^{i} \sum_{1}^{i} (E_{ij} e_j)$

② 行业能源强度(吨标煤／万元) ＝ 能源消耗量／行业增加值 ＝ E_i / GDP_i

---

① 中国新能源网，“我国在应对金融危机中加快节能减排”，2009.5.31，www.newenergy.org.cn/html/0095/5310927583.html；中国节能经济网，“金融危机：节能减排是机遇还是挑战?”，2009.2.4，http://www.chinajnjj.com/index/news_ view.asp? 799。

③行业碳就业率（人/吨）= 行业就业数/行业 CO_2 排放 $= L_i / \sum_{1}^{i}(E_{ij}e_j)$

其中，GDP 指国内生产总值，GDP_i 是第 i 个行业的增加值，L 是就业人数，E 是能源消耗量，i 是第 i 个行业，j 是第 j 种能源类别，E_{ij}是第 i 部门消费的第 j 种能源类别的碳排放因子。

基于数据的可得性①，选择 8 个主要行业进行能源、排放与就业的分析，包括②③：农业（农林牧副渔），采掘业，制造业，电力热力煤气和水等生产供应业，建筑业，交通仓储邮电通信业，批发零售住宿餐饮业，其他服务业等。

（二）主要行业就业与排放相关指标分析

1. 中国主要行业就业、产值及劳动生产率比较

中国经济活动总人口从 1950 年初的 1.1 亿人，增长到 2007 年的 7.8 亿人。在此期间，伴随着城市化和工业化进程，中国三大产业的就业结构也发生了较为显著的变化。农业劳动力占总就业人口的比重从 1950 年代的 80% 以上下降到 2007 年的 40.8%，减小了一半左右。第二产业和第三产业的就业比重持续增加，1994 年之后，第三产业就业人数超过第二产业成为就业最多的经济部门（见图 1）。

从产值比重来看，第二产业的就业比重虽然不到 30%，但是产值贡献却占到将近一半左右。第三产业的产值贡献率在 80 年代中期超过农业比重，并呈现持续快速增长的态势，目前保持在 40% 左右的贡献率。这表明随着工业化和城

---

① 经济和就业数据主要来源于：各年《中国经济统计年鉴》，《中国劳动统计年鉴》，《中国人口和就业统计年鉴》等，能源数据来自：各年《中国能源统计年鉴》，国家电力监管委员会、国家电网公司、中国华能电力集团及其下属电力企业调研数据；林业数据来自：各年《中国林业统计年鉴》和国家林业局等调研数据。

② 第一产业为农业；第二产业包括工业和建筑业，工业包括：采掘业、制造业、电力热力煤气和水等生产供应业；第三产业包括交通仓储邮电通信业、批发零售住宿餐饮业、其他服务业，其中，其他服务业包括部分生产型服务业和消费型服务业，如金融保险业、房地产业、社会服务业、科学研究和技术咨询服务业、教育医疗文化体育服务业、国家机关和社会团体等。

③ 第三产业也可以分为生产型服务业和消费型服务业。生产型服务业是与制造业直接相关的配套服务业，是从制造业内部生产服务部门分离而独立发展起来的新兴产业，本身并不向消费者提供直接的、独立的服务。它依附于制造企业而存在，贯穿于企业生产的上游、中游和下游诸环节中，以人力资本和知识资本作为主要投入品，把日益专业化的人力资本和知识资本引进制造业，是二、三产业加速融合的关键环节。中国“十一五”规划纲要提出要大力拓展六种生产性服务业，即现代物流业、国际贸易业、信息服务业、金融保险业、现代会展业、中介服务业。

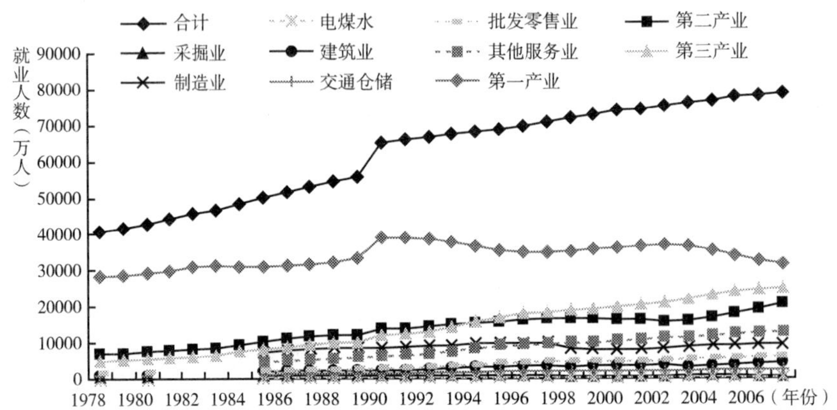

图 1　1978～2006 年中国分行业就业人数

市化的逐步推进，经济结构从生产型向服务型产业演进的规律开始发生作用。

从劳动生产率的增长来看，最快的是工业部门，从 1985～2007 年增长了 9 倍多，这主要得益于近些年工业部门技术进步的推动。其次是建筑业和交通运输仓储行业，劳动生产率有一定提升。农业和其他社会服务业的劳动生产率总体水平较低，尤其是其他服务业的生产率近些年甚至略有下降，这说明该行业内部的升级还不够，需要进一步提升产出能力较高的高端服务业的比重，如技术开发、咨询、金融保险、文化创意等服务业。

2. 主要行业能源强度的比较

低碳发展的一个典型特征就是碳生产力的提高，表现为单位产出的能源消耗及碳排放持续下降。自 1980 年以来，中国的碳生产力不断提升，能源强度持续下降，尤其是工业部门的能源强度下降最为显著，20 多年间下降了 3 倍多，其次是交通运输行业和建筑行业（见图 2）。研究表明，1980～1990 年中国能源强度快速下降的主要原因是技术进步导致的能源利用效率的提高，企业重组和管理效率的提升，以及能源结构优化带来的结构效应等。2003 年后能源强度趋于平稳甚至有所反弹，原因在于大量的重复建设与投资冲动降低了投资效率，同时产业结构中重工业比重上升，尤其是汽车、水泥、电解铝等高耗能产业快速发展，造成能源消费增长速度快于同期经济增长速度，导致能源利用效率下降①。

① 师博：《能源消费、结构突变与中国经济增长：1952～2005》，《当代经济科学》2007 年 9 月第 5 期。

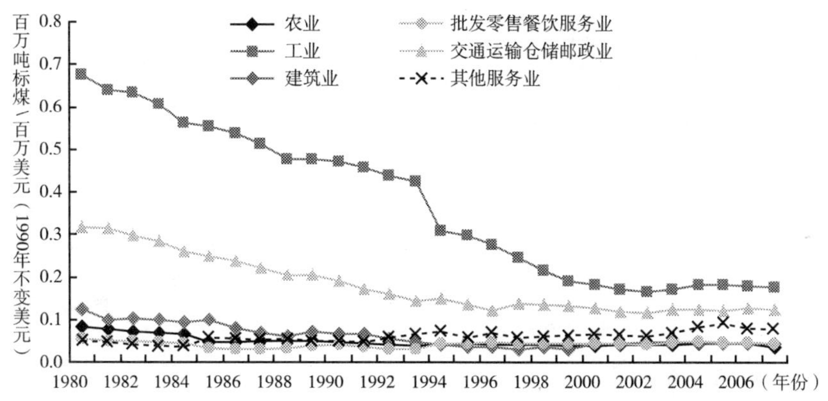

图 2　1980～2007 年中国主要行业能源强度变化趋势

需要注意的是，一些行业的直接能源消耗与间接能源消耗是有较大差距的。间接能源消耗指的是某一行业单位增加值的产出所需要消耗的中间产品中蕴含的能源，既包括行业本身的能源消耗，也包括所有上游行业给该行业提供原材料所消耗的能源。以建筑业为例，该行业 2005 年的直接能源消耗强度很低，但是由于其对上游钢材、水泥等高能耗建材产品的需求，使得其间接能源消耗需求远高于直接能源消耗。可见，只有通过比较行业的内涵能源（embodied energy）①，才能真实地反映某一特定行业的发展对整个国民经济系统造成的能源消耗的关联效应。

3. 主要行业碳就业率的比较分析

碳就业率指标是通过分析特定行业的劳动力投入与能源投入之间的内在比例关系，以探讨某一行业单位就业所对应的碳排放水平，旨在为低碳发展背景下制定行业就业政策提供依据。

由表 1 可见，第一和第三产业的碳就业率远高于第二产业，也就是说，第一和第三产业对于劳动力投入的需求远大于对能源投入的需要，即所谓的劳动力密集型行业。在第三产业中，消费型服务业相比生产型服务业具有更高的碳就业率，例如，同样增加 1 吨碳排放，工业部门能够带动的就业岗位只有 0. 08 个；交通运输等行业能够带动 4. 02 个就业岗位；批发、零售、住宿和餐饮服务业可增加 11. 26 个就业岗位；而其他服务业（如社会服务业，技术咨询服务业等）可增加 27. 77 个就业岗位。

① 内涵能源是指产品整个生命周期中所消耗的所有能源，包括生产、运输、消费、回收等各个环节。

表1　主要行业的碳就业率（2005 年）

行　　业	碳就业率(人/吨)
第一产业(农林牧渔业)	28.58
第二产业	0.14
工业	0.08
采矿业	0.08
制造业	0.15
电力、燃气及水的生产和供应业	0.01
建筑业	12.25
第三产业	15.67
交通运输、仓储和邮政业	4.02
批发和零售、住宿和餐饮业	11.26
其他服务业	27.77
总　　计	0.56

通过对各行业主要指标的分析发现，三大产业之间及其内部各行业之间，能源消费与吸纳就业的能力具有较大差异。总体来看，服务业与农业的碳排放相对较低，工业属于典型的高排放行业。考虑到综合经济产出效率，则各行业内部还存在着很多具体差异，例如采矿业和交通运输行业都具有高碳排放、高产出效率的特点；制造业、电力行业和建筑业属于高碳排放、较低的产出效率；第一产业整体上属于低碳和低产出效率，但其内部的产出效率可能会有较大差异（例如某些生态农业、林副业可能是低碳、高产出）；服务业整体上表现出低碳、高产出的特点，但是其内部也存在一定差异，例如技术开发、研究咨询、金融保险、文化创意、新闻出版等服务业一般具有低碳、高产出的特点，但是以消费为主的服务业如住宿餐饮、旅游业等往往也是能源需求较多的行业。此外，某些行业可能因为发展阶段和技术水平的原因，在一段时期内体现为高排放高能耗行业，但是通过提高碳效率和低碳技术也能够成为低碳行业。可见，对于具体行业需要进行深入分析，以便制定相关政策。

（三）节能减排政策对主要行业的就业影响分析

以能源消耗反映特定行业对能源投入的需求水平，能源强度作为体现技术进步和能源效率提升的主要指标，通过计量分析方法，可以测算中国主要行业的能源强度、能源消耗与就业变动的内在联系。选择 8 个主要行业进行计量分析，其中有 4 个行业的计量模型通过了有效性检验（分析过程从略）。分析结果表明：

20 世纪 80 年代中期以来，①工业行业的就业对该部门能源消耗的弹性为 1.2，即工业部门能源消费量每增加 1%，就业人数会相应增加 1.2% 左右，这说明工业部门能源投入与劳动力要素可能具有一定的互补效应。②建筑行业就业的能源弹性为 -0.17，即能源消耗水平每增加 1%，就业会相应减少 0.17%；建筑行业具有某些生产型服务业的特点，技术进步和能效提高使得该行业能够更多利用技术设备与能源投入，并可能替代部分就业。③交通运输行业的就业与能源强度具有负向的关联，弹性为 -0.62，表现为行业就业随着能源强度的下降而有所增加，交通运输行业能源利用效率在不断提升，同时行业成本降低导致的收入效应使得就业也随之增加。④其他服务业的就业与能源消耗量呈现正向变动关系，能源弹性为 0.89，即能源消费每增加 1%，其他服务业的就业增加 0.89%。作为终端消费部门，能源生产部门的技术进步及能效提高，一方面意味着服务业的能源成本降低，产出效率提高，推动行业发展，并增加就业规模；另一方面，由于收入效应，其他行业扩大生产规模与增加就业带来的收入效应，能够大大促进对生产型与消费型服务业的需求，从而刺激其他服务业中的技术咨询、金融保险、科教、文化、出版、娱乐等产业的需求增加和就业扩大。

节能减排对于工业行业造成的直接就业影响更为显著和直接，而其他行业在趋势分析中表现出不同的能源就业弹性，其内在的就业影响机制较为复杂。基于上述分析，拟以工业行业为例，初步测算 2005 ~ 2010 年节能减排目标实现后，工业行业总计损失的就业数目。

首先，基于权威机构对于未来两年中国经济增长情景的预测，计算 2009 ~ 2010 年的国内生产总值及各行业增加值，如表 2 所示①。

根据历史数据的分析可知，1985 ~ 2002 年，工业行业能源强度年平均下降水平为 1.91 个百分点，可将此作为未采取节能减排政策之前的正常技术进步水平。则工业行业实现节能减排 20% 的目标，意味着与未实现节能减排措施的基准情景相比，每年需要使能源强度多下降 2.49 个百分点。假设基准情景与节能减排实现情景在目标年的行业增加值不变，则相当于使 2010 年的能耗总量与 2005 年相比应当总计下降 12.45%，相当于节约 19857 万吨标煤。基于工业行业

① 参考国家信息中心和世界银行等预测，将 2009 年和 2010 年中国 GDP 增长率均定为 8%。三次产业结构参照国家发展和改革委员会能源所对低碳发展情景的预测。

表 2　中国分行业增加值及预测（2005～2010 年）

行　　业	行业增加值(亿元)					
	2005 年	2006 年	2007 年	2008 年	2009 年	2010 年
第一产业(农林牧渔业)	22420	23541	25713	27880	29842	31939
第二产业	87364	98692	111093	121479	131467	142274
工业	77230	87175	98266	107290	116008	125434
采矿业	10281	11662	13003	14197	15350	16598
制造业	59905	68737	76637	83675	90474	97825
电力、燃气及水的生产和供应业	6770	7736	8625	9417	10183	11010
建筑业	10133	11517	12826	14189	15458	16840
第三产业	73432	82322	91573	99573	107539	116142
交通运输、仓储和邮政业	10797	12047	13366	14687	15862	17131
批发、零售、住宿和餐饮业	17665	19558	21851	23897	25809	27874
其他服务业	44970	50716	56355	60988	65867	71137
总　　计	183217	204556	228380	248934	268849	290357

的能源就业弹性为 1.2% 推算，则可得到 2005～2010 年，工业行业总计损失的就业数约为 1534 万人，平均每年减少 306.8 万人。与金融危机给中国进出口部门造成的就业影响相比，这一数字不到前者的 1/2①。从短期来看，节能减排增加了工业部门和传统能源部门的投资与就业压力。然而，从长期来看，通过采用先进的能效技术，淘汰落后产能，能够从整体上优化中国的经济结构，提高能源利用效率，因此，对于中国经济的未来发展具有非常积极的促进作用。

其次，采用类似的估算方法，基于各行业的历史发展趋势，分别计算节能减排对于交通运输行业、建筑业和其他服务业的就业影响，可知：2005～2010 年，交通运输行业受到节能减排政策的综合影响，大约可增加就业 741.4 万人；建筑业总计可增加 1256.2 万人。将这两个行业与工业行业的就业效应相加总，得到净增加就业 463.3 万人。考虑到除了与能源生产行业密切相关的工业行业之外，其他行业总体上会受益于节能减排带来的技术进步和成本下降效应。可以推断："十一五"期间中国实施节能减排对于整个经济的就业总效应为正向，即节能减排政策有助于促进中国就业的增长。

① 郭菊娥等在 2009 年研究测算了中国在金融危机的影响下，因出口下降而导致 2008 年中国直接就业人数约减少 792.7 万人。可见，金融危机导致的进出口变动与节能减排政策对于中国的就业影响效应都较为显著。

四 火电行业节能减排政策的就业影响分析

电力行业实施应对气候变化的低碳发展战略，将对行业就业产生两个方面的影响。首先，节能减排措施将关闭落后低效的小型火电机组，从而减少相应岗位的就业；其次，火电行业“上大压小”政策及脱硫改造设施将创造一些新增就业岗位；此外，零碳排放的绿色能源如风力发电、太阳能发电、水力发电、生物质能发电、地热发电、潮汐能发电等，具有相当巨大的发展潜力，就业的直接与间接效应也非常显著。

（一）节能减排政策对中国电力行业的总体影响

以煤为主的能源结构决定了中国电力工业以燃煤发电为主的电源结构，中国电力生产中燃煤发电占80%以上，这种主导态势在较长时间内还难以改变。由于燃煤发电在煤炭终端消费中占有重要的主体地位，从而使中国电力工业在保护环境、节能减排、应对气候变化等工作中具有举足轻重的地位和作用。中国是全世界二氧化硫排放总量最大的国家，其燃煤发电的二氧化硫排放占到全国总排放量的50%左右，年排二氧化硫达1200万吨以上，二氧化碳年排放量达28亿吨以上。

火电行业的节能减排政策主要包括“上大压小”和火电厂烟气脱硫设施建设。“上大压小”即关闭煤炭消耗大、发电效率低的小机组，代之以发电效率更高、煤耗更小的大功率机组。燃煤发电机组安装烟气脱硫设施有助于促进SO_2和CO_2等污染物的减排。上述政策不但提高了火电行业的经济产出效率，同时也具有显著的环境和社会效益。节能减排政策对火电行业的就业影响具有正向和负向两个方面，但总体效应为负。

通过节能减排工作的深入开展，电力行业取得了较好的节能减排绩效。全国6000千瓦及以上电厂供电标准煤耗从2002年的383克/千瓦时下降到2008年的349克/千瓦时，提前完成“十一五”规划355克/千瓦时节能目标。预计2009年全国6000千瓦及以上电厂供电标准煤耗有可能会降至340克/千瓦时以下，许多火电企业的供电煤耗水平接近世界先进水平。同时，输电线损率也获得了大幅下降。2002～2008年，输电线损率由7.52%下降到6.64%。

根据国家能源局数据，2008年全国关停小火电机组1669万千瓦，占小火电机组总容量的13.9%。今后电力行业还将进一步扩大小机组淘汰范围，对在役时间长、煤耗比较高的小机组，关停容量将扩大到12.5万千瓦或20万千瓦。至2008年底，全国装机容量7.92亿千瓦，其中，能耗高的小机组还有近1亿千瓦。今后三年，分别计划关停1300万千瓦、1000万千瓦、800万千瓦。并建设大型、高效、清洁燃煤机组5000万千瓦。

（二）中国关停小火电机组的就业影响

火电行业的“上大压小”政策对就业的影响表现在两个方面：一是关停小火电机组导致的就业减少；二是新增加的大机组能够带动新增就业岗位。通过测算单位机组容量所承载的就业岗位数，可以推算出该政策带来的就业影响。

2003~2008年中国已关停的小火电机组及未来计划关停的机组装机容量如图3所示。

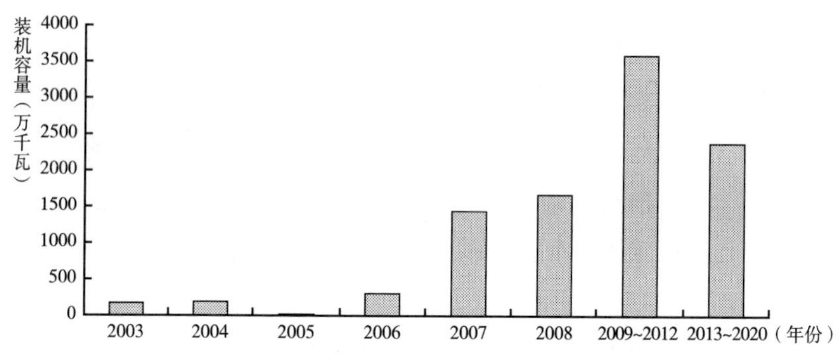

图3　中国关停小火电机组装机容量

资料来源：根据国家发展和改革委员会和国家电力监管委员会公布的有关数据整理，2008年以前为实际数，2009~2020年为规划数。国家电网公司（SGCC），http://www.sgcc.com.cn/ywlm/default.shtml；国家电力监管委员会（SERC），http://www.src.gov.cn/。

根据国家发展和改革委员会官方数据、山西省火电统计数据、中国电力投资集团对多家火电厂的调研数据①，计算出全国平均每关停1万千瓦小火电机组需

① 国家发展和改革委员会、国家能源局、国家环境保护部、国家电力监管委员会《全国关停小火电机组情况（2009年第4号公告）》，2009年3月；国家发展和改革委员会2005年第50号公告《2010年前第一批火电机组关停计划》，2005年8月。

要重新安置的人员数为62人。据此测算全国因关停小火电机组受到影响的就业人数如表3所示。

表3　2003～2020年关停小火电造成的就业损失

年　份	关停小火电机组数量(万千瓦)	损失岗位数(人)
2003～2005	388	24056
2006	314	19468
2007	1438	89156
2008	1669	103478
2009	1300	80600
2010	1000	62000
2011	800	49600
2012～2020	2880	178560
合　计	9789	606918

即：2003～2020年，火电行业预计受到就业影响的人数约60.7万人。其中

（1）2003～2008年已经受到就业影响的人数：

3809万千瓦×62人/万千瓦＝236158人

（2）2009～2020年将要受到就业影响的人数：

5980万千瓦×62人/万千瓦＝370760人

如果考虑到未来进一步提高关停机组的装机容量，例如将关停容量扩大到12.5万千瓦或20万千瓦，则这一总数还会增加。

由于不同时期的“上大压小”政策有所差异，并非所有的小火电机组都被新增的同等容量机组所替代，有些小火电被永久关闭。假设关闭小火电机组允许建设同等装机总容量的大机组，则可以根据新机组的平均装机就业数测算新增大机组的就业总数。

由于国家相关政策严格控制再建单机30万千瓦以下的常规燃煤机组，因此各电力企业替代小机组的新建机组一般不会小于单机30万千瓦。则以30万千瓦作为标准大机组容量，根据对华能电力集团公司2008年底的装机总数及就业人员数调查，测算出该集团下属企业大机组平均每万千瓦装机就业人数为6.03人。

假设新增的大机组基本上是同时期完成替代和建设工作，则替代小机组的新增大机组产生的就业效应为：

（3）2003～2008 年新机组增加的就业人数：

3809 万千瓦 ×6.03 人/万千瓦 = 22968 人

（4）2009～2020 年将要受到就业影响的人数：

5980 万千瓦 ×6.03 人/万千瓦 = 35517 人

总体上，实施“上大压小”政策带来的就业净效应为：关停小火电造成的就业效应（5）+新增替代大机组带来的就业效应（6）。

（5）2003～2008 年（实际）=（3）－（1）=22968－236158=－213190 人

（6）2009～2020 年（预测）=（4）－（2）=35517－370760=－335243 人

即，2003～2020 年，“上大压小”政策将造成火电行业就业减少约 548433 人。

（三）火电行业安装脱硫设施的就业影响

中国火电行业节能减排政策推动了烟气脱硫产业的快速发展。目前中国已成为全球最大的烟气脱硫市场，脱硫产业从只有两家企业的小规模起步，发展到年新增需求达 164 亿元的新兴市场。根据中国电力企业联合会进行的统计，截至 2005 年底，全国已有 4400 万千瓦标准在 10 万千瓦及以上机组脱硫装置投入运行，每年可削减二氧化硫 230 万吨。全国火电厂烟气脱硫的工程公司有 100 多家，预计在未来 10 年内约有 3 亿千瓦燃煤机组需要安装烟气脱硫设施①。目前，全国火电装机中已有 48.7% 的机组安装了脱硫设施，相应增加的直接就业机会包括运行管理和检修维护人员；带动的间接就业包括燃煤电厂脱硫设施的设计、制造和安装施工人员。

中国现有电力装机容量约 6 亿千瓦，其中已安装脱硫设施的燃煤机组约有 3.6 亿千瓦，不同时期的脱硫设备安装情况如图 4 所示。

根据 18 个火电企业调查样本进行的测算，可得到每单位装机容量的脱硫设

① 国家发展和改革委员会，《加快火电烟气脱硫产业化发展的若干意见》，2005；中国烟气脱硫脱硝信息网，“烟气脱硫：黄金产业难点尚存”，http://www.fgd.cn/web/50/2006111793448.htm。

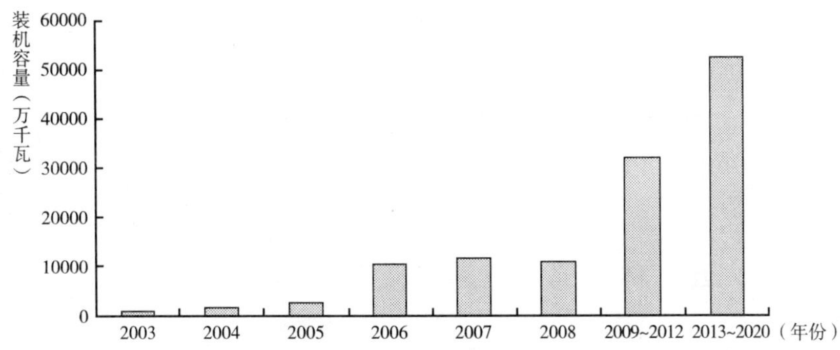

图 4　中国火电行业脱硫设施配套装机容量

资料来源：根据国家发展和改革委员会和国家电力监管委员会公布的有关数据整理。2008 年以前为实际数。

备新增就业数为 0.26 人/万千瓦。依此计算出中国电力行业 2003 ~ 2020 年因新增脱硫设施而新增的就业岗位总数约 31800 人（见表 4）。

表 4　2003 ~ 2020 年安装脱硫设施新增岗位数

年　份	安装燃煤机组脱硫设施数量(万千瓦)	就业人数(人)
2003	760	198
2004	1560	406
2005	2650	689
2006	10370	2696
2007	11600	3016
2008	11000	2860
2009 ~ 2012	32000	8320
2013 ~ 2020	52500	13650
合　计	122440	31835

基于调研数据，估算出 2003 ~ 2020 年有关燃煤电厂安装脱硫设施而增加的间接就业如下：脱硫设施设计和制造人员约 48000 人；脱硫设施安装施工人员约 56000 人。

则可得到有关电厂与脱硫改造有关的新增就业总人数为：

直接就业人数（脱硫设施运行、维护与管理） + 间接就业人数（脱硫设施设计、制造和安装施工等） = 31800 人 + （48000 + 56000） 人 = 135800 人。

综上所述，2003～2020年，火电行业实施节能减排政策将导致就业岗位净减少41.3万个，此外，经测算，节能减排还将使火电行业减少煤炭消耗9.4892亿吨，相应减少SO_2排放约1518万吨，减少环境损失（如酸雨，空气污染等）约759亿～3036亿元①。

五　林业部门应对气候变化的就业效应

（一）气候变化对中国林业的影响

根据第六次全国森林资源清查（1999～2003年），我国森林面积居世界第5位，森林蓄积列居世界第6位。20世纪80年代以来，随着中国重点林业生态工程的实施，植树造林取得了巨大成绩（见图5）。气候变化对中国森林资源的影响会波及林业的发展，从而对林业就业也会产生相应的影响。其中，正面的影响主要包括：①为减缓全球变暖，政府加大林业领域的投资，启动了相关的林业生态工程建设项目，吸纳了大量劳动力就业，同时也促进了劳动力的转移和就业结构升级。②催生了一些新的低碳产业，如林业碳汇、林业生物质能源、非木质林产品、生态休闲、森林培育和林业养护产业等，延长了林业产业链，创造了许多新的就业机会。

负面的影响主要包括：①气候变化、低碳发展模式一定程度上制约了木材采伐加工业的发展，退耕还林、还草、还牧导致一些林场的就业岗位减少；②气候变化引起的森林病虫害、雨雪冻灾等自然灾害，以及气候变化对林种分布和林业经营产生的影响，会对林业就业产生一些负面影响。

（二）林业应对气候变化的主要途径

林业应对气候变化的主要途径可以归纳为碳增汇、碳贮存和碳替代三种方式（见图6）。1980年以来，随着中国重点林业生态工程的实施，植树造林取得了巨大

---

① 计算说明：（1）二氧化硫和二氧化碳的减排量采用物料衡算法计算。为了计算方便，取节约1吨煤等于减排16公斤二氧化硫（取煤炭平均含硫率为1%）；节约1吨煤等于减排2.1267吨二氧化碳。（2）减排1吨二氧化硫的社会经济效益取值为5000元（基于中国环境科学研究院、清华大学相关研究，假设每排放1吨二氧化硫造成的环境污染损失约5000～20000元）；减排1吨二氧化碳的价值取值为60元（基于国家发展和改革委员会对国内碳交易规定的最低限价8欧元/吨计算）。

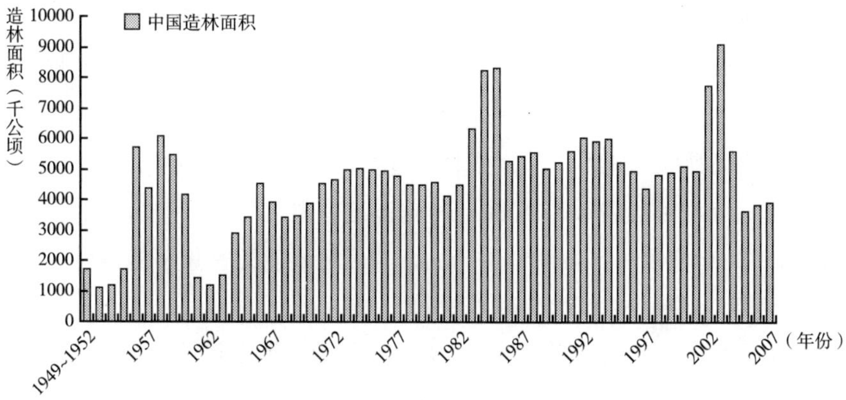

图5　全国历年造林面积（1949~2007年）

注：（1）1985年以前，造林成活率达到40%即统计造林面积，以后为达到85%以上统计。（2）根据造林技术规程（GB/T 15776－2006），本表自2006年起将无林地和疏林地、新封山育林面积计入造林总面积。

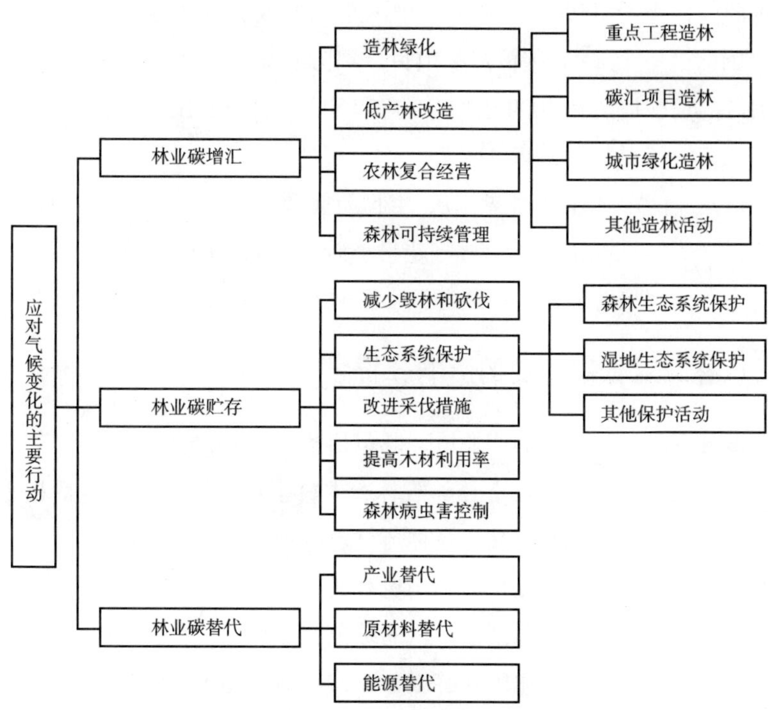

图6　林业应对气候变化的行动框架

成绩。据国家林业局估算，中国林业每年可吸收二氧化碳当量的潜力为30亿吨以上。其中包括：（1）扩大造林面积，增加森林碳库容量，每年可吸收二氧化碳12.26亿吨；（2）森林经营管理，使森林年生长量再增加约5亿立方米，每年可增加10.86亿吨固碳能力；（3）成林、过熟林采伐地更新造林，可以拓展森林的碳库容量，年均可固碳0.57亿吨；（4）湿地恢复与管理，年均固定二氧化碳0.28亿吨；（5）使用可再生的林木产品，替代化石能源密集型的钢材、水泥和塑料等原材料，可减少二氧化碳排放约11亿吨。

从应对气候变化的角度看，碳汇林业，即林业碳增汇行动，能够充分发挥森林的固碳功能，降低大气中二氧化碳浓度，减缓气候变暖。由于林业减排成本要远低于工业部门，因此林业碳汇活动成为各国温室气体减排的最经济和最有效的措施之一。

2004年，国家林业局碳汇管理办公室在广西、内蒙古、云南、四川、山西、辽宁6省（自治区）启动了林业碳汇试点项目①。其中，国家林业局与意大利环境国土资源部合作于2005年实施的“中国东北部敖汉旗防治荒漠化青年造林项目”是中国的第一个CDM碳汇造林项目。双方在5年内投资153万美元，在内蒙古自治区的荒沙地造林3000公顷，约有2500名当地农民因为就业和培训而受益。中国现有的碳汇项目分布见图7。

此外，发展能源林业（薪柴林）、生物质能源，以耐用木质林产品替代能源密集型材料（如钢铁、水泥、铝材、塑料、砖瓦等），实施产业替代（如森林培育管护、生态休闲旅游、生物产业等），都可以在减少碳排放的同时增加就业。

（三）林业对低碳就业的影响分析

林业本身就是一个完整的产业链，既包括第一产业，也包括第二产业和第三产业。林业产业开发，不仅是造林、营林、木材生产和加工，还包括林产化工、林机制造、森林旅游、森林食品、森林药材、经济林、花卉和竹产业等。不同行业吸纳就业的能力及对气候变化的影响也有所不同。林业产业的开发，既有利于减缓或适应气候变化，也可以创造大量的绿色就业岗位。积极发展与林产品相关的加工制造业、林副产业、休闲旅游服务业，有助于促进中国向低碳就业转型。

---

① 李怒云：《中国林业碳汇》，中国林业出版社，2007。

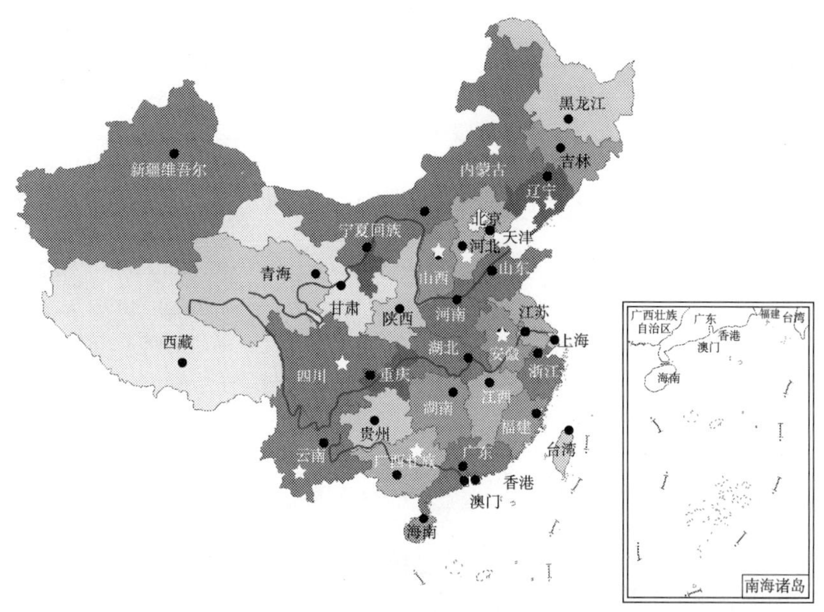

图 7　中国现有碳汇项目分布

根据国家林业局的《林业发展“十一五”和中长期规划》，我国林业发展的近期、中期和长期目标为：2010 年、2020 年和 2050 年中国森林覆盖率分别达到 20%，23% 和 26% 以上。据此可以推算出相应的造林面积，为方便测算，假设造林保存率为 100%，则新增的森林面积即为新增造林面积。依据中国历年造林活动平均每公顷的用工量，假设每年造林季节可提供的短期工作岗位为 100 个工日（一年中最佳的造林时间累计约为 100 天），则依据下列公式可估算出短期造林带动的新增就业岗位数。

就业岗位数 = 造林用工量（工日）/（100 工日 / 人）

除了每年造林季节带动的短期新增就业之外，造林的后续管理及维护活动还能增加一些长期就业岗位。依据林业中长期发展规划及相关文献与数据，可以测算出中国未来林业吸收碳汇的潜力，以及相应的造林活动所创造的就业岗位数（见表 5）①。

① 由于实践中造林的保存率通常会低于 100%，且造林用工具有季节性和动态性，因此，本研究的估算属于保守估计，具体林业实践中的用工数量和就业岗位数通常会大于本研究的估算值。

表5　中国森林碳汇潜力及新增就业潜力*

指标＼年份	单位	2003	2010	2020	2050
森林覆盖率	%	18.2	20	23	26
森林面积	万公顷	17491	19210	22092	24973
森林碳贮量	吨　碳	14.43×10^9	15.85×10^9	18.23×10^9	20.60×10^9
碳汇潜力	吨　碳	—	1.42×10^9	3.80×10^9	6.17×10^9
碳汇 CER 价值	美　元	—	15.62×10^9	41.80×10^9	67.87×10^9
新增造林面积	万公顷	—	1719	4600	7482
造林用工量	万工日	—	177945	476184	774422
短期造林就业岗位数	万　人	—	1779	4762	7744
新增长期管护岗位数	万　人	—	114619	306721	498823

注：＊主要指标的设定：（1）二氧化碳排放权（碳汇）单价＝11美元/吨碳；（2）每公顷造林用工量＝103.5工日。

根据2009年1月国家林业局发布的“防护林造林工程投资估算指标”中的森林管护标准定额（每人每年管护150公顷）核算。

从上述分析可见，积极开展造林行动，发展碳汇林业，可以创造大量的绿色就业岗位，这对于应对全球气候变化，缓解金融危机背景下的就业难题具有重要的战略意义。

六　结论

综上所述，中国目前处于以资本和能源密集化为特征的工业化中后期，城市化水平与社会消费需求还在持续提升。为了顺利实现向低碳经济转型，一方面，应该积极推动为社会生产和居民消费活动提供各种社会服务的第三产业的发展；另一方面，工业作为国民经济的支柱行业，担负着为社会经济发展提供物质基础的任务，在短期内不可能扭转以制造业为主的产业结构特征，需要通过高碳产业的低碳化来实现低碳发展。

（一）积极发展低碳型服务产业

与能源、资本密集的制造业相比，劳动力密集型的第一产业和第三产业总体上表现为低碳排放、高附加值的特点。中国目前的工业化程度约为55%，在全球处于高水平，但服务业的比重还有待提升。针对中国农业人口多、资源匮乏的基本国情，结合社会经济各部门发展的规律，积极发展第一产业（如林业、农副产业等）和第三产业（生产型服务业和消费型服务业），不但可以吸纳更多的城乡就业人口，增加收入，刺激国内家庭部门的需求，优化产业结构，推动经济增长，而且还可以减少单位产出的碳排放水平，从而促进就业和低碳化发展的双重目标的实现。

（二）推动低碳行业与高碳行业的协同发展

低碳行业与高碳行业的划分只是相对的。社会经济是一个完整的系统，三大产业的结构及其发展演变具有一定的客观规律，低碳部门往往离不开某些高碳行业的发展，以风电为例，其生产、制造、设计、研发、运输、销售等环节涉及国民经济的各个行业，包括发电、设备制造、钢铁、冶炼、技术研发、维护服务等，风电企业自身带动的直接就业远远小于其相关行业带动的间接就业。因此，向低碳就业转型也要考虑产业的协同发展。

（三）通过绿色投资促进低碳就业

行业发展现状对就业的贡献不同，行业的未来发展所带来的就业潜力变化也较大。低碳经济领域各行业的自身发展对就业的直接效应和间接效应不同。通过对林业、电力企业的调查发现，碳汇林业的发展对就业具有较强的吸纳作用，火电企业开展节能减排后对就业的净效应为负，但是绿色投资拉动就业的间接效应远大于直接效应，中国节能减排政策及太阳能、生物燃料、风电、水电等清洁能源的发展，将带来大量的就业机会。

（四）先行试点，分步推广

由于低碳经济发展模式是一种新型的经济发展模式，国内外可以借鉴和参考的经验很少，建议先在部分地区和典型行业（企业）开展试点，在总结经验的基础上进一步推广，待时机成熟的时候再出台全国性的促进低碳就业的政策措施。

热点跟踪与解读

墨西哥建立“应对气候变化全球基金”建议的分析与解读

陈 迎 潘家华*

摘 要： 尽管当前国际上有关2012年后国际气候制度的各种方案数不胜数，但以官方名义正式发布的尚不多见，其中的用意值得深入解读。本文就墨西哥“绿色基金”的特点进行了分析。首先介绍了墨西哥方案的规模以及各国资金的义务分担，然后对基金的规模和扩展进行了分析，最后对墨西哥方案的前景进行了展望。

关键词： 气候变化 绿色基金 管理机制

* 陈迎，中国社会科学院城市发展与环境研究中心，副研究员，研究领域为全球环境治理、能源和气候政策；潘家华，中国社会科学院城市发展与环境研究中心，研究员，研究领域为世界经济、能源与气候变化经济学和城市发展。

通常，八国峰会的动议多由与会的发达国家主导，被邀请与会的发展中国家并不主动提出议案。但是，2008 年 5 月，墨西哥在 G8 +5 环境部长会议（在日本神户举行）上，提出了建立“应对气候变化全球基金”（即“绿色基金”）的设想（简称墨西哥方案）。会后，墨西哥以政府名义积极游说各国推广该方案，墨西哥总统和环境部长还专门就此事给温家宝总理和解振华副主任发出正式书信。尽管当前国际上有关 2012 年后国际气候制度的各种方案数不胜数，但以官方名义正式发布的尚不多见，其中用意值得深入解读。下面就墨西哥“绿色基金”的特点进行简要分析。

一　一个覆盖全球、链接全部主要议题的综合性大基金

显然，墨西哥方案是一个雄心勃勃的计划。从覆盖范围看，“绿色基金”是一个覆盖全球、超越各国政府的“大基金”。在现有国际气候制度下，发展中国家获取资金的来源，一是全球环境基金等资金机制，二是清洁发展机制等（CDM）市场机制。墨西哥对二者均持否定态度，批评现有资金机制多为分散的专项基金，CDM 对全球而言不能产生真实的减排量，不足以支持发展中国家的行动。因此，墨西哥方案强调，包括发达国家和发展中国家的所有国家要共同参与，扩大全球减缓行动的规模，实现真正的减排。

不仅如此，“绿色基金”还是一个多目标的“综合基金”。当前气候公约下，谈判有五大要素，包括共同愿景和减缓、适应、技术和资金四块构建国际气候制度的重要基石。墨西哥方案赋予“绿色基金”的目标和定位是，不仅要促进减缓行动，还要支持适应措施，提供技术援助和促进清洁技术的转让和扩散，同时为新的全球气候协定的资金基础作出贡献。可见，“绿色基金”不仅试图将四块基石紧密相连，还以资金为切入点，涉及当前国际气候谈判的其他关键议题，例如：绿色基金的远期规模取决于对长期目标的共同愿景，基金支持项目可以依据部门方法，基金与碳市场链接的可能，减少毁林排放是基金支持的重点领域之一等，可以说几乎把当前谈判中的所有关键议题都链接在一起，综合性很强。

二 各国资金义务的分担

“绿色基金”的另一特点就是鼓励所有国家都要作出贡献。强调根据一系列原则和具体指标，开发综合计算方法，客观确定各国的资金义务。该方案提出了四个主要原则。（1）污染者付费原则。关于各国的排放责任，可以有3种计算方法：当前排放、巴西案文提出的“有效排放”（即历史累积排放对全球升温的贡献）、或以1990年或1992年以来的累积排放计算。如果希望资金用于减少毁林和退化的排放，衡量义务时应该包含土地利用和土地利用变化的排放。（2）公平原则。强调在考虑国家排放总量的同时也要考虑人均排放，包括源和汇。方案认同累进的人均排放趋同目标，区分满足基本需求的排放权和更高发展水平的排放权，认为每个人都应平等地享受环境服务。（3）效率原则。试图考虑各国单位GDP排放的碳强度的差别。因为可以通过技术进一步降低碳排放强度，所以单位GDP排放常常作为体现效率的指标，但这也不完全准确，因为同样可以通过改变经济结构，如发展低排放的服务业来降低碳强度。（4）支付能力原则。一国的支付能力可以用人均GDP和GDP占全球的份额来衡量，其中GDP可以采用官方汇率或购买力评价。

尽管上述原则为国际社会广泛接受，在某些概念上也有可取之处（如区分满足基本需求的排放权和更高发展水平的排放权等），但一些指标不尽合理，如在计算各国排放责任方面，无论以1990年或1992年以来的累积排放计算，还是采用购买力评价的GDP指标，都会弱化和淡化发达国家的义务。更重要的是，该方案并未给出综合上述原则和指标的具体分担方法，实际上需要留待谈判来解决。对此，方案认为，在客观指标之外留出需要谈判解决的参数，更有灵活性，可以根据情况进行修改，或者按各方同意的方式自动改变。但是可以设想，所有国家要通过谈判协商一致地确定资金义务的分担方法，与谈判减排义务分担方法同样困难，因此该方案的可操作性令人怀疑。

即使资金义务的分担方法可以达成共识，为了保持基金来源的稳定性和可预见性，各国的资金义务实际上是强制性的。墨西哥方案认为，这样可以克服对特定终端的自愿捐献模式或官方发展援助的弊端，不过自愿捐助和官方发展援助（ODA）还应该保留。在这里，该方案并没有详细说明如何保证遵约的强制性，

尤其是发达国家，缺乏履约的激励机制，而且资金义务相对 ODA 的额外性也存在问题。

三　基金的规模和扩展

除了需要通过谈判来确定各国的资金义务分担方法之外，基金规模也有待讨论。该方案引用2007年8月《联合国气候变化框架公约》（以下简称《公约》）秘书处推出相关报告的结论，即如果2030年回到现在的排放水平，仅减排一项每年就需要2000亿~2100亿美元，其中920亿~980亿美元（约46%）为发展中国家的资金需求。国际能源机构（IEA）和世界银行也估计，发展中国家要实现低碳能源经济，仅能源领域大约每年就额外需要300亿美元，而现有资金机制的筹资前景存在很大的不确定性，肯定不够减缓行动所需。建立“绿色基金”的目的主要为了弥补现有资金机制的不足。在操作方面，该方案建议开始时规模应适中，例如，每年不少于100亿美元，然后逐步累积扩大，直到达到实现公约最终目标所需要的资金规模。该方案还建议，除了各国履行资金义务作出的贡献，还可以引入新的直接可用的资金来源来减轻公共财政的压力，如来自发达国家国内限额贸易体系的资金、航空票价的税收收入等。

但是，“绿色方案”中有关基金规模的设计尚不完善。

首先，《公约》长期目标推算所需资金规模具有很大的不确定性。无论是《公约》秘书处有关资金的报告，还是 IEA 和世界银行的结论，都没有得到各方的认同。不少发展中国家认为估算的方法论存在问题，没有充分反映发展中国家的现实国情。例如根据印度学者的估算，仅印度一国实现类似减排目标的资金需求就大于此数额。因此，根据这些估算结果考虑的基金数量尚缺乏科学基础。

其次，墨西哥建议基金从小到大滚动发展是比较实用的方法，但是该方案并没有给出具体的时间表。如果各方长期难以达成共识，区区100亿美元的资金量，既要提供给发达国家和发展中国家，还要用于减缓、适应、技术等多个领域，僧多粥少，实际效果必然微乎其微。

最后，通过其他途径扩展的资金渠道有一定的潜力，但也需要具体分析。如果用吸收发达国家国内排放贸易体系中通过拍卖排放权所筹集的资金来替代发达国家强制性的资金义务，就减轻了该国的公共财政压力，但并不能增加全球基金的资金来源。如果是强制性资金义务之外的额外贡献，发达国家又难以接受，而且对航空航海部门征税仍存在许多制度上和操作上的障碍。

四 基金的分配和使用

假设“绿色基金”能够按上述设想顺利募集，如何合理使用也是国际气候制度构架的核心问题。墨西哥方案强调，基金的创立和运作不歧视任何国家，所有国家都要作出贡献，所有国家都可以利用。不作贡献的国家，虽然没有惩罚，但也不能受益。这种一视同仁体现了一般意义上的权利与义务的相互统一，貌似公允，但实质上模糊了发达国家与发展中国家的界限，曲解和违背了《公约》的“共同但有区别责任”的原则。

墨西哥方案对基金的分配和使用提出了一些具体考虑。从优先领域看，基金大部分用于减缓行动，少部分以对各国贡献双重征税建立衍生基金的方式用于适应和技术。其中，一个2%的税用于扩大适应基金，用于对气候变化不利影响最脆弱的国家，不管他们是否参与；另一个2%的税用于清洁技术基金，促进技术援助项目的开发，接近商业化的技术的开发、示范和扩散。

从支持减缓行动的对象看，由各国自己设计符合本国发展需求和具体国情的项目并提出申请。项目类型分为能源类（灰色类）和农林类（绿色类）两大类，具体包括很多领域，如能源类包括提高能效、可再生能源、碳捕获与封存（CCS）、绿色建筑、垃圾管理等。资金分配的标准由COP决定，可以根据单位减排量，也可以根据避免的排放总量分配。为了使项目的减排效果可测量、可报告和可核查，需要根据定量的排放清单建立项目的基准线。原则上承担义务越多的国家获得的增量资金越多，相比CDM仅仅转移减缓行动的实施地点，扩大了全球减缓行动的规模。但是这对于发展中国家而言，建立基准线——尤其是在部门或国家的宏观层面——无异于承诺排放上限。这一点尤其值得注意。

对“绿色资金”的使用，墨西哥方案建议发达国家支取贡献总量的70%，30%的资金用于对发展中国家扩大减排努力的激励措施。这样一来，真正从发达国家流向发展中国家的资金量变得非常有限。方案还对发展中大国对基金的使用进行了限制，设立单一国家获得的额度的上限，例如不超过基金总量的15%，如果达到且资金有剩余，可以要求额外获得年度总额的3%。这一规定明显指向

作为世界最大发展中国家的中国，防止中国独占过大的份额。此外，基金还将留取一部分给最不发达国家，只要符合一般的操作要求，这些国家即使不承担资金义务也可以获得资金援助。但资金额度不会很大。

五　基金资助减缓行动与碳市场的联系

墨西哥方案谨慎讨论了“绿色基金”资助的减缓行动与碳市场之间的联系，链接是可能的，但仍需要仔细的分析。第一，资金资助的减排活动需要通过分析来确定碳的度量单位，谈判一个折扣规则，保证环境一致性。第二，这些碳单位参与《京都议定书》下市场机制进行交换的可替代性需要仔细分析。从鼓励私营部门参与基金的角度看，应该保证有一定的可交换的容量，但同时又要避免重复计算。第三，额外性问题。如果要建立基金与碳市场之间功能性的联系，基金资助的减排行动就需要进行额外性的验证。第四，如果基金成为与碳市场链接的新机制，发达国家的履约将变得更容易，需要相应增加发达国家的义务。

六　基金的管理机制

从机构建设和行政管理的角度，基金需要有包容的、透明的管理机制，所有作出贡献和受益的国家都要参与，通过 COP 建立的执行委员会负责运作。执行委员会以最有影响的国家作为其永久成员，设立科学、多边开发银行和社会组织三个独立领导。为了保证发展中国家与发达国家有同样的相对代表性，代表应是各国的财政部长或类似官员。执行委员会每年向 COP 报告。同时，建立两个支持委员会，一个是科学委员会，与 IPCC 联系，推荐资金可以资助的政策、战略或规划；另一个是多边银行委员会，在其胜任的领域提供建议。为了不产生新的官僚机构，COP 可以使用具有全球金融经验的现有多边机制进行管理。

总之，墨西哥方案表面上是关于加强资金机制的建议，但本质上超越了资金机制的范畴，是一个以资金为切入点和主线，构建 2012 年后国际气候制度框架的具体方案。墨西哥是发达国家俱乐部 OECD 成员国，也是 G8 +5 中 5 个发展中国家之一，在气候谈判中，属于非附件一的国家，其地位具有其特殊性。墨西哥的特殊地位决定了墨西哥方案试图以一个“兼顾发达国家和发展中国家利益”的全球性框架，来弥合发达国家与发展中国家之间分歧的基本立场，模糊了发达国家与发展中国家之间的界限。从本质上看，这一方案似乎对工业化进程中的发展中国家不利，对最不发达国家似乎有一定的“胡萝卜”诱惑，而对发达国家，也没有超出目前讨论的资金机制要求。综合上述种种分析可见，建立基金的愿望有可能在政治上既得不到发达国家的支持，还可能遭到广大发展中国家的反对，而在技术操作上也将面临诸多困难。

对斯特恩新报告的要点评述和解读

陈 迎 潘家华*

摘 要：2006 年 10 月，英国推出由著名经济学家斯特恩爵士领导编写的《斯特恩回顾：气候变化经济学》，从经济学的角度着重论述了全球应对气候变化的紧迫性，强调只有尽快大幅度减少温室气体排放，才能避免全球温升超过 2℃ 所可能造成的巨大经济损失，且减排成本并不高。2008 年 4 月，斯特恩爵士再次推出一份新报告，提出为实现上述目标，构建 2012 年后国际气候制度的基本要素对后续国际谈判可能会产生一定的影响。本文比较分析了两份报告的关系和不同特点，对新报告中国际气候制度设计和评价的基本原则、全球减排的长期目标和减排义务的分担，通过资金、技术、市场、适应等国际政策措施吸引发展中国家参与，减少毁林排放，以及政策执行和制度建设等问题进行了分析和解读，这对深入开展国际气候制度的研究和中国参与国际气候谈判有重大启发。

关键词：斯特恩回顾 2012 年后国际气候制度 国际气候谈判

引 言

2006 年 10 月 30 日，受英国政府委托，由前世界银行首席经济学家、现任英国首相经济顾问尼古拉斯·斯特恩爵士领导编写的《斯特恩回顾：气候变化经济学》（以下简称斯特恩报告或原报告）正式对外发布，受到国际社会的高度关

* 陈迎，中国社会科学院城市发展与环境研究中心，副研究员，研究领域为全球环境治理、能源和气候政策；潘家华，中国社会科学院城市发展与环境研究中心，研究员，研究领域为世界经济、能源与气候变化经济学和城市发展。

注，也引起了强烈的反响。2008 年 4 月 30 日，斯特恩爵士领导的研究小组再次推出《气候变化全球协定的关键要素》（以下简称斯特恩新报告或新报告），共分为八个部分，除第一部分概括论述应对气候变化给人类社会带来的挑战与机遇及第八部分总结全文之外，报告的主体分别从减排目标、发展中国家的参与、国际碳市场、减少毁林的资金、技术、适应等方面，提出了一套完整的 2012 年后国际气候制度设计方案。作为向全球参与谈判的决策者发出的政策建议，斯特恩新报告的目的在于影响国际气候谈判，为促进 2009 年底在哥本哈根会议达成 2012 年后的国际气候协定提供了可供谈判的蓝本，值得关注。本文通过分析，对其中的要点作如下的评述和解读。

（一）斯特恩新报告与原报告的关系和新特点

从逻辑上看，原报告主要是从经济学角度论证了欧盟倡导的全球升温不超过 2℃的长期目标的科学性、可行性和紧迫性。新报告是原报告的延续，不再重复论证已经得出的结论，而是直接接受原报告的主要结论，作为 2012 年国际气候制度设计的前提。不仅如此，为了强化国际气候谈判的紧迫性，斯特恩还进一步强调，基于新发表的政府间气候变化专门委员会（IPCC）第四次评估报告（AR4）等新的科学证据，斯特恩原报告中对于气候变化的危险性仍然估计不足。

从形式上看，原报告花费大量篇幅对减缓气候变化行动的成本与避免未来气候变化不利影响可能造成的经济损失进行了估算，并进行经济学的成本效益分析，所以科学味道比较浓，技术层面的工作比较多，但是政策建议部分相对较弱，政策工具的应用也不是很具体。新报告几乎没有科学事实的论述，没有一个图表，完全是政策建议，对政策的某些细节考虑比较周密。

从代表立场上看，原报告是受英国政府的委托，作为政府部门的一项工作来推进，编写小组中的工作人员很多都是政府部门的官员，也是由政府组织发布的，因此，英国政府并不回避其支持和参与的重要角色。但对于新报告，英国政府以答记者问的方式强调，斯特恩先生在 2007 年 4 月就已经离开政府部门去伦敦经济学院工作，而伦敦经济学院是世界著名的学术机构，因此报告只是学术机构提供的众多独立报告中的一份，与政府无关。英国政府欢迎这份报告，但并不一定同意或采用其中的建议。但实际上，新报告不可能与政府的立场无关，它必然反映英国和欧盟的基本立场。英国政府刻意保持距离，目的在于维护新报告的学术性和独立性，避免因政策性较强而使其公正性受到质疑。

从内容的完整性上看，原报告长达600多页，涉及气候变化问题的方方面面，内容不可谓不全，但政策比较零散且不成体系。而新报告仅50多页，但从国际气候制度设计的角度，覆盖所有相关要素，是一份比较完整的设计方案。

（二）制度框架设计和评价的基本原则

构建和评价国际气候制度应该遵循什么样的原则，体现了作者的基本思路。斯特恩新报告开篇就提出三个基本原则：一是效果，主要指减排的环境效果；二是效率，主要指减排成本的最小化；三是公平，其含义比较广泛，不同国家常常有不同的理解。报告应用这三个原则来评价减排指标的合理性。不过国际上早就有类似的提法，早在2003年，欧洲研究机构 Ecofys 就曾提出一套国际气候制度的评价标准，包括环境有效性、经济成本、政治可接受程度（相当于公平原则）。除此之外，还包括技术可行性等其他评价标准，并且对不同分担方案进行了定量分析和评估。相比而言，斯特恩新报告提出的这三个基本原则虽然没有错，但并不全面，也没有新意。

（三）全球减排的长期目标和减排义务的分担

减排目标和减排义务的分担是国际气候谈判的焦点问题，也是任何国际气候制度方案不可或缺的核心内容，斯特恩新报告也不例外。新报告继续坚持并试图说服国际社会接受和确认欧盟提出的全球升温不超过2℃的目标是一个合适的长期目标，并把这一目标作为后续一系列政策和制度设计的前提和科学基础。但从表达方式上看，斯特恩新报告有了新的发展。

首先，以稳定浓度指标表示的长期目标水平更低。原报告提到的稳定浓度目标是450～550mL/m^3，新报告将其改为450～500mL/m^3。其次，明确新目标对应的全球温室气体排放总容量上限和减排途径。新报告计划从目前每年400亿 tCO_2e 的排放量，到2050年降低到200亿 tCO_2e，以后会进一步降到100亿 tCO_2e。最后，减排目标更贴近每个人。新报告采用2℃升温目标下的排放容量以及2050年的总人口预测，将其转化为人均 $2tCO_2e$，并采用紧缩趋同的原则，要求到2050年，发达国家与发展中国家人均排放都降到 $2tCO_2e$ 左右，实现人均排放的趋同。

为了实现上述长期目标，斯特恩新报告提出发达国家与发展中国家的义务分担方案。即发达国家应该首先采取行动，发挥领导者的角色，从当前高人均排放逐步下降，到 2050 年要下降到 2tCO_2e，相当于在 1990 年基础上减排 80% ~90%，而发展中国家也必须采取行动。因为到 2050 年，全球人口将达到 90 亿，其中发展中国家人口就接近 80 亿。至于采取行动的方式，新报告认为目前可以是国家的政策措施，等到有了成果并得到资金和技术的转让后再实施进一步的减排行动。但是，到 2020 年，多数发展中国家应该承诺具有约束力的减排目标。

上述目标尽管也试图体现“共同但有区别责任”的原则，但是否具有可行性，还要进行分析。

以美国为例，斯特恩新报告提到，美国目前的人均排放大约是 20 ~25tCO_2e，2050 年要实现人均 2tCO_2e 的趋同目标，需要在目前基础上减排 90% ~92%。考虑到美国 2005 年排放量比 1990 年增长了大约 16%，若 2050 年在目前基础上减排 90% ~92%，则相对于 1990 年需减排 88% ~91%。目前，美国的排放量仍在增长，还没有出现下降的拐点，美国前总统布什提出的方案是到 2025 年才停止增长。国会讨论的排放上限和排放贸易方案中最激进的是 2050 年在 2005 年基础上减排 80%。可见，这么高的减排目标显然是不可能实现的。

再看一下英国的情况，英国目前人均排放大约是 10 ~12tCO_2e，2050 年要下降到 2tCO_2e，则需减排 80% ~83%，也超过英国 2050 年减排 60% 的目标。因此，英国政府对斯特恩新报告的目标并不认同，只是将其作为对发达国家与发展中国家之间的减排义务分担的一种数学上的解释，并不建议采用紧缩趋同的方案。英国认为，目前表态基于哪种方法承诺减排义务还为时过早，各种方法都应该纳入考虑的范围。

显然，如果上述减排目标对于发达国家不可行，那么对发展中国家就更不可行了。中国目前人均排放是 5tCO_2e，2050 年要降到 2tCO_2e，则中国相对目前要减排 60%，即使允许一定程度的增长，未来也几乎完全没有发展空间。

由此可见，长期目标不可行。而且，正如斯特恩报告承认的，这一目标从公平性的角度看是有缺陷的，选择人均 2tCO_2e 作为全球趋同目标只是一种实用的方法，并没有考虑发达国家的历史责任和发展中国家的未来排放需求。因为发达国家人均排放尽管在下降，但仍始终高于趋同目标，而发展中国家人均排放可以有少量的增长，但不可能超过趋同目标，因此发展空间受到很大的限制，这是不公平的。

此外，还应该注意到，斯特恩新报告提到了生产者与消费者之间分担义务的问题，并认为这是公平原则的一个重要组成部分。这是对近来国际上热议这一问题的一种回应，有积极的意义，但并没有提出解决这一问题的详细可行的方案，因而要在2012年后国际气候制度安排中有所体现几乎是不可能的。

（四）发展中国家的参与问题

斯特恩新报告特别强调发展中国家要参与减排和国际排放贸易，并提出一些吸引发展中国家参与的经济激励手段，如以“批发”方式扩大CDM的规模，引入部门方法等。但这些貌似公平的新建议，背后隐藏着很多问题。例如，从减排目标和时间安排看，到2050年发达国家与发展中国家都要趋同到人均$2tCO_2e$，没有对不同国家的具体国情加以区别对待。为了实现趋同目标，要求多数发展中国家到2020年就要承诺具有约束力的排放目标，这与发展中国家的排放需求相差甚远，是不现实的。为了促进发展中国家的参与，报告提出“单向贸易”，将现有CDM规则从基于单个项目变为“批发”，以扩大CDM的规模和范围。表面上是为了吸引更多资金，实际上则是为发展中国家引入变相的国家目标。针对发达国家对碳泄漏引起的竞争力的担忧，报告还建议为参与国际贸易的能源密集型工业部门（如钢铁、水泥等）制定标准化的基准线。由于发展中国家与发达国家之间、发展中国家同一部门在不同地区之间、同一部门大型企业与中小企业之间均存在巨大的差异，标准化的基准线无疑将对发展中国家，特别是相对落后地区的发展造成严重影响。

除此之外，在某种程度上，气候变化谈判中适应、资金、技术、国际碳市场等议题的核心目的都是通过“胡萝卜”加“大棒”软硬兼施地促使发展中国家参与全球减排。斯特恩新报告从国际气候制度的角度对这些问题也进行了较多的讨论。

1. 适应

斯特恩新报告重申所有国家都需要适应，但重点指出贫穷国家更需要适应，适应对国家发展具有重要意义，要将适应问题纳入国家发展计划，气候变化是影响发展的综合问题。通过发展援助资金渠道提供适应援助资金，可以鼓励各国将适应与发展综合考虑。新报告也承认发达国家因其历史排放累积而在全球适应气候变化行动中所应承担的义务和责任，发展中国家的适应行动应该获得发达国家的援助。

相对比较新的观点是提出以发达国家拍卖部分的排放额度为适应筹集资金，而且从长期来看还期望中等收入国家能为增加援助资金作出贡献。提出适应与减缓挂钩，减缓努力、支付能力和历史责任决定提供适应资金的量。提出适应资金分配的标准：第一，气候变化所带来的影响；第二，面对影响的脆弱性；第三，获得国际投资的能力；第四，政府对援助资金使用的承诺和能力。并对资金的管理和监督使用机构（如世界银行、国际货币基金组织等）提出建议。此外，市场、技术和信息也能促进适应。

中国作为发展中国家，对适应问题高度关注，但也必须清醒地认识到，发达国家总会以各种理由，包括适应的成本效益评估需要研究等技术障碍的理由来推脱责任，所以发达国家不可能为适应提供充足的资金。中国已经被指在碳市场上所占份额过多，即使能募集到一些资金，由于发展中国家之间的分化及它们对资金的争夺，中国不太可能从中获得很大收益。

2. 技术

斯特恩新报告将低碳技术分为三类以区别对待，促进现有低碳技术的扩散，鼓励接近商业化的技术的开发和放大，同时创造着眼未来的突破性技术。但新报告大谈低碳技术的全球市场，强调技术的开发、扩散和应用，回避发展中国家所关心的技术转让。同时，还以促进技术应用和需要建立国内、国际促进技术扩散和应用的制度安排为名，建议采取全球协调的行动。如制定全球统一标准（包括电器能效标准、建筑、交通等），建立全球性公共基金，将针对发展中国家的定向资助采用基于部门或规划的方法等。这些建议对国际气候谈判的影响，尤其是对中国的影响是非常大的。

3. 国际碳市场

国际碳市场是《京都议定书》的重要成果，也是未来国际气候制度的重要组成部分。斯特恩新报告在强调排放贸易、法规、标准和税收等不同减排政策和措施应多管齐下的同时，从环境效果、降低减排成本和吸引私营部门资金流向发展中国家三个方面，论证了国际排放上限和排放贸易制度的合理性，充分肯定了

市场对实现成本有效性方面的重要作用。为了扩大国际碳市场，构建全球碳市场，需要连接现有区域市场，预计到2020年，市场规模可以达到每年200亿～750亿美元，到2030年，达到500亿～1000亿美元。未来国际碳市场的蓬勃发展所可能带来的技术和资金对发展中国家来说似乎颇具诱惑力，但是国际碳市场的发展是供给和需求之间的平衡，最重要的决定因素是发达国家承诺减排义务的多少。如果发达国家无法实现到2050年人均排放趋同的目标，那么对国际碳市场规模的估计就未免有些盲目乐观。

新报告也强调，为了使发展中国家获得更多收益，发展中国家自身要努力达到数据和制度等方面的要求，创造吸引投资的环境，这样就把责任推向了发展中国家。

4. 资金机制

斯特恩新报告中虽然没有专门章节论述资金机制，但在许多地方都有所涉及，如为适应问题筹集资金、为减少毁林筹集资金、技术开发和转让所需的投资、国际碳市场能为发展中国家带来可观的资金等。对于资金机制的未来发展，则没有明确的思路。但值得注意的是，英国政府在对报告的评论中，特别强调了英国"环境转型基金"与世界银行合作在曼谷会议上新推出的一揽子"气候投资基金"。除英国之外，与世界银行合作的还包括美国的"清洁技术基金"和日本的"清凉地球50动议"。这些资金将主要用于建立"清洁技术基金"、"森林投资基金"以及"适应和气候恢复力试验项目"三个专项基金。英国等发达国家在《联合国气候变化框架公约》框架外建立新的资金机制受到国际社会的广泛质疑，因为这样可能会造成有限资金的外流，从而使《公约》框架内现有资金机制面临更大的困难，如资金来源更加不足，平行机制之间的运作可能发生冲突等。

（五）减少毁林排放

减少毁林排放是近年来国际气候谈判中出现的新热点，受到发展中国家，尤其是南美、东南亚一些国家的高度关注。斯特恩原报告中虽有涉及，但多从成本效益角度考虑其对全球减排的作用，在制度层面的讨论不多。新报告将减少毁林排放单独列出并进行详细的讨论，以回应一部分发展中国家的现实需求，其中的一些观点值得关注。

第一，明确将毁林问题国际化。国际森林问题的全球利益与国家主权的冲突与平衡一直是国际上有争议的问题。原报告强调国家层面的政策占主导地位，建议在国家层面建立和推进清晰的森林产权，确定土地所有者、社区和伐木方的权利和责任，鼓励当地社区广泛参与。而新报告特别强调毁林问题的国际化和国际协调行动的重要性。

第二，关注与毁林相关的碳泄漏问题。斯特恩新报告强调应该采取协调合作行动并保证一定的规模，以确保一个地区的砍伐减少，不会造成另一个地区的砍伐增加。实际上，与减排行动相关的碳泄漏问题非常复杂，碳泄漏与产业转移的必然趋势往往难以区分，国际上对碳泄漏的程度、影响和应对措施等一直颇有争议。在减少毁林排放问题上提出碳泄漏问题，一旦推而广之，很可能引起更大范围的争议。

第三，支持完全将减少毁林排放纳入碳市场。原报告对于减少毁林排放的态度比较保守，认为将减少毁林纳入碳贸易，在第一承诺期是不可能的；中期考虑进行调整并对减排潜力进行评估；随着减排成本的提高及相关技术障碍被克服后，将其纳入碳市场的可能才比较大。但在新报告中，明确提出中长期气候制度应将森林完全纳入到全球碳贸易中来。

第四，提出筹集资金的可能来源。新报告将多边基金机制及碳贸易机制作为筹集资金的可能来源，同时认为来自私人部门的支持也很重要，因为全球林业部门中的直接私人投资占全部林业资金的90%。

减少毁林排放固然对全球减排有重要作用，但是如果减少毁林可以获得经济补偿，那么中国等一些国家通过植树造林扩大吸引碳汇就更值得提倡和鼓励。但是斯特恩新报告对此只字不提，显然有失偏颇。此外，英国政府预计在2008年底前推出《全球金融与林业》的评估报告，在后续谈判中可能会利用毁林议题作为实现分化发展中国家这一政治目的的一种手段，这也值得注意。

（六）执行和制度安排

斯特恩新报告不仅提出了国际气候制度各要素的具体设计方案，还用专门的章节讨论执行和制度安排问题，提出了分三个阶段实施的时间表。

第一阶段是到2009年哥本哈根会议。主要目标是为发达国家设定排放上限，同时明确发展中国家的责任，初步商定减少毁林排放的制度模式，并展示应对气

候变化的关键技术。

第二阶段是2010～2020年。力图在资金和技术方面建立有效的合作机制，作为发展中国家接受排放目标的基础。

第三阶段是2020年之后。所有国家都参与排放目标和排放贸易的国际体系，并坚持在技术协议下开展国际技术合作。

同时新报告还提出政策制定和制度安排需要遵循的四个原则，包括监测、核查、验证和数据的可靠性，适应知识进步和环境转变的灵活性，国家目标分解到地方目标过程之间的利益平衡和灵活性，以及一定程度的实用主义。新报告专门讨论了执行和制度安排问题，总目标就是将上述各项对国际气候制度基本要素的建议在国际和国内层面上法制化。

总之，两份斯特恩报告在逻辑思路上是一脉相承的。丹麦首相拉斯穆森就对斯特恩爵士继续开展气候变化经济学的分析，以及为积极推动国际气候谈判作出的贡献表示欢迎。英国前首相布莱尔也盛赞报告的分析和政策建议，认为非常值得一读，从2008年的八国峰会开始就应该抓住每一次机会，打破当前的谈判僵局。相对而言，IPCC主席乔帕里博士的评价比较谨慎，他强调全球气候协定必须基于坚实的科学基础，通过公平和有效的解决方法应对人类面临的挑战。无论如何，2012年后国际气候制度的发展需要有创新的思维，对斯特恩新报告进行认真解读，对于深入开展国际气候制度的研究和中国参与国际气候谈判都会有所启发。

英国《气候变化法》生效的政策含义分析

陈　迎*

摘　要： 本文简要介绍和分析了美国《气候变化法》的立法进程和主要内容以及碳预算方案，并对该法生效的政策含义进行了初步评价和剖析。

关键词： 气候变化法　政策含义　碳预算

2008 年 11 月 26 日，英国《气候变化法 2008》正式生效，英国成为世界上第一个通过立法引入长期的具有法律约束力框架来应对气候变化的国家。英国气候变化立法取得的重大突破，不仅决定了英国气候变化政策走向，而且对当前气候公约下 2012 年后国际气候制度的谈判具有重要影响，值得关注。

一　英国《气候变化法》的立法进程

2006 年，在气候公约下围绕 2012 年后国际气候制度的新一轮谈判拉开帷幕，2007 年 2 月，政府间气候变化专门委员会（IPCC）推出了第四次《气候变化评估报告》（AR4），全球对气候变化问题的关注快速升温。欧盟春季首脑会议达成了欧盟温室气体减排新目标，即到 2020 年，在 1990 年基础上至少削减 20%，如果其他主要排放大国也以实际行动跟进的话，减排目标可提高到 30%，同时要求可再生能源在欧盟能源消耗中的比例提高到 20%，通过提高能源效率将能源消耗降低 20%。在此背景下，2007 年 3 月，英国政府起草了《气候变化

* 陈迎，中国社会科学院城市发展与环境研究中心，副研究员，研究领域为全球环境治理、能源和气候政策。

法议案》，启动了综合应对气候变化的立法进程。经过半年多的意见征询和草案的修改，2007 年 11 月 14 日，《气候变化法议案》正式提交议会下院讨论。2008 年 3 月，该法案在下院获得通过，随后提交上院讨论。为了推进立法进程，英国政府还组建了气候变化委员会，就 2050 年减排目标是 60% 还是 80% 以及相关问题提供科学评估和政策建议。此后，议会上下两院对法案进行了长期的多轮辩论，分别提出修正案，2008 年 11 月，法案终于获得议会的批准。2008 年 11 月 26 日，《气候变化法》由英国女王签署生效。

《气候变化法》的生效仅仅是第一步，要正式实施还需要完成一些后续的二次立法进程。2008 年 12 月 1 日，气候变化委员会作为独立的政府咨询机构正式成立，并马上提交了第一份咨询报告，提出了从 2008 年起的三个五年期的碳预算方案，并对 2050 年减排 80% 的目标进行了全面评估。

二　英国《气候变化法》的主要内容

英国《气候变化法》为英国应对气候变化的长期战略提供了法律框架，法律文本长达 108 页，主要条款包括以下几个方面的内容。

（1）具有法律约束力的减排目标。英国到 2050 年，通过国内和海外的减排行动将在 1990 年水平基础上减少温室气体排放量至少 80%，到 2020 年减排至少 26%。法律正式生效后，通过全面评估，还考虑将 2020 年目标扩展到所有温室气体，因此 2050 年 80% 的目标还有进一步提高的余地。

（2）碳预算系统。规定每五年为一个周期制定排放上限，一次设定三个五年的碳预算，由此调控到 2050 年的排放路径。2009 年 6 月，将确定前三个五年期的碳预算，即 2008 ~ 2012 年，2013 ~ 2017 年，2018 ~ 2022 年。其后，政府必须尽快向国会报告完成碳预算要采取的相关政策的建议。

（3）成立气候变化委员会。新成立的气候变化委员会作为独立的政府咨询专家机构，不仅要提出碳预算水平和可以采取的有效的减排行动的建议，还要每年向议会提交报告，评估英国当年在减排方面的进展和相关预算执行的情况。

（4）国际航空和海运排放。英国政府到 2012 年底要将国际航空海运排放纳入《气候变化法》的范围之内，否则要向议会说明原因。气候变化委员会要向政府提供相关咨询意见，目前碳预算的制定就要预先考虑未来国际航空海运的排放状况。

（5）国际额度的使用。为了完成减排目标和碳预算，要考虑国内部分采取的减排行动，同时气候委员会有责任提供咨询建议，在每一个碳预算周期内适当权衡国内、欧盟内以及国际层面的不同行动。在法案辩论的最后阶段，英国政府曾提出修正案，要求在议会上下两院的二次立法辩论阶段，听取委员会的意见，在每个预算期内对允许购买的排放额度设置上限。

（6）进一步的减排措施。法案为后续强化减排措施预留了立法“快速通道”。例如，政府有权更快和更容易地通过二次立法建立国内排放贸易体系、鼓励使用生物燃料、为家庭废弃物的处理提供财政激励的试点以及在苏格兰以外地区对一次性包装袋收取一定费用等。

（7）有关适应。英国政府必须至少每五年报告一次英国面临的气候变化的风险，发布如何应对这些影响的方案。政府有权请公共机构和提供公共服务的公司进行风险评估，制订应对这些风险的计划。还可以在气候变化委员会下设立适应分委员会，为政府的适应工作提供咨询和检查。

（8）报告制度。政府要在2009年颁布公司报告温室气体排放的方法，在2010年12月1日前，就报告制度对减排的贡献作出评估，并在2012年4月6日前，在《公司法》下制定企业报告制度，否则政府要向议会解释。

（9）政府办公楼能效自查。政府每年要向社会发布有关政府办公楼能源效率和可持续性的报告。

三　气候变化委员会提出的碳预算方案

2008年12月，气候变化委员会作为独立咨询机构正式成立，并提交第一份咨询报告《建设低碳经济：英国为应对气候变化作出的贡献》，对英国中长期减排目标、三个五年期的碳预算，以及低碳技术和减排成本进行了科学评估，并提出了政策建议。

咨询报告建议英国的长期减排目标是到2050年在1990年基础上，《京都议定书》中规定的6种温室气体减排至少80%（相对2005年减排77%），认为这是相对全球到2050年在目前水平上减排50%～60%目标，英国应当承担的合适份额。同时，建议 80% 的减排目标应该包括国际海运排放，这意味着其他部门要做得更多。

咨询报告的核心内容是确定从 2008 年开始的三个五年期碳预算。在综合考虑了 2050 年的长期减排目标、欧盟整体的气候战略，以及英国自下而上各部门的减排潜力的基础上，气候变化委员会建议碳预算分为两组方案，一组是达成全球减排协定后的期望目标，即“高方案”，2020 年需要减排 175$MtCO_2e$，相对 1990 年减排 42%，相对 2005 年减排 31%；另一组是未达成全球减排协定前的中期目标，即“低方案”，2020 年需要减排 110$MtCO_2e$，相对 1990 年减排 34%，相对 2005 年减排 21%。两组方案分别针对参与国际贸易的部门和非贸易部门给出了三个五年期的碳预算指标（见表 1）。

表 1　气候变化委员会建议的碳预算方案

		2008～2012 年	2013～2017 年	2018～2022 年
中期目标（$MtCO_2e$）	贸易部门	1233	1114	1011
	非贸易部门	1785	1704	1559
	其中：CO_2	1304	1235	1103
	非 CO_2	481	469	456
	总　计	3018	2818	2570
期望目标（$MtCO_2e$）	贸易部门	1233	1099	800
	非贸易部门	1785	1670	1445
	其中：CO_2	1304	1201	989
	非 CO_2	481	469	456
	总　计	3018	2769	2245

注：未包括国际航空海运；采用中期目标时，不建议购买清洁发展机制的减排额度，只有实现更严格的期望目标时才能购买。

咨询报告还对低碳技术和减排成本进行了评估，认为 2020 年满足上述碳预算的成本小于 GDP 的 1%，2050 年大约是 GDP 的 1%～2%，相比不采取行动的严重后果，减排成本是可以接受的，这一结论与斯特恩报告的结论是同量级的。英国实现上述碳预算的关键低碳技术包括通过发展可再生能源、核能和应用碳捕获和埋存技术使电力部门到 2020 年相对 1990 年减排 40%，可再生能源发电占总发电量的 30%。此外，建筑、工业和交通部门也要通过提高能源效率和应用新技术实现减排。

四　初步评价和政策含义分析

尽管英国《气候变化法》的实施细则和具体实施尚有时日，气候变化委员会提出的三个五年期碳预算方案和相关政策建议能否获得议会上下两院的批准还存在变数，但英国在世界上率先通过《气候变化法》，以法律形式明确中长期减排目标的积极态度仍值得欢迎。从减排目标看，英国确定自身减排目标的前提没有再提全球升温不超过2℃的目标，而是到2050年全球相对目前减排50%～60%，对于2008年八国峰会目标基本认同。2020年在1990年基础上减排34%～42%的目标略高于《京都议定书》下特设工作组要求发达国家至少减排25%～40%的目标，2050年的减排目标也从草案中的60%提高到80%，体现了英国积极减排的决心。从对减排成本和低碳技术的评估结果看，气候变化委员会与斯特恩报告、布莱尔报告的基本结论大致相同，代表了英国对长远低碳经济前景相对乐观的主流观点。但同时也要看到，实现这些目标对英国来说并非易事。根据英国政府在2008年7月向议会提交的年度进展报告，2007年的实际排放相对1990年仅减排13%，预计在2010年能做到减排15.5%，而2007年报告预计2010年能做到18%，都低于英国设定的20%的国家目标。特别是当前全球金融危机增加了世界经济前景的不确定性，《气候变化法》能否顺利实施及其实施效果仍有待观察。

无论如何，从政策层面看，英国《气候变化法》生效至少有两个方面的用意。首先是提升和整合国内气候政策。目前，英国负责气候政策的政府部门，已经从环境、食品和农村事务部中分离出来，与商业、企业和管理改革部中负责能源政策的部门，共同组建了能源与气候变化部。英国已经具备了相对完整的应对气候变化政策体系，包括2000年和2006年两次推出的《英国气候变化国家方案》，和针对电力、工业、民用、交通等不同产业部门制定的大量鼓励企业减排行动的政策措施，如气候变化税、国内排放贸易体系、政府与企业签订的气候变化协议、利用气候变化税部分收入创立的碳基金等。《气候变化法》作为一个综合应对气候变化的法律框架，不仅涵盖内容广泛，其法律地位也大大提升，有助于协调和整合现有政策体系，同时赋予政府更大的权利，为未来制定更严格的气候政策和引入新的政策工具提供了便利，也为政策调整预留了空间。

更重要的是，《气候变化法》巩固和加强了英国在国际气候政策中的领导地位。2007 年底达成的“巴厘路线图”所设定的时间表是在 2009 年底的哥本哈根会议中就 2012 年后国际气候制度达成新的协定。英国一直在欧盟内部及国际社会上积极推动国际气候谈判，率先通过立法承诺相对严格的减排目标，而且分两组设置碳预算的方案，将英国的减排目标与能否达成全球减排协定挂钩，向哥本哈根会议发出了一个明确信号。不仅对其他发达国家发挥了示范作用，而且对主要排放大国也构成一定的减排压力。

从欧盟哥本哈根方案看全球新权利与义务

王文军*

摘　要：2009年底，在哥本哈根举行的联合国气候变化大会将讨论后京都机制，世界各国对此都非常重视。欧盟委员会有针对性地提出了一份草案，不仅就中长期全球的减排目标、方式和全球碳市场的发展进行了详细的阐述，还涉及发达国家、发展中国家的减排、适应、资金、技术等多方面的机制设计。该方案体现了欧盟对促成未来国际气候制度的积极态度，但对于大多数发展中国家而言，减少了权利增加了义务。

关键词：哥本哈根大会　欧盟方案　解读与评论

欧盟委员会于2009年1月28日草拟了一份有关哥本哈根气候变化协定的内部通报文件（以下称"哥本哈根方案"）。这是一份欧盟委员会与欧盟理事会、欧盟议会和欧盟区域经济与社会理事会沟通的官方文件，不仅就中长期全球的减排目标、方式，资金渠道和碳市场的发展进行了详细的阐述，还涉及发达国家、发展中国家的减排、适应、资金、技术等多方面的机制设计。鉴于欧盟是目前气候变化领域的一支重要驱动力量，方案所披露的信息在一定程度上可以视为对2009年底在哥本哈根举行的《联合国气候变化框架公约》第十五次缔约方会议的"气象预报"。这份文件问世后，各国对此的反应折射出哥本哈根气候变化协定是否能如欧盟所愿顺利达成。

* 王文军，重庆三峡学院经济与管理学院讲师，中国社会科学院研究生院在职博士研究生，研究方向为可持续发展经济学。

一　新的减排目标与减排路径

该方案开宗明义，欧盟再次强调2050年全球温升的底线为不超过工业革命前2℃，甚至谨慎赞成将浓度稳定在350ppm的提议。如果要实现升温不高于2℃的目标，欧盟建议哥本哈根协定应明确界定全球的减排目标，即到2050年全球温室气体排放至少比1990年减少50%，并且必须在2020年达到峰值。在这个过程中，发达国家要起主导作用，不仅是因为发达国家历史排放高，而且也有经济和技术实力通过发展低碳经济实现减排，但是发展中国家也要作出相应的贡献。

发达国家作为一个整体，到2020年实现温室气体在1990年的基础上减排30%。这一目标与欧盟低于2℃温升目标相符，即到2050年时减排80%，2020年减排25%～40%。减排路径可以选择与国内减排行动结合从发展中国家购买排放信用的方式达到减排要求。在对各国进行减排目标的分解时，可以参照四个因素（人均GDP、单位GDP温室气体排放、1990～2005年温室气体排放趋势、1990～2005年人口增长趋势）进行分配。

在为2012年后的减排选择历史基年时，欧盟建议以《京都议定书》中被广为接受的1990年作为基年，但各国也可以自行选择1990年之后的某个年份作为基年。

除了已经签署《京都议定书》的国家，欧盟建议哥本哈根协定应该让更多的国家承诺减排，包括所有《联合国气候变化框架公约》附件一的国家、所有OECD国家，欧盟现有的和未来的成员国也都应该纳入减排名单。

发展中国家作为一个整体，也应该以实际行动为减排作出贡献。据最新的科学报告，要实现不超过2℃温升的目标，不仅需要发达国家的努力，还需要发展中国家在2020年实现排放低于常规情景的15%～30%，换言之，相对于常规情景，发展中国家集团要在2020年实现减排15%～30%。

在发展中国家集团内部，由于各国国情不同，需要采取的行动也有差异，不可能设置统一的减排路径。因此，欧盟建议按照《联合国气候变化框架公约》的要求，各国制定各自全国性的气候变化战略，实现减排。欧盟建议在哥本哈根协定中规定：除了最不发达国家，所有的发展中国家都应该在2011年底前承诺采取低碳发展政策，特别是电力、交通、高耗能产业，政策要覆盖几乎所有的关键排放部门，如果该国是林业大国，还应该包括林业部门。发展中国家的减排行动应该予以登记，以便测量、报告、核查，发现问题可以及时解决。

欧盟建议哥本哈根协定将来自国际航空航海的排放计入全球目标，可以将这一排放登记在入港国或出港国。《联合国气候变化框架公约》可将航空航海部门的减排目标设定在低于2005年的排放水平。该部门的性质决定了可以采取国际化的方法实现减排目标，如在国际民航组织和国际海事组织的管理下，采取排放贸易等市场化方法就能够实现有效减排。欧盟已经将航空排放纳入排放贸易体系，并拟以此为模式向全球推广。

二　适应、低碳与资金机制

用于支持低碳发展的资金机制包括各种各样的私募和公共基金、国际或双边、多边贷款等，用于减排和适应。据估计，到2020年全球用于减排的投资将增至1750亿欧元/年，而超过半数的投资（约950亿欧元）将投向发展中国家。相应的，发展中国家在制定低碳发展战略时，要实施可行的融资和减排政策以撬动投资。

发展中国家的资金来源主要有两个渠道。一是政府通过政策引导私人部门和家庭投资于减缓行动，这种方式能确保持续的国内投资并提高能源安全；二是启动国际借贷计划，因而会涉足国际私人资本。

欧盟建议哥本哈根协定应该为适应行动制订工作框架。（1）适应：所有承诺国应采取行动建设一个更具气候弹性的社会。（2）整合性适应：将适应整合进各国的国内发展政策及合作项目中，如通过能力建设，发达国家和发展中国家共同实现适应计划。（3）适应手段：通过技术、能力建设、风险管理等方法提高适应的水平。为了提供切实的支持，欧盟建议在《联合国气候变化框架公约》下成立适应技术小组。

《联合国气候变化框架公约》秘书处估计发展中国家所需要的适应资金到2030年大约为230亿～540亿欧元/年，尽管适应基金可以支付一部分适应行动，但是相比所需要的资金而言，还远远不够。建议开发国际多边保险共用资金机制以弥补可能的气候灾难损失。目前，欧盟委员会已经在非洲、加勒比海和太平洋地区进行了试点。

除此以外，欧盟还就低碳技术的研究、发展和传播所需的资金进行了大致的匡算，全球来看，与能源相关的 RD&D 到 2012 年要翻番，到 2020 年要翻两番。

资金筹集基于污染者付费和各国的经济能力。所有发达国家都有义务通过公共基金和碳信用机制，为发展中国家的减排和适应提供资金资助。同时，除了最不发达国家，发展中国家也应该基于自己的经济能力支付一定资金。至于各国的支付规模，需要在哥本哈根会议时进行讨论，并写入协定。对此，欧盟建议：一是抽取发达国家的年度排放预算的一定百分比，在市场中出售，将所得纳入资金池；二是将各国的碳预算按照固定的价格全部卖给各国，根据各国的人均收入确定出售价格。但是，这两种方法各有利弊，现在还不成熟。

三　全球碳市场——减排和筹资的有效路径

作为国家减排最有效的一个工具，国内限额排放贸易系统可以进一步扩展，将国内贸易市场与国际连接起来，降低减排成本，对此，欧盟建议哥本哈根协定通过对全球和国家进行目标设定来支持国际碳市场的形成。

欧盟计划到 2015 年，在 OECD 范围内建立一个强有力的碳市场，到 2020 年将碳市场扩展到所有排放大国，同时建议 OECD 各国进行双边合作。目前欧盟正在寻求与美国新政府的合作。

发展中国家在适应方面不仅需要资金和技术，还有管理能力的建设，欧盟可以在排放贸易的制度方面为发展中国家提供经验。

在国际碳市场中，清洁发展机制为发展中国家参与国际碳市场、发达国家实现减排目标发挥了重要作用。但是，要使国际碳市场最大限度发挥功效，清洁发展机制应该进行改革，欧盟建议未来的清洁发展机制应该从发展中国家中有较强竞争力的部门逐渐淡出，使其转向限额排放体系。

最后，欧盟提出哥本哈根协定可能面临的一个难题是如何确保发展中国家会为减排而努力，这对于避免碳泄漏是非常重要的。即将召开的 G8 峰会将对此进行讨论，不仅要求发达国家在哥本哈根会议上做出减排承诺，也要求发展中的大国出台低碳发展战略。

四 评论

哥本哈根协定对 2012 年后中长期国际气候制度起着至关重要的作用，作为一直关注该领域并率先行动的领头羊，欧盟希望哥本哈根协定能够按照其设计得到切实执行。因为一方面，可以保持欧盟自己在国际气候舞台上的领先地位；另一方面，美国奥巴马政府对气候问题的积极态度也使欧盟看到了曙光，因为如果方案的设计能够得到美国等经济大国的支持，未来的国际气候制度将呈现新气象。因此，哥本哈根方案处处体现了这种考虑，与其他方案的最大不同之处就在于它规定了发展中国家的责任，并建议将这种责任写入协定。

（1）减排目标的确定。美国前政府之所以反对签署《京都议定书》，不承诺减排，就是因为没有给中国等发展中大国设定减排目标。但是目前要求发展中国家承诺减排也是不现实的，因此，欧盟提出折中方案，即发展中国家要减排，但是参照标准不是 1990 年的排放水平，而是在各国的 BAU 下减少 15% ~30% 。这个减排目标，发展中国家有可能接受，同时发达国家也能得到心理上的平衡。

（2）登记制度。发展中国家的减排应该进行国际档案登记，便于核查。这种制度看似严格，事实上有很大的灵活性。因为到 2020 年，发展中国家的 BAU 是多少？由谁确定？怎么确定？什么方法是可接受的？按照目前的碳排放简单外推，还是按照资源禀赋计算？都存在不确定性。

（3）资金的筹集。考虑历史责任，按照污染者付费原则和经济能力，各国都应为减排和适应提供资金，其中大部分资金将用于援助最不发达国家和小岛国家。方案建议发展中国家的减排和适应资金应主要来源于国内民间资本及国际游资。这显然增加了大多数发展中国家的经济压力，也是不公平的。

（4）关于清洁发展机制的改革。按照欧盟建议，清洁发展机制要从有竞争力的部门退出。但是，很难定义什么部门是“有竞争力”的。这就为发达国家未来退出 CDM 提供了借口。

（5）促使发展中国家实行低碳经济、建立碳市场与国际社会接轨等措施，都是确保发展中国家参与减排温室气体的必要手段。而且，欧盟提议出台鼓励低碳经济的政策作为发展中国家获得国际减排资金技术援助的前提条件，实际上是在向发展中国家进行变相的施压，无视国家经济结构和发展阶段，迫使发展中国家走低碳发展之路。

虽然方案一开始就提出了“发达国家的减排新目标”，但实际上方案对发达国家并没有规定新的更严厉的减排，反而对发展中国家的排放行为进行了诸多限制。综上所述，欧盟提出的哥本哈根方案意在实现 IPCC 提出的 2050 年温升低于 2℃的目标，使未来的国际气候制度更可行，其立意是好的，但是有以牺牲发展中国家的利益为代价之嫌。

《中美能源与气候变化合作路线图》的要点及初步解读

王文军　陈　迎　潘家华*

摘　要：在全球减排的压力下，2009年美国发布了《中美能源与气候变化合作路线图》，希望与中国通过能源方面的合作，联合实行温室气体减排。《路线图》主要从合作的可能性、必要性、优先领域、合作步骤和保障措施等方面进行了阐述。总体上看，《路线图》提出的建议与我国现阶段的环境政策方向一致，值得肯定，但对一些技术性问题仍需关注。

关键词：能源合作　气候变化　减排

亚洲协会美中关系中心和皮尤全球气候变化中心在2007年联合实施了一项“中美能源及气候联合行动计划”项目，并于2009年1月联合发布了《中美能源与气候变化合作路线图》（简称“报告”）。项目由美国新政府能源部长朱棣文和布鲁金斯学会主席John Thornton任联席主席，并得到了部分美国政界显要、商界和学界知名人士（如美国前国务卿、部分参议员、哈佛大学教授、卡耐基基金会能源与气候项目主任等）的支持。由于项目的影响较大，这份报告的出台得到了美国高层的关注。

* 王文军，重庆三峡学院经济与管理学院讲师，中国社会科学院研究生院在职博士研究生，研究方向为可持续发展经济学；陈迎，中国社会科学院城市发展与环境研究中心，副研究员，研究领域为全球环境治理、能源和气候政策；潘家华，中国社会科学院城市发展与环境研究中心，研究员，研究领域为世界经济、能源与气候变化经济学和城市发展。

一 选择与中国进行气候合作的原因

在以欧盟为首的发达国家承诺大规模减排的国际形势和国内要求减排的呼声下，美国奥巴马政府一改布什前政府抵制减排的强硬态度，表示要在气候领域有所作为。由于美国政府必须在哥本哈根会议上就减排问题有所表态，因此，美国需要寻找合作伙伴来实现快速、有效的减排。而中国的温室气体排放量位居世界前列，未来面临减排的压力。在比较中美的能源结构和排放现状后，美国智库的研究发现中美合作减排是有潜力的，而且联合减排行动可以使中国在没有减排承诺的情况下，参加国际减排行动，从而达到一箭双雕的目的。经过两年的研究，亚洲协会和皮尤中心提出：在气候领域，中美双方存在共同利益，有必要携手合作，在已有的基础上进一步提升合作的层次和规模，为双方奠定一个稳固的双边关系基础。

二 报告的主要内容

全文主要分为四个部分，分别从合作的可能性、必要性、合作的优先领域和合作步骤进行了阐述。

（一）两国合作的可能性

在回顾了中美关系的发展历程后，报告指出中美合作是有历史基础的，而且第一次中美战略合作也产生了惊人的政治力量，对国际经济格局、政治格局造成了深远的影响。在世界面临气候变化威胁情况下，中美作为世界上最大的温室气体排放国和能源消耗国，可以通过加强在能源和气候领域的双边合作，携手领航，为促进国际社会经济和政治秩序的第二次转型——建立全球低碳经济，提供领导力和推动力。而且，中美合作也有现实基础，中美在能源和环保领域已经有过零散的合作，如果得到两国高层的支持，进一步的紧密合作是可能的。

（二）合作的必要性分析

报告在对中美两国的经济结构、能源结构、排放水平、能源效率进行仔细的比较和分析的基础上，指出虽然两国的经济实力和排放结构不一样，但是都是煤炭生产和消费大国，面临着一些共同的核心挑战，例如都需要降低能耗强度和能源系统的碳排放强度，都需要在减少碳排放的条件下，为本国提供新型的持续、稳定、可靠和经济的能源以及都需要在技术和基础设施方面进行大规模的投资等，所以双方的合作就显得非常必要。

（三）对合作中的组织机构建设和优先合作领域的建议

报告的核心内容在于其建议比较实际，注重操作性。

1. 中美合作机构建设（以下两部门为平行关系）

报告建议设立相应机构，专司合作事宜。（1）设立中美气候领导委员会，制订总体合作规划；（2）设立双边技术工作组，确定合作领域和设计合作计划，并对具体项目进行组织、实施监督。

2. 减排优先合作领域（能源安全与减排潜力最大、收益最大的领域）

对于具体的合作减排领域，列出了优先考虑的内容。

（1）采用低排放煤炭技术。近期计划确保所有新建火电厂高效运行，提高已建电厂的效率。同时，两国尽快出台有关碳捕获和封存（CCS）的法律法规和技术标准，设立公私投资基金，进行 CCS 合作示范项目，实行数据共享，共同研发两国均可使用的 CCS 技术。

（2）提高能源效率和拓展节能措施。出台能源效率标准和标识认证，建立对重工业中高耗能行业的基准评价，激励企业提高能效。由于中美在汽车市场独具优势，报告建议双方可以就汽车油耗标准寻求达成全球协议。

（3）开发先进的电网和新的蓄电技术。未来可再生能源的大量使用要求合作开发高效的电网和新的蓄电技术，并解决大量间歇性风电的入网难问题。建议双方建立合作智能电网示范项目，并探讨蓄电技术的开发。

（4）推广可再生能源。中美是世界可再生能源大国，具有广阔的开发前景。双方可以在共同感兴趣的、有待突破的领域合作，如太阳能电热储存和生物燃料技术等，分享相关的专业知识，减少信息障碍，制订可再生能源的科研与开发计划。

3. 合作的保障措施

为保障减排活动的有效性，报告提出了相应的保障性措施建议。

（1）排放量的准确测度。通过合作实施 MRV（可测量、可报告、可核查）

规程，双方共同参与排放数据的收集过程，并共享所有数据。

（2）对减排进行成本效益分析。报告建议中美学者拓展情景分析，对不同情景下的排放和经济状况进行预测，以便对减排的成本和潜力进行分析。

（3）资金机制。低碳技术所需要的研发资金应采用“以公导私，以小搏大”的方式，利用适量的公共资源引导大量的私营资本投资进入，从根本上解决资金不足的问题。

（4）促进知识产权的灵活运用。针对目前低碳技术在转让过程中涉及的专利费过高和知识产权保护问题，报告建议通过强制性的“碳授权模式”，在保护创新者权益的同时，使低碳技术得到更广泛的使用。

（5）中国建立“低碳经济特区”。借鉴中国改革开放时代的“经济特区”模式，报告提出可以建立“低碳经济特区”，在特区内实行特别优惠的税收和经济政策，便于资金和技术机制的实施。

（四）合作的步骤

报告提出启动新型伙伴关系的第一步就是在美国新政府就职后，两国领导人尽快举行峰会，然后通过高层的气候变化指导委员会和技术工作组两个机构加以实施。

三 对报告的总体评价

报告比较全面且深入地分析了中美两国在气候领域合作的可行性，所提出的建议与我国现阶段的环境政策方向一致，值得肯定。报告的出发点是为中美双方奠定一个稳固的双边关系基础，而且所建议的伙伴关系是在已有的双边合作基础上进一步提升合作的层次和规模，这将使中美两国之间过去的协议有持续性。报告在以下方面具有积极意义。

（1）将气候变化与能源安全综合加以考虑，是中美合作的新的而且重要的领域，符合中国的长远战略利益和当前的实际需要。

（2）将气候变化与金融危机联系起来，进行一体化应对，不仅有利于解决排放问题，也能催生出一批新的产业，促进就业和经济复苏。这对有着13亿人口的中国而言，具有特别重要的意义。

（3）报告的基本出发点是要建立平等的中美双边关系，而且考虑到了“共同但有区别的责任”，报告符合中国一贯对这一问题的原则立场，具有公平基础。

（4）报告提出新技术的共同研发和低碳技术授权模式，在一定程度上避免了知识产权过度保护的问题，使中国能在最短的时间内，以较低的成本获得相关技术和知识。

（5）中国可以借鉴报告提出的“公私资本参与低碳技术的投资”的设想，多渠道筹集资金，从而解决发展中的环境问题。

（6）与其他报告相比，《路线图》没有向中国提出明确的减排目标。

四　需要关注的问题

由于报告只是一个意向性的《路线图》，许多建议都还比较模糊，难以从只言片语中判断其性质。因此有一些问题需要进一步关注。

（1）双边合作与多边合作的关系。报告侧重中美双边合作，是积极的；但在中美合作需要在全球合作的框架下进行，协同中欧、中日、南南合作，保持与多边伙伴国家的交流与沟通。

（2）在合作低碳经济时，要注意低碳技术的层次问题，结合中国人口多、资金少的实际情况，既要研发高端技术，也要发展能带动就业的产业，避免因盲目追求资本密集型技术，给国家带来经济重负。

（3）报告没有估算出对资金的需求量及具体工作时间表，需要进一步明确合作过程中双方的权利义务、合作方式和工作程序，以便争取有利于中国的工作方案。

（4）关于低碳经济特区。中国已经步入开放的市场主导的经济形态，不可能像当年设定“经济特区”那样，只给予部分地区特殊政策，不允许其他地区开展低碳经济建设。因而，对这一问题需要进一步讨论。

（5）为环保产品和服务贸易消除关税和非关税壁垒。中国目前在国际环保产品市场中有一些明星产品，如光伏太阳能板、节能灯等，因此取消贸易壁垒对这些产品是有利的；但是我国出口产品中还有大量的高碳产品，这部分产品在短期内制造过程中不能达到国际排放标准，所以对于该建议的提出需要慎重对待。

从总体上看，报告是积极的，美国希望在与中国气候领域的合作中，建立起长期的全面战略合作伙伴关系，这有利于中国实现可持续发展战略，而且报告提出的合作优先领域中的大部分有关节能减排的措施也符合中国现阶段的环境政策，值得肯定。

从构建国际气候制度要点看《美国清洁能源和安全法案》

王 谋 潘家华*

摘 要：本文基于对《美国清洁能源与安全法案》（以下简称《法案》）的解读，从构建2012年后国际气候制度要点的角度，归纳了法案中有关国际社会协同应对气候变化的要点表述。并就法案中美国中长期减排目标、法案的全球环境意义以及市场和资金机制、技术转让等问题进行了剖析。

关键词：美国清洁能源与安全法案 国际气候制度 减排

美国众议院于2009年6月26日通过了《美国清洁能源与安全法案》（以下简称《法案》）。该法案是由众议院能源和商业专门委员会主席亨利·韦克斯曼（Henry A. Waxman）议员和众议院能源独立和全球变暖特别委员会主席爱德华·马基（Edward J. Markey）议员提出的。《法案》是继2008年Liberman-Wanner法案在参议院被否决后，美国国内第一个明确其国内减排目标和行动的法律文件，具有划时代的意义。由于美国政府参与国际协议的谈判需要国内相关立法支撑，这一法律文件为美国政府参加哥本哈根气候谈判提供了相应的法律基础，从而避免出现《京都议定书》那样由政府谈判达成协议而国会拒绝批准生效的局面。《美国清洁能源与安全法案》获众议院通过，也让世界或多或少地了解了美国参与国际制度构建的信心以及可能的目标。

《法案》主体文本1400多页，包括清洁能源、能源效率、减少温室气体排

* 王谋，中国社科院城市发展与环境研究中心，博士后，研究领域为气候变化与可持续发展，国际气候制度等；潘家华，中国社会科学院城市发展与环境研究中心，研究员，研究领域为世界经济、能源与气候变化经济学和城市发展。

放、向清洁能源经济转型、农业和林业相关减排抵消五个部分，对发展可再生能源、碳捕获和封存技术、低碳交通燃料、清洁电动汽车以及智能电网，提高包括建筑、电器、交通运输和工业等所有经济部门的能效，设定温室气体减排路径以及相关的市场机制，保护国内企业竞争力并逐渐向低碳能源经济转型，农业和林业减排抵消计划等方面进行了详细的介绍。《法案》于2009年6月26日在众议院以219比212微弱的优势表决通过。该《法案》受到美国总统的支持和关注，美国气候变化领域多家智库也表示了支持，并在《法案》表决前开展了诸多游说工作，《法案》也受到美国国内部分环境非政府组织的拥护，美国环保协会在《法案》通过后表示“这一具有里程碑式的《法案》将通过创造数百万的新的就业机会来推动美国的经济复苏，通过减少对国外石油依存度来提升美国的国家安全，通过减少温室气体排放来减缓全球气候变化影响。”并认为投票结果为奥巴马总统在今年签署全面的气候协议开了一个好头。《法案》的反对阵营则出现了两极分化，部分环保组织认为《法案》所提及的减排力度远远不够，与国际社会预期有较大差距，主张美国应该在减排问题上作出更大的努力；另一阵营则是以影响企业竞争力以及美国国家利益为由的反对者，如美国前国家经济委员会主任、乔治·布什的首席经济顾问基思·考尼西就认为，随着《法案》实施，发展中大国将获得部分产业的竞争优势，这会对美国相关产业发展构成威胁。《法案》在众议院获得表决通过后，将转至参议院审议，要通过《法案》将需要至少60票的支持，相对于众议院，《法案》的表决通过将更加困难。

《法案》内容综合而庞杂，意欲在应对气候变化的同时，促进经济发展和社会转型，而作为美国参与国际谈判的重要基础，《法案》也包含了构建2012年后国际气候制度的一些基本要点，从而引起了国际社会的关注。

（1）减排目标。《清洁能源与安全法案》以限额贸易体系为核心实施温室气体减排。对美国国内年排放量高于25000吨二氧化碳当量的企业设置了具有法律约束力且逐年下降的总量限额。具体目标如下。2012：相对于2005年减少排放3%（约等于在1990年基础上增加排放12%）；2020：相对于2005年减少排放17%（约等于在1990年基础上减少排放4%）；2030：相对于2005年减少排放42%（约等于在1990年基础上减少排放33%）；2050：相对于2005年减少排放83%（约等于在1990年基础上减少排放80%）。

在限额体系内温室气体排放有明确目标的前提下，《法案》也提出整个经济体温室气体减排目标，2012 年相对于 2005 年减少排放 3%，2020 年相对于 2005 年减少排放 20%（约等于在 1990 年基础上减少排放 7%），2030 年与 2050 年目标与限额贸易计划约束目标相同。

（2）资金。《法案》中所有的资金，将通过拍卖排放配额筹集。排放配额拍卖将于 2011 年第一季度开始实行，每季度拍卖一次。起始拍卖价格为每吨二氧化碳 10 美元，之后每年上涨 5%。部分配额及拍卖所得将被放在财政部所属的三个账户中，即“战略储备基金”、“气候变化补偿基金”、“气候变化辅助调节基金”。所有排放配额的持有者，也都可以将所持有的配额申请参与拍卖。

（3）适应。《法案》对适应问题的考虑包含了国内和国际两个部分，本文重点关注与国际合作相关的内容设计。《法案》要求在国务院、美国国际开发署、财政部、环境署的共同指导下，建立国际气候变化适应项目，由美国国际发展署负责运行。项目经费来源将依靠分配所得的排放配额，2012～2021 年，为每年排放限额总量的 1%；2022～2026 年为 2%；2027～2050 年为每年排放限额总量的 4%。这些经费每年将有 40%～60% 用于支持不同类型的国际基金组织在世界范围内开展气候变化适应行动，包括适应技术的研发、东道国适应行动的能力建设等，受气候变化影响最大的发展中国家将是受助的优先地区。

（4）技术转让。由国务院协商能源部、环保署、国际开发署和财政部建立国际技术转让基金框架，并由国务院负责管理运行。经费来源同样是依靠分配排放配额，2012～2021 年，为每年排放限额总量 1%；2022～2026 年为 2%；2027～2050 年为每年排放限额总量 4%。符合条件的发展中国家将获得资助，资助项目包括帮助发展中国家采用固碳技术、可再生能源技术、能效提高技术等以及相关领域的能力建设活动。

（5）林业减排。主要是指避免毁林所产生的减排额度，这些减排量将可以作为超过排放限额部分温室气体的抵消方式。《法案》计划在 2020 年取得 7.2 亿吨避免毁林而产生的减排量，而到 2025 年，预期在发展中国家产生大约 60 亿吨的森林低成本减排量。与此相配合的是，2012～2025 年，每年将有 5% 的国内限额排放配额用于资助该计划的实施；2026～2030 年获得的配额将减至 3%；2031～2050 年配额将进一步缩减至 2%。计划实施初期，将致力于推动林业项目减排认证方法、风险管理等的研究及相关能力建设。

（6）国际碳市场。《法案》为美国可能超出排放限额的部分设计了每年总量不超过20亿吨二氧化碳的国内、国际抵消计划。原则上国内、国际抵消额度各为10亿吨，也可以根据情况进行调整。此举为建立国际碳市场，提供了可能。

（7）边境调节税（碳关税）。为保护美国相关产业在《法案》实施后的国际竞争力，美国将致力于促成所有温室气体主要排放国达成约束性温室气体减排协议。如果到2018年1月，相关协议尚未达成，总统将可以签署建立“国际配额储备计划”，该计划旨在对限额排放体系所涉及产业部门的国际竞争力实施保护，对来自尚未承诺具体减排目标国家的相应产品征收边境调节税。

该《法案》相比布什政府时期不参与、不作为的气候政策已经是前进了一大步，不仅表示积极参与国际合作应对气候变化，还提出了明确的减排目标和相应的实施机制，这些做法是值得肯定的。但就国际社会对美国参与国际合作的贡献的预期相比，《法案》所提及的减排目标还远远不够，在资金、技术、碳市场等关键要素的设计上，也还需要进一步明确。

（1）减排目标。《法案》对国内年排放量高于25000吨二氧化碳当量的企业设置了具有法律约束力且逐年下降的总量限额。就中期目标来看，到2020年，相对于2005年减少排放17%，这只相当于在1990年基础上减少排放4%，《法案》进而提出以限额排放贸易为基础，整个经济体温室气体减排目标在2020年可以达到相对于2005年减少排放20%，也就是相当于在1990年基础上减少排放7%。然而，7%仅相当于美国当年在《京都议定书》下第一承诺期的减排目标，而如今作为第二承诺期的中期目标，与欧盟所提出的20%～30%以及发展中国家所要求的40%的中期减排目标（相对于1990年排放水平）差距很大。其减排努力很难获得国际社会的认同。

（2）限额排放。《法案》给出了很明确的年度排放限额以及逐年减少的趋势，但也预留了足够的排放空间，在排放总量的控制上，并没有体现紧约束。《法案》规定，在年度限额之外，还允许20亿吨的抵消配额在国内使用，如果按2020年61亿吨CO_2e的配额总量加上20亿吨抵消配额，其国内排放总量可以达到81亿吨CO_2e。这个数字相比美国环境署之前关于美国排放总量“参照情景”模式下到2020年73.9亿吨排放量的预测，并没有任何约束，《法案》的全球环境效益可能大打折扣。

（3）国际碳市场与资金。以限额贸易体系为核心，《法案》无疑是要通过市场途径解决资金问题。但国际社会尤其是发展中国家所关心的是美国国内碳市场如何与国际碳市场接轨、发展中国家产生的减排量如何参与市场交易的问题。在一个非紧约束的限额总量下，美国国内可再生能源和能效提高等项目开展实施以及在政府推动经济向低碳转型等政策协同下，目前还很难估算整个经济体对海外减排抵消额度有多少需求，《法案》对国际碳市场的贡献仍然是不确定的。而从需求的构成来看，来自林业项目的低成本减排，已经成为其关注重点。2012～2025年，每年将有5%的国内限额排放配额用于资助实施从林业获得巨量减排额度。而基于工业、能源等领域项目产生的减排量，限制性准入条件依然具有歧视性且有违“共同但有区别责任原则”，它要求市场参与方具有类似国家排放限额总量以及有实质意义的行业减排目标。这些要求将在很大程度上限制发展中国家相关领域减排额度进入其国内碳市场。从《法案》的设计来看，发展中国家通过市场机制获得资金依然困难。然而，国内通过限额贸易体系产生的资金分配，也有部分将用于国际合作，支持适应及减缓气候变化的行动，但这种援助性的政府资助将更有利于控制资金流向和加入附加条件。

（4）技术转让。《法案》专门提及清洁技术转让的资金和形式设计，用于支持该计划的资金分配也与用于应对适应问题的资金量相当，可见《法案》对技术转让问题的重视。《法案》一方面强调帮助发展中国家采用固碳技术、可再生能源技术、能效提高技术等清洁技术以及开展相关领域的能力建设活动，但同时更强调相关技术出让需基于贸易方式进行，在各执行项目年度报告中，还涉及该项资助计划是否违反知识产权保护的有关规定等实施评价。可以看出技术转让并非是完全免费的，发展中国家在技术推广应用方面可能会有条件地获得资助，但技术本身可能并不免费。

《清洁能源与安全法案》还包括可再生能源、各种类型能效项目规划及实施方案、碳捕获与储存技术研究和实施方案、农业领域实施减排计划以及详细的排放配额分配方案、促进社会向低碳经济转型等诸多设计，主要描述了《法案》在国内付诸实施的相关过程和目标。从《法案》现有的有关国际制度构建的要点来看，过于保守的减排目标，尚不足以与其责任和义务相匹配，发展中国家所关心的资金、技术问题依然悬而未决。《法案》与布什政府的气候政策相比，可能已经迈出了一大步，但与国际社会尤其是发展中国家的期望相比，还相距甚远。尽管如此，该《法案》最终能否通过执行，尚需参议院审批，鉴于

Liberman-Wanner 法案未获通过的前车之鉴，要想使该《法案》获得通过，尚需各方努力。该《法案》在众议院获得通过，体现了国际社会努力及其承担的压力，为国际协同构建 2012 年后国际气候制度增强了信心。但谈判方之间仍然存在的巨大预期差异，说明达成一致协议还存在困难，2012 年后国际气候制度的构建依然任重而道远。

通向哥本哈根的气候变化谈判案文要点解读

庄贵阳*

摘　要： 为了在哥本哈根会议上就削减全球温室气体排放量达成新的协议，《联合国气候变化框架公约》之下的长期合作行动问题特设工作组按照要求编写了一份谈判草案文本，目的是通过系统、综合、简要地反映缔约方的意见和建议，为谈判提供一个出发点。谈判草案文本包括《巴厘行动计划》关于减缓、适应、资金和技术等所有方面。本文对谈判草案文本对于长期合作行动的共同愿景，适应基金的筹措方式，发达国家和发展中国家的减缓行动，以及技术研发合作与知识产权保护等核心要点问题进行了解读。

关键词： 气候变化　谈判案文　哥本哈根

对于应对全球气候变化行动来说，2009 年将会是历史性的一年。2009 年 12 月 7～18 日，联合国将在哥本哈根举办《联合国气候变化框架公约》（简称《公约》）第十五次缔约方会议和《京都议定书》第五次缔约方大会，以期达成新的全球气候变化协议，接替即将到期的《京都议定书》。迄今为止，公约各缔约方已于 2009 年 3 月、6 月和 8 月在德国波恩召开了 3 次气候变化谈判会议，旨在为 2009 年 12 月在哥本哈根召开的联合国气候变化会议达成新的减排协议铺平道路。正如《联合国气候变化框架公约》秘书处执行秘书德博埃尔所表示的那样，要在哥本哈根会议上就削减全球温室气体排放量达成新的协议有很多工作要做，

* 庄贵阳，中国社会科学院城市发展与环境研究中心，研究员，研究方向为低碳经济与气候变化政策。

其中的一项重要工作就是制订出新协议的第一个谈判草案文本。

在这样的背景下，《公约》之下的长期合作行动问题特设工作组主席按照特设工作组第四届会议的要求编写了一份谈判草案文本，目的是通过系统、综合、简要地反映缔约方的意见和建议，为工作组的第六届会议的谈判提供一个出发点。该草案文本考虑了第五届会议结束后至2009年5月5日期间秘书处收到的缔约方提交材料中的意见和建议，以及特设工作组第五届会议议事情况中的意见和建议。2009年6月，第二次波恩气候变化国际谈判之后，《公约》之下的长期合作行动问题特设工作组综合各国提案推出了新的谈判案文。2009年8月，《公约》长期合作行动特设工作组重点就2009年6月第二次会议后形成的有关加强《公约》实施的谈判案文以及发达国家在《京都议定书》第二承诺期的量化减排目标等问题进行了磋商，主要目标是为200多页的谈判案文“瘦身”，以期减少分歧，达成共识。然而，会议结束后，谈判案文中仍有约2500处存在争议。《公约》秘书处执行秘书德博埃尔认为谈判“进展有限”。他警告说，接下来在泰国和西班牙举行的《公约》谈判必须加快步伐，否则年底的哥本哈根气候变化大会将会无果而终。

谈判草案文本考虑了各国关切的重大问题，要把各国的观点和建议汇总到一个谈判案文里面，为哥本哈根会议法律文件的形成做一个铺垫。谈判草案文本共四章，包含了《巴厘行动计划》的所有方面，其结构力求反映特设工作组关于议定结果的不断变化的工作安排。谈判案文的结构如下：第一章为长期合作行动的共同愿景；第二章为加强适应行动；第三章为加强减缓行动，包括发达国家的减缓行动、发展中国家的减缓行动、与减少发展中国家缔约方毁林和森林退化所致排放量有关问题的政策方针和积极激励办法、发展中国家森林养护和可持续森林管理以及加强森林碳储存的作用；第四章为加强供资、技术和能力建设方面的行动。

《京都议定书》的签署具有里程碑意义，它是全球第一份具有法律约束力的旨在控制气候变暖的国际协议，率先为发达国家规定了温室气体减排或限排目标，同时也引入了清洁发展机制等灵活机制。然而，《京都议定书》毕竟只是一个阶段性的国际协议，其自身还有很多缺陷和不足，如对适应气候变化、资金、技术和能力建设等方面关注不够等，而且《京都议定书》缺少强有力的履约机制。自《京都议定书》签署（1997年）和生效（2005年）以来，伴随着气候变化科学认知的深入以及国际气候变化谈判进程的演进，后京都国际气候谈判协议更为复杂。不仅明确提出了长期合作行动的共同愿景，也强调要加强适应行动，加强发达国家和发展中国家的减缓行动，以及加强供资、技术和能力建设方面的行动。对于各国比较关注的问题，谈判草案文本的核心要点主要集中在以下几个方面。

一　共同愿景和全球长期减排目标

共同愿景是《巴厘行动计划》在《公约》长期合作行动中列出的要素之一，也是当前国际气候谈判中的一项重要议题。尽管各方对长期目标的确定需要基于科学基础的认识的相对一致，但对达成长期目标的可行性、相关要素和法律地位等一系列问题存在意见分歧。

关于全球长期减排目标的设定，备选提案有五种。这些提案的核心要点包括大气温室气体稳定浓度、全球温升浓度、人均碳排放量以及到2050年全球应该减排的目标等。这些提案，更多的是反映了欧盟的观点。备选提案Ⅰ建议将大气中温室气体浓度稳定在400ppm或450ppm左右将气温升幅限制在高于工业化前水平2°C。为此，缔约方应当集体在2050年前将全球排放量比1990年水平减少至少50%；备选提案Ⅲ建议将全球气温升幅限制在高于工业化前水平2°C；备选提案Ⅳ建议将全球平均温室气体人均排放量减少到约2吨CO_2。当然，也有更激进的提案，如备选提案Ⅱ建议将大气中的温室气体浓度稳定在大大低于350ppm CO_2当量的水平，将气温升幅限制在高于工业化前水平1.5°C以内。为此，缔约方应当集体在2050年前，将全球排放量比1990年水平减少71%～81%或85%以上。

从上述备选方案看，以下几点是比较明确的：（1）2009年的八国峰会提出的2°C目标和450ppm浓度水平得到了认可，没有人挑战。（2）部分缔约方有得寸进尺之意，将浓度水平低至350ppm，升温目标为1.5℃。这也许是一种谈判策略，矫枉过正，要高价，保底线。（3）有的只谈单一目标，如温升或人均2吨，但大体与450ppm的浓度目标相关联。（4）有的则是将浓度、减排、温升多个关联目标全部列出。显然，激进的目标不可能得到认同，450ppm和温升2℃很可能是最终表述，减排幅度和人均额度争议可能比较大，因而不会出现在文本中。

关于实现全球长期减排目标的排放路径，谈判草案文本要求全球温室气体的排放在2010～2013年间的某个时段达到峰值，此后开始下降。为此，发达国家缔约方、或《公约》附件一所列缔约方、或《公约》附件二所列发达国家缔约方应当作为一个整体减少其温室气体排放：（1）在2020年前比1990年水平减排25%～45%并通过推动可持续的生活方式的政策和措施实现进一步减排；（2）在2050年前减少至少95%、或75%～85%。在发达国家缔约方技术、供资和能力建设的支持和推动下，发展中国家缔约方、或非《公约》附件一所列缔约方应当作为一个整体：（1）在2020年前将排放大大偏离基线、或在2020年前低于基线15%～30%；（2）在2050年前比2000年水平减少25%。

从以上的表述来看，对于全球温室气体排放达到峰值的时间要求不会超过2025年，折中的表述也许是在今后10～15年间。对于发达国家或主要发达国家在2020年与1990年水平相比的减排要求，反映了IPCC第四次评估报告以及《巴厘行动计划》的主张，至少要减排25%～40%。然而从2009年8月波恩会议来看，发达国家对2012～2020年的温室气体减排承诺表现消极，发达国家提出的中期减排目标合计只能实现在1990年排放基础上减排10%～16%。美国众议院2009年6月通过的2020年在2005年的基础上减排17%的目标，大致相当于回到1990年的水平。日本提出的指标相当于在1990年的基础上降低8%。欧盟提出到2020年在1990年水平上减排20%～30%，这虽然在发达国家中是减排力度较大的，但与40%的减排要求相比仍存在差距。另外，发达国家还试图超越《巴厘行动计划》的授权，对发展中国家提出额外的减排要求，如欧盟要求发展中大国2020年在基准排放情景基础上减排15%～30%；美国要求发展中国家承诺具有法律约束力的定量减排行动等。

二 资金的来源

对发展中国家而言，无论是适应和减缓行动，还是获取技术，都需要资金支持。为达到支持发展中国家缔约方加强适应和缓解行动和用于技术合作及能力建设所需资金的规模，发达国家缔约方（和附件二缔约方）以及符合议定资格标准的其他缔约方，应以可衡量、可报告和可核查的方式提供扩大的、新的、额外的（超过现有官方发展援助的）、可持续的、足量的、可预测的和稳定的资金。资金的产生应遵循《公约》的原则，尤其是公平原则和“共同但有区别的责任”原则和各自的能力，并考虑到“污染者付费”原则或历史责任等。新的额外资金的来源应该是多种方式的组合。（1）摊款。备选方案Ⅰ提议基于公平原则、“共同但有区别”的责任原则和各自的能力，基于国内生产总值，基于污染者付费原则，以及基于目前的排放水平和历史责任，发达国家缔约方缴纳其国民生产总值的0.5%～2%，或缴纳其国内生产总值的0.5%～1%。备选方案Ⅱ提议，除最不发达国家以外的所有缔约方依据包括温室气体排放量、国内生产总值和人口在内的一套标准缴款。（2）在国际或（和）国内拍卖分配数量单位或排放定额。（3）对所有矿物燃料排放量征收2美元/吨二氧化碳的全球统一碳税，免税额为每个居民1.5吨或2.0吨二氧化碳，最不发达国家免征；对附件一缔约方碳密集产品和服务征税。（4）对国际航空（和海运）排放征税。（5）对国际航空旅客机票征收适应税或绿色税（出发地和目的地均为最不发达国家的旅行除外）。（6）清洁发展机制2%或3%～5%的收益分成以及共同执行和排放量交易的2%、4%、8%、10%以及12%。（7）国际货币交易全球征税。（8）对发达国家缔约方不遵守减排和资金承诺的情况施加处罚或罚款。

《公约》秘书处执行秘书长德博埃尔曾提出全球减缓和适应气候变化每年需要3000亿美元的资金，并呼吁作为第一步，发达国家在哥本哈根大会应承诺拿出100亿美元。然而，即使这个数字也遭到发达国家的抵制。发达国家提出的有关资金机制的建议还没有一个能筹集超过100亿美元的资金，与发展中国家要求的每年拿出全球GDP总量的1%，即4000亿美元的规模相去甚远。从《公约》有关资金机制的执行承诺来看，发达国家曾承诺拿出每年GDP的0.7%来支持发展中国家应对气候变化，但实现这一承诺的发达国家寥寥无几。发达国家总是强调资金来源于市场，借口有关技术都掌握在私营部门手中，百般推卸政府的责任。2008年，全球碳市场的交易额为1200亿美元，即便提取10%的收益，也不过120亿美元，况且这还要从发展中国家开展CDM项目的收益中分一杯羹。其他几种资金来源，如对国际航空航海征收排放税，以及对国际航空旅客机票征收适应税等提案很显然不可能付诸实施，因为有关这方面的谈判刚刚开始，国际社会尚且存在巨大分歧。此外，通过征收全球碳税筹集资金，也面临巨大的阻力。

三　技术研发合作与知识产权保护

谈判草案文本建议拟定一个技术行动计划，作为加强技术合作行动的起点。为充分实现技术潜力，该行动计划应支持技术开发周期的所有阶段，并与《公约》的资金机制相结合，以确保必要资金。该行动计划应当包括公域技术、专利技术和未来技术的具体政策、行动和资金需要。

关于合作研究与开发，谈判草案文本提议发达国家缔约方应当加强本国的技术研究、开发和示范方案，并向发展中国家缔约方提供适当的支持。（1）加强南北、南南和三角合作，旨在促进发展中国家的内生技术，并将虽然成本可能较高但在缓解温室气体同时对于气候变化不利影响的抗御力的潜力亦高的缓解和适应技术优先化；（2）在不存在双赢解决方案和市场干预的情况下，提供机会使发展中国家缔约方参与特定技术的联合研发方案和联合事业，以加快发达国家向发展中国家缔约方开展的技术应用、推广和有效转让，尤其是向小岛发展中国家提供的适应技术。

关于处理知识产权的措施，提案Ⅰ认为，应该建立以鼓励气候友好技术的开发同时有利于将其向发展中国家推广和转让的方式运作知识产权制度，来促进技术开发、推广和转让。提案Ⅱ认为，应当制订具体措施以消除由于知识产权保护所产生的阻碍发达国家缔约方为发展中国家缔约方开发和向其转让技术的障碍，这些措施包括：（1）特定专利技术的强制许可；（2）汇集和共享公共资金开发的技术并以可负担得起的价格在公域提供这些技术；（3）要考虑到在其他相关国际论坛上作出的与知识产权有关的决定所树立的范例，例如《与贸易有关的知识产权协定与公共保健多哈宣言》。提案Ⅲ认为，最不发达国家应不受用于适应和缓解的气候相关技术的专利保护制约，这是能力建设和发展需要所要求的。农业适应工作不可缺少的包括动植物物种和品种种质在内的遗传资源，以及跨国公司或其他任何公司不得申请专利。

当前，国际技术转让的障碍主要是涉及知识产权问题。知识产权是促进技术创新和研发的重要法律制度，应予以适当保护。但在人类共同面对气候变化威胁和挑战的情况下，技术的知识产权拥有者也要为应对气候变化作出贡献，不能总是想着从气候友好技术中赚取利润，发“气候灾难财”。实际上发达国家政府在推动技术转让方面可以发挥重要作用，一是采取适当的政策、财政措施，消除技术转让障碍，为技术转让提供政策激励；二是发达国家政府要拿出适当的资金促进技术转让。

四　发达国家的减缓行动

发达国家要率先减少温室气体排放是确定无疑的。谈判草案文本要求所有发达国家缔约方、所有附件一缔约方和所有当前欧盟成员国、欧盟候选国和未列入《公约》附件一的潜在候选国、经济合作与发展组织成员国、非经合组织成员国但经济发展阶段相当于经合组织成员国的国家以及自愿希望被作为发达国家对待的国家应当通过具有法律约束力的减缓承诺或行动，制订量化的国家排放限度和排减目标，同时在顾及各国国情差异的前提下确保各国努力之间的可比性。谈判草案文本也给出了考虑到不同国情并确保努力的可比性需要考虑到的因素。在界定“发达国家缔约方”时，应当使用每个缔约方都能接受的合适标准。应当以动态、连续的方式，在共同、客观标准基础上为不同国家规定不同的承诺、行动和支持。

关于实现量化的排放限度和排减目标的方式，草案文本的几个备选方案主张以国内减排为主。备选方案Ⅰ主张主要采取国内行动。发达国家可以向发展中国家缔约方购买排减单位，条件是这种排减单位的购买是对国内行动的补充；或者应当完全依靠国内行动履行至少90%的承诺，最多10%的承诺可通过使用灵活性机制。备选方案Ⅱ认为国内优先。如果发达国家缔约方打算在国外实现任何比例的排减，则需要承诺进一步的排减，还需明确在国内和国外实现排减的比例。备选方案Ⅲ主张在内部实现，不使用允许采购核证排减量的灵活市场机制。

从实现量化减排目标的方式来看，三种备选方案都强调以国内减排为主。一方面发达国家可能出于对碳泄漏的担心，也受到国际社会对清洁发展机制实施状况批评的影响；另一方面，以美国为首的发达国家希望建立全球统一的限额与贸易机制。总而言之，发达国家的减排承诺方式必然会影响到全球碳市场的规模，发达国家的利益取向也会影响到发展中国家的谈判策略选择。

五　发展中国家的减缓行动

谈判草案文本提出发展中国家应通过采取适合本国的减缓行动作出贡献。这些行动应当由国家驱动，在可持续发展的背景下自愿进行，应符合可持续发展和消除贫困的优先需求，应根据“共同但有区别的责任”原则和各自的能力，在国家层面确定和制订这类行动。发展中国家缔约方应以可衡量、可报告和可核实的方式开展适合本国的缓解行动，发展中国家开展缓解行动的范围将取决于发达国家缔约方有效提供资金和技术支持的情况。

适合发展中国家的减缓行动包括：（1）可持续发展政策和措施；（2）低碳发展战略和计划；（3）规划类清洁发展机制、技术部署方案或标准、能效方案和能源定价措施；（4）限额与贸易方案和碳税；（5）部门目标、国家部门减缓行动和标准，以及“无损”部门计入基线；（6）不同领域和部门包括农业部门实施的“REDD +”活动和其他减缓行动。

要达成有实质内容的气候协议，离不开发展中国家的积极参与，但这种参与和发达国家量化的减排义务有本质的区别。一是发展中国家国内适当的减缓行动由发展中国家自主提出，有别于发达国家强制性的条约义务；二是发展中国家国内适当的减缓行动包括具体的减缓政策、行动和项目，有别于发达国家的减排承诺和减排指标；三是发展中国家国内适当的减缓行动要符合其国情和可持续发展战略，由发展中国家自主决定开展行动的优先领域；四是发展中国家国内适当的减缓行动以发达国家提供的可测量、可报告和可核实的技术、资金和能力建设支持为条件。

迈向哥本哈根之路不平坦

陈　迎*

摘　要：本文概括分析了2009年6月召开的第三次波恩会议的进展及谈判所面临的主要障碍，并就哥本哈根会议进行了展望。

关键词：哥本哈根　巴厘行动计划　气候公约

2009年8月10～14日，来自180多个国家的2000多名代表齐聚德国波恩，展开非正式磋商，这是2009年气候公约系列谈判的第三次会议。随着哥本哈根会议日趋临近，对谈判前景忧虑的悲观气氛也在逐步加重。

2009年6月召开的第三次波恩会议，根据《巴厘行动计划》的相关规定，综合各国提案推出了谈判案文。如果说2009年6月的波恩会议是在"做加法"，构建2012年后国际气候制度的基本框架，并尽可能融合各方的不同观点和建议，那么本次会议的主要目标就是要"做减法"，为长达200多页的谈判案文"瘦身"，对超过2000处存在争议或不同意见的地方，通过协商谈判，逐渐减少分歧，达成共识。然而，从会议成果看，谈判进展依然缓慢，哥本哈根能否达成一个公平而强有力国际气候协定的前景令人担心。气候公约执行秘书德博埃尔警告说，下次会议必须要加快步伐，不应在程序性问题和技术细节上浪费时间，否则哥本哈根会议将会无果而终。实际上，在哥本哈根会议正式谈判之前，类似的磋商还有两次，2009年9月下旬的曼谷会议和2009年11月的巴塞罗那会议，谈判时间总共只有15天，时间是十分紧迫的。

---

* 陈迎，中国社会科学院城市发展与环境研究中心，副研究员，研究领域为可持续发展经济学、世界经济与国际关系。

当前，谈判难以取得实质性进展的主要障碍是美国气候政策的不确定性。美国首席谈判代表 Jonathan Pershing 明确表示，为了避免重蹈《京都议定书》的覆辙，美国只能基于国内立法才能在国际谈判中做出减排承诺。2009 年 6 月底，美国国会众议院以 219 对 212 票通过了《清洁能源安全法案》，美国国内气候变化立法迈出了关键的一步，奥巴马政府也支持建立国内排放限额体系。然而，上述法案要成为正式法律，还需要经过复杂而漫长的立法程序，美国国会参议院在哥本哈根会议之前通过该《法案》的可能性不大。

即使美国能及时通过该《法案》，也不能完全打破当前的谈判僵局。因为当前谈判的焦点问题是中期减排目标，而该《法案》在提出雄心勃勃的长期减排目标的同时，对于中期目标却非常谨慎。美国的长期目标是到 2050 年，覆盖美国温室气体排放总量 85% 的大型排放源的排放总量在 2005 年基础上减排 83%，大致相当于 1990 年排放水平的 80%，但 2020 年只承诺在 2005 年的基础上减排 17%，大致相当于 1990 年排放水平的 4%。该目标不仅远低于欧盟单边承诺的 20%，也低于政府间气候变化专门委员会建议的 25% ~40% 的下限，更低于发展中国家普遍要求的至少减排 40% 的水平。美国气候谈判特使 Todd Stern 已经明确表示拒绝考虑减排 40% 的要求，因为“这是不必要也不可行的”。到目前为止，发达国家提出的中期减排目标合计只能实现在 1990 年排放基础上减排 10% ~16%，与 2009 年 7 月在意大利召开的八国集团（G8）峰会期间主要经济体能源与气候论坛达成的控制全球升温不超过 2℃ 的长期目标严重背离。

不仅如此，发达国家还试图超越《巴厘行动计划》的授权对发展中国家提出额外的减排要求，例如欧盟要求发展中大国 2020 年在基准排放情景基础上减排 15% ~30%，美国要求发展中国家承诺具有法律约束力的定量减排行动，并在气候法案中包含了对来自尚未承担减排义务国家的进口产品征收碳关税的条款，这些都必然会激起发展中国家的强烈不满。印度代表认为美国是在绿色标签之下搞贸易保护主义以阻碍谈判进程，呼吁哥本哈根会议达成的国际气候协定应该明文规定，禁止任何政府对尚未承诺减排义务的国家设置贸易壁垒。贸易与气候变化挂钩使问题更为复杂化。

除此之外，资金问题也是谈判的焦点。无论减缓和适应行动，还是技术转让，都需要资金支持。然而，发达国家提出的有关资金机制的建议还没有一个能筹集超过100亿美元的资金，与发展中国家要求的每年拿出全球GDP总量的1%，即4000亿美元的规模相去甚远。

时间一分一秒地消失，机会稍纵即逝，迈向哥本哈根之路注定不会平坦。除公约谈判之外，9月底在纽约召开的联合国气候变化高级别会议以及在匹兹堡召开的二十国（G20）领导人峰会也将围绕气候变化问题展开讨论。但愿国际社会的艰苦努力能换来哥本哈根会议的成果，至少不会无果而终。

附录Ⅰ

部分国家 GDP* 及其人均 GDP**

年份 国别	GDP(亿美元)			人均 GDP(美元/人)		
	1990	2000	2005	1990	2000	2005
中　国	4446	11985	18899	392	949	1449
日　本	41224	46675	49783	33280	36649	39075
韩　国	2836	5117	6394	6615	10884	13240
印　度	2694	4602	6441	317	453	588
印度尼西亚	1092	1650	2079	612	800	942
沙特阿拉伯	1441	1884	2291	8786	9101	9909
美　国	70550	97648	109506	28263	34599	37267
加拿大	5436	7249	8219	19274	23220	25064
墨西哥	4128	5808	6352	4966	5935	6163
巴　西	5016	6445	7378	3090	3461	3597
阿根廷	1822	2842	3136	5593	7703	8094

* GDP 是以 2000 年的美元汇率为标准计算。

** 整理：储诚山，中国社会科学院城市发展与环境研究中心，博士后，研究方向为环境经济学；王磊，中国社会科学院城市发展与环境研究中心，研究助理。

续表 I

国别＼年份	GDP(亿美元)			人均 GDP(美元/人)		
	1990	2000	2005	1990	2000	2005
南　　非	1109	1329	1608	3152	3020	3429
英　　国	11409	14509	16381	19647	24151	26891
法　　国	10918	13280	14397	19181	22548	23494
德　　国	15432	19002	19551	19430	23114	23906
意 大 利	9374	10973	11358	16527	19269	19329
土 耳 其	1402	1993	2462	2497	2956	3417
俄 罗 斯	3859	2597	3498	2602	1775	2444
澳大利亚	2810	3996	4698	16440	20867	23039
欧盟 27 国 +3 国[a]	71479	88821	96880	14762	14930	16029
全　　球	240806	318022	363524	4579	5243	5651

注：a 欧盟 27 国 +3 国：3 国指瑞士、挪威、冰岛。
资料来源：国际能源机构（International Energy Agency），http：//www. iea. org。

附录Ⅱ

部分国家人均能源消费及单位GDP能耗[*]

国别＼年份	人均能源消费(吨标准煤[a]/人)			单位GDP能耗(吨标准煤/万美元GDP)		
	1990	2000	2005	1990	2000	2005
中　国	1.1	1.3	1.9	27.7	13.1	13.0
日　本	5.1	5.9	6.0	1.6	1.6	1.6
韩　国	3.1	5.7	6.3	4.7	5.3	4.7
印　度	0.6	0.6	0.7	17.0	14.3	11.9
印度尼西亚	0.9	1.0	1.1	13.4	13.1	12.1
沙特阿拉伯	6.9	7.4	8.7	6.1	8.1	8.7
美　国	11.0	11.7	11.3	3.9	3.4	3.0
加拿大	10.9	11.7	12.0	5.6	5.0	4.7
墨西哥	2.1	2.1	2.4	4.3	3.7	4.0
巴　西	1.3	1.6	1.6	4.0	4.1	4.1
阿根廷	2.0	2.4	2.3	3.6	3.1	2.9
南　非	3.7	3.6	3.9	11.7	12.0	11.3
英　国	5.3	5.7	5.6	2.7	2.3	2.0
法　国	5.6	6.0	6.4	3.0	2.7	2.7
德　国	6.4	6.0	6.0	3.3	2.6	2.6
意大利	3.7	4.3	4.6	2.3	2.3	2.3
土耳其	1.3	1.6	1.7	5.4	5.6	5.0
俄罗斯	8.4	6.0	6.4	32.6	33.9	26.9
澳大利亚	7.3	8.1	8.6	4.4	4.0	3.7
欧盟27国+3国[b]	5.1	4.3	4.9	3.4	2.9	2.7
全　球	2.4	2.3	2.4	5.1	4.6	4.6

注：a 原数据是以标油单位，此处按1∶0.7折算为标煤单位。

b 欧盟27国+3国：3国指瑞士、挪威、冰岛。

资料来源：国际能源机构（International Energy Agency），http：//www.iea.org。

* 整理：储诚山，中国社会科学院城市发展与环境研究中心，博士后，研究领域为环境经济学；王磊，中国社会科学院城市发展与环境研究中心，研究助理。

附录Ⅲ

部分国家化石能源燃烧温室气体排放量、占全球比重及增长率*

国家 \ 年份	温室气体排放量(百万吨)			世界占比(%)(2006年值推算)	2006年比1990年增长率(%)
	1990	2000	2005		
中　　国	2213.6	3042.9	5686.8	20.3	156.9
日　　本	1072.0	1191.9	1212.8	4.3	13.1
韩　　国	229.5	431.0	476.2	1.7	107.5
印　　度	586.2	975.3	1254.1	4.5	113.9
印度尼西亚	140.8	264.1	334.5	1.2	137.6
沙特阿拉伯	161.5	251.5	340.3	1.2	110.7
美　　国	4863.9	5695.2	5696.2	20.4	17.1
加 拿 大	432.1	533.0	538.6	1.9	24.6
墨 西 哥	293.5	356.8	415.7	1.5	41.6
巴　　西	192.9	303.1	333.2	1.2	72.8
阿 根 廷	100.4	132.8	148.6	0.5	48.0
南　　非	254.5	298.8	342.2	1.2	34.5
英　　国	552.6	526.0	536.0	1.9	-3.0
法　　国	352.1	376.4	377.3	1.3	7.2
德　　国	951.2	826.9	824.0	2.9	-13.4
意 大 利	397.5	424.5	448.2	1.6	12.8
土 耳 其	127.0	200.5	240.2	0.9	89.1
俄 罗 斯	2180.0	1514.2	1587.5	5.7	-27.2
澳大利亚	260.2	339.1	393.7	1.4	51.3
欧盟27国+3国[a]	4062.2	3839.1	3985.0	14.2	-1.9
全　　球	20997.0	23501.7	27974.1	100.0	33.2

注：a 欧盟27国+3国：3国指的是瑞士、挪威、冰岛。

资料来源：世界资源研究所（World Resources Institute），http：//cait. wri. org。

---

* 整理：储诚山，中国社会科学院城市发展与环境研究中心，博士后，研究方向为环境经济学；王磊，中国社会科学院城市发展与环境研究中心，研究助理。

附录Ⅳ

1850～2005年部分国家能源利用温室气体累积排放*

国别	累积排放量（百万吨 CO_2）	占全球比重（%）	人均累积排放量（吨 CO_2/人）
阿根廷	5487.7	0.49	141.6
澳大利亚	12251.2	1.09	600.6
巴西	9112.3	0.81	48.8
加拿大	24561.5	2.19	760.1
中国	92950.0	8.28	71.3
法国	32031.5	2.85	526.2
德国	79032.8	7.04	958.3
印度	26008.1	2.32	23.8
印度尼西亚	6257.3	0.56	28.4
意大利	18409.3	1.64	314.1
日本	42742.0	3.81	334.5
韩国	9253.6	0.82	191.6
墨西哥	11320.4	1.01	109.8
俄罗斯联邦	90327.2	8.05	631
沙特阿拉伯	6104.6	0.54	264.1
南非	12443.8	1.11	265.4
土耳其	5253.3	0.47	72.9
英国	67776.8	6.04	1125.4
美国	328263.6	29.25	1107.1
欧盟27国+3国[a]	308425.3	27.48	542.5
世界	1122192.8	100.00	173.7

注：a 欧盟27国+3国：3国指的是瑞士、挪威、冰岛。

资料来源：世界资源研究所（World Resources Institute），http：//cait. wri. org。

* 整理：储诚山，中国社会科学院城市发展与环境研究中心，博士后，研究领域为环境经济学；王磊，中国社会科学院城市发展与环境研究中心，研究助理。

附录Ⅴ
各种类型燃料的排放因子*

燃料品种	低位发热量（kJ/kg）	含碳量[a]（$kgCO_2$/TJ）	氧化率[b]	燃料排放因子[c]（tCO_2/t）
原煤	20908	25.80	1	1.98
洗精煤	26344	25.80	1	2.49
其他洗煤	8363	25.80	1	0.79
焦炭	28435	29.50	1	3.08
原油	41816	20.00	1	3.07
汽油	43070	18.90	1	2.98
柴油	42652	20.20	1	3.16
燃料油	41816	21.10	1	3.24
其他石油制品	41816	20.00	1	3.07
天然气	38931	15.30	1	2.18
焦炉煤气	16726	13.00	1	0.80
其他煤气	5277	13.00	1	0.25
液化石油气	50179	17.20	1	3.16
炼厂干气	46055	18.20	1	3.07

注：a 各燃料的潜在排放因子来源：2006 IPCC *Guidelines for National Greenhouse Gas Inventories* Volume 2 Energy，取各燃料排放因子的95%置信区间下限值。

b 依据2006 IPCC *Guidelines for National Greenhouse Gas Inventories* 中内容，氧化率缺省值设为1。

c 燃料热值使用的是低位发热量数据，计算出的排放因子可能与其他文献稍有出入。

* 整理：储诚山，中国社会科学院城市发展与环境研究中心，博士后，研究领域为环境经济学；王磊，中国社会科学院城市发展与环境研究中心，研究助理。

附录Ⅵ

部分发展中国家清洁发展机制项目开发状况[*][**]

（CERs 单位：$KtCO_2e$）

国别	项目总数[a]			已注册项目			已签发项目		
	数量	至2012年CERs	比重（%）	数量	至2012年CERs	比重（%）	数量	CERs	比重（%）
中　国	1754	1533594	55.5	579	885215	53.9	120	141093	45.8
印　度	1127	423788	15.3	438	231635	14.1	194	67471	21.9
巴　西	346	174504	6.3	159	131032	8.0	91	32173	10.44
墨西哥	154	13214	0.5	115	48513	3.0	20	5843	2.0
马来西亚	127	36764	1.3	52	18283	1.1	5	649	0.2
泰　国	96	25699	0.9	18	8720	0.5	2	815	0.3
印度尼西亚	91	39260	1.4	24	17947	1.1	6	326	0.1
菲律宾	78	12151	0.4	38	6380	0.4	2	95	0.03
智　利	69	39740	1.4	33	28312	1.7	15	3166	1.0
非　洲	105	80649	2.9	30	52345	3.2	6	3835	1.2
全　球	4467	2762297	100	1699	1643930	100	525	308206	100

注：a 不包括被 DOE 和 EB 拒绝的以及东道国撤回的 CDM 项目。

资料来源：联合国环境规划署 Riso 中心，http：//cdmpipeline. org。

* 整理：储诚山，中国社会科学院城市发展与环境研究中心，博士后，研究领域为环境经济学；王磊，中国社会科学院城市发展与环境研究中心，研究助理。

** CDM 项目统计截止日期为 2009 年 7 月 1 日。

附录Ⅶ

促进新能源和可再生能源发展的政策法规*

文件名称	发布时间	政策要点
可再生能源建筑应用城市示范实施方案	2009.7	示范城市申请条件是:在今后两年内新增可再生能源建筑应用面积应具备一定规模。其中:地级市(包括区、州、盟)应用面积不低于200万平方米,或应用比例不低于30%;直辖市、副省级城市应用面积不低于300万平方米
加快推进农村地区可再生能源建筑应用的实施方案	2009.7	示范县应具备的条件是:今后两年内新增可再生能源建筑应用面积应具备一定规模,新增应用面积原则上不低于30万平方米。对于辖区人口较少、规模较小的县,可适当降低面积要求。2009年农村可再生能源建筑应用补助标准为:地源热泵技术应用为60元/平方米,一体化太阳能热利用为15元/平方米,以分户为单位的太阳能浴室、太阳能房等按新增投入的60%予以补助。每个示范县补助资金总额最高不超过1800万元
新能源汽车企业及产品准入管理规则发布	2009.3	对新能源汽车加以定义;规定了新能源汽车企业和新能源汽车产品准入条件
太阳能光电建筑应用财政补助资金管理暂行办法	2009.2	单项工程应用太阳能光电产品装机容量应不小于50kWp;应用的太阳能光电产品发电效率应达到先进水平,其中单晶硅光电产品效率应超过16%,多晶硅光电产品效率应超过14%,非晶硅光电产品效率应超过6%;2009年补助标准原则上定为20元/Wp,具体标准将根据与建筑结合程度、光电产品技术先进程度等因素分类确定
关于2007年10月至2008年6月可再生能源电价补贴和配额交易方案的通知	2008.11	可再生能源电价附加资金补贴范围为2007年10月至2008年6月可再生能源发电项目,对纳入补贴范围内的秸秆直燃发电亏损项目按上网电量给予临时电价补贴,补贴标准为0.1元/千瓦时

* 整理:储诚山,中国社会科学院城市发展与环境研究中心,博士后,研究领域为环境经济学。

续表Ⅶ

文件名称	发布时间	政策要点
风力发电设备产业化专项资金管理暂行办法	2008.8	对专项资金的支持对象、支持方式、支持条件、补助标准和资金使用范围、申报和下达进行了规定
生活垃圾填埋场污染控制标准	2008.4	设计填埋量大于250万吨且垃圾填埋厚度超过20m的生活垃圾填埋场,应建设甲烷利用设施或火炬燃烧设施以处理含甲烷填埋气体
秸秆能源化利用补助资金管理暂行办法	2008.1	申请补助资金的企业应满足以下条件:企业注册资本金在1000万元以上;企业秸秆能源化利用符合本地区秸秆综合利用规划;企业年消耗秸秆量在1万吨以上(含1万吨);企业秸秆能源产品已实现销售并拥有稳定的用户。对符合支持条件的企业,根据企业每年实际销售秸秆能源产品的种类、数量折算消耗的秸秆种类和数量,中央财政按一定标准给予综合性补助
可再生能源与新能源国际合作计划	2007.11	积极引进可再生能源与新能源的技术人才,提高基础研究水平,解决发展中的关键科技问题;发展可再生能源与新能源产业,提高能源利用效率,推进规模化利用程度,有效降低使用成本;建立中国与世界各国政府,企业和科研机构之间的对话、协商和沟通机制。重点支持以下领域的基础科学与应用技术研究:(1)太阳能发电与太阳能建筑一体化;(2)生物质燃料与生物质发电;(3)风力发电;(4)氢能及燃料电池;(5)天然气水合物开发
可再生能源中长期发展规划	2007.9	介绍了可再生能源发展意义和发展状况;对可再生能源发展的指导思想和原则、发展目标、重点领域、投资效益分析和实施保障进行了规定
农业生物质能产业发展规划(2007~2015年)	2007.5	介绍了农业生物质能产业发展的必要性、潜力和发展状况;对发展思路、基本原则和战略目标、发展重点和产业布局、重大工程和保障措施进行了规定
国家发改委印发关于利用煤层气(煤矿瓦斯)发电工作实施意见的通知	2007.4	煤层气(煤矿瓦斯)电厂上网电价,比照国家发改委制定的《可再生能源发电价格和费用分摊管理试行办法》(发改价格〔2006〕7号)中生物质发电项目上网电价(执行当地2005年脱硫燃煤机组标杆上网电价加补贴电价)。高于当地脱硫燃煤机组标杆上网电价的差额部分,通过提高煤层气(煤矿瓦斯)电厂所在省级电网销售电价解决
中华人民共和国节约能源法	2007.1	对贯彻《节约能源法》的重要性和紧迫性、完善配套法规和标准、重点领域、监督检查、宣传和培训等方面进行了规定
促进风电产业发展实施意见	2006.11	到"十一五"末,完成约5000万千瓦的风能资源详细测量、评价和建设规划;建立国家风电设备标准、检测认证体系和用于整机及关键零部件试验测试的公共技术平台;培育风电机组整机制造企业和关键零部件配套生产企业,逐步形成自我创新能力,研发生产具有自主知识产权和品牌的风力发电设备。风电总装机容量达到500万千瓦
关于发展生物能源和生物化工财税扶持政策的实施意见	2006.9	对生物能源与生物化工财税扶持政策的原则、扶持政策以及如何组织实施进行了规定

续表Ⅶ

文件名称	发布时间	政策要点
可再生能源电价附加收入调配暂行方法	2006.6	办法适用范围为:风力发电,生物质发电(包括农林废物直接燃烧和氧化发电,垃圾焚烧和垃圾填埋气发电,沼气发电),太阳能发电,海洋能发电和地热能发电。(1)可再生能源发电项目补贴额=(可再生能源上网电价-当地省级电网脱硫燃煤机组标杆电价)×可再生能源发电上网电量;(2)公共可再生能源独立电力系统补贴额=(公共可再生能源独立电力系统运行维护费用-当地省级电网平均售价)×公共可再生能源独立电力系统售电量
可再生能源建筑应用专项资金管理暂行办法	2006.5	专项资金使用原则是以政府公共财政引导,企业投资为主体,这有利于促进可再生能源与建筑一体化及相关产业的发展;有利于可再生能源建筑应用的推广机制形成;有利于促进建筑能源的提高;有利于进一步增强全民的节能意识。专项资金支持的重点领域:(1)与建筑一体化的太阳能供应生活热水、供热制冷、光电转换、照明;(2)利用土壤源热和浅屋地下水源热泵技术供热制冷;(3)地表水丰富地区利用淡水源热泵技术供热制冷;(4)沿海地区利用海水源热泵技术供热制冷;(5)利用污水源热泵技术供热制冷;(6)其他经批准的支持领域
可再生能源发电有关规定	2006.2	适用范围为:风力发电、生物质发电(包括农林废物直接燃烧和氧化发电,垃圾焚烧和垃圾填埋气发电,沼气发电)、太阳能发电、海洋能发电和地热能发电。项目建设要符合省级以上发展规划和建设布局的总体要求。在主要河流上建设的水电项目和25万千瓦及以上水电项目,5万千瓦以上风力发电项目
生物质能开发利用的环境影响评价办法	2006.1	生活垃圾焚烧发电项目建设要以城市生活垃圾集中处置规划为基础,确定合理的布局及建设规模。秸秆发电项目原则上应布置在农作物相对集中地区,要充分考虑秸秆产量和合理的运输半径;林木生物质发电项目原则上布置在重点林区;沼气发电项目要与大型畜禽养殖场,城市生活污水处理工程,工业企业的废水处理工程配套建设。在采暖地区县级城镇周围建设的农林生物质发电项目,应尽量结合城镇集中供热,建设生物质热电联产工程
可再生能源发展专项资金管理暂行方法	2006.1	发展项目资金用于资助以下活动:(1)可再生能源开发利用的科学技术研究标准制定和示范工程;(2)农村及牧区生活可再生能源利用项目;(3)偏远地区和海岛可再生能源独立电力系统建设;(4)可再生能源的资源勘察、评价和相关信息系统建设;(5)促进可再生能源开发利用设备的本地化生产
可再生能源发电价格和费用分摊管理试行办法	2006.1	办法适用范围为:风力发电,生物质发电(包括农林废物直接燃烧和氧化发电,垃圾焚烧和垃圾填埋气发电,沼气发电)太阳能发电,海洋能发电和地热能发电。补贴电价表决标准为0.25元/千瓦时。发电项目自投产日起,15年内享受补贴电价;运行满15年后,取消补贴电价
中华人民共和国可再生能源法	2005.11	国家鼓励和支持可再生能源并网发电;可再生能源发电项目的上网电价,由国务院价格主管部门根据不同类型可再生能源发电的特点和不同地区的情况,按照有利于促进可再生能源开发利用和经济发展的原则确定,并根据可再生能源开发利用技术的发展适时调整

附录Ⅷ

节能和提高能源效率的政策法规*

文件名称	发布时间	政策要点
民用建筑节能条例	2008.7	对新建建筑、既有建筑和建筑用能系统的节能以及奖惩进行了有关规定
公共机构节能条例	2008.7	对公共建筑的节能规划、节能管理、节能措施、监督和保证进行了规定
民用建筑供热计量管理办法	2008.7	新建建筑和进行节能改造的既有建筑必须按照规定安装供热计量装置、室内温度调控装置和供热系统调控装置，实行按用热量收费的制度
北方采暖地区既有居住建筑供热计量及节能改造技术导则（试行）	2008.7	对节能原则、维护结构、采暖系统、计量改造进行了规定
民用建筑节能信息公示办法	2008.7	新建（改建、扩建）建筑和进行节能改造的民用建筑应对公示建筑节能信息，建筑节能信息包括节能性能、节能措施、保护要求
财政补贴高效照明产品推广任务（第一批）的通知	2008.5	综合考虑各地工作基础、配套措施等情况；高效照明产品推广实施指南；确定了高效照明产品中标企业、产品规格型号、协议供货价格；明确了地区、部门推广任务的承担企业
实行能源效率标识的产品目录（第四批）	2008.1	制订了《中华人民共和国实行能源效率标识的产品目录（第四批）》、《转速可控型房间空气调节器能源效率标识实施规则》、《多联式空调（热泵）机组能源效率标识实施规则》、《储水式电热水器能源效率标识实施规则》、《家用电磁灶能源效率标识实施规则》、《计算机显示器能源效率标识实施规则》和《复印机能源效率标识实施规则》
关于印发《绿色建筑评价标识实施细则（试行修订）》等文件的通知	2008.1	修订了《绿色建筑评价标识实施细则（试行）》，并编制了《绿色建筑评价标识使用规定（试行）》和《绿色建筑评价标识专家委员会工作规程（试行）》

* 整理：储诚山，中国社会科学院城市发展与环境研究中心，博士后，研究领域为环境经济学。

续表Ⅷ

文件名称	发布时间	政策要点
国务院办公厅关于建立政府强制采购节能产品制度的通知	2007.7	切实加强政府机构节能工作，发挥政府采购的政策导向作用，建立政府强制采购节能产品制度，在积极推进政府机构优先采购节能（包括节水）产品的基础上，选择部分节能效果显著、性能比较成熟的产品，予以强制采购
国务院办公厅关于严格执行公共建筑空调温度控制标准的通知	2007.6	所有公共建筑内的单位，包括国家机关、社会团体、企事业组织和个体工商户，除医院等特殊单位以及在生产工艺上对温度有特定要求并经批准的用户之外，夏季室内空调温度设置不得低于26℃，冬季室内空调温度设置不得高于20℃。一般情况下，空调运行期间禁止开窗

附录Ⅸ

与应对气候变化相关的其他相关文件*

文件名称	发布时间	政策要点
关于加强碳汇造林管理工作的通知	2009.8	为获得真实的吸收二氧化碳的效果，碳汇造林要符合应对气候变化国际公约的相关规则和中国林业实际情况。从三个方面加强碳汇造林管理：一是对现有碳汇造林项目实行备案制度；二是对新开展的项目实行注册登记制度；三是健全组织制度
中华人民共和国循环经济促进法	2008.8	禁止生产、进口、销售列入淘汰名录的设备、材料和产品；禁止使用列入淘汰名录的技术、工艺、设备和材料；对资源再利用和废物资源化，制定了循环经济的激励和惩罚机制，明确了法律责任
煤层气（煤矿瓦斯）排放标准（暂行）	2008.4	甲烷浓度大于等于30%的高浓度瓦斯禁止排放
国务院关于印发中国应对气候变化国家方案的通知	2007.6	各地区、各部门要按照《国家方案》确定的应对气候变化的指导思想、原则和目标，坚持以科学发展观为指导，统筹考虑经济发展与生态建设、国际与国内、当前与长远，把应对气候变化、实施可持续发展战略与加快建设资源节约型、环境友好型社会和创新型国家结合起来，纳入国民经济和社会发展总体规划和地区规划，努力控制和减缓温室气体排放，不断提高适应气候变化的能力，促进我国经济发展与人口、资源、环境相协调，为改善全球气候作出新的贡献
关于禁止全氯氟烃（CFCs）物质生产的公告	2007.6	自2007年7月1日起，任何企业不得生产除药用吸入式气雾剂用途、原料和豁免用途以外的全氯氟烃物质；各相关企业应于2007年8月15日前拆除附件所列全氯氟烃物质的生产装置。生产药用吸入式气雾剂用途、原料和豁免用途的全氯氟烃物质的企业必须向国家环保总局申请，经批准后才能生产

* 整理：储诚山，中国社会科学院城市发展与环境研究中心，博士后，研究领域为环境经济学。

续表Ⅸ

文件名称	发布时间	政策要点
国家发改委关于加快推进产业结构，调整遏制高耗能行业再度盲目扩张的紧急通知	2007.4	严格按照《国务院关于投资体制改革的决定》规范高耗能项目投资行为；坚决取缔违规出台的鼓励高耗能产业发展的各项优惠政策；认真贯彻国家产业政策和有关法律法规，积极推进产业结构调整；进一步提高行业准入门槛，淘汰能耗高、污染严重的落后生产企业；加强产业政策与国土、信贷、环保等政策的协调配合和市场监督；加强督促检查，确保政策措施落实到位
关于开展清洁发展机制下造林再造林碳汇项目的指导意见	2006.12	确定我国适宜开展 CDM 造林再造林碳汇项目的优先区域；为科学有序地推进 CDM 造林再造林碳汇项目及其相关工作，提出了相应的指导意见
清洁发展机制项目运行管理办法	2005.1	氢氟碳化物和全氟碳化物类项目，国家收取转让温室气体减排量转让额的65%；氧化亚氮类项目，国家收取转让温室气体减排量转让额的30%；重点领域以及植树造林项目等类清洁发展机制项目，国家收取转让温室气体减排量转让额的2%

附录X

缩略语*

缩写	英文全称	中文名称
3R	Reduce, Reuse and Recycle	减量化、再利用、再循环
AAU	Assigned Amount Units	配额单位
AF	Adaptation Fund	适应基金
Annex I	Annex I	《联合国气候变化框架公约》附件一缔约方
AOGCM	Atmosphere-ocean General Circulation Model	大气海洋全球环流模型
AR4	the IPCC Fourth Assessment Report	政府间气候变化专门委员会第四次评估报告
AR5	the IPCC Fifth Assessment Report	政府间气候变化专门委员会第五次评估报告
AWG	Ad Hoc Working Group	特设工作小组
AWG-KP	Kyoto Protocol of the Ad Hoc Working Group	《京都议定书》特设工作组
AWG-LCA	Long-term Cooperative Action to the Ad Hoc Working Group	《联合国气候变化框架公约》之下的长期合作行动特设工作组
BAU	Business As Usual	常规情景
BRICs	Brazil, Russia, India and China	金砖四国
C&C	Contraction & Convergence	紧缩与趋同
CAEP	Committee of Aviation Environmental Protection	航空环境保护委员会
CCAP	Center for Clean Air Policy	清洁空气政策中心
CCDF	Carbon Credit Development Facility	碳信用发展基金
CCF	Climate Change Fund	气候变化基金
CCS	Carbon Capture and Storage	碳捕获和埋存
CDM	Clean Development Mechanism	清洁发展机制
CDMEB	Clean Development Mechanism Executive Board	清洁发展机制执行理事会
CEPS	Centre for European Policy Studies	欧洲政策研究中心
CGE	Computable General Equilibrium	可计算的一般均衡
GIACC	Group of International Aviation and Climate Change	国际航空和气候变化工作组
CIF	Climate Investment Fund	气候投资基金
CO_2e	Carbon Dioxide Equivalent	CO_2(二氧化碳)当量
COP	Conference of Parties	缔约方大会

* 整理：王磊，中国社会科学院城市发展与环境研究中心，研究助理。

续表X

缩写	英文全称	中文名称
CTF	Clean Technology Fund	清洁技术基金
DOE	Designated Operational Entities	指定经营实体
EB	Executive Board	执行委员会
EGTT	Expert Group on Technology Transfer	技术转让专家小组
EIA	Environmental Impact Assessment	环境影响评价
ERU	Emissions Reduction Unit	减排量单位
ESM	Environmentally Sound Management	环境无害管理
ET	Emissions Trading	排放贸易
EU	European Union	欧盟
EUA	European Union Allowance	欧盟配额单位
FDI	Foreign Direct Investment	对外直接投资
G8	Group of Eight	八国集团
GDR	Greenhouse Development Rights	温室发展权
GEF	Global Enviroment Facility	全球环境基金
GSSA	Global Steel Sectoral Approach	全球钢铁部门方法
$GtCO_2$	Gigaton CO_2	十亿吨二氧化碳
GHGs	Green House Gas	温室气体
IAI	International Aluminum Institute	国际铝业协会
IAM	Integrated Assessment Model	综合评估模型
IASC	International Accounting Standards Board	国际会计准则委员会
IATA	International Air Transport Association	国际航空运输协会
IAV	Impacts,Adaptation and Vulnerability	影响、适应和脆弱性
ICAO	International Civil Aviation Organisation	国际民用航空组织
IEA	International Energy Agency	国际能源机构
IGBP	International Geosphere-Biosphere Program	国际地圈生物圈计划
IHDP	International Human Dimensions Programme on Global Environmental Change	国际全球环境变化人文因素计划
IISI	International Iron and Steel Industry Association	国际钢铁工业协会
IMO	International Maritime Organisation	国际海事组织
INC	Intergovernmental Negotiation Committee	政府间谈判委员会
IPCC	Intergovernmental Panel on Climate Change	政府间气候变化专门委员会
ISDR	International Strategy for Disaster Reduction	联合国减灾委员会
JI	Joint Implementation	联合履行
LULUCF	Land Use,Land Use Change and Forestry	土地利用、土地利用变化和林业

续表 X

缩写	英文全称	中文名称
MDG	Millennium Development Goals	千年发展目标
MEM	Major Economies Meeting	主要经济体会议
MEPC	Marine Environment Protection Committee	海洋环境保护委员会
MF	Multilateral Fund on Climate Change	气候变化多边基金
COP/MOP (CMP)	Conference of the Parties Serving as Meeting of the Parties to the Kyoto Protocol	作为《京都议定书》缔约方会议的《公约》缔约方会议，公约/议定书缔约方会议
MRV	Measurable, Reportable and Verifiable	可测量、可报告、可核证
MTAF	Multilateral technology Access Fund	多边技术获得基金
NAPs	National Allocation Plans	国家分配计划
NAPAs	National Adaptation Plan of Action on Climate Change	国家适应气候变化行动计划
NGO	Non-Governmental Organization	非政府组织
Non-Annex I	Non-Annex I	非附件一国家/缔约方
NOAA	National Oceanic and Atmospheric Administration	美国国家海洋和大气管理局
ODA	Overseas Development Assistance	海外发展援助
OECD	Organization for Economic Co-operation and Development	经济合作与发展组织
OPEC	Organization of Petroleum Exporting Countries	石油输出国组织
PDD	Project Design Document	项目设计文件
PES	Public-private Partnerships, Eco-environmental Services	公共－私人合作关系、生态环境服务付费
PFCs	Perfluorocarbons	全氟化碳
POPs	Persistent Organic Pollutants	持久性有机污染物
ppm/ppmv	Parts per Million /Parts per Million Volume	百万分之
PPP	Purchasing Power Parity Public – Private Partnerships Polluter Pays Principle	购买力评价 公共－私人合作关系 污染者付费
RCPs	Representative Concentration Pathways	典型浓度路径
REDD	Reducing Emissions from Deforestation and Forest Degradation	减少森林砍伐和退化造成的温室气体排放
RMU	Removal Units	清除量单位
SB (SBI, SBSTA)	Subsidiary Body for Implementation, Subsidiary Body for Scientific and Technological Advice	附属执行机构、附属科技咨询机构
SCC	Social Cost of Carbon	碳的社会成本
SCF	Strategic Climate Fund	战略气候基金

续表X

缩写	英文全称	中文名称
SCM	Sectoral Crediting Mechanism	行业信用机制
SCCF	Special Climate Change Fund	气候变化特别基金
SD-PAMs	Sustainable Development Policies and Measures	可持续发展政策措施
SEI	Stockholm Environment Institute	瑞典斯德哥尔摩环境研究所
SRES	Special Reports on Emissions Scenarios	IPCC 排放情景特别报告
TAR	Third Assessment Report	政府间气候变化专门委员会第三次评估报告
UNDP	United Nation Development Programme	联合国开发计划署
UNFCCC	United Nation Framework Climate Change Convention	联合国气候变化框架公约
UNGA	United Nations General Assembly	联合国大会
WBCSD-CSI	World Business Council for Sustainable Development-Cement Industry Sustainability Initiatives	世界可持续发展理事会水泥可持续动议
WCCF	World Climate Change Fund	世界气候变化基金
WCRP	World Climate Research Programme	世界气候研究计划
WRI	World Resources Institute	世界资源研究所
WWF	World Wildlife Fund	世界自然基金会

气候变化绿皮书
应对气候变化报告（2009）
——通向哥本哈根

主　　编／王伟光　郑国光
副 主 编／潘家华　罗　勇　陈洪波

出 版 人／谢寿光
总 编 辑／邹东涛
出 版 者／社会科学文献出版社
地　　址／北京市西城区北三环中路甲29号院3号楼华龙大厦
邮政编码／100029
网　　址／http：//www. ssap. com. cn
网站支持／（010）59367077
责任部门／财经与管理图书事业部（010）59367226
电子信箱／caijingbu@ ssap. cn
项目经理／周　丽
责任编辑／高　雁　恽　薇　王玉水　周　丽　李延玲
责任校对／冯振华
责任印制／蔡　静　董　然　米　扬
品牌推广／蔡继辉

总 经 销／社会科学文献出版社发行部
（010）59367080　59367097
经　　销／各地书店
读者服务／读者服务中心（010）59367028
排　　版／北京中文天地文化艺术有限公司
印　　刷／北京季蜂印刷有限公司

开　　本／787mm×1092mm　1/16
印　　张／23. 5
字　　数／403千字
版　　次／2009年10月第1版
印　　次／2009年10月第1次印刷

书　　号／ISBN 978-7-5097-1077-7
定　　价／68. 00元（赠光盘）

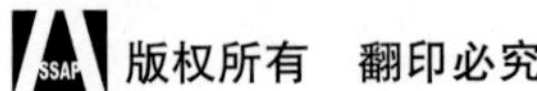